AF493452

MISSION AMÉLINEAU

LES NOUVELLES FOUILLES D'ABYDOS

1897-1898

(DEUXIÈME PARTIE)

COMPTE RENDU IN EXTENSO DES FOUILLES,

DESCRIPTION DES MONUMENTS ET OBJETS DÉCOUVERTS

PAR

E. AMÉLINEAU

Avec Plans, Dessins par A. LEMOINE **et 52 Planches.**

PARIS
ERNEST LEROUX, ÉDITEUR
28, RUE BONAPARTE, 28
1905

LES NOUVELLES

FOUILLES D'ABYDOS

1897-1898

ANGERS. — IMPRIMERIE A. BURDIN ET Cie, 4, RUE GARNIER

MISSION AMÉLINEAU

LES NOUVELLES

FOUILLES D'ABYDOS

1897-1898

(DEUXIÈME PARTIE)

COMPTE RENDU IN EXTENSO DES FOUILLES,

DESCRIPTION DES MONUMENTS ET OBJETS DÉCOUVERTS

PAR

E. AMÉLINEAU

Avec Plans, Dessins par A. Lemoine **et 52 Planches.**

PARIS

ERNEST LEROUX, ÉDITEUR

28, RUE BONAPARTE, 28

1905

CHAPITRE XVI

DES VASES EN PIERRE TROUVÉS AU COURS DES FOUILLES, SAUF DANS LE TOMBEAU DE PERABSEN.

Les vases dont il s'agira dans ce chapitre sont relativement peu nombreux, si on les veut comparer à ceux qui avaient été rencontrés l'année précédente dans le tombeau que je désigne par les noms de Set et de Horus. Cependant ils sont encore en nombre assez grand, si on les veut examiner séparément. Ils ont été réunis dans les planches IX, X, XVIII, XX, XXI, XXII, XXIII, XXIV et XXV de ce volume. Comme je n'ai pas la moindre intention de récrire ici tout ce que j'ai déjà dit au sujet des vases en pierre dans le second volume de cet ouvrage, car il tombe sous le sens que les artistes égyptiens de cette lointaine époque ont, pour les vases ici représentés, usé des mêmes moyens techniques, sinon de la même habileté, que pour les vases du volume précédent. Il y a cependant une différence qui sautera aux yeux du lecteur : c'est que les vases des planches X, XIX, XX, XXI et XXIV de ce troisième volume n'ont pas l'apparence de ceux du second; ceux-là sont en effet entiers tandis qu'une grande partie ce ceux-ci étaient fragmentaires. L'explication de cette diversité d'apparence est bien simple : je les ai fait restaurer par un artiste de Paris, mais restaurer de manière à ce que la restauration sautât aux yeux. Je ne me suis pas conduit à cette occasion autrement qu'à l'occasion des terres cuites, et je n'ai pas voulu présenter, à l'étude et à l'admiration des savants ou des simples connaisseurs, des objets truqués.

Cependant pour mettre un peu d'ordre dans ce chapitre, je traiterai séparément des vases qui se présentent avec une certaine hauteur, puis des petits vases, puis de ceux que je présente en fragments, parce que je manquais des points d'appui nécessaires pour les faire restaurer ; parmi ces fragments sont des fragments de vases que j'appelle ouvragés. Cette division opérée, je dirai ce qui me paraîtra utile de dire sur les vases de chacune de ces trois catégories.

I. — VASES DE FORME GRANDE.

Parmi ces premiers vases se présentent tout d'abord les assiettes. Elles sont en un certain nombre de matières, comme l'onyx rubané, la terre schisteuse ardoisière, le marbre, le cristal de roche, etc. ; mais ces matières sont bien loin d'être aussi nombreuses et aussi riches que celles trouvées dans le tombeau de Set et de Horus. Je ne m'attarderai pas à traiter de chacune en particulier : peu de ces assiettes demandent une étude particulière après ce que j'ai dit dans le chapitre VIII du second volume de cet ouvrage. La moyenne des assiettes trouvées dans cette troisième campagne ne diffère pas beaucoup, si même elle diffère un peu, de la moyenne des assiettes de la seconde année. Cependant quelques-unes semblent d'un faire plus primitif que celles du tombeau de Set et de Horus, notamment la grande assiette planche X qui se trouve entre les deux grands cornets qui restent seuls d'une forme de vase qui ne s'est jamais jusqu'ici rencontrée ailleurs qu'en Abydos. Cette grande assiette, on la dirait déformée par la photographie; cependant il n'en est rien. Elle a été irrégulièrement tracée et irrégulièrement centrée, comme il est facile de le voir en examinant le cercle creusé au fond de l'assiette : ce cercle évidemment a été tracé à la main, et partant il est reste sujets à toutes les erreurs d'une main novice dans l'art de dessiner une ligne courbe. Il en est encore de même dans la grande assiette en porphyre représentée au numéro 9 de la planche X : la circonférence de l'assiette n'est pas régulière, et de même la petite assiette de même matière qui se trouve près de la grande au numéro 8 est mal centrée, comme on le voit sur la planche. La grande assiette dont je viens de parler n'a pas de cercle au fond, non plus les deux assiettes en marbre bleu et blanc et en cristal de roche. Dans ces deux dernières (numéros 7 et 8 de la planche XXIV), il n'y a même pas de rebords, et le creux est tout juste accusé, tandis qu'au centre il est très bien dans la grande assiette en porphyre. Ce sont là toutes les réflexions que j'ai à faire sur les assiettes, et le lecteur s'apercevra de lui-même qu'il n'y a pas matière à de nouveaux développements après tout ce que j'ai dit à ce sujet dans le second volume de cet ouvrage.

Les vases cylindriques rencontrés au cours de la troisième campagne ont été relativement fort nombreux et leurs dimensions étaient plus grandes que celles auxquelles j'étais habitué. Malheureusement ils avaient tous été brisés de telle façon qu'il m'a été complètement impossible de les faire restaurer, car aux uns il manquait la base et aux autres l'extrémité opposée : dans ces conditions, la restauration que j'aurais fait faire n'aurait donné qu'une œuvre de fantaisie parisienne et non une œuvre égyptienne. Le lecteur qui voudra se reporter à la planche IV du *Tombeau d'Osiris* trouvera un spécimen de ces gros et sans doute grands vases cylindriques dans le fragment où les moines qui l'ont brisé avaient pris plaisir à charbonner la tête du Christ[1]. Cependant deux de ces grands vases ont échappé à leur barbarie et sont aujourd'hui au musée de Gizeh : ils sont représentés aux numéros 10 et 11 de la planche XXI. Le plus grand serait beau, s'il n'était trop massif et si l'ouvrier qui le fit avait eu un sentiment plus vif de la beauté des lignes : à gauche, la courbure latérale du vase est bien accusée, mais elle descend trop bas et se renfle trop vite pour atteindre un pied trop large ; à droite, elle est beaucoup moins accusée et attend trop longtemps avant de s'infléchir. Le rebord du vase est bien proportionné à sa longueur et à sa masse. Le lecteur observera aussi les signes ϯ qui tracés en biais ou perpendiculairement apparaissent sur ce vase, charbonnés par les spoliateurs : je serais assez tenté de croire que ce pourrait être une croix, si les Coptes eussent connu d'autres croix que la croix grecque ; tel qu'il se présente, ce signe me paraît être la lettre copte ϯ, à moins que ce ne soit un signe tracé au hasard. Le second vase qui se trouve près de ce premier est trop étroit pour sa longueur ; il n'a presque pas de ligne d'infléchissement à gauche et n'en a pas du tout à droite. La matière ne sort pas de l'ordinaire, c'est l'onyx jaune d'une couleur sale ; le rebord du vase à la partie supérieure est trop

1. E. Amélineau : *Le Tombeau d'Osiris*, pl. IV, n° 16.

petit et trop mince pour la hauteur. Mais ce vase cylindrique rachète tous ses défauts par la beauté du cordon dont on l'a entouré : ce n'est pas un simple cordon à peine indiqué par des stries, c'est un véritable ruban qui lui a été sculpté autour du cou, qui ondule gracieusement et fait à lui seul l'ornement, la beauté et le prix de ce vase.

Tout autre est le cordon qui se trouve au grand fragment de vase représenté au numéro 2 de la planche XXI. Le cordon ondule bien mais lourdement, sans la moindre grâce. Deux trous se voient percés au-dessus et au-dessous de la ligne, peut-être pour passer une corde afin de porter le vase. Le vase cylindrique représenté au numéro 9 de la planche XIX près d'un vase de forme différente et brisé ne mérite pas d'attirer autrement l'attention, quoique la ligne d'infléchissement ait été bien comprise et rendue; mais il n'est pas assez haut pour sa largeur.

Je ne sais en quelle catégorie de vases ranger les deux cornets dont j'ai parlé précédemment. Ces deux vases sont d'un type particulier, et je suis persuadé que, comme les vases fragmentaires en schiste ardoisier dont il sera question dans le paragraphe relatif aux vases ouvragés, ils devaient se terminer par une pointe et ressembler ainsi en quelque manière aux grandes jarres en pierre que j'ai rencontrées dans la seconde campagne, mais avec cette condition qu'on aurait coupé le col de ces grandes jarres qui auraient été ainsi béantes. C'est la première fois qu'on a rencontré de semblables vases et je les ai fait restaurer; mais, comme je ne savais pas comment était faite l'extrémité inférieure, que rien ne me l'annonçait, j'ai fait arrêter la restauration à l'endroit où les fragments finissaient. Comme le lecteur pourra le voir en se reportant à la planche X, numéros 1 et 3, celui de gauche n'était pas d'aplomb et la partie gauche était un peu plus haute que la partie droite. Ce qu'il y a de remarquable dans ces deux vases, c'est que l'intérieur est aussi poli que l'extérieur, et cela dans toute la longueur des fragments.

A ces vases je joindrai le fragment qui se trouve au numéro 1 de la planche XXI. Il se trouvait dans la tombe du roi Serpent qui fut découverte dans la première campagne et je ne l'ai pas publié dans le volume de cette année-là, parce que je n'en avais pas la photographie. Que peut représenter ce fragment de granit, sur lequel s'est exercée la rage des démolisseurs? A mon avis, nous avons là les restes de ce qui était une colonne : on en voit très bien le socle malgré les brisures faites par les Coptes. De plus en retrait sur la partie qui représente le sol était le socle et en retrait sur ce socle s'élève le fût qui s'arrête bientôt à cause du bris qui en fut fait. Les restes de cette colonne sont assez considérables, mais ce qui en manque devait avoir des dimensions encore plus considérables, à en juger par celles de ce qui a été conservé. Où est-ce? Je n'ai trouvé que cela, malgré les recherches les plus attentives. Il n'y a pas à dire à ce sujet que la partie absente a été jetée par mégarde dans le sable qu'on enlevait; car fort heureusement dans ce cas, la densité du granit aurait à elle seule, par suite du poids, trahi la présence d'un semblable reste, s'il se fût trouvé dans le sable. Je redis donc : Où est le reste de la colonne? De même le mortier du bassin de *Den* était de même matière : il en manque un bon tiers; et pourquoi n'aurais-je pas rencontré les fragments qui manquent, puisque j'ai bien trouvé quatre ou cinq gros fragments? Où sont les autres? La réponse à ces questions restera longtemps introuvable. Il en faut donc conclure que la spoliation a été systématique et voulue. De plus, que faisait ce reste de colonne dans le tombeau du roi *Serpent*? Évidemment elle n'avait rien à faire avec le support d'un toit quelconque, puisque le tombeau où elle a été trouvée, ainsi que les autres qui l'avoisinaient, étaient ou à ciel ouvert ou recouverts d'une toiture en terre battue mélangée de feuillage, ou quelquefois la toiture était composée de pièces de bois soutenant le feuillage qui protégeait les objets remplissant les chambres en dessous. Si cette colonne n'avait pas d'usage immédiat, c'était donc une colonne votive; or, c'est la première fois qu'un semblable objet votif a été trouvé. Évidemment encore, cet objet n'est pas de l'époque contemporaine du tombeau d'Osiris, ni de celle des tombeaux adjacents, puisque la première colonne réelle que nous connaissions date de la Ve dynastie et a été trouvée par M. de Morgan dans le tombeau de Ptah-Schepsès : si elle est votive, comme cela est certain, et d'une époque postérieure, comme il est non moins certain, elle devait, je crois, s'être trouvée primitivement parmi les décombres de la grande colline d'où elle aura été jetée dans le tombeau du roi *Serpent* qui touchait presque cette colline de décombres. Que s'il en était ainsi, on n'aurait aucune peine à admettre qu'elle avait été consacrée au culte d'Osiris. Ceci dit, je reviens aux vases de pierre dure.

Après les vases cylindriques viennent les coupes, soit ordinaires soit en forme de bol ou d'écuelles. J'en ai rencontré relativement peu : le lecteur les trouvera aux planches XIX, XX et XXI. Les matières dont elles sont faites sont de préférence des matières très dures, le porphyre notamment, comme les numéros 27, 28 et 29 de la planche XXI; mais on en trouve aussi en marbre ou en pierre schisteuse ardoisière : telles sont celles représentées aux numéros 7, 8 et 9 de la planche XX et les numéros 4 et 6 de la planche XIX. Je n'ai aucune observation particulière à faire sur ces coupes dont la taille, l'évidement et partant la capacité diffèrent de l'une à l'autre. Je dois ajouter ici aux vases précédents le petit bol évasé représenté aux numéros 6 et 7 de la planche X et qui est le seul spécimen connu de ce genre de vase, car il n'a pas de fond. Je le trouvai en plusieurs morceaux en des jours différents, et un autre jour je trouvai une petite rondelle en schiste ardoisier. Ce vase avait une destination particulière. Cette destination se voit au trou qui se trouve au fond de la coupe : si ce vase eût été une coupe, le liquide qu'on aurait versé dedans n'y fût pas resté bien longtemps. Comme je trouvai d'abord la partie qui n'a pas de fond, je fus assez surpris de cette forme qui eût été nouvelle ; mais, quelques jours plus tard, je trouvais un petit rond à deux circonférences concentriques, car, dans l'épaisseur de la pierre, il est taillé en biseau, et, l'ayant approché du vase sans fond, je ne fut pas surpris de voir que ce rond s'appliquait parfaitement à l'ouverture du vase et la fermait presque hermétiquement. L'ouverture au fond du vase en question a une particularité que je dois faire observer au lecteur : l'épaisseur de la pierre présente elle aussi deux circonférences dont celle qui est à l'intérieur est plus grande que celle qui est à l'extérieur; mais en outre, entre les deux, on a tracé une petite rainure circulaire. Maintenant quel était l'usage de ce vase à forme inconnue jusqu'à présent? Je ne peux pas dire à mes lecteurs ce qu'il était, mais seulement dire ce qu'il n'était pas. Évidemment on n'y pouvait pas verser de liquide ; il faut donc se rabattre sur les matières sèches, si tant est qu'on y ait déposé quoi que ce soit. Mais un pareil vase, intentionnellement fait, montre bien que les artistes égyptiens se jouaient des difficultés à une époque où l'on n'aurait pas jugé ce jeu facile, ni peut être même possible. De ces premières coupes proprement dites je rapprocherai celles qui ont la forme d'un bol, c'est-à-dire les numéros 1, 2 et 17 de la même planche XIX et au sujet desquelles je n'ajouterai absolument rien de plus ; les écuelles sont plutôt en onyx simple ou rubané : elles sont au nombre de deux ; ce sont les numéros 18 et 20 de la planche XIX. Elles n'offrent rien de spécialement remarquable. J'y joindrai le grand plat creux, avec un rebord creusé à l'intérieur, représenté au numéro 5 de la planche XIX : il n'a pas moins de 0m,202 de diamètre, ce qui donne une circonférence de 0m,634.

Je ne dois pas oublier le petit vase en forme de coupe surbaissée représenté au numéro 3 de la planche XIX. Un autre vase à peu près semblable fut rencontré la seconde année dans le tombeau de Set et de Horus : il est publié au numéro 15 de la planche V du second volume de cet ouvrage ; mais le vase ici représenté est plus grand que celui de la seconde année, si sa forme est la même. Tous les deux sont de la même matière, c'est-à-dire de marbre blanc veiné de bleu.

II. — Vases de forme petite.

A côté des vases précédents qui pouvaient être utilisés pour tous les usages auxquels on les voulait employer, il y en a toute une autre série qui, en raison de leur petitesse, n'ont guère pu servir qu'à des usages votifs : ils sont représentés aux planches XIX, XXI et XXIV et comprennent 17 numéros. Sauf le numéro 14 de la planche XIX qui fut trouvé dans la même tombe que les trois couteaux en silex, dont il sera question dans le chapitre suivant, et qui peut encore servir à la rigueur à contenir certains objets de petite taille, tous les autres, ou à peu près, me semblent être de taille trop exiguë pour qu'on ait pu songer un seul instant à les employer à des usages funéraires proprement dits, à moins que ce ne fût pour y déposer des matières précieuses ou regardées comme précieuses. Que s'il en a été ainsi, je dois dire que rien ne dénote le fait, soit à l'intérieur des vases, soit dans les circonstances de leur découverte.

Dans cette série de vases, ceux qui sont à panse rebondie dominent : ils sont au nombre de huit, à savoir les numéros 12 et 14 de la planche XIX, 23, 24 et 25 de la planche XXI, et 10, 12 et 24 de la planche XXIV. Ceux qui les ont creusés ont dû se servir des mêmes moyens que les artistes expérimentés qui creusèrent les vases à vin trouvés dans le tombeau de Set et de Horus, mais la difficulté du percement fut un peu moins grande. La matière est soit de l'onyx, soit du marbre blanc veiné, soit une pierre brunâtre dont je ne connais le nom. Le numéro 25 de la planche XXI offre une particularité : il contient deux signes hiéroglyphiques [hiéroglyphes]. Ces deux signes faisaient partie d'une formule et l'on retrouve le premier signe employé sur les vases trouvés par M. de Morgan dans le tombeau royal de Neggadeh ; ce signe est accompagné de [hiéroglyphe] et les objets portent l'inscription [hiéroglyphes] [1]. Nous retrouverons plus loin des inscriptions semblables.

Les vases à ouverture large et à forme, comme on dit, évasée, sont les plus nombreux après les vases à panse rebondie parmi ceux qui entrent dans cette catégorie. Ils sont au nombre de six et, dans la planche XIX, ils portent les numéros 13, 15 et 16. Trois d'entre eux sont en marbre blanc veiné de bleu et le quatrième en une pierre qui imite de très près la mortadelle d'Espagne; c'est le numéro 26 de la planche XXI. Le lecteur pourra observer la fantaisie des ouvriers qui s'est montrée dans la forme de ces vases : le premier a la forme évasée ordinaire ; le second a, près du fond, la forme cylindrique presque régulière et il ne commence à s'évaser qu'en montant et tout à coup il s'épa-

1. J. de Morgan : *Recherches sur les Origines de l'Égypte*, t. II, p. 161, 163 et 167 et les figures 551 *a*, 552 *a*, 553 *a* et 554 *a* et 677.

nouit d'une manière qui peut paraître hâtive et trop subite, mais qui cependant ne manque pas d'élégance. Le troisième a une ligne gracieuse qui descend du bord jusque près du pied et qui alors ressort doucement en élargissant la base : cette ligne se voit un peu amorcée dans le vase numéro 15 de cette catégorie ; mais elle n'apparaît aucunement dans le vase qui porte le numéro 16. Au contraire dans le vase de mortadelle, la ligne qui descend du bord, un peu trop prononcé dans son évasement, s'infléchit gracieusement d'abord ; mais arrivée au point où elle devrait ressortir, elle descend directement à la base, ce qui enlève un peu d'élégance à la forme du vase.

Il y a aussi dans cette catégorie un petit vase cylindrique représenté au numéro 3 de la planche XXIV. C'est le plus petit vase qu'il m'ait été donné de voir : il est figuré en dessous sur l'envers d'une écuelle qui lui sert de support : il est en serpentine et c'est merveille qu'on ait pu le creuser. Un second était un vase en onyx qui devait avoir assez belle allure, si l'on en juge par sa ligne de droite ; malheureusement il est cassé et je n'ai pu lui rendre sa forme primitive parce que rien n'indiquait la hauteur du vase. Un troisième a une ligne élégante qui s'infléchit d'abord et se relève ensuite avec beaucoup de grâce ; mais si la forme en est élégante la matière n'est pas trop belle.

A côté de ces petits vases cylindriques, je dois mettre le vase numéro 2 de la planche XXIII qui se rapproche plus du type jarre que des autres types rencontrés jusqu'ici au cours des fouilles d'Abydos, mais qui est presque exactement semblable aux deux petits vases votifs avec chaînette en or rencontrés la première année[1]. Celui-ci a une forme plus élancée et plus gracieuse. Les oreilles cylindriques sont bien posées et bien percées pour recevoir la corde qui servait à le porter.

Les écuelles, au nombre de cinq, sont représentées aux numéros 10, 11, 13, 15 et 16 de la planche XXIV. L'une d'elles est renversée pour servir de piédestal au petit vase cylindrique en serpentine, comme je l'ai dit plus haut. Ces cinq écuelles sont de cinq matières différentes,

1. E. Amélineau : *Les nouvelles fouilles d'Abydos*, 1895-1896, compte-rendu *in extenso* p. 86 et planche VIII, le dernier vase à droite dans la première rangée, et le second à gauche de la rangée supérieure.

en marbre pour le numéro 13, en pierre schisteuse ardoisière pour le numéro 10, en une pierre tachetée que je ne connais pas pour le numéro 15, en une pierre noirâtre qui est coupée dans le milieu du vase par une veine presque transparente et l'autre moitié est d'une matière brûnâtre, c'est le numéro 11, je ne connais pas davantage le nom de cette pierre, et enfin une dernière dont je ne connais pas la matière.

J'en aurai terminé avec cette catégorie de petits vases lorsque j'aurai signalé l'assiette représentée au numéro 8 de la même planche XIX. Elle est d'abord remarquable par son peu d'épaisseur, car à peine si elle a deux millimètres, et ensuite par les arabesques dessinées par les veines de la pierre. Je l'ai trouvée en trois morceaux et en trois tombeaux différents, mais je n'en ai trouvé que la moitié; le reste m'a échappé. Je l'ai fait réparer du mieux qu'il a été possible, mais toujours de manière à ce que la restauration fût visible. Je ne connais pas non plus le nom de la pierre qui a servi à faire ce vase, et je demande pardon à mes lecteurs de ne pouvoir pas si souvent les renseigner sur les matières dont ces vases sont faits, mais j'ai pour excuse qu'un grand nombre d'autres sont absolument dans mon cas[1].

III. Vases fragmentaires.

Ce troisième paragraphe contiendra deux séries distinctes de fragments : d'abord les fragments qui n'attirent aucunement l'attention du ecteur par leurs formes et leur travail, et secondement ceux qui sollicitent l'attention et l'étude par leur forme ouvragée. La première catégorie ne contient qu'un nombre restreint de fragments, la seconde au contraire en comprend un nombre relativement considérable.

Les premiers n'offrent pas grand'chose de remarquable, ce sont ou

1. Le lecteur observera au numéro 4 de la planche XXIII une sorte de pierre avec des dessins bizarres qui me semblent dus au hasard et qui pourraient paraître à quelques-uns faits de propos délibéré. Je crois que cette pierre calcaire très légère est un jeu de la nature et que les lignes et les courbes qu'on y distingue sont dues seulement au glissement du sable sur la pierre. Je l'ai donnée dans mon volume afin qu'on ne me reproche pas d'avoir dissimulé quelque objet qui pourrait paraître important.

des fragments montrant la forme du vase, ou intéressants soit à cause des inscriptions, soit à cause du travail nécessité par la forme adoptée. Les seconds, par contre, sont du plus haut intérêt pour l'histoire du travail. Comme les uns et les autres ont été placés quelquefois dans les mêmes planches, j'expliquerai la planche à une ou deux fois suivant qu'elle contient des objets de l'une ou des deux catégories, me réservant de laisser de côté certains numéros qui me semblent ne pas offrir un grand intérêt, mais que le lecteur trouvera cependant figurés dans les planches.

La planche XXI comprend dix-sept numéros rentrant dans la première catégorie, à savoir 3, 4, 5, 6, 7, 9, 12 et 13 à 22. Le numéro 3 est un fragment comme ceux qui furent rencontrés la première année et que le lecteur trouvera dans les planches XXVII et XXVIII du premier volume de ces comptes-rendus. Je ne saurais d'ailleurs trop l'engager à comparer les objets de la première avec ceux de la troisième année. Le numéro 5 est remarquable par la sorte de tore qui s'élevait entre les deux parties du vase qu'il séparait. Le numéro 9 contenait un signe hiéroglyphique qui peut à la rigueur être pris pour un .

Le numéro 6 planche XX contenait une inscription hiéroglyphique qui devait sans doute être plus complète que les signes qui restent. Elle est connue par ailleurs et donne le nom de la charge d'un officier quelconque chargé de la maison royale, c'est-à-dire du tombeau, à mon sens.

C'est un morceau de vase, d'assiette en une sorte de marbre très dur; il portait une inscription qui est beaucoup plus lisible sur la photographie que j'en donne que sur l'original. Cette inscription se composait d'au moins deux lignes : de la première il ne reste que trois signes sommairement faits : . La seconde, au contraire, est complète, et le lecteur la trouvera au numéro précité de la planche XX. On a lu les signes enfermés dans le rectangle , et on les a expliqués par « *Résidence de toute protection derrière* » [1], et toute l'inscription donnerait ce qui suit: « le gardien de la maison du roi Résidence

1. M. Griffith, dans l'ouvrage de M. Petrie, *The royal tombs of the first dynasty*, I, p. 40.

de toute protection derrière, Kha ». M. Petrie a trouvé plusieurs exemplaires plus ou moins complets de cette inscription : dans deux de ces exemplaires le rectangle a l'indication de la porte par laquelle on entrait dans la demeure représentée par le rectangle[1]; ici il manque, comme il manque d'ailleurs dans les trois autres exemplaires trouvés par M. Petrie. J'admets volontiers que le rectangle signifie la maison, ou une partie de la maison funéraire, que le prêtre appelé ici gardien (?) (*khenti*) exerçait la fonction du culte qu'il rendait au roi Qa, car c'est de lui qu'il s'agit; mais je ne saurais être satisfait de la traduction de *maison* ou *salle* de toute protection derrière : si l'auteur de cette traduction est content de son œuvre, c'est que vraiment il n'est pas difficile, qu'il a voulu traduire à tout prix. Je ne l'imiterai pas et j'attendrai que de nouveaux documents nous indiquent à la fois quels sont avec certitude les hiéroglyphes et quel sens ils peuvent avoir. Ce qu'il y a de certain, c'est qu'il s'agit, non d'une *résidence* quelconque, mais d'une partie du tombeau.

Le numéro 13 de la planche XXI est strié, ce semble, par de petites lignes perpendiculaires au sens de la hauteur. Les numéros 16 et 17 sont les restes d'objets en pierre polie : ils représentent les talons des objets. C'est, je crois, la première fois que de semblables objets, même fragmentaires, ont été trouvés en Égypte. Le numéro 20 est un fragment remarquable par le col et par l'angle que ce col formait avec la naissance de la panse. La forme de ce vase n'est pas inconnue, mais elle est très rare; et je crois qu'on l'a seulement trouvée en Abydos, à Om el-Ga'ab. Le fragment 21 nous offre sans doute une variante de la même forme, mais moins trapue et par conséquent plus élégante et plus agréable à l'œil; mais la forme du vase peut avoir différé de celle du vase précédent et n'avoir été qu'une forme analogue. Sa plus grande élégance provient de la profondeur de la ligne courbe du col et de l'inflexion gracieuse de cette courbe en arrivant à la panse et à la bordure du col. Le fragment 22 ne devait pas faire partie d'un vase : peut-être n'était-ce qu'une *schiqfaiah* usée par le frottement et presque polie : la pierre elle-même est d'un aspect

1. W. M. Flinders Petrie, *op. cit.*, pl. VIII, n° 12 et pl. IX n° 2. — Cf. aussi pl. IX, n°s 1 et 4 où la porte n'est pas indiquée.

curieux à cause de ses veines laiteuses qui traversent, en décrivant une courbe, un fond de couleur bleuâtre. L'objet est doux au toucher comme si on l'eût passé au savon et peut-être était-ce simplement un polissoir.

La planche XXII contient 24 fragments de cette catégorie, du numéro 1 au numéro 24. De ces fragments quelques mots seulement sont dignes d'une observation particulière et je ne m'occuperai pas des autres. Le numéro 1 était une assiette de schiste ardoisier avec un rebord très fin, comme aussi le numéro 4 quoique celui-ci soit d'une forme légèrement différente. Le numéro 3 provient d'un vase à col en retrait, comme le numéro 20 de la planche XXI, avec cette différence que le rebord du col est beaucoup plus accusé et que l'arête en ressort davantage. Les numéros 17 et 19 faisaient partie de plats avec un rebord curviligne presque perpendiculaire au plat. Le numéro 18 a une inscription hiéroglyphique * || ; il en a été trouvé d'analogues soit à Neggadeh par M. de Morgan, soit à Abydos même par M. Petrie. Le numéro 20 faisait partie d'un vase qui se tenait debout, avec un col débordant sur la gorge et la panse commençait aussitôt sous cette gorge. Le numéro 21 vient du tombeau de Perabsen et les trois suivants sont décorés d'ornements similaires, en relief pour le 22, et gravés pour les numéros 23 et 24. Le numéro 7 étant un vase en forme de pot à ouverture assez large, attachée à un col trop court, et avec deux oreilles cylindriques : il rappelle en quelque manière la grande marmite en porphyre publiée au numéro 17 de la planche XIV du second volume de ces rapports[1]. J'ai réservé pour la fin[2] les numéros 9, 10 et 14 qui tous les trois portent une inscription renfermant les trois autruches : au numéro 14, il n'y a que la tête de l'oiseau avec son aigrette; au numéro 10, la tête avec l'aigrette et le cou de l'oiseau, et au numéro 9, les oiseaux sont entiers, quoique peu apparents.

Je retrouverai plus loin ces mêmes signes; mais, dès à présent, je dois dissiper une erreur qui s'est glissée dans le second volume de l'ouvrage de M. de Morgan sur les *Origines de l'Égypte*. Il a trouvé

1. E. Amélineau : *Les nouvelles fouilles d'Abydos*, 1897-1898, pl. XIV, numéro 17.

2. Les numéros 25-32 de cette planche XXII ont été examinés plus haut, ce sont des fragments d'époque postérieure.

aussi ces trois autruches, comme il les appelle improprement, car une autruche n'a pas d'aigrette surmontant sa tête, et ici les aigrettes sont dessinées de manière à ce qu'on ne puisse pas s'y méprendre, comme aussi d'ailleurs, sur les cylindres du tombeau royal de Neggadeh[1], et il a cru pouvoir en tirer la conclusion suivante : « On en trouve, dit M. de Morgan en parlant des inscriptions qu'il a rencontrées dans le tombeau de Neggadeh[2], sur des plaques d'ivoire et sur des vases en pierre dure où les trois signes [hiéroglyphes] se reproduisent si fréquemment que je suis porté à croire qu'ils représentent l'un des noms du personnage enseveli dans ce tombeau ». Si le sentiment de M. de Morgan répondait à la réalité des faits, il serait gros de conséquences en faveur de l'antiquité des tombes royales d'Abydos ; car, comme j'avais trouvé ce nom dans mes fouilles d'Om el-Ga'ab, il faudrait avouer que celui qui l'a porté a rendu un culte funéraire aux rois ses prédécesseurs qui ont été enterrés à Abydos, et surtout si ce roi était Ménès comme on l'a cru et soutenu, il faudrait de toute nécessité avouer qu'il y a eu des rois antérieurs à Ménès. Malheureusement je me crois obligé de combattre une théorie qui me serait si favorable. Le nom du roi mort est presque toujours renfermé dans un rectangle surmonté d'un épervier ou d'un animal typhonien : j'aurai plus loin l'occasion de le montrer amplement : s'il n'est pas renfermé dans le rectangle, car à cette époque on ne connaissait pas le cartouche, il était écrit tout simplement sans rectangle, mais tel qu'on le trouve dans le rectangle. Le roi avait-il à cette époque reculée un nom de *double*, un prénom et un nom? c'est ce que rien ne prouve ; tout concorde par contre à prouver le contraire. Le prénom ne se trouve réellement établi que vers la sixième dynastie : pendant tout l'Ancien Empire jusqu'à la sixième dynastie on ne trouve que le nom de *double* et le nom. S'il en est ainsi, il ne serait pas invraisemblable qu'une époque eût existé où le nom de *double* seul eût suffi pour dési-

1. J. de Morgan : *Recherches sur les origines de l'Égypte. Ethnographie et tombeau royal de Négadah*, p. 165 et 168, fig. 525 et 558. M. de Morgan dans les caractères hiéroglyphiques de son texte (p. 161 et 162) ne met pas d'aigrette.
2. *Id.*, p. 165.

gner un individu, ou encore que le nom de l'individu eût été confondu avec son nom de *double*. Quand on veut remonter par la réflexion à ces temps lointains et primitifs, on est tout naturellement amené à penser qu'il en fut ainsi. Pour le cas présent, le nom de *double* du roi enterré à Neggadeh étant *Ahâ*, comme on n'en a pas trouvé d'autre, on peut en conclure qu'il n'en avait pas d'autre, jusqu'à preuve du contraire. Quant au groupe des trois oiseaux, que ce soient ou non des autruches, on peut penser avec assez de raison que c'est le groupe qui est devenu plus tard, à mesure que l'écriture se développait, les *biou*, les âmes, où l'oiseau primitif se sera changé en grue de Numidie. Ce qu'il y a de bien certain, c'est que ce ne peut pas être le nom, ni même l'un des noms du personnage enterré dans le tombeau royal de Neggadeh.

Ceci dit, je reviens aux fragments de vases et je passe aux fragments de vases ouvragés. Je suivrai la même méthode pour ces fragments que pour ceux qui précèdent.

Le numéro 18 qui ne devait pas se trouver dans cette catégorie, mais que j'y ai laissé parce qu'il a été photographié en même temps que les objets qui l'entourent, est remarquable parce qu'il contenait une inscription : on voit encore que le dernier signe de cette inscription était un crocodile et que ce crocodile était tout au moins précédé d'un autre signe dont on perçoit encore le dernier trait. La façon dont est fait ce crocodile me semble tout à fait archaïque, et je n'en connais pas d'autre où cet amphibie soit ainsi dessiné. Le numéro 19 est une sorte de colonne irrégulièrement ornée avec des circonférences parallèles. La pierre est du porphyre, tandis que dans les trois premiers numéros nous nous trouvons en présence de pierre schisteuse ardoisière.

Le numéro 8 de la planche XXI est un fragment de vase ayant la forme d'un palmier : c'est le tronc qui est représenté et les petites parties à courbure légère y figurées sont là sans doute pour représenter les branches arrachées chaque année pour permettre au palmier de s'élancer en l'air et de former la touffe au milieu de laquelle apparaîtront les fruits. Cette touffe me semble figurée en haut du fragment par la partie qui s'avance à gauche et qui a été si malheureusement perdue. Le fragment 3 de la planche XXIII faisait partie d'un vase à bec et le numéro 15 appartenait à un vase dont la décoration est similaire à celle de plusieurs fragments trouvés la première année[1].

Il me reste à parler de trois séries de fragments ayant appartenu sans doute à plusieurs vases — la chose est certaine pour les deux dernières et fort vraisemblable pour la première, — et que j'ai réunies dans les mêmes planches parce que leur décoration est bien la même.

La première de ces trois séries de fragments représentés à la planche XXIII, numéros 20-30 comprend pas moins de onze fragments qui me semblent avoir appartenu sinon aux mêmes vases, du moins à des vases similaires. De ces onze fragments, il y en a un qui se compose de deux fragments qui ont pu être recollés, c'est le deuxième de la ligne du bas. Il suffit pour montrer que le vase en question était une espèce d'assiette creuse divisée en compartiments par une sorte d'arête. Cette arête était striée par de petites lignes transversales qui se retrouvent sur tous les fragments, quelle qu'en soit la forme. Je croirais assez volontiers que cette décoration était à la fois intérieure et extérieure. Si l'on prend le fragment 20 on voit en son milieu un cordon amorcé et qui a été cassé; il courait dans le sens de la largeur interne du vase, car ce vase va en s'approfondissant. Au contraire les fragments situés dans les deux lignes inférieures sont des fragments plats qui ne pourraient guère aller avec des fragments concaves. Les trois premiers, à gauche de la deuxième ligne et le deuxième de la ligne du haut, c'est-à-dire les numéros 23, 24, 25 et 27, sont d'une forme qui semble défier tous les efforts pour la reconstitution du vase. Parmi les fragments trouvés dans la première campagne, il y en a un qui a le même motif de décoration : c'est le numéro 5 de la troisième ligne en partant du haut, planche XXVIII; j'ai pensé un moment qu'il aurait pu faire partie du même vase que l'un des fragments de cette planche, mais la forme de ce petit fragment comprenait une ouverture circulaire en son milieu, comme on peut le voir sur la planche, et cette conformation ne peut convenir aux fragments de notre numéro. Je laisse donc à de plus habiles que moi le soin d'étudier ces fragments qui nous montrent comment la fantaisie des artistes égyptiens savait se donne libre carrière.

1. E. Amélineau : *Les nouvelles fouilles d'Abydos*, vol. 1, pl. XXVII, ligne 2 au bas, n° 4 ; ce numéro est plus fin; pl. XXVIII, l. 1 du haut, n° 5, lig. 3, n° 8 et ligne 4 n° 4.

La planche XXV, numéros 22-32 contient également onze fragments, et malheureusement encore ces fragments appartiennent au moins à quatre vases de même de forme, sinon plus. Nous avons déjà rencontré cette forme parmi les vases à grande dimension au premier paragraphe de ce chapitre, et j'ai dit que les deux spécimens de ces vases fragmentaires avaient une forme de cornet. Cette comparaison est assez juste, car si je n'ai pas le vase entier, j'en connais cependant la forme avec certitude. Parmi les fragments que j'avais recueillis, il y en avait un qui était d'une immense importance pour déterminer la forme de ces vases : c'était un tout petit fragment en pierre schisteuse ardoisière représentant une sorte de bouton qui arrêtait la descente nue de la pierre, ressortait et finissait à deux ou trois centimètres plus bas que cette pointe. Je l'ai eue, je l'ai vue, examinée et je sais parfaitement ce que je dis. Qu'est-elle devenue? Lors du partage des objets, partage fait au Musée de Gizeh entre M. Loret assisté par huit de ses employés européens et moi qui étais seul, au milieu de l'affairement inévitable de cette sorte d'opération, malgré mes avertissements et mes demandes de ne pas agir avec précipitation, on fit comme pour les fragments de poterie dont il a été question plus haut, on m'attribua une partie des fragments représentés ici et on garda le reste : parmi ce reste était le bouton qui terminait le vase. Lorsque je photographiai les objets qui avaient été la part du Musée et que j'expliquai la chose, on me répondit que le directeur n'était pas là, que la pièce avait sans doute été cataloguée quoiqu'on ne la retrouvât pas, et qu'une fois cataloguée ou inscrite au registre d'entrée, une pièce, si minime fût-elle, ne sortait plus du Musée. C'est ce qui m'a empêché de faire opérer la restauration de ces vases.

Si je n'ai plus la partie inférieure, j'ai du moins la partie supérieure de quatre de ces vases, et trois de ces fragments sont eux-mêmes composés de deux fragments collés ensemble. Ces quatre fragments sont de dimensions et de finesses inégales. Le premier à gauche devait avoir l'ouverture très large, car la courbure de la circonférence est très grande. On voit au second fragment qui fait partie de ce premier morceau une petite ligne faite par le changement de niveau opéré après cette sorte de manteau jeté sur la partie supérieure du vase. Le second l'a aussi, et de même le troisième; mais, dans ce dernier, ce changement dans l'épaisseur du vase fait un effet de la plus grande finesse, par l'entente de la ligne qu'il démontre. D'ailleurs noblesse oblige, et ce vase est d'une délicatesse vraiment extraordinaire. Le quatrième n'a pas ce manteau et est tout uni. Tous les fragments de cette planche sont en schiste ardoisier, et, si cette matière était plus facile à travailler, parce que tendre, elle était aussi plus facile à briser. Qu'on imagine alors la difficulté qu'il y eut à creuser ces cornets à large ouverture et à extrémité n'ayant plus guère qu'un demi-centimètre, et cela sans les briser. Ce genre de vases suffirait à lui seul pour démontrer que ceux qui les firent se servaient d'outils en métal, car jamais un silex, si menu fût-il, n'aurait pu parvenir à creuser le fond de ces vases, pour la bonne raison qu'on n'eût pas pu le tenir en main, puisque la main forcément ne pouvait arriver au delà d'une certaine distance, assez peu grande d'ailleurs.

Ces vases pouvaient porter des inscriptions, comme le fragment qui est au milieu suffit à le démontrer, puisqu'on y voit encore le signe qui était précédé d'un ou plusieurs autres signes. Le signe que je viens de citer est fait assez mal et est très archaïque, comme le lecteur pourra s'en rendre compte en se reportant à la figure. Tous ces vases ont dû être faits comme on l'a pu, car les fragments suffisent à montrer que le fabricateur n'a pas su donner aux parois du même vase une même épaisseur, à cause de la grande difficulté éprouvée à maintenir la matière dans l'état de stabilité nécessaire. Ces fragments sont uniques.

Uniques aussi sont ceux représentés à la planche IX, au nombre de vingt-deux, plus deux autres fragments qui ne sont pas de même origine. Tous cependant ont été trouvés dans le tombeau d'Osiris, dans les cendres qui l'encombraient ou qui étaient en dessus ou dans les décombres qui recouvraient ce tombeau. Les deux fragments disparates étaient d'une grande finesse, comme on s'en aperçoit sans peine, et leur décoration consistait en un cordon circulaire très habilement fait. Les autres fragments appartiennent à des vases de décoration semblable sinon aux mêmes vases. En effet, il suffit de l'examen le plus superficiel pour s'apercevoir d'abord que les fragments se divisent en deux catégories distinctes par la grosseur de la pierre : ceux de gauche sont en effet d'une grande finesse, ceux de droite sont bien plus épais, et les lignes de la décoration beaucoup plus grosses que celles de l'autre catégorie. Je range dans la première les numéros 1, 2, 3, 4, 7, 8, 9, 10, 11, 12, 13, 14, 15, 18, 19; dans la seconde les numéros 5, 6, 16, 17, 20, 21 et 24.

Dans la première catégorie, je ne puis rien dire des numéros 7, 8, 9, 10, 11, 12, 13, 14, 15, 18, et 19, parce que ce sont des fragments intermédiaires qui avaient leur place dans l'objet intact et qui n'ont aucun titre à l'attention, autre que les cannelures, si je puis employer ce mot, qu'on y voit à l'endroit et à l'envers, cannelures que les autres fragments nous offrent aussi. Il en est tout différemment des fragments 1, 2, 3, et 4. Là, nous sommes en présence d'une extrémité de l'objet et cette extrémité identique dans les quatre fragments pourrait nous montrer que ces fragments appartenaient au même objet, si des différences dans l'épaisseur ne venaient jeter quelque doute sur cette manière de voir. Le lecteur verra de lui-même que les quatre fragments se terminent à cette extrémité par des tiges parfaitement visibles à leur tête et resserrées par un nœud qui enlace chacune d'elles. Ce motif évidemment pris dans la nature est bien simple, mais d'un effet certainement gracieux. Ce sont les tiges placées l'une à côté de l'autre qui font tout naturellement les cannelures et, si j'osais m'aventurer dans un domaine qui n'est pas le mien, je dirais que ce sont ces tiges qui ont amené les cannelures de la colonne protodorique, ou colonne employée à Beni-Hasan et ailleurs, dont le chapiteau n'est qu'un faisceau de tiges assemblées et liées ensemble.

Le numéro 1 nous donne en plus une extrémité dans le sens de la longueur, et aussi le numéro 4 qui nous donne l'extrémité opposée, c'est-à-dire la première et la dernière tiges employées dans la confection de l'objet. Malheureusement il nous manque trop d'intermédiaires. Ce qu'on peut voir au numéro 4, c'est que la ligne extrême verticale n'est pas réellement droite et il en faudrait sans doute dire autant du numéro 1. Quoi qu'il en soit, on ne peut nier que nous ne nous trouvions en face d'un objet unique (ou de plusieurs) évidemment intéressant pour la science, inconnu à tous les archéologues qui font ou non de l'égyptologie, et sans doute cet objet était une sorte de plaque dont je ne puis, et sans doute dont plusieurs autres ne pourront deviner l'usage.

Les fragments qui composent la seconde catégorie sont seulement au nombre de sept, sur ces sept le 5, le 15 et le 17 rentrent dans le cas de ceux qui ne m'ont pas arrêté à la série précédente. Les cinq autres au contraire méritent toute notre attention. Le numéro 6, comme les quatre premiers numéros de cette planche pour la première catégorie, contient une extrémité, le commencement ou la fin de cette seconde plaque d'une pierre qui m'est inconnue, mais qui se laissait assez facilement tailler. On voit en effet à l'extrémité droite, partie brisée, comme un nœud qui aurait lié les tiges les unes avec les autres. Le numéro 6 faisait partie de la même plaque, mais ce n'est pas certain; nous nous trouvons ici en présence d'un nouvel ornement; c'est le cordon strié qui tient les tiges entre elles, et il est assez visible qu'on a voulu représenter ici les palissades en tiges de dourah que tous les fellahs savent faire pour s'abriter contre le vent : au fond c'est le même principe que pour les numéros 1, 2, 3 et 4, mais avec cette différence que ceux-ci ne comprenaient que les liens unissant l'extrémité supérieure des tiges, tandis qu'ici nous avons la tige transversale, prise à peu près au milieu, attachée par des cordes que représentent les stries figurées en ce numéro 16 sur le cordon horizontal médian. C'est toujours le même système de décoration : on copiait la nature, et c'était sans doute ce qu'on pouvait faire de mieux, puisqu'on le fait encore aujourd'hui.

Il ne me reste plus à examiner que les numéros 20, 21 et 24. Le numéro 21 est intact à son extrémité supérieure. A son extrémité droite, en bas, on voit comme un commencement de toiture qui sortait de l'objet : les cannelures sont régulières, vont en se rétrécissant parce que l'objet était moins large en cet endroit qu'à la partie supérieure. Le numéro 21 nous redonne un objet d'une forme déjà connue par ailleurs, car en la première campagne de fouilles j'avais déjà trouvé deux objets qui me semblent d'une parité à peu près complète. Ces deux objets sont représentés à la planche XXVII du premier volume, à la deuxième ligne à partir du bas, numéro 5, et à la planche XXVIII, numéro 3 de la ligne du haut. Ce dernier est très fragmentaire et il ne resterait que la partie du milieu, mais le premier est exactement semblable de forme au numéro 21 de cette planche. Que représente cet objet? Quand on l'examine d'un peu loin et qu'on fait attention au rétrécissement de cet objet à la ceinture, c'est-à-dire à la partie supérieure, on est tout tenté de croire qu'on se trouve en présence d'un de ces pagnes gaufrés et tuyautés que portaient les Pharaons et les grands personnages de leur cour en certaines circonstances solennelles. Les deux tours que faisait la ceinture sont particulièrement favorables à cette attribution, surtout avec le nœud qui est noué au numéro 5 de la planche XXVII du premier volume, ligne 2 du bas. Mais ici on voit qu'aux deux côtés du pagne étaient attachés deux ornements à lignes striées qui ne laissent pas que d'être assez embarrassants. De plus comme ce jupon, ou ce pagne, doit être porté par un homme de manière à pouvoir être serré et attaché à sa taille, nous devrions avoir ici une statuette ou une représentation humaine quelconque, ce qui n'est guère vraisemblable. A la rigueur, on pourrait prétendre qu'on n'avait voulu représenter que le jupon avec ou sans ses ailes. Reste le numéro 24 qui devait être une sorte de bouton, intact à sa partie supérieure et brisé à l'endroit où commençait la partie inférieure, comme le montre la fin des cannelures ou leur ligature par une corde.

Quoi qu'il en soit, il faut avouer qu'ici encore nous nous trouvons en présence de monuments nouveaux, autant de forme que de décoration, et qu'il est très regrettable qu'on n'ait pas pu mettre la main sur un objet complet, car la science des œuvres humaines, de leurs débuts, de leurs progrès en aurait été magnifiquement éclairée.

CHAPITRE XVII

DES PETITES TABLES D'OFFRANDES VOTIVES EN PIERRE ET AUTRES OBJETS DU CULTE

Ce chapitre sera forcément très court parce que le nombre des objets sur lesquels il roule n'est que de dix; mais j'ai dû le faire, parce que les objets en question sont très différents de ceux qui précèdent ou de ceux dont il me reste à parler et que je n'aurais pas su où les placer. D'ailleurs si ce sont les seuls que j'aie rencontrés pendant la troisième campagne, ce ne sont pas toutefois les seuls que j'aie rencontrés au cours de mes fouilles, puisque j'en avais trouvé de similaires pendant la première campagne, et qu'ils étaient d'ailleurs connus auparavant par suite des découvertes de M. Flinders Petrie à Neggadeh. Après M. Petrie, M. de Morgan, également à Neggadeh en a trouvé d'autres et M. Quibell à Hiéraconpolis.

M. Flinders Petrie en a rencontré le premier un fort grand nombre et il n'en a pas représenté moins de 112 dans les planches de son compte rendu des fouilles qu'il fit à Neggadeh[1]. Il les appelle *Slate palettes*. Les palettes de Neggadeh ont un nombre très varié de formes : elles représentent des animaux ou des poissons qu'on offrait dans les tombes des morts, car on a figuré soit au sommet soit à l'autre extrémité de la palette la tête ou la queue des animaux, des oiseaux ou des poissons, ou même de simples lignes assez grossières, parce que primitives. M. Petrie a pensé en publiant ces monuments dans le volume où il a rendu

1. W. M. F. Petrie. *Naqada and Ballas*, pl. XXXVII, XXXVIII, XXXIX et L. Il y en avait beaucoup plus en réalité. Dans son texte, M. Petrie dit qu'il en a trouvé 386 et M. Quibell en avait trouvé 96 à Ballas, ce qui fait un total de 442. On voit par ce nombre combien l'emploi de ces monuments était fréquent à Neggadeh à cette époque.

compte de ses fouilles, que ces palettes étaient des polissoirs avec lesquels on mettait la dernière main aux vases en pierre dure qu'on polissait, et il paraît s'étonner qu'on ait employé des outils aussi incommodes pour arriver à un pareil résultat[1]; mais cette incommodité lui semble de peu de poids à cause des traces de malachite et d'hématite qu'il y a trouvées et de l'usure qu'il y a remarquée. Il me paraît bien plus simple de croire que ces susdites palettes ne sont autre chose que de pauvres et rudes pièces d'offrande qu'on déposait dans les tombes pour y figurer, dès cet ancien temps, des offrandes qu'on ne pouvait ou qu'on ne voulait offrir réellement. Il suffisait pour déterminer l'espèce d'offrande qu'on voulait faire de donner au morceau de schiste ardoisier qu'on déposait la forme du quadrupède, de l'oiseau ou du poisson qu'on voulait offrir. On retrouve la même coutume à toutes les époques historiques ; ce qui est nouveau et ce qui mérite d'être signalé, c'est de retrouver cette coutume à l'époque préhistorique. Il n'est pas étonnant que M. Petrie, qui n'a pas su reconnaître l'âge des monuments qu'il a rencontrés à Neggadeh, n'ait pas su davantage reconnaître la destination de ces prétendues palettes qui ne sont autre chose que la figure des offrandes que l'on ne faisait pas.

M. de Morgan a également trouvé de ces objets dans le tombeau royal de Neggadeh : il les appelle avec raison des plaques de stéato-schiste, car n'en connaissant pas la destination, il s'est borné à en indiquer la matière. Il en a trouvé des exemplaires fort nombreux dans la chambre qu'il désigne par B : « nombreuses plaques rectangulaires de schiste, demi-fondues ou tordues par la chaleur », et dans la chambre Y « cinq ou six grandes plaques rectangulaires en stéato-schiste »[2]. Il en figure deux dans la suite de son ouvrage[3]. A ce sujet, il dit : « En parlant des usages des indigènes, au chapitre qui précède, j'ai émis l'opinion d'après laquelle les figures animales en stéato-schiste ne seraient autres que des amulettes funéraires ou des représentations ayant trait aux croyances religieuses. Je ne puis donner cette explication relative-

1. *Ibid.*, p. 43 nº 63.
2. J. de Morgan : *Recherches sur les origines de l'Égypte*, t. II, p. 160.
3. *Ibid.*, fig. 767-768.

ment aux plaques de la même roche dont j'ai trouvé bon nombre dans la tombe royale de Négadah. Ces plaques sont rectangulaires ou carrées, elles portent sur des les bords deux lignes gravées en creux, le milieu restant entièrement lisse et sans trace de dessins. Ces objets atteignent parfois de grandes dimensions. J'en ai rencontré de $0^{m},40$ et de $0^{m},45$ de côté[1]. » M. de Morgan, en exprimant l'opinion que les plaques en stéatoschiste, ou schiste ardoisier, étaient des amulettes funéraires ou des représentations ayant trait aux croyances religieuses, n'était pas si loin de la vérité qu'il le croyait peut-être, et s'il ne pouvait pas indiquer la même destination aux plaques rectangulaires, c'est qu'il n'avaitpas eu entre ses mains l'objet qui aurait certainement dessillé ses yeux. Plus heureux que lui, j'ai eu cet objet et je l'ai déjà décrit au cours du compte-rendu des présentes fouilles[2]. Cet objet est tout simplement une petite table d'offrande sur laquelle, dans le champ, ont été représentées les offrandes ordinaires. Il n'y aurait pas là une preuve de l'identité, si précisément la table d'offrandes dont je parle ne portait pas sur les bords les lignes en creux que signale M. de Morgan. Il parle seulement de deux de ces lignes, mais les représentations qu'il donne de ces plaques en comportent quatre et le lecteur trouvera dans la planche qui renferme un modèle de cette table d'offrandes, trois lignes gravées en creux tout autour du champ de la table. M. Petrie a également retrouvé de ces tables d'offrandes et il en a représenté sept qui rentrent dans la catégorie de celles dont je parle[3] : elles ont en général trois lignes[4], une seule a une ligne avec des stries transversales[5] et d'autres ont deux lignes dans le sens du grand côté, et trois dans le sens du petit côté[6]. J'en avais retrouvé moi-même la première année un fragment que je n'avais pu reconnaître : il a seulement deux lignes[7]. J'avais trouvé de même deux

1. *Ibid.*, p. 199.
2. Cf. le chapitre XV de cette partie, p. 340-342.
3. Flinders Petrie : *Naqada and Ballas*, Pl. L. Ce sont les numéros 101, 103, 104, 105, 106, 107 et 108.
4. *Ibid.*, numéros 105, 106, 107.
5. V. numéro 103. Plus une de deux lignes, numéro 104.
6. *Ibid.*, numéros 101 et 108.
7. E. Amélineau : *Les nouvelles fouilles d'Abydos*, t. I, pl. XXVIII, ligne 3 du bas, numéro 8.

plaques de stéatoschiste creusées dans le champ et que je crois être des tables d'offrandes d'un genre particulier, vraisemblablement pour les liquides[1]. Dans un autre genre, j'avais trouvé des plaques rectangulaires, des plaques rondes au nombre de trois, deux plus étroites au sommet qu'à la base et une seule en forme de poisson, avec des entailles pour signifier les nageoires pectorale, anale et dorsale[2] en tout 14 avec les fragments que j'ai signalés. M. Petrie, pour une raison que j'ignore appelle *grossières* les plaques sans figure ni dessin, et ajoute que celles-ci sont de plus basse époque que les autres[3]. Je serais précisément d'un avis contraire et je regarderais les premières comme plus anciennes que les dernières, si je ne me rappelais qu'elles sont toutes presque également pauvres. Il va sans dire que nulle trace de malachite, d'hématite n'apparaît sur les plaques trouvées soit à Neggadeh par M. de Morgan, soit à Abydos au cours de mes fouilles. Si ces plaques sont en nombre bien plus considérable à Neggadeh et à Ballas, dans l'endroit fouillé par MM. Petrie et Quibell, cela vient sans doute de la pauvreté relative de cette localité ; mais cela peut venir aussi de la coutume établie, puisque M. de Morgan en a trouvé un nombre assez considérable, tandis que dans la nécropole d'Om el-Ga'ab je n'en ai rencontré la première année que 14 et seulement 10 la troisième année, en tout 24, ce qui est un chiffre très petit en présence des 492 trouvées par MM. Petrie et Quibell.

Ces réflexions préliminaires m'ont semblé nécessaires avant de traiter la question des plaques rencontrées dans la troisième année. Ces plaques sont représentées à la planche XXIX. Tout d'abord il n'y en a qu'une seule, le numéro 10 qui évidemment est une table d'offrandes, comme cela ressort des réflexions précédentes : elle a deux lignes creuses pour limiter les bords. Elle est fruste et je n'ai pu la trouver tout entière. Le numéro 1 appartient aussi sans contestation possible à la série des tables dites *grossières* par M. Petrie. Elle fut trouvée en cinq

1. E. Amélineau, *op. cit.*, pl. XVII, ligne du milieu, numéro 6 et ligne du bas numéro 6.
2. *Ibid.*, pl. XXIX, lignes du haut et du bas.
3. W. M. Fl. Petrie : *Naqadâ and Ballas*, p. 43, numéro 63, pl. XLVII-L. C'est une nouvelle preuve du peu de maturité des jugements de M. Petrie.

morceaux en des jours et des lieux différents. Elle est complète et très polie. Elle n'est pas en schiste ardoisier, mais en une sorte de pierre qui compose également les numéros 2, 3, 5, 6, 8 et 9. Le numéro 5 est de la même matière, mais plus petit, et il y a un trou en sa partie supérieure qui en montre la destination; elle devait être pendue à quelque chose, sans doute au cou du cadavre mis dans le cercueil. Deux autres objets sont en grès, les numéros 4 et 7 : peut-être avaient-ils été usés par le frottement; aussi, comme le précédent, je ne puis les faire entrer dans la série des tables d'offrandes; ils devaiet être des amulettes ou des objets spéciaux à certains besoins du mort.

Les numéros 2, 3, 6, 8 et 9 sont de simples lames de pierre schisteuse ardoisière plus ou moins larges et épaisses. Je ne crois pas qu'on ait trouvé jusqu'ici de semblables objets et je ne peux dire à quel usage on les employait; mais sans aucun doute c'étaient des objets se rapportant au culte funéraire, comme tous les objets trouvés dans les tombes de cette époque ou autres. C'est pourquoi j'ai intitulé ce chapitre si court *Des tables d'offrande en pierre et autres objets du culte funéraire.*

Comme il est facile de le voir d'après ce qui précède, les plaques de pierre schisteuse ardoisière ont été trouvées en beaucoup plus grand nombre dans la nécropole de Neggadeh fouillée tour à tour par MM. Petrie, Quibell et de Morgan que dans la nécropole d'Om el-Ga'ab en Abydos. Si ces plaques eussent été des polissoirs, comme le prétend M. Petrie, on ne comprendrait pas que la quantité fût en faveur de Neggadeh, car c'était précisément à Abydos qu'on aurait dû avoir besoin de ces polissoirs, afin de polir les presque innombrables vases rencontrés au cours des fouilles d'Abydos par moi-même et par M. Petrie, après que ma concession m'eut été frauduleusement ravie et indûment attribuée à M. Petrie. J'ai trouvé en effet plus de cinq à six mille vases en pierre dure presque tous réduits en morceaux par les spoliateurs, dont trois mille au moins dans le tombeau de Set et de Horus. La première année j'en avais rencontré au moins deux mille et un millier environ dans la troisième campagne[1]. Pour parfaire tous ces vases, on a dû se servir de

1. Il me fait plaisir de noter ici une particularité dont M. Petrie s'est félicité au cours

nombreux polissoirs et j'en aurais trouvé seulement 24, tandis que MM. Petrie, Quibell et de Morgan, dans une même nécropole ou dans deux nécropoles fort voisines, en auraient trouvé pour un nombre de vases de beaucoup plus petit, une quantité considérablement plus grande. La proportion aurait dû être inverse, à moins d'admettre que les polissoirs d'Abydos avaient presque tous été détruits après avoir servi au polissage des vases d'Om el-Ga'ab, mais précieusement conservés au contraire dans la nécropole de Neggadeh. Si l'on suppose au contraire que les prétendus polissoirs étaient des tables d'offrande votives, ainsi que je crois l'avoir démontré plus haut, on comprendra fort aisément que ces offrandes votives, moyen facile de simuler des offrandes factices pour ne pas faire d'offrandes réelles, se soient concentrées en nombre beaucoup plus grand dans la nécropole de Neggadeh qui était relativement pauvre, pendant qu'au contraire je ne les ai trouvées qu'en nombre relativement infime dans la nécropole d'Om el-Ga'ab qui était très riche. Ce raisonnement me semble inattaquable, fondé qu'il est sur l'évolution telle que je l'ai montrée des tables votives de cette haute époque aux tables votives d'une époque beaucoup plus rapprochée de nous.

de son volume sur les *Tombes royales d'Abydos*. Il dit qu'en évaluant les fragments de vases en pierre qu'il a rencontrés, de 10.000 à 20.000 il ne se trompera pas beaucoup (p. 18, col. I) et de là ses admirateurs sont partis en guerre contre mes fouilles pour les exalter bien au-dessus des miennes. Je ne nie certes pas l'habileté de M. Petrie, mais s'il fallait juger de cette habileté par le nombre des fragments qu'il a trouvés, je peux dire en toute sûreté de conscience que j'en ai trouvé beaucoup plus que lui, puisque dans le seul tombeau de Set et de Horus j'en ai trouvé peut-être plus de 100.000 dont j'ai rapporté la plus grande partie. De plus M. Petrie n'a peut-être pas eu grand' peine à trouver ses 20.000 fragments s'il a connu la cachette où j'en avais enfermé sans doute autant qu'il en a trouvé, et cela par le conseil du directeur du musée de Gizeh.

CHAPITRE XVIII

DES OBJETS EN SILEX

Les silex qui ont été trouvés au cours de cette troisième année de fouilles sont relativement peu nombreux; mais peut-être l'intérêt qu'ils présentent, l'habileté de travail qu'ils démontrent et leur beauté compensent-ils le nombre de ceux qui avaient été trouvés les deux années précédentes, surtout si l'on y joint, comme je le ferai, les bracelets en cette matière et en d'autres pierres dures qui furent rencontrés pendant la campagne. Les silex proprement dits forment en partie la planche XVII et les bracelets la planche II.

La planche XVII est formée de deux parties bien distinctes, l'une qui occupe tout le haut de la planche, l'autre qui est moins élevée et sous laquelle j'ai rangé les deux couteaux que j'ai trouvés en tout et pour tout pendant cette troisième année, et les pointes de flèche en cristal de roche. La première de ces deux parties supérieures comprend les silex qui demandèrent moins d'habileté pour être taillés que les pièces magnifiques de la seconde. Tout autour de cette partie, encadrant les objets placés dans le milieu, sont des racloirs au nombre de dix-neuf. Au premier abord, le lecteur observera de lui-même que ces racloirs sont de deux formes bien distinctes, selon qu'à la partie supérieure ils présentent une seule arête dorsale, comme celui qui se trouve à l'extrémité droite du cadre (27) et les deux qui lui sont superposés (36 et 44) ou qu'ils en ont deux, selon que la retaille du *nucleus* primitif ou du fragment du *nucleus* l'a exigé. Il y en a un quatrième à arête dorsale, le 35, d'une grande petitesse, entre le couteau qui se trouve au-dessus de la ligne du cadre et la hachette qui se trouve à droite des deux grattoirs qui sont superposés à celui qui est numéroté 27. Dans les silex à deux arêtes et qui semblent taillés en parallélipipèdes, les deux extrémités ont été arrondies depuis et jusqu'à une autre arête qui de chaque côté indique la formation d'un nouveau plan. La surface inférieure du racloir est généralement concave ou plane. Au contraire, les numéros 27, 34, 36 et 44 forment à chaque extrémité deux triangles. Chez les parallélipipèdes, les arêtes ne sont pas uniformément et géométriquement parallèles : l'éclatement a dirigé de lui-même la formation de la figure géométrique.

Près de ces grattoirs, aux numéros 32, 35, 39, 40, 41, 42, 46, 47, 48, 50, 51 et 52 sont d'autres instruments de destination et de forme presque identiques. M. de Morgan qui n'a pas eu en sa possession et qui n'a même pas vu les silex de cette campagne, parce qu'il n'était plus en Égypte, a cependant parlé de ces instruments parce que je lui en avais remis de semblables la première année des fouilles : il en a reproduit le dessin dans son second volume des *Origines de l'Égypte*[1] et les nomme *poinçons-racloirs*. Ces poinçons étaient formés de simples éclats que les ouvriers utilisaient pour des travaux qui ne demandaient pas une grande résistance : si malgré tout l'outil se brisait, il était facile de s'en procurer un autre, car la matière abondait.

Les couteaux que j'ai trouvés en si grand nombre dans les deux premières campagnes n'ont été représentés dans la troisième que par quatre fragments et trois couteaux entiers, à savoir le numéro 29 de cette partie de planche, et deux autres qui sont numérotés 20 et 21. Les fragments de couteau dont je parle présentement sont représentés aux numéros 28, 30, 38 et 49 de la partie supérieure. Les fragments 28 et 30 sont des manches complets; la chose est évidente pour le numéro 28, et elle est certaine pour le numéro 30 où la courbe qui annonce l'agrandissement du manche et son élargissement en lame est déjà toute prononcée. Ces deux manches ont quelque chose en plus qui leur est particulier et que je retrouverai aussi dans les trois couteaux complets. Dans les couteaux en silex que j'ai trouvés la seconde année de mes fouilles en Abydos et dont j'ai publié des types à la planche XIX du second volume de cet ouvrage, le manche est simple, à peu près aussi large au commencement qu'à la fin; dans ceux que j'ai donnés à M. de Morgan et

1. J. de Morgan, *Recherches sur les Origines de l'Égypte*, t. II, p. 105, fig. 296-298.

dont il a publié des spécimens dans le premier volume de ses *Recherches sur les origines de l'Égypte*, les couteaux ont la même forme que ceux trouvés la seconde année, sauf un qu'il a publié à la page 111 de la première partie de son ouvrage et qui était aussi un fragment[1]. Ce fragment a un manche qui présente la même particularité que ceux dont il s'agit : il se recourbe pour permettre de le saisir solidement et, à son extrémité antérieure de droite, le manche s'avance pour empêcher sans doute le glissement de l'instrument dans la main qui le tenait. Mais dans le silex publié par M. de Morgan, il semble que le manche était trop petit, tandis que dans les deux numéros 28 et 30, il est facile de voir que la partie avancée était le point de départ d'une courbe plus élégante, que les dimensions offraient toute facilité de saisir le couteau, parce que le manche était plus long et moins large. Je serais tenté de voir dans ces deux fragments la preuve d'une plus grande habileté chez l'ouvrier et un sentiment plus vif d'une belle ligne, et sans doute aussi une indication non méprisable que les couteaux dont ces deux manches sont les restes ont été faits à une époque légèrement plus rapprochée de la nôtre.

Les deux fragments 38 et 49 sont sans doute la fin de deux lames de grands couteaux. La chose me semble certaine pour le numéro 49, car l'extrémité de la lame est bien conforme à celle des couteaux que j'ai publiés dans mon second volume et à celle des couteaux que M. de Morgan a publiés dans les deux volumes de ses *Recherches sur les Origines de l'Égypte*[2]. Quant au numéro 38, quoique le fragment donné dans la planche soit peu considérable, il me semble que c'est bien aussi la pointe finale d'un couteau, mais non pas des couteaux ordinaires en Abydos. Le lecteur qui voudra comparer cette pointe avec le couteau en silex que M. de Morgan a publié dans le second volume de ses *Recherches sur les Origines de l'Égypte*[3], verra facilement que l'extrémité du couteau en silex trouvé dans le tombeau royal de Neggadeh donne la même forme que l'extrémité représentée au numéro 38 de cette partie de la planche. En faut-il conclure que ce fragment faisait partie d'un couteau qui avait

1. J. de Morgan, *Recherches sur les Origines de l'Égypte*, t. I, p. 111, fig. 126.
2. J. de Morgan, *op. cit.*, t. I, p. 110, fig. 124 et 125, et t. II, fig. 308-309, p. 108.
3. J. De Morgan, *op. cit.*, t. II, p. 200, fig. 769.

exactement la même forme que celui de Neggadeh? Je n'ose le dire, arrêté par ce fait que tous les couteaux entiers que j'ai trouvés à Abydos avaient un manche, et que j'ai de plus trouvé de nombreux manches de couteaux sans lame : ce serait la seule fois, à ma connaissance, qu'un couteau sans manche aurait été trouvé dans la nécropole d'Abydos.

Le numéro 43 représente une hache assez grossièrement éclatée; non pas une hache ayant servi dans une lutte quelconque, mais une hache purement votive, car elle n'est formée que d'un éclat assez peu épais et qui n'aurait pas résisté longtemps aux coups que l'on donne dans une bataille en règle. On remarquera la sorte de pédoncule amorcée à sa partie supérieure dans la planche. Les haches de silex qu'à publiées M. de Morgan ne ressemblent aucunement au type de cette hachette.

J'en aurai fini avec les objets de cette première partie, quand j'aurai parlé des numéros 33 et 29. Le numéro 33 représente un objet que je ne connais pas et qui, je crois, ne s'est pas encore rencontré en Égypte. Il est fragmentaire, la partie allongée étant en effet brisée. Cette partie descendait en ligne légèrement recourbée vers une sorte de talon. Arrivée à ce talon, la ligne se renflait subitement à la partie supérieure, pour redescendre ensuite assez brusquement; pendant qu'au contraire la ligne inférieure rentrait légèrement pour ressortir un peu ensuite et aller rapidement rejoindre la ligne supérieure en s'infléchissant. Que pouvait être cet objet? je dois dire franchement que je n'en sais rien, et c'est à peine si j'ose formuler l'hypothèse que cet objet en silex aurait été une sorte de boumerang que les Égyptiens auraient lancé et qui serait revenu à eux après avoir touché le but.

Le couteau numéro 29 de cette partie provient, ainsi que les deux autres de cette planche, d'un même tombeau qui se trouvait parmi les petits que j'avais laissés la première année à la gauche du plateau qui précédait la seconde butte : c'est le tombeau 6. Ce couteau est le premier que je rencontre certainement avec une courbe dorsale aussi prononcée : la lame est trop allongée de ce fait; il n'y a pas de pointe, non plus d'ailleurs que dans les autres couteaux similaires : il n'est pas étonnant qu'il se soit brisé à l'usage, car cette tombe, par extraordinaire, n'avait pas été spoliée et ravagée brutalement comme les autres.

Le numéro 21 qui se trouve à la partie inférieure de la planche avec le numéro 20, est déjà beaucoup mieux taillé que le numéro 29 dont il vient d'être parlé : il est intact, sauf une légère échancrure au milieu de la lame. Le manche est du même type que les manches dont il a été question plus haut : il est mieux proportionné avec la partie tranchante de l'instrument et l'on peut toujours voir, même sur la phototypie, les éclats que l'ouvrier dut faire sauter pour égaliser son silex. Il n'a pas non plus de pointe et la lame extrême est tout à fait arrondie. Le numéro 20 est, je crois, la plus belle pièce qui existe dans ce genre de couteaux. Il a été travaillé avec amour : il est parfaitement proportionné; la ligne du tranchant est mince, la courbe en est belle, l'extrémité parfaitement arrondie, le manche est délicat et ce couteau qui est presque transparent, tellement le silex a été bien choisi et travaillé avec délicatesse, serait presque parfait si la courbure ne laissait peut-être quelque chose à désirer vers l'extrémité, et au dos et au tranchant. Quoi qu'il en soit, c'est le plus beau et le plus fin spécimen des grands couteaux en silex de cette lointaine époque.

La partie supérieure de la planche, à droite, est encadrée sur trois côtés de petites lames, en silex qu'on appelle ordinairement aussi couteaux, mais qui ne ressemblent guère aux couteaux dont il vient d'être question ; ce sont les numéros 65, 66, 70, 71, 72, 73 et 74 Je ne crois pas qu'elles méritent autrement l'attention. Il en est tout autrement des numéros 61, 64, 67, 68, 75-82, qui représentent tous des pointes de flèches, comme celles que j'avais trouvées la première année, au nombre de 324 dans le même tombeau[1]. Parmi les objets représentés dans la seconde partie supérieure de cette planche XVII, il y sans doute des fers de lance, à savoir les fragments 62, 63 et 64, qui me semblent trop longs, pour n'avoir été que de simples pointes de flèches; les numéros 67, 75 et 79 ont aussi une longueur plus grande que les pointes ordinaires de flèches; mais le pédoncule qu'elles portent à la partie inférieure empêche sans doute de les ranger dans la même catégorie que les autres instruments de guerre, qui ne sont ici que des objets votifs,

1. E. Amélineau, *Les nouvelles fouilles d'Abydos*, vol. I, p. 183.

car ils sont trop petits et trop fragiles, trop menus et trop soignés pour avoir réellement servi d'armes offensives. Cependant il ne faut pas se faire trop facilement illusion sur leur petitesse relative; sur la phototypie elles sont réellement petites, mais comme elles ont été réduites au quart environ, une pointe de flèche, comme le numéro 78, qui dans la planche n'a que $0^{m},009$, et en réalité $0^{m},0348$, soit presque $0^{m},035$. Et ainsi des autres. Ces objets sont beaucoup plus fins que les pointes de flèches trouvées dans la première campagne; l'art de tailler le silex y est poussé jusqu'à ses dernières limites, surtout dans la flèche représentée au numéro 81.

J'ai trouvé deux pointes de flèches comme celle qui est représentée à cette planche XVII. La première me fut apportée un matin, à peine les fouilles avaient-elles repris ; je la considérai à loisir et je la fis remettre dans le panier où l'on rassemblait les petits objets qui sortaient des fouilles : ce fut un tort, je l'avoue, et j'aurais bien mieux fait de la mettre simplement dans ma poche, car lorsque je fis enlever le panier, la pointe de flèche ne s'y trouvait plus. Un surveillant pendant que j'avais le dos tourné s'en était emparé et je ne l'ai plus revue. Aussi quand on trouva la seconde je la mis de suite dans ma poche, de peur qu'elle n'eût le sort de la première. Comme le lecteur le verra facilement en se reportant à la planche, l'emploi de l'expresion *pointe de flèche* est tout à fait impropre pour désigner l'objet représenté : de la pointe de flèche il a bien le pédoncule à la base, et les lignes qui vont en rétrécissant la surface à la partie qui surmonte le pédoncule; mais au lieu de se terminer en pointe, les deux lignes s'écartent de chaque côté comme pour former un nouveau pédoncule, se rapprochent derechef pendant un court espace, puis s'écartent encore et alors la ligne de gauche arrivée à son extrémité va rejoindre horizontalement l'extrémité de la ligne droite. Ainsi cette pointe de flèche n'aurait point eu de pointe : c'est comme si elle eût été mouchetée, pour employer un terme d'escrime. Quoi qu'il en soit de la nature de cet objet, il est évident qu'il n'a jamais pu servir d'arme, puisque le tranchant ou la pointe n'existe pas; mais il est non moins évident que l'homme qui tailla ainsi cet objet n'était pas un vulgaire ouvrier : c'était un artiste consommé. Aucune pièce dans un musée quelconque n'est à comparer avec cette fausse pointe de flèche, à moins que ce ne soit celle qui m'a été enlevée et qui a été vendue à un voyageur qui l'a pu remettre à un musée. Ce qu'il y a de bien certain encore, c'est que de pareils chefs-d'œuvre n'ont été trouvés qu'en Égypte et qu'ils laissent bien loin derrière eux les objets similaires les plus vantés provenant de notre Europe.

La planche II est consacrée aux bracelets que j'ai trouvés dans les divers tombeaux explorés cette année-là. Il y en a trente-cinq, sans compter ceux qui sont restés à Gizeh. Tous ces fragments de bracelets ne sont pas en silex; les uns, comme les numéros 1, 2, 3, 4, 5 et 6 sont en ivoire; le numéro 9 est en agate, le numéro 29 en cornaline, le numéro 35 qui se compose de deux morceaux recollés est en agate, comme aussi sans doute le numéro 31; il y en a d'autres en cristal de roche, comme les numéros 24, 25 et 26 et l'un me semble être en écaille, c'est le numéro 19. Tous les autres sont en silex, mais en silex de diverses qualités, car ils n'ont pas la même couleur.

Ces bracelets sont admirablement bien taillés, avec une grande finesse et une grande délicatesse. Il n'entre pas dans mon dessein de rechercher quelles difficultés a dû vaincre l'artiste qui les a faits; mais j'insisterai sur quelques points particuliers qui peuvent amener à connaître avec une certaine sûreté les moyens géométriques qui étaient en la puissance de ces artistes. Si l'on veut se donner la peine de chercher le centre de ces bracelets en forme de cercle, on trouvera facilement que ce cercle n'est pas toujours régulier. Si le bracelet 28 qui est entier est à peu de chose près régulier, le numéro 31 au contraire ne l'est pas, et de même un certain nombre d'autres fragments sur lesquels je n'appuie pas. Il en faut conclure que les moyens dont disposaient les ouvriers de cette lointaine époque étaient tout à fait primitifs, et par conséquent manquaient de précision, ce qui, je l'espère, n'étonnera personne. Sans doute, on traçait un cercle à l'aide d'une corde attachée à un bout de bois et l'on tournait cet outil primitif jusqu'à ce que la ligne tracée se rejoignît elle-même; car il serait plus difficile de croire que seul l'œil de l'artiste dirigeait sa main. En effet, il faudrait alors admettre que cet œil, qui ne s'était jamais trouvé en présence d'une circonférence tracée avec précision, aurait su corriger l'erreur de l'outil par un sens extraordinaire de la ligne courbe.

D'un autre côté le fragment de bracelet en cornaline est poli avec beaucoup d'habileté, de même que les fragments de bracelets en cristal de roche ; mais quelle que fût l'habileté déployée par les ouvriers qui firent des bracelets en ces matières, cette habileté fut dépassée de cent coudées par celui qui polit le bracelet en agate représenté au fragment 35. Ce bracelet fragmentaire est composé de deux parties qui ont été recollées l'une à l'autre : toutes deux ont été trouvées dans la couche de cendres qui était immédiatement au-dessus du tombeau d'Osiris, mais elles furent trouvées en des jours différents et en des lieux distants l'un de l'autre. L'artiste qui le polit a su admirablement faire ressortir les admirables veines de la matière et l'on peut hardiment comparer son travail à celui de nos polisseurs modernes. Aussi ne puis-je croire que ce bracelet d'un poli aussi admirable soit de la même époque que les autres bracelets qui constituent cette planche : j'y vois un monument du culte funéraire postérieur à l'époque d'Osiris, même à l'époque des Mânes, et, s'il le faut attribuer à l'Ancien Empire, on doit avouer en même temps que jusqu'ici on n'a trouvé aucun objet qui lui puisse être comparé[1]. J'ai déjà dit plus haut que je fis rechercher avec le plus grand soin le reste de ce bracelet qui aurait eu une valeur considérable, si j'avais pu le retrouver entier, mais malheureusement mes recherches demeurèrent sans résultat. Ce que je dis de ce bracelet, je devrais le dire aussi du bracelet en cornaline.

A ce propos, je dois, il me semble, m'expliquer sur l'âge auquel appartiennent les objets que j'ai trouvés au cours de mes fouilles. Il est évident que j'ai dû en rencontrer qui ont été contemporains du mort auquel ils ont été consacrés par la suite : ainsi tout ce qui regardait l'ameublement proprement dit du tombeau, tout ce qui par destination était absolument nécessaire au mort pour vivre dans son *double* lequel soutenait sa vie par les mêmes moyens que les hommes réels, et devait à son rang de n'avoir pas dans sa tombe un mobilier moins luxueux que dans la maison où il avait passé sa vie mortelle. Mais une

1. M. Petrie en a retrouvé un troisième fragment.

fois ce mobilier et ces provisions mis dans le tombeau, rien n'empêchait les enfants, les parents ou les contemporains du décédé d'apporter à la tombe de leur père, de leur parent ou de leur ami des objets qui ne fussent pas exactement contemporains du décédé et de même dans la suite des âges. De plus, quand il s'agit de quelqu'un qui, comme Osiris, eut un culte perpétué à travers tous les âges de l'empire égyptien, il est hors de doute qu'un grand nombre d'objets apportés comme offrandes ou comme *ex-voto* à sa tombe doivent être attribués à des époques plus ou moins éloignées du temps où vécut ce demi-dieu. Ainsi non seulement certains de ces objets doivent être attribués à l'époque des Mânes, mais encore à l'Ancien Empire, au Moyen, au Nouvel Empire et aussi aux époques de décadence. Pour savoir à quelle époque un objet trouvé dans les fouilles du tombeau d'Osiris doit être attribué, on a la ressource d'abord de voir s'il n'est pas marqué au nom d'un roi quelconque parmi ceux qui régnèrent sur la vallée du Nil; puis on peut encore se servir de l'onomastique égyptienne, mais avec beaucoup de précautions; enfin on a la faculté de pouvoir comparer les objets, leur matière, leur faire, avec des objets semblables datés pleinement ou approximativement. Quand il s'agit d'objets trouvés au fond de la chambre sépulcrale ou des autres chambres d'un tombeau, il y a bien des chances pour que cet objet soit de la même époque que celui auquel il a été consacré ou d'une époque voisine; mais quand on l'a trouvé à l'extérieur de la tombe, dans la couche des cendres qui ont été le résultat de l'incendie, ou dans tout autre endroit des décombres, on n'a plus alors pour boussole que la présence des noms de rois, l'emploi d'un nom qui est parfois une date, ou la comparaison.

Aussi suis-je loin, bien loin de penser que les objets, même très anciens, que j'ai trouvés dans les tombes d'Osiris, de Set et de Horus, et même de Perabsen sont contemporains de l'époque à laquelle vécurent ces personnages. Pour Set et Horus, le culte funéraire ne persista pas très longtemps, s'il en faut en croire les objets rencontrés dans leur tombe; de même pour Perabsen dont le culte semblerait s'être transporté à Memphis, ce que je ne regarde pas comme possible; pour les autres tombes royales ou particulières qui étaient rangées autour du tombeau d'Osiris ou dans le voisinage, le culte ne dut pas changer beaucoup le mobilier ou les approvisionnements de leurs tombes, mais le cas est tout différent pour Osiris dont le culte, je le redis, persista à travers tout l'Empire égyptien.

Le lecteur qui voudrait trouver plus d'informations au sujet des silex les trouvera à la fin de ce volume dans le travail de M. le docteur Capitan, qui a bien voulu mettre sa haute compétence au service des découvertes d'Abydos.

CHAPITRE XIX

LES OBJETS EN IVOIRE

Les objets en ivoire, non compris les pointes de flèches qui feront le sujet du chapitre suivant, ont été trouvés en fort grand nombre dans les fouilles de la troisième campagne, ainsi qu'on aura pu le voir dans la première partie de ce compte rendu. Comme ils diffèrent entre eux par la forme autant que par l'importance, je ne saurais mieux faire que de diviser ce chapitre en autant de paragraphes qu'il y a de formes d'objets et d'en traiter séparément, en réunissant dans un seul paragraphe final tous les petits fragments. Je passerai donc successivement en revue : les petits vases cylindriques, les pieds de lit, les pièces d'échecs, les petits objets de toilette, les petites plaquettes, la tablette inscrite, les fragments de plateau et les autres petits fragments en nombre considérable.

I. — Les petits vases en ivoire cylindriques ou autres.

Ces vases cylindriques ne sont pas nouveaux, mais jamais on n'en avait trouvé autant d'exemplaires. Dans la première campagne de mes fouilles à Om-el-Gu'ab, j'en avais trouvé un qui contenait un inscription sur laquelle je reviendrai plus loin[1]. Dans ses fouilles à Neggadeh, M. de Morgan a trouvé environ une dizaine de vases en ivoire, mais à l'état fragmentaire, et sur ce nombre trois seulement étaient cylindriques[2]. M. Petrie, en faisant passer au crible les décombres qui provenaient de mes fouilles, en a seulement trouvé un qui n'était pas

1. E. Amélineau : *Les nouvelles fouilles d'Abydos*, t. I, pl. XXXI.
2. J. de Morgan : *Recherches sur les Origines de l'Égypte*, t. II, p. 186, fig. 168, 169, 171.

complet, plus un autre fragment tout petit[1]; dans ma troisième campagne j'en ai trouvé huit à peu près complets, plus d'autres fragments insignifiants.

Comme l'a déjà fait observer M. de Morgan[2], ces vases d'ivoire en adoptant la forme des grands vases cylindriques en onyx comme ceux dont il a été question plus haut et dans les deux premiers volumes de ce compte rendu[3], avaient conservé l'ornement distinctif de cette sorte de vases, à savoir la cordelette qui ornait le vase au-dessous du col. Cette cordelette pouvait être simplement nouée autour du col ou pouvait onduler en formant des replis plus ou moins gracieux. Le premier cas est celui des numéros 1 et 13 de la planche XIV; le second est celui des numéros 2, 3, 11 et 12 de la même planche. D'autres parmi ces vases, comme le numéro 4, pouvaient être totalement privés d'ornement en forme de cordelette, comme le cas se présente assez fréquemment parmi les grands vases cylindriques en onyx.

Je dois faire une autre observation qui regarde l'aspect extérieur du vase en ivoire à forme cylindrique. Le lecteur qui voudra se porter à la planche XIV, qui en partie est consacrée à ces vases, s'apercevra de prime abord que les proportions de ces vases ne sont pas en rapport, je veux dire que le diamètre de la circonférence n'est pas en proportion avec la hauteur de ce même vase. Si l'on prend en effet le vase 4 qui est réduit de 0m,65 en hauteur à 0m0295, c'est-à-dire d'un peu plus de la moitié, on voit que le diamètre de la circonférence est de 0m,013 ce qui donnerait à peu près 0m,286, d'où ce diamètre serait à la hauteur comme 1 est à 2,27. D'après cette proportion, le grand vase cylindrique de la planche XV du tome II de ce compte rendu devrait avoir 0m,247 de diamètre, puisqu'il a 0m,545 de hauteur; il n'a qu'un diamètre de 0m,215, ce qui donne un écart de 0m,032. Cet écart qui semble léger est cependant suffisant pour donner au vase d'ivoire une apparence lourde et

1. W. M. Flinders Petrie, *The royal tombs of the fisrt Dynasty*, pl. XXXVII nos 7 et 9.

2. J. de Morgan : *Recherches sur les Origines de l'Égypte*, t. II, p. 186.

3. E. Amélineau : *Les nouvelles fouilles d'Abydos*, I, pl. XXII entière et XXIII, nos 1, 2 et 5, ligne du haut, 2 et 4 de la 2e ligne du bas, p. 201, t. II, pl. V, no 14; pl. XV, nos 2, 4, etc., p. 216, et seqq.

massive. Cette différence serait encore plus grande je crois pour le numéro 1. En outre, le peu de hauteur de ces vases et la grande difficulté qu'offraient le forage et le polissage de l'ivoire ont sans doute été cause que le vase se tient debout tout droit, sans infléchissement de la ligne vers le milieu de la hauteur et sans son renflement vers la base. Des huit vases représentés à la planche XIV il n'y a en effet que le numéro 1 qui ait la ligne concave dont je parle, encore est-elle défectueuse, arrivant trop tôt au milieu et se renflant pendant trop longtemps.

Le numéro 10 est un vase en ivoire de forme particulière : il était évasé, n'ayant qu'une assiette relativement petite. C'est le seul exemple de cette forme qu'on ait encore rencontré, car les vases trouvés par M. de Morgan qui n'ont pas la forme cylindrique ont une forme différente, preuve que les artistes de l'Égypte s'essayaient à rendre en ivoire toutes les formes du vase en pierre dure.

Ces vases portaient parfois des inscriptions ; ainsi quatre des premiers numéros de la planche portent trois inscriptions différentes : le premier a les trois soi-disant autruches que M. de Morgan a prises pour un nom de personnage[1]. Le numéro 2 contient un dieu hiéracocéphale avec plusieurs points en dessus, et je ne peux dire quels étaient les signes dont le personnage hiéracocéphale était le déterminatif. Les numéros 3 et 5 contiennent tous les deux les signes [hiéroglyphes], soit en ce sens soit *vice versa*. Nous avons déjà rencontré plus haut ces mêmes signes qui décoraient aussi des vases rencontrés par M. de Morgan dans le tombeau royal de Neggadeh. Le numéro 10 portait aussi une inscription, mais fort différente de celles que nous avons vues sur les vases précédents, si l'on en juge par les fragments de signes qui ont échappé à la destruction. Malheureusement on n'en saurait rien tirer de précis et je ne peux que le signaler à l'attention de ceux qui seront plus compétents que moi.

II. — Pieds de lit en ivoire.

Après les vases cylindriques je dois examiner les pieds de lit en

1. J. de Morgan : *Recherches sur les Origines de l'Égypte*, t. II, p. 165, a adopté ce sentiment.

ivoire qui ont été trouvés en nombre relativement assez considérable. Puisqu'il me faut traiter de ces pieds de lit en ivoire, je dois tout d'abord faire observer une affirmation fausse que j'ai le regret d'avoir soutenue dans mon premier volume, lorsque j'ai dit que c'étaient des pieds de fauteuils ou de sièges, et qu'ils représentaient des pieds d'hippopotame[1]. Je ne sais trop comment cette dernière erreur s'est glissée dans mon ouvrage, car il y a une énorme différence entre le pied d'un hippopotame et le pied d'animal qui est représenté dans ces sculptures sur ivoire. Quant à la première affirmation, elle se pouvait jusqu'à un certain point soutenir jusqu'au moment où j'ai trouvé de longues pièces de bois d'ébène sur lesquelles sont encore les trous et les mortaises dans lesquels on attachait les sangles du lit, ou ce qui les remplaçait. De plus, après la découverte du lit d'Osiris, je pus reconnaître l'interprétation des tableaux qui ornent les chambres de certains temples, notamment du temple de Séti Ier à Abydos, et voir que le lit sur lequel reposait Osiris était soutenu par des pieds analogues à ceux dont il est question en ce moment. D'ailleurs lits, fauteuils ou tabourets, il n'y a pas grande différence dans la destination de ces pieds d'un animal encore non identifié.

Que ces pieds par les sabots fendus de l'animal représentent un bovidé quelconque, c'est ce qu'on peut croire avec assez de probabilité ; mais indiquer quel était ce bovidé, c'est ce qui me paraît plus difficile. Certains savants, prenant argument des grosses protubérances qui se remarquent sur la peau de certains animaux, voyant avec quel soin on les a notées dans les bas-reliefs assyriens ou dans les taureaux qui gardaient l'entrée des palais des rois de Ninive, en ont conclu que les Égyptiens ont imité les Assyriens dans cette particularité et ont cherché à étayer ainsi la théorie qui me semble insoutenable de la civilisation de l'Égypte par une race sémitique. Mais outre qu'on pourrait peut-être avec plus de raison se servir de ce fait pour appuyer au contraire la théorie qui soutiendrait que l'Assyrie emprunta à l'Égypte son art comme ses hiéroglyphes, car nous atteignons en Égypte à une

1. E. Amélineau : *Les nouvelles fouilles d'Abydos*, t. I, p. 220-221. — Brochure de la 1re année : même titre, p. 20.

époque à laquelle on est bien loin d'être encore parvenu pour l'Assyrie, qui pourrait dire à présent que les Égyptiens n'ont pas pris un animal de la race des bovidés et ne lui ont pas, de leur propre initiative, donné certains attributs qu'il ne possédait pas physiquement? Je veux bien pour ma part que le pied fendu du bovidé soit un pied de taureau, mais il n'existe pas que je sache de taureaux ayant ces longues protubérances, sur la peau, ici ces cordons enfoncés dans une sorte d'arcade d'où ils ressortent avec une audace extraordinaire de sculpture. De plus encore, si certains des pieds que je vais examiner plus loin ont une jambe assez haute, où trouver le bovidé dont la cuisse se repliant tout à coup à gauche au dessus du pied proprement dit, n'en serait séparé que par une hauteur minime? S'il fallait trouver un animal répondant de tout point à cette petitesse de la jambe, on pourrait penser au porc qui a bien le pied fendu en deux comme le bovidé. Mais alors où prendre un animal dont le pied fasse un angle aussi aigu avec la cuisse? En outre qui peut dire que les Égyptiens n'ont pas voulu reproduire la jambe d'un animal disparu depuis ou que nous ne connaissons pas? ou encore que leur esprit artistique ne se soit pas donné libre carrière, n'ait pas donné à un animal des attributs empruntés à tel autre, et qu'ils aient ainsi formé des représentations d'êtres qui n'existent plus, qui même n'ont jamais existé tout comme ils l'ont fait dans les chasses d'animaux fantastiques représentés dans les tombes de Beni-Hassan? Personne, je le crois, n'oserait à l'heure présente, soutenir l'impossibilité de semblables hypothèses et il faut savoir attendre avant de trouver une solution qui s'impose par sa simplicité et son évidence.

Ces observations faites, je passe aux particularités qui me semblent mériter d'être signalées à mes lecteurs sans redire toutefois ce que j'ai eu l'occasion de dire ailleurs. Le numéro 24 est le plus grand pied de lit en ivoire qui ait été trouvé soit par moi, soit par M. de Morgan, car je ne parle pas des trouvailles en ce genre de M. Petrie qui n'en a trouvé que deux assez ordinaires[1] : il mesure $0^{m},221$ de hauteur et il est ainsi beaucoup plus élevé que les autres spécimens de sculpture en ce

1. Flinders Petrie, *The royal tombs of the first Dynasty*, I, pl. XII, nos 8 et 9.

genre qui ont été retrouvés. Est-ce pour cette raison que l'ouvrier désespérant de trouver un assez grand morceau d'ivoire pour faire un pied de cette hauteur l'a fait de pièces et de morceaux? Le fait ne serait pas sans exemples, car les Égyptiens faisaient ainsi leurs statues, comme le savait déjà Diodore de Sicile[1]. Quoi qu'il en soit de la raison qui ait poussé les sculpteurs de cette lointaine époque à opérer de la sorte, il est bien certain, et par ce pied et par d'autres fragments trouvés à l'état isolé, qu'ils agissaient ainsi. Le numéro 26 est un fragment provenant d'un autre pied analogue et peut-être semblable au numéro 24; comme le lecteur le verra par lui-même, ce fragment correspond exactement à la partie supérieure et antérieure du numéro 24; comme ce pied presque complet, il a un tenon qui s'emboîtait dans la mortaise qui existait dans le milieu de la partie supérieure de ce pied. J'ai trouvé également d'autres fragments que je n'ai pas reproduits et qui appartenaient à des pieds que je n'ai pas eu la chance de rencontrer. Le lecteur verra que pour les trois premiers numéros de cette rangée supérieure, j'ai fait reproduire les objets en deux sens. Le premier était composé de quatre morceaux : celui que j'ai signalé à l'avant de la partie supérieure, un second situé à l'avant du pied et dont on voit encore parfaitement l'emboîtement dans la troisième partie, qui était la pièce de résistance à laquelle s'attachait encore la quatrième partie qui comprenait toute la partie de l'arrière à partir des cordons. La partie du milieu avait été brisée et celle de derrière l'a également été, comme le montrent les phototypies.

Le numéro 25 est un pied de derrière et le lecteur verra de lui-même que les artistes de l'Égypte sacrifiaient quelque peu la partie postérieure du lit à la partie antérieure. Le piédestal sur lequel il est monté compte 17 tours et paraît quelque peu élevé pour le pied; le piédestal du numéro 1 en contient au contraire 18 et semble avoir été fait pour le pied qu'il supporte : l'artiste qui le fit rencontra mieux la proportion voulue et agréable à l'œil que celui qui fit le second, car ce second est beaucoup moins haut que le premier.

Les deux numéros suivants 30 et 31 ont été aussi représentés en

1. Diodore de Sicile, liv. I, xcviii.

partie double, car les numéros 14 et 15 sont les mêmes objets vus de derrière ; je n'aurais rien à signaler si le numéro 30 ne portait à peu près au milieu du pied un système de cordons ou de lacets qui servent à la décoration du pied : c'est l'unique exemple de pareille décoration, ce qui ne l'empêche point d'avoir également les protubérances de la peau comme les autres. Son piédestal a 10 tours et celui du 31 seulement 9.

Le numéro 30 est également un pied de derrière et il est plus large, plus évasé en quelque sorte à sa partie supérieure : il me semble beaucoup mieux fait que le numéro 25 et avec beaucoup plus de vrai sentiment de la ligne artistique. Le numéro 31 est remarquable par la hardiesse de sa ligne : la partie antérieure, sans doute par suite de son long séjour dans le sable humide est tombée de son attache à la partie supérieure, quoique le pied soit d'un seul morceau.

Le numéro 20 est remarquable par sa cassure au niveau des cordons : il était d'une magnifique hardiesse quoique peut-être plus rudement travaillé que les autres. Le numéro 21 est un tout petit pied avec un tenon à la partie postérieure. Il n'offre aucune particularité remarquable, sinon qu'il fut cassé pendant le travail nécessité par la sculpture et qu'on le raccommoda séance tenante, grâce à une petite cheville qui se voit encore au dessus du cordon de droite. Le numéro 22 est d'une belle ligne, mais le piédestal est un peu petit, tandis que le numéro 23 qui est plus petit que le 22 a un tour de plus au piédestal que son voisin. Il présente aussi la particularité d'avoir un large tenon à sa partie antérieure, au lieu de l'avoir au milieu : ce tenon est d'ailleurs cassé.

Les numéros 16, 17 et 18 sont des fragments restés au musée de Gizeh. Les deux derniers sont remarquables en ce sens que tous les deux renferment à leur partie inférieure un tenon qui devait s'enfoncer en la mortaise d'un objet préparé pour les recevoir, seuls exemples connus d'un pareil assemblage, puisque les autres pieds se posent et se tiennent par eux-mêmes à terre.

Je ne crois pas m'aventurer en disant que tous ces pieds, de même que ceux de la première année, sont en ivoire d'hippopotame dont les défenses sont beaucoup moins longues et moins larges que celles de l'éléphant, dont l'ivoire est plus compact et plus résistant ce qui rend compte de la merveilleuse conservation de ces objets, témoignage le plus beau de l'art splendide auquel les artistes égyptiens étaient déjà arrivés à cette lointaine époque.

III. Pièces d'échecs en ivoire.

Les pièces de jeu d'échecs trouvées dans les tombes avoisinant celles d'Osiris ont été figurées à la planche XV et sont au nombre de cinq; quatre pions et une tour. Les pions ont la forme qu'ont à peu de chose près nos pions de jeu de dames, mais un peu plus bombée : c'est la forme même que l'on avait représentée sur le damier égyptien qu'on trouve dans la tablette d'ivoire du tombeau royal de Neggadeh, tombeau qu'on a prétendu être, à tort, selon moi, celui de Ménès, précisément à la suite de la présence d'un semblable damier dans le nom de la salle, comme l'a montré M. Naville et comme je le montrerai à nouveau plus loin. Ces pions, si l'on s'en rapporte seulement à leur taille, me semblent avoir appartenu à trois jeux différents : les deux premiers à gauche de la tour sont de deux tailles différentes, le premier a environ un grand diamètre de 0m,0156 pendant que le second n'a que 0m,0139. Les deux ont une hauteur de 0m,0084. Évidemment la différence n'est pas grande, mais elle est fort visible, même sur la photographie. Une différence proportionnelle existe entre les diamètres des diverses calottes sphériques formant le pion.

La forme de ces pions n'est pas la seule que j'ai rencontrée, car, quand il sera question des objets trouvés dans le tombeau de Perabsen, nous nous trouverons en présence d'autres pions de forme analogue à celle du pion hiéroglyphique et aussi, quoique de plus loin, à celle employée dans nos jeux modernes. La tour a conservé de nos jours la forme qu'elle avait déjà dans l'antiquité, même l'antiquité la plus reculée, comme celle dont il s'agit ici. Cette tour a un diamètre plus grand à la base qu'au sommet : ce diamètre donne à la tour une forme trop massive, mais il est facile de comprendre que primitivement il en ait dû être ainsi, lorsque les hommes encore trop peu expérimentés dans l'art de bâtir tenaient avant tout à donner à leurs constructions une solidité à toute épreuve et qu'ils croyaient que la stabilité de leurs constructions était en raison directe de leur masse. On accédait au sommet de la tour au moyen d'une échelle menant à une ouverture, laquelle permettait d'entrer d'abord dans l'intérieur, puis de se hisser sur la plate-forme crénelée sur laquelle se tenaient les défenseurs de l'édifice. L'échelle se voit très bien sur la tour d'ivoire; elle a sept échelons y compris celui de la base, tous reliés solidement entre eux par des montants auxquels ils sont attachés; elle se distingue de l'ouverture en ce que celle-ci est séparée de tout autre objet, creusée dans le mur de la construction et présentant une ouverture béante. Ce n'est pas l'une des moindres merveilles rencontrées dans les fouilles.

A ce sujet, je dois répondre à une accusation qui a été portée contre moi sans fondement. Dans la monographie de la découverte du tombeau d'Osiris, j'ai dit que toutes les données de la légende qui nous a été transmise par le faux Plutarque se sont retrouvées dans les fouilles que j'ai faites à Om el-Ga'ab dans la troisième campagne. Parmi l'une de ces données est une partie d'échecs faite entre deux divinités et j'ai montré par mes découvertes que la chose était fort possible, puisque dans les tombes voisines du tombeau d'Osiris j'avais trouvé des pièces de jeu d'échecs. On a prétendu que dans un grand nombre de tombes égyptiennes de toutes les époques on avait trouvé ces pièces de jeu d'échecs, et c'est sans doute pour cette raison que les pièces représentées ici sont uniques. On m'a fait raisonner ensuite de cette manière : « J'ai trouvé le tombeau d'Osiris à Abydos; la preuve, c'est que j'ai retrouvé les échecs dont parle le faux Plutarque »; pour un peu on m'aurait même fait dire : « J'ai rencontré le jeu d'échecs dont se servirent jadis Set et Thoth, le dieu-Lune, pour trouver un jour dans l'année solaire auquel Osiris pût naître, puisque l'année lunaire lui était refusée ». Si j'avais raisonné de la sorte, j'aurais été un pauvre raisonneur, car la conclusion de mon raisonnement n'aurait pas été dans les prémisses, et il ne faut pas être grand clerc en logique pour savoir que la conclusion doit être contenue dans les prémisses. Aussi n'ai-je point raisonné de la sorte : il m'a semblé et il me semble toujours avoir trouvé le tombeau d'Osiris en Abydos, et j'ai fait valoir pour l'identification du monument rencontré des raisons intrinsèques qui me paraissent toujours bonnes;

en plus j'ai fait observer que toutes les données concomitantes, circonstancielles et archéologiques étaient confirmées par les objets que j'avais découverts. Il y a bien loin de cette manière de faire et de raisonner au raisonnement que l'on m'a prêté et que l'on s'est donné le facile plaisir de réfuter après l'avoir élaboré. De semblables victoires ne donneront jamais droit au titre de conquérant.

IV. — Plaquettes d'ivoire.

Les plaquettes d'ivoires qui font le sujet de ce paragraphe sont au nombre de cinq, quatre petites et une assez grande : elles sont figurées à la planche XV, numéros 26, 27, 28, 29 et 19 *bis*. Ce n'est pas la première fois qu'on en publie, car M. de Morgan en a trouvé d'autres au moment même où je trouvais celles-ci et M. Petrie en a rencontré d'autres depuis. M. de Morgan en a trouvé de deux sortes également, des petites et une grande, exactement comme j'en avais trouvé une grande et des petites; M. Petrie n'en a trouvé que des grandes, mais fragmentaires [1].

Les quatre premières plaquettes dont je parlerai sont les plus petites. Elles se présentent comme rectangulaires, presque carrées. La première, numéro 29, celle quine porte pas d'inscription est taillée de manière à présenter des concavités et des convexités : sans doute cette première plaquette était destinée à orner un meuble, ou à quelque autre emploi analogue. Les trois autres présentent des inscriptions très apparentes que je ne prendrai pas la peine de reproduire ici, parce qu'elles sont très visibles sur la planche. La seconde (26), celle qui n'est pas complète, contient aussi une inscription postérieure et cette inscription ne comprend que des chiffres, comme l'envers des cinq tablettes trouvées et reproduites par M. de Morgan [2]. Les tablettes publiées par M. de Morgan portent seulement deux inscriptions composées toutes les

1. W. M. Fl. Petrie : *The royal tombs of the first dynasty*, I, pl. XII à XVII, mais il y a là un véritable trompe-l'œil, car les planches XIV, XV, XVI et XVII contiennent ce qui se trouve plus haut aux planches XII et XIII; ici, M. Petrie a publié des photographies, et là des dessins de ces photographies.

2. J. de Morgan : *Recherches sur les Origines de l'Égypte* t. II, p. 107, fig. 549, 550, 551, 552, 553, 554, 555.

deux de deux signes [hieroglyphe] et [hieroglyphe]. La première ne s'est rencontrée que dans la tombe royale de Neggadeh, la seconde est fort connue, soit par les vases et les tablettes de Neggadeh, soit par les vases d'Abydos. Ces trois tablettes représentées aux numéro 26, 27 et 28 sont des plus importantes parce qu'elles contiennent des inscriptions nouvelles et même des signes nouveaux, comme le numéro 26 où le signe le plus élevé représente une chouette faite d'une façon très archaïque si c'est bien une chouette, pendant que le second signe me semble tout à fait inconnu. Je ne m'attarderai pas à proposer une explication persuadé que je suis qu'elle serait prématurée. Je dirai seulement à propos de l'usage de ces tablettes qu'elles devaient être suspendues à quelque chose, sans doute au cou du mort, car elles contiennent toutes les trois, comme celles de M. de Morgan, un trou qui permettait de passer la corde servant à les suspendre et à les attacher.

Je rattacherai à ces objets une toute petite plaquette fragmentaire contenant deux inscriptions, une à sa face antérieure et l'autre à sa face postérieure : c'est le numéro 7. L'ivoire de cette plaquette a été brûlé, mais il est encore assez bien conservé. Elle devait aussi être suspendue au cou ou ailleurs, car il y a un trou servant à passer le fil. Cette petite plaquette est remarquable par le signe complexe qu'elle porte à sa partie antérieure, car ce signe est inconnu dans le catalogue des signes égyptiens, ce qui n'est pas de grande importance puisque nous avons rencontré déjà un assez grand nombre de signes nouveaux, mais il comprend des éléments qui ont un air assyrien, ce qui est beaucoup plus grave. Les deux signes inscrits dans la coupe et au-dessus sont évidemment étrangers à l'Égypte : le premier est le double clou ➼ et le second est ➝, peut-être le même, mais peut-être aussi autre chose. La partie gauche de cette tablette est fruste, et c'est malheureux parce qu'un signe a été brisé. Quant à l'inscription postérieure, il me semble que c'est le même signe qui a été rencontré plus haut, c'est-à-dire le fuseau primitif égyptien. Cette mince tablette provient de la couche de cendres avoisinant le tombeau d'Osiris. Je ne l'avais pas comprise par oubli dans l'énumération des plaquettes d'ivoire trouvées dans les fouilles de la troisième campagne.

Je passe maintenant à un monument d'une importance capitale, dont on a un assez grand nombre d'objets similaires, mais qui est unique et par son contenu, et par son merveilleux état de conservation : c'est la grande plaquette d'ivoire dont j'ai mentionné plus haut la découverte, et qui est représentée agrandie au numéro 4 *bis* de la planche XV. M. de Morgan et M. Petrie ont découvert soit en même temps que moi, soit après, des plaquettes d'ivoire similaires; mais elles sont toutes fragmentaires. Ces plaquettes qui ont été publiées avant la mienne ont joué un rôle assez important dans les ouvrages ou les mémoires ayant paru à l'occasion des fouilles préhistoriques, pour que je donne à l'étude de celle que je présente au public savant toute l'étendue qu'elle comporte.

Lorsque M. de Morgan eut découvert la première tablette de ce genre, il en inséra une reproduction dans le tome second de ses *Origines de l'Égypte*, et ne chercha pas à l'expliquer. Ce ne fut que sept ou huit mois après la découverte que M. Borchardt, ayant examiné cette tablette, fut frappé de la présence, à la droite de la partie conservée, du signe hiéroglyphique, fait comme il était d'usage de le faire sous l'Ancien Empire. Ce signe avait au dessus de lui les deux groupes c'est-à-dire sans doute le roi de la Basse et de la Haute Égypte. Ces cinq caractères étaient enfermés dans un autre signe représentant une salle, comme on la fait d'ordinaire, mais sans support au milieu. Sans autrement chercher à expliquer le sens de la plaquette, il en conclut qu'il se trouvait en présence d'un nom royal, à savoir celui du fondateur de la monarchie égyptienne Ménès. Il fit part de sa découverte à l'Académie des sciences de Berlin et sa communication fut insérée dans les Comptes rendus de cette Académie. Presque au même moment, quoique un peu plus tard, M. Maspero écrivait dans la *Revue critique* qu'il avait été conduit par l'examen de la tablette telle qu'elle se trouvait reproduite dans l'ouvrage de M. de Morgan, à se faire une opinion semblable à celle de M. Borchardt[1]. Dès lors la plupart des

1. M. Maspero a admis cette identification dans un article qui était consacré à l'examen d'une de mes publications. *Revue critique*, année 1897, n° du 13 décembre, p. 440.

51

égyptologues admirent que le tombeau royal de Neggadeh était celui de Ménès. Cependant, il y avait un fait grave qui venait en quelque sorte infirmer cette lecture et cette identification avec le roi Ménès, c'est que j'avais rencontré dans mes fouilles de la première année le nom de *double* de ce même roi, à savoir Aha, dans les objets qui sortirent de ces fouilles. Comme M. Borchardt, avec M. J.-J. Hess, était occupé à photographier le monument au musée de Gizeh et qu'il m'affirmait être certain de sa trouvaille, je lui fis part de cette circonstance qui ne l'arrêta pas un seul instant et il publia ce qu'il croyait sa découverte, laquelle obtint un succès, mais un succès éphémère.

Depuis lors, M. Naville a étudié le monument dans un article qui a paru dans le *Recueil de travaux relatifs à la philologie et à l'archéologie égyptiennes et assyriennes*[1] au double point de vue du monument lui-même et de la comparaison qu'on peut en faire avec d'autres monuments plus rapprochés de nous, notamment de la *Pierre de Palerme*[2]. Je suis bien loin d'être d'accord avec M. Naville sur tout ce que contient cet article, mais je ne puis m'empêcher de trouver que pour ce qui regarde le nom de Ménès, il a complètement raison. Je rencontrai M. Naville en mars 1898 à Louqsor ; il me parla de l'opinion qu'il devait l'année suivante mettre au jour et je lui dis alors que j'avais trouvé une tablette également en ivoire, mais complète, et que cette tablette confirmait amplement sa manière de voir. Il me demanda si je voulais bien la lui montrer; je lui répondis que ce serait avec le plus grand plaisir que je lui montrerais non seulement cette tablette, mais toutes mes collections. J'échangeai avec lui deux lettres à ce sujet et je pris deux rendez-vous auxquels il s'excusa de n'avoir pu se rendre, et nous en sommes restés là. Son opinion aurait sans doute reçu un appui considérable du fait de cette tablette, mais telle qu'il l'a publiée, entourée des considérations qu'il a crues propres à la soutenir, elle ne m'en parut pas

1. Cet article a paru en 1899; je ne peux indiquer la page, n'ayant sous la main que le *Tirage à part* que M. Naville m'a aimablement envoyé.

2. E. Pellegrini, *Nota sopra una iscrizione egizia del Museo di Palermo*, Palerme, 1895. E. de Rougé connaissait cette pierre dès l'époque où il publia son mémoire sur les *Monuments qu'on peut attribuer aux six premières dynasties* et il s'en sert p. 74 de ce mémoire et en plusieurs autres endroits.

moins juste. Pour M. Naville, ce n'est pas le nom du roi qui se trouve à la suite des deux titres royaux, mais celui de la salle funéraire où avait lieu la cérémonie commémorée par la tablette.

La plaquette qui est représentée à la planche XV est divisée en quatre registres superposés l'un à l'autre. Le premier n'est composé que de signes hiéroglyphiques ; de ces signes la plus grande partie est connue, et il n'y a guère qu'un ou deux signes qui n'ont pas conservé la forme qu'ils avaient dès cette époque. On peut les transcrire ainsi : (?). Le second registre commence par une ellipse entourée de fortifications, c'est-à-dire du signe dans lequel on écrit plus tard le nom des villes fortifiées prises par les Pharaons égyptiens, des *tatas* qu'ils emportaient d'assaut; le signe est enfermé dans l'intérieur de l'ellipse. Ce signe est suivi d'une barque relativement très grande, très élevée sur l'eau de la poupe et de la proue : la barque contient en son milieu une partie qui est sommairement dessinée par six traits verticaux, reliés trois à trois par un trait horizontal et dont les trois derniers sont plus élevés que les trois premiers : c'est sans doute la cabine — à moins qu'il n'y en ait deux — dans laquelle était déposé l'objet ou les objets que l'on transportait; la barque marchait grâce à quatorze paires de rames qu'on voit encore sortir du bateau et frapper l'eau. Derrière la barque viennent les deux signes du midi et du nord suivis d'une sorte de triangle au dessus de la corbeille et d'un pluvier : le graveur ayant à faire six traits sous les signes du Midi et du Nord pour indiquer les deux idées plurielles que comportait son texte, n'en a fait que cinq. Le troisième registre commence par une sorte d'enroulement avec le signe dans la partie laissée vide : ce signe inconnu est suivi du signe espacés de la sorte, et sous les deux derniers signes est la salle que contient aussi la tablette trouvée par M. de Morgan, sans support au milieu et contenant les deux signes . Ce signe de la salle s'appuie sur la ligne horizontale qui représente le terrain, comme dans la tablette de Neggadeh, mais non pas les deux signes qu'elle contient, contrairement à la tablette précitée où le damier est posé a terre, anisi que l'a fait observer M. Naville. Il s'agit donc bien d'une salle, car les quatre signes indiquant la royauté sur la Haute et la Basse-Égypte ne s'y voient pas et elle contient son nom au milieu, nom qui est du féminin. Cette salle est suivie d'un grand rectangle qui occupe tout le reste de la ligne et dans lequel se trouvent d'autres signes qui sont d'une grande difficulté de lecture : il me semble tout d'abord être en présence d'un chacal précédé d'un signe qui a la forme de ∩ ; je ne distingue pas les signes supérieurs ; viennent ensuite un et un homme dans la ligne du chacal ; au dessus de ces deux signes peut-être y a-t-il un lièvre surmonté d'un devant de lion ; je ne reconnais pas le groupe des signes qui suivent, et le tout se termine par l'escalier précédé du même signe haut qui est en avant du premier du registre supérieur. Le quatrième registre débute par un groupement de deux signes au moins, dont cinq à la partie supérieure, verticaux, et il y a vraisemblablement trois branches d'arbres entre lesquelles sont deux autres signes dont je ne me rends pas suffisamment compte ; ces signes verticaux s'appuient sur un signe horizontal qui ressemble au traîneau et qui est ainsi fait . Sous cet hiéroglyphe sont cinq autres signes qui font la contre-partie des cinq signes supérieurs, mais qui sont disposés de manière que trois signes qui ne sont pas des branches d'arbre correspondent aux deux de la partie supérieure, pendant que deux branches correspondent aux deux signes enfermés entre les trois branches. Après ce groupe vient la salle funéraire, ou la maison rectangulaire avec la porte . Cette maison est surmontée de deux signes ; une bouche et un oiseau tourné en un sens différent de celui des autres signes . Dans le milieu de la salle sont trois autres signes dont celui qui est le nom de *double* du Pharaon en question, composé ici de quatre barres verticales coupées en leur partie supérieure par une barre transversale. En avant de ce nom est un signe très succinctement dessiné, que je crois être un oiseau qui me semble perché sur un objet fait ainsi , c'est-à-dire un couteau dans la forme des hiéroglyphes classiques, mais dans ce cas qui n'est certainement pas le couteau, mais figure vraisemblablement le squelette couché dans la tombe. Derrière la porte de la maison d'éternité est un groupe de signes dont je ne distingue nettement que celui du bas qui me semble être ⊗ , c'est-à-dire la ville. Puis vient le nom de *double* du roi enterré, avec l'épervier tenant le haut de la maison entre ses serres, et dans l'intérieur le même hiéroglyphe que précédemment. Ce registre se termine par deux signes que je ne reconnais pas, mais dont le dernier pourrait bien être le . Telle est cette tablette qui est complètement différente de celles que MM. de Morgan et Petrie ont trouvées. Celles de M. Petrie n'offrent presque aucun point de contact avec celle-ci, et celle de M. de Morgan n'en a d'autres que le nom de la salle et les signes qui ressemblent terriblement au commencement de la plaquette . Comme la tablette de M. de Morgan cependant, celle-ci se rapporte sûrement aux cérémonies des funérailles du roi désigné par son nom de *double*. Je laisse à de plus habiles que moi le soin de l'expliquer tout au long : on y arrivera sans doute, mais après bien du temps et bien du travail perdu d'abord, et qui ne sera récompensé qu'à la fin.

IV. — Ustensiles divers en ivoire.

Je comprends sous ce titre général tous les fragments qui composent la planche XV et quelques autres des planches précédentes. Je prends le mot d'ustensiles dans son sens le plus général d'objets de service et j'y fais entrer tous les objets en ivoire qui ne sont pas décrits dans les planches précédentes et la suivante.

Tout d'abord le plateau numéro 1 qui est représenté dans sa partie postérieure avec le tenon (?) du milieu, sous la partie qui recevait ce qu'on y déposait. La forme, autant qu'on en peut juger par ce qui en reste, devait être jolie, élégante, et il était taillé en biseau. Je ne sais à quoi pouvait servir ce que je nomme le tenon, ou le cordon du milieu à la partie postérieure; l'équilibre devait en être rendu fort instable. Ce plateau porte à sa partie postérieure le nom du Pharaon auquel il avait été consacré : ce nom est indiqué par l'épervier et il est écrit par le signe qui est au-dessous de l'oiseau; ce signe est le même, mais mieux fait et plus grand que celui qui se trouve dans la tablette dont il vient d'être question au paragraphe précédent. M. Petrie, sur la foi de M. Quibell, le lit *zer*, sans indiquer les raisons qui lui ont fait adopter cette lecture[1]. Il est ainsi fort facile de se donner des airs de science et de faire la leçon à ses devanciers, mais ce ne peut être qu'un air, et non la réalité. La réalité, c'est que ce signe est inconnu et qu'il sera difficilement réductible à la forme qui est la forme classique du paquet de joncs. Je renverrai donc à mon médecin le conseil de se guérir lui-même.

L'objet qui se trouve près du plateau, au numéro 9, est un fragment de je ne sais trop quel vase; il contient une inscription où l'on distingue le signe qui était sans doute accompagné de . Ce serait le nom d'un roi selon M. Petrie, ou d'une reine : le lecteur fera bien d'imaginer autre chose s'il veut être dans la vérité. Viennent ensuite aux numéros 13 et 15 deux objets dont le premier a la forme d'un clou assyrien et pour montrer que c'était bien ce que l'on voulait faire, l'auteur y a gravé le clou usité dans l'écriture cunéiforme. Le second a peut-être la forme d'une cheville à tête arrondie. Cette tête est fragmentaire; entre elle et le corps de l'objet se trouvait un intervalle qui a

1. MM. Flinders Petrie : *The royal tombs of the first dynasty*, p. 4, note 1. Voici le texte : « For this reading *Zer* (the bundle of reeds) I am indebted to Mr. Quibell's study of the sealings from here. M. Amélineau reads this sign, however, as *khent* (the groupe of vases), and always calls this tomb that of Osiris. » Il est très vrai que j'ai cru pouvoir, après un premier examen très hâtif, lire le signe dont parle M. Petrie, *khent* ; c'est à tort, je le sais maintenant. Quant à y voir un paquet de roseaux, il faut vraiment avoir une grande bonne volonté. Si M. Quibell a étudié les sceaux qui sont au musée de Gizeh, j'ai de mon côté vu assez souvent et assez longtemps les sceaux et les autres monuments que j'ai rapportés, pour ne pouvoir, à mon grand regret, souscrire à cette identification du signe. Quand j'ai écrit (*Tombeau d'Osiris*, p. 107) que je croyais à cette lecture, c'était sur le témoignage de l'inscription d'un bouchon où l'on pouvait à la rigueur prendre le signe pour le signe *khent*; mais depuis j'ai bien vu que la chose ne pouvait se soutenir. Au moins, j'ai eu le courage d'endosser la responsabilité de ma lecture, et je ne me suis pas retranché, comme le fait M. Petrie, derrière un confrère C'est là une erreur et je la réfute : mais je ne suis pas près de renoncer à appeler la tombe du prétendu *Zer* celle d'Osiris, et je le démontrerai plus loin à M. Petrie.

été paré de manière à recevoir un autre objet. C'est tout ce que j'en puis dire.

L'objet qui est entre ces deux derniers, au numéro 14, est aussi un objet votif qui devait être une œuvre d'art, soit un vase, soit toute autre chose. Il était décoré par un système d'ornements qu'on n'est pas habitué à trouver en Égypte, mais qui ne sont pas pour cette raison nécessairement étrangers à ce pays. Il doit être retourné, car il est placé la tête en bas. La décoration se compose dans la partie qui nous a été conservée de volutes, ou peut-être de cercles, mais volutes ou cercles sont incomplets.

La petite plaque qui est représentée au numéro 18 faisait-elle partie d'un objet où était-elle par elle-même un objet tout entier? c'est ce qu'il est assez difficile de dire. Elle renferme un signe hiéroglyphique que je crois être la forme archaïque du verrou et que l'on retrouve aux planches XVI et XVII du volume de M. Petrie sur les tombes royales de la Ire dynastie, numéros 25 et 29.

Des deux fragments 16 et 19, le premier est le reste d'un objet qui avait un bord à la partie inférieure, s'il en faut juger par l'inscription fruste qu'il comportait. L'on y voit un signe suspendu à un autre ; le premier a la forme et il y a un second signe semblable près du premier, mais non suspendu. Le second fragment faisait sans doute partie d'une petite boîte ou d'un petit coffret, comme le montrent les trois trous qui existent aux trois extrémités. Au dessous de ces signes on voit encore la partie droite d'un signe long et rectangulaire qui pourrait être lisible, mais qui ne l'est pas. Le quatrième coin manquant, le quatrième trou manque aussi. Ce fragment de coffret, ayant subi un commencement de combustion, est tout noir, et par conséquent assez difficile à photographier ; de cette difficulté vient que le signe n'est pas très visible : il est inconnu.

Les deux fragments numéros 10 et 11 ont aussi subi un commencement de combustion et le même phénomène a produit les mêmes causes. Cependant sur le premier on voit bien un □ au-dessus des signes et sur le second le dernier signe se trouve seul.

Le numéro 23 représente un fragment de cuiller avec son manche. Ce manche porte une inscription composée de deux signes : d'abord [hieroglyph] entre les deux monticules d'où sort un signe fait de la sorte [hieroglyph] M. Petrie le lit Sma et en fait un nom de roi.

Restent maintenant des fragments de petites plaquettes avec des dessins géométriques représentés aux numéros 11 et 24, puis une autre plaquette taillée comme celle trouvée dans la première campagne de fouilles et publiée à la planche XLII du premier volume de cet ouvrage, dans la partie supérieure de droite où l'on en voit deux spécimens.

En dessous de cette plaquette sont un fragment d'aiguille et une aiguille complète et très longue. En dessous encore sont deux fragments de plaquettes plus épaisses et moins larges que les autres que j'ai examinées jusqu'ici.

V. — *Fragments divers et petits.*

Les 70 numéros qui composent la planche XVI sont loin d'avoir tous la même importance. Quelques-uns ne nous montrent que des fragments qui ne nous peuvent intéresser que par la preuve qu'ils donnent d'un travail déjà en pleine possession de ses forces et de son habileté; d'autres au contraire sont beaucoup plus importants soit par la difficulté plus qu'ordinaire qui a été vaincue, soit par les renseignements qu'ils nous peuvent fournir sur la destination de certains objets et sur les usages de la civilisation de cette époque; d'autres enfin par la preuve d'habileté artistique qu'ils nous montrent, sans compter que l'un de ces derniers nous offre par une inscription gravée sur l'une de ses faces un problème dont la solution importe au plus haut degré pour l'histoire de la nécropole d'Om el-Ga'ab.

Les objets cylindriques numéros 1, 2, 3, 4, 5, 6, 7, 11, 22, 26, 38, 51 et 62 ne peuvent rien nous apprendre, sinon qu'on les faisait, qu'ils étaient destinés au culte que l'on rendait soit aux ancêtres, soit au dieu enterré sous la grande colline. Les objets représentés par les fragments numéros 9, 36, 39, 43, 45, 49, 51, 54, 55, 58 et 60 sont évidemment des bracelets : ils nous montrent que c'était alors la coutume de porter des bracelets d'ivoire, que ces bracelets ont été brûlés en grande partie par les incendies multiples allumés par les spoliateurs, et en outre que ces bracelets avaient une circonférence trop petite pour avoir été autre chose que des bracelets votifs déposés dans les tombeaux voisins du tombeau central et que je continue toujours à considérer comme le tombeau d'Osiris.

Il y a en outre un certain nombre d'autres fragments dont la forme ne nous apprend absolument rien sur l'usage auquel servait le monument alors qu'il était intact : tels sont les numéros 15, 16, 33, 35, 40, 47, 53, 56, 64, 65, 66 et 67; et d'autres dont la forme ou la destination nous est indiquée par un détail de la configuration : ainsi les numéros 10, 12, 13, 14, 19, 27, 30, 31, 34, 41, 42, 43, 44, 45 et 61. Le numéro 10 devait appartenir à un minuscule coffret, ainsi sans doute les numéros 12 et 44 avec leurs arêtes saillantes; les numéros 13 et 43 appartenaient à un plateau comme celui dont il a été question au paragraphe précédent de ce chapitre; le numéro 30 est analogue sans doute au fragment du paragraphe précédent où l'on voit les caractères 𓋹 ; le numéro 31, à l'objet décrit plus haut après le clou assyrien; le numéro 34 appartenait à un coffret; le numéro 41 est un clou rond, très élégant, très habilement fait par un ouvrier qui avait le sentiment de la ligne; le numéro 45 nous montre au contraire une autre façon de clou avec une calotte sphérique lui servant de tête, pendant que le numéro 61 faisait sans doute partie d'un coffret. Le numéro 27 avec sa mortaise en forme de plan par terre d'une maison nous montre que les ouvriers de l'Égypte se jouaient de la difficulté, car cette partie de l'objet est si menue que l'ouvrier dut user d'une grande habileté pour en arriver à bout.

Parmi les autres numéros de cette planche je ferai observer les cylindres 62, 63 et 70 avec leurs mortaises : je crois que ces fragments devaient faire partie d'un ou plusieurs lits votifs comme le grand et lourd cylindre en bois d'ébène dont il sera question plus loin. C'est sans doute à ces lits votifs que les petits pieds de lit dont il a été question au commencement de ce chapitre servaient d'appui, comme les grands devaient servir aux grands lits représentés par la pièce de bois d'ébène dont il sera question au chapitre des objets en bois. Le numéro 47 est fait comme une lame de couteau à couper le papier et les numéros 53 et 56 devaient être un cylindre creux, formant sans doute un vase cylindrique plus grand que ceux dont il a été traité dans ce chapitre. Le numéro 67 nous représente un fragment de vase à tenon et arrondi comme le montre la forme du fragment. Plus curieux encore est le fragment 32 dont les cannelures nous pourraient faire penser qu'on avait voulu former un objet ayant la forme d'une colonne; le numéro 17, au contraire, montre que l'ouvrier a voulu représenter un objet rectangulaire à cannelures.

Restent les numéros 23, 24, 25, 28, 29 et 59 qui sont des fragments d'objets complètement ouvragés, comme les objets que nous rencontrerons dans le chapitre sur les ouvrages en bois. Les six derniers numéros ont le même système de décoration qui consiste à faire de petits trous au nombre de trois en laissant après chaque bande de trous une bande sans ornement qui descend à l'instar des trous. Ces fragments ont été trouvés pour la plupart dans la couche inférieure de décombres, le numéro 59 a même été rencontré dans la couche de cendres immédiatement au-dessus des tombes; mais les numéros 25 et 29 ont été trouvés à la surface de la grande colline : c'est pourquoi ils ne sont pas brûlés, pendant que les autres ont subi un commencement de combustion, même assez avancé. Je n'aurais rien de plus à dire, sinon que cette décoration n'a jamais été rencontrée que je sache parmi les objets que les fouilleurs ont mis au jour, et, par conséquent de ce chef, je pourrais me croire autorisé à donner à ces fragments une antiquité immense, c'est-à-dire à les regarder comme appartenant à l'époque contemporaine ou immédiatement inférieure à celle d'Osiris. Mais l'un de ces fragments qui, comme les autres, est ouvragé sur le côté opposé à celui que nous montre la phototypie, contient une particularité de la plus haute importance, la décoration est, en effet, interrompue et dans l'interruption apparaît encore un clou assyrien : c'est la seconde fois que ce clou se montre et il me faut dire ce que j'en pense.

J'ai entendu dire à un assyriologue auquel je le montrais que malheureusement ce n'était point un témoignage d'antiquité, et je sais par mes lectures qu'en effet le clou succéda à un système d'écriture syllabique et idéographique, mélangé avec des signes dérivant à peu près tous de ce clou primitif de l'écriture cunéiforme. Mais à quelle époque eut lieu cette substitution? C'est ce qu'il n'est pas facile de dire, même avec les données actuelles de la science. Quoi qu'il en soit, une chose domine ce débat, c'est que le clou assyrien se trouve faire partie de monuments décorés tels qu'on n'en avait encore jamais vu de semblables, sans compter que le signe gravé sur la tablette numéro 7 dans la planche XV renferme aussi un signe qui peut paraître d'origine assyrienne. Il serait, je crois, difficile d'abaisser jusqu'à la conquête de l'Égypte par Asarhaddon, en 672 environ avant J.-C., l'époque où les objets dont je parle auraient été portés au tombeau d'Osiris en Abydos, quoique le nom de Taharqa soit parmi les noms des rois venus honorer Osiris à Om el-Ga'ab, que l'Égypte ait fourni un nombre assez important de monuments et de documents de cette époque, mais jamais encore on n'en a trouvé un seul qui ressemblât à ceux dont je parle. Et je prie le lecteur d'observer que le système de décoration est un système très archaïque, comme en général tous les décors des monuments rencontrés dans les fouilles de cette époque par MM. de Morgan, Quibell, Petrie et par moi-même. D'un autre côté, serait-il complètement impossible que l'artiste égyptien ait pu graver ce clou sur un monument sans que pour cela il ait imité le clou de l'écriture assyrienne? La chose ne me paraît pas complètement impossible; elle me paraît même assez vraisemblable. Les Égyptiens de cette époque reculée, avant et sous la Ire dynastie connaissaient les clous et les chevilles rondes ou à tête carrée, puisque j'ai trouvé les uns et les autres; comment alors n'auraient-ils pas pu les dessiner ou les graver sur un morceau d'ivoire sans avoir besoin d'imiter les Assyriens ou les Chaldéens? Je conclurai donc que je regarde la décoration de ces lames d'ivoire comme très ancienne, sans pouvoir dire au juste si elle doit être attribuée à l'époque qui a suivi ou précédé Ménès; que si on voyait dans la présence de signes qui semblent assyriens au premier abord un obstacle majeur à l'attribution de ces monuments à une époque aussi reculée, je dirais que le signe en question n'est pas plus propre à l'Assyrie qu'à l'Égypte, quoique l'Assyrie l'ait accaparé à une certaine époque pour en faire le fondement de son écriture cunéiforme et qu'avant d'attribuer aux Assyriens la paternité de ces œuvres décoratives, il faut au moins attendre des preuves qui jusqu'à présent font défaut. Il resterait uue troisième hypothèse que l'on pourrait soutenir, à savoir que les Égyptiens qui ont eu de si bonne heure des rapports avec la Syrie qui leur vendait le bois de cèdre dont ils faisaient leurs cercueils ont bien pu en avoir dès cette époque avec les Chaldéens et que l'emploi du clou est bien plus ancien qu'on ne le croit généralement. Je ne sais pas si cette hypothèse soutiendrait un examen attentif.

Je ne dois pas clore ce chapitre avant d'avoir parlé du numéro 8, petit fragment décoré suivant la méthode du fragment dont il vient d'être question, mais sans ligne d'interruption. Je ne sais quelle forme pouvait avoir l'objet quand il était complet, car le fragment est acéphale comme il est sans extrémité ; mais il est remarquable par sa forme concave et convexe à la fois.

CHAPITRE XX

DES FLÈCHES, POINTES DE FLÈCHES ET AUTRES ARMES EN BOIS ET EN IVOIRE

Le titre de ce chapitre ne doit pas être entendu dans un sens trop large : par flèches, j'entends d'abord les flèches, fragments de flèches ou pointes de flèches, et peut-être les autres objets ayant eu une destination approchante, soit pour l'offensive, soit pour la défensive. Ces derniers objets sont en très petit nombre et comprennent uniquement des pointes d'armes qui m'ont paru autre chose que des flèches, ce qui ne veut point dire qu'en réalité ce ne fussent pas des pointes de flèches. J'ai déjà parlé dans un autre chapitre des pointes de flèches en silex ; ici il ne sera question que des pointes de flèches en ivoire et en bois dur.

Lorsque, pendant les fouilles de la première année, je découvris des petits bâtonnets en ivoire aiguisés à un bout, pendant qu'à l'autre ils avaient été taillés et non polis comme pour entrer dans un autre objet, je ne sus pas reconnaître la destination de ces bâtonnets et je crus que c'étaient des objets destinés à étendre un fard quelconque, d'autant mieux que plusieurs à leur extrémité pointue ou même au milieu portaient un cercle, ou plusieurs, de teinture rouge. J'avais cependant trouvé dans un tombeau en avant de la grande colline des fragments de roseaux ; mais ces fragments étaient si petits, que je ne crus point devoir les recueillir tous, en quoi j'eus tort, d'autant mieux qu'ils ne présentaient aucune particularité intéressante. Comme ils étaient à peu près de même grosseur que les roseaux dont on fait actuellement les calames, quoiqu'ils fussent un peu moins gros, je crus qu'on les avait déposés dans le tombeau pour un besoin quelconque, un acte du culte funéraire que je ne connaissais et que je ne connaîtrais probablement pas, je n'en conservai qu'un petit nombre qui, par suite du voyage, arrivaient à Paris réduits en poussière. Au musée de Gizeh on n'en voulut pas ; d'ailleurs à peu près tout ce que j'avais recueilli la première année avait été traité avec le plus grand dédain, le plus parfait mépris : un conservateur ne craignit pas de dire que c'étaient des *fifis* bons à être jetés au Nil. Je ne sais ce qu'il entend par cette expression bizarre que je n'ai jamais entendu prononcer qu'à lui, mais je sais très bien ce qu'il voulait dire, d'autant mieux qu'il me fit une leçon sur le préhistorique qui ne pouvait exister en Égypte, me citant des autorités qui pour lui étaient irréfutables et terminant en me disant que je n'avais rien découvert et que je ne découvrirais rien en Abydos pour la bonne raison qu'il n'y avait rien.

Pendant la seconde campagne je ne trouvai pas un seul de ces objets, et je n'eus pas à m'en occuper. Pendant la troisième campagne au contraire, dans les tombeaux de l'Est et du Nord, je retrouvai à nouveau les roseaux de la première année et, comme j'avais pris la résolution de faire recueillir tout ce que je trouvais, même les plus petits fragments — résolution que j'ai parfaitement tenue — je recueillis les plus petits fragments, et au bout d'un certain temps, l'un de ces fragments portait une encoche. Dès lors tout présageait que les roseaux de la première année n'étaient autres que des flèches, puisque ceux de la troisième campagne étaient indubitablement des flèches[1]. A mesure que les fouilles avancèrent, je trouvai d'autres preuves qu'il en était bien ainsi, jusqu'au jour où j'en eus une preuve préremptoire en rencontrant un fragment de flèche ayant encore sa pointe en ivoire à son extrémité.

Parmi les 67 objets ou fragments d'objets qui composent la planche III, les pointes de flèches en ivoire sont les plus nombreuses ; les roseaux sont en petit nombre, car de ces derniers il n'y a que dix-sept, à savoir les numéros 18, 19, 20, 23, 24, 26, 27, 28, 31, 32, 33, 35, 36, 37, 39 et 40, plus le petit fragment avec encoche qui précède le

1. Comme je n'avais pu photographier sur place tous les objets que j'avais trouvés parceque j'étais trop mal installé pour cela, l'année suivante, pendant l'hiver 1898-1899, je photographiai au musée de Gizeh ceux que je n'avais pu photographier. Je cherchai inutilement dans le magasin où l'on avait déposé les objets qui étaient revenus au Musée par suite du partage; je ne trouvai aucune trace des flèches. Je dois dire que les objets non retrouvés étaient en très petit nombre.

numéro 35 et qui n'a pas été compris dans la numérotation. Les bouts avec encoche sont les numéros : 18, 20, 23, 26, 31, 35, 39 et sans doute 40, car à l'extrémité du roseau opposée à celle où s'emboîtait la flèche, on voit encore l'attache de l'encoche. C'est même cette pièce qui montra la première que la pointe de flèche était encore attachée au roseau. Et, comme on avait trouvé précédemment des fragments de roseaux avec des encoches parfaitement caractérisées, j'en tirai tout naturellement la conclusion que les bouts avec encoche avaient fait partie des flèches dont je rencontrais l'autre extrémité encore armée de sa pointe. Je ne pense pas qu'on puisse m'accuser d'avoir forcé la conclusion.

Les pointes de flèches étaient soit en ivoire, soit en bois. Ces dernières étaient aussi de deux sortes, selon qu'elles avaient été fabriquées en bois ordinaire, ou en bois précieux et dur. A la première catégorie appartiennent entre autres les numéros 24, 29, 33, 37, 40, etc., dont l'extrémité est parfois à peine effilée. A la seconde appartiennent entre autres les numéros 2, 3, 6, 7, 11, 12, 14, 59, 60 etc. Les pointes de flèches de cette dernière catégorie sont ou simplement arrondies et effilées, comme le numéro 3; d'autres sont taillées à vive arête, comme le numéro 14; d'autres encore, comme les numéros 11, 59 et 60, avaient été façonnées de telle sorte que la partie centrale était renflée et tombait doucement vers le bord, pendant qu'une sorte de méplat distingue soigneusement les deux plans. Le type le plus réussi de cette sorte de pointe de flèche, qui pourrait être aussi bien une pointe de fer de lance, se trouve au numéro 12, qui malheureusement est fruste, mais qui est cependant apte, tel qu'il est, à montrer ce que je dis.

Les pointes de flèches en bois n'ont pas été les seules qui furent rencontrées encore attachées à la flèche de roseau; on en rencontra aussi une en ivoire qui adhérait encore à la flèche, à savoir le numéro 19. Ces pointes de flèches en ivoire que le lecteur reconnaîtra facilement sur la planche III, sont aussi de plusieurs catégories : les pointes de flèches simples, les pointes de flèches ayant reçu en un ou plusieurs points une coloration rouge et enfin les pointes de flèches ayant été ouvragées. Aux premières appartiennent entre autres les numéros 4, 19, 34, 41, 42,

43, etc. ; aux secondes, les numéros 13, 15, 16, 22, 55, 62, etc. ; aux troisièmes les deux numéros seulement 8 et 34.

Il n'y a rien de particulier à dire sur les pointes de flèches qui rentrent dans la première catégorie, sinon qu'elles accusent un travail parfois très soigné, parfois aussi négligé, mais assez rarement. D'ordinaire le bois qui rentrait dans la flèche n'était pas poli, comme on le peut voir encore notamment aux numéros 4, 16, 17, 63, 66, etc. ; mais la partie apparente de la pointe avait été polie avec beaucoup de soin.

De la seconde catégorie, je dirai simplement que c'est une pure hypothèse de ma part que de les appeler des flèches empoisonnées. Il y a en effet parmi ces flèches deux sous-catégories distinctes : celles dont le corps seul est coloré par endroits, comme le numéro 13 et peut-être aussi le 16, où l'on ne voit qu'un cercle de couleur rouge ; et celles dont la pointe proprement dite est colorée en rouge, ce qui n'empêche aucunement l'existence de un, de deux ou de trois cercles ; ainsi les numéros 55 et 62. Je me suis demandé ce que signifiait cette coloration, surtout de la pointe, et l'idée m'est venue qu'elle pouvait signifier ou un empoisonnement de l'arme, ou une imitation de cet empoisonnement si fréquent encore en Afrique grâce à une de ces substances vénéneuses que ce pays possède en si grand nombre et dont les naturels africains se servent toujours. J'ai pensé à faire analyser chimiquement cette substance ; mais on m'a fait observer que l'analyse ne donnerait rien à cause de sa trop grande antiquité : comme je ne puis prétendre aucunement à être un chimiste je me le suis tenu pour dit.

A la troisième catégorie appartiennent le numéro 34 et le numéro 8. Le numéro 34 est remarquable parce que sur le corps est gravé le caractère ×. Le numéro 8 est remarquable de son côté par sa facture particulière très soignée et qui en fait une très belle pièce. La pointe en effet est barbelée de quatre barbes qui en font une arme cruelle ; de plus elle a l'extrémité, barbes comprises, teinte en rouge. C'est le seul exemple qui existe de pointes de flèches en ivoire qui soient barbelées. Si on l'a faite ainsi, c'est à l'imitation d'armes existantes, et s'il en ressort que déjà l'homme était cruel à l'homme, j'imagine que cela ne surprendra personne.

CHAPITRE XXI

DES OBJETS EN BOIS

Les objets en bois provenant des fouilles de la troisième année occupent deux planches, la Ve et la VIe. Ce ne sont presque tous que des fragments, mais un certain nombre de ces fragments seront très utiles pour connaître l'état de la civilisation à cette époque reculée et d'autres nous permettront sans doute d'appuyer de raisons plus probables une identification donnée plus haut, à propos de certains fragments en ivoire.

La planche V contient 19 numéros, dont le 3, le 10 et le 12 ont été trouvés dans le tombeau de Perabsen. Des autres, certains n'offrent pas grand intérêt, comme le 1, le 2, le 6, le 8, le 9, le 15 et le 19. Ils appartenaient sans doute à des coffrets plus ou moins grands, ou à des boîtes dont on voit encore la forme, surtout pour le 11, le 13 et le 18 d'une part, et le 3, le 7 et le 12 pour l'autre. Il n'est pas aussi facile de voir à quelle sorte d'objets appartenaient le 1 et le 6. Pour les autres, chacun appartenait à un objet qui avait sa forme propre.

Tout d'abord le numéro 16 était une cuiller à forme triangulaire, rappelant à peu près, si la forme en était carrée, la truelle à poisson dont nous nous servons encore; elle a un manche en forme de canal, mais non couvert, comme les cuillers à manche dont on se sert dans les campagnes pour se laver les mains ou pour boire. La spatule diffère encore de la truelle à poisson en ce qu'elle est creuse au lieu d'être plate. Le numéro 14 faisait partie de je ne sais quel objet; mais on voit parfaitement que cet objet se divisait en deux parties, un canal à l'avant, plus étroit que le reste et assez court, puis une seconde partie également creusée, beaucoup plus longue et finissant on ne peut savoir comment, parce qu'elle est incomplète.

Le numéro 17 représente une pomme de canne, de bâton de commandement. On voit encore la cheville qui la retenait au corps de la canne. Cette pomme était habituellement recouverte de métal, le plus souvent de cuivre en cette haute époque. La première année, j'avais trouvé des pommes de canne encore recouvertes de cuivre; je les avais prises pour de petites chaudières votives parce que l'une des enveloppes de métal était dépourvue de la pomme en bois qu'il recouvrait; de plus, comme il y en avait une dans laquelle on voyait encore le bois de la pomme, j'avais cru que c'était là le moule en bois dont on s'était servi pour donner au métal la forme de chaudière. Ce qui avait contribué encore plus à m'attirer dans cette erreur, c'étaient les chaudières de cette forme que j'ai vues encore en usage parmi les habitants d'Abydos. Mais dans la troisième campagne, j'ai retrouvé de ces pommes parfaitement conservées avec le métal qui les recouvrait, ainsi que je le dirai au chapitre XXII, ou sans le chapeau de métal, comme ici, et je rétracte l'erreur commise dans mon premier volume[1].

Le numéro 8 faisait sans doute aussi partie d'un coffret ou d'une boîte ouvragée, qui aurait été taillée en forme de parallélogramme, ou mieux de parallélipipède oblique. On voit encore près de la partie inférieure la cheville qui servait à la maintenir avec les autres côtés du coffret. La décoration de ce coffret était faite au moyen de cannelures assez grossières, assez irrégulières, qui provenaient sans doute de ce que l'on avait voulu représenter des paquets de joncs ou des tiges d'arbrisseaux; malheureusement le fragment conservé est trop petit pour que l'on puisse se prononcer à son sujet sans crainte d'erreur. Les numéros 7 et 4 faisaient sans doute partie d'objets similaires. Le premier est trop fragmentaire pour qu'on ose en assurer la forme, mais il a conservé encore la partie creuse de son canal ou de son récipient; pour le second, il est possible et même très facile d'en indiquer soit la forme, soit l'usage. C'était un cylindre sectionné selon son grand axe, évidé dans son milieu et qui devait servir à contenir des objets assez minces, mais assez longs. On voit encore à la partie inférieure de la phototypie le reste de la che-

1. E. Amélineau : *Les nouvelles fouilles d'Abydos*, t. I, p. 217 et pl. IX, n° 3 de la ligne du bas.

ville qui permettait de faire manœuvrer le couvercle et de fermer le cylindre. Ce couvercle devait être plan et s'appuyer sur les plans de section qui couraient parallèlement le long du cylindre. J'en ai retrouvé un semblable, non pas en bois mais en ivoire et j'en ai parlé au chapitre XVIII.

Reste le numéro 5 pour en avoir fini avec cette planche. Ce numéro représente un instrument à peu près complet qui fut trouvé dans deux tombeaux situés au sud, en deux rangées différentes de tombes, le tombeau numéro 85 et le tombeau numéro 100, ainsi que je l'ai dit dans la première partie de ces volumes. C'est une occasion toute naturelle qui s'offre à moi pour faire observer au lecteur avec quelle minutie je ramassais tous les objets que les fouilleurs mettaient au jour : il doit être édifié d'ailleurs après avoir vu les vases du second volume de cet ououvrage et les nombreux fragment qui lui sont déjà passés sous les yeux au cours de ce troisième volume. Si d'autres m'ont échappé, c'est qu'on ne les a pas vus, c'est surtout que je ne les ai pas aperçus. Si la première année, dans la grande hâte des fouilles, il en est passé un nombre considérable, c'est d'abord que je me suis trop hâté, que j'employais des ouvriers infidèles, surtout les chefs, c'est que je n'ai pas surveillé d'assez près ces serviteurs nauséabonds, ce dont je m'accuse moi-même, et que j'ai trop suivi les conseils qui m'avaient été donnés; mais après les fouilles terminées je m'étais aperçu qu'il restait encore un nombre considérable d'objets fragmentaires et un ou deux tombeaux et j'avais pris la résolution de faire ce qu'a fait M. Petrie : je l'aurais fait dans la cinquième campagne, si l'on n'eût pris soin de m'enlever la concession sans m'avertir. La forme de l'objet qui a amené cette digression m'est complètement inconnue : je vois bien qu'il se compose de deux parties qu'on pourrait appeler manches et d'une partie médiane qui pouvait presser sur un objet assez mou selon qu'on levait une extrémité ou l'autre, comme nos presses à papier buvard qui se prêtent à cette pression. Le bois a une épaisseur infime et les deux extrémités se recroquevillent avec une aisance surprenante. Les deux parties trouvées loin l'une de l'autre se juxtaposaient cependant très bien, mais ne suffisaient pas pour compléter cet instrument. Je laisse à quelqu'un plus habile et plus heureux que moi le soin de l'étudier de l'identifier, si faire se peut, et d'en reconnaître l'usage.

La planche VI ne contient à peu près que des fragments au nombre de 53. Parmi ces fragments, le lecteur observera de lui-même qu'un très grand nombre ont été endommagés par l'incendie : trois même ne sont plus que des morceaux de bois réduit en charbon, mais ayant malgré tout conservé encore leur forme primitive, parce que le feu a été éteint trop rapidement : ce sont les fragments 10, 11 et 12.

Les numéros 10 et 11 avaient une forme à peu près analogue et le second était plus petit que le premier : toutefois à la partie supérieure de ce qui reste dans les deux fragments, il devait y avoir une différence assez marquée. Le premier de plus avait au milieu de sa partie inférieure un signe hiéroglyphique × et deux traits près de sa base. La ligne qu'on voit au-dessous du signe × provient d'une cassure. Le numéro 12 était cassé en plusieurs parties et je ne peux trop savoir quelle était sa forme primitive, ni son usage ; cependant il semble que de la partie supérieure sortait un tenon qui devait solidifier le fragment avec un autre.

Les fragments dont je ne peux plus guère deviner l'usage à cause de leur trop grande petitesse ou à cause de leur état de vétusté sont encore assez nombreux : ce sont les numéros 2, 14, 15, 16, 17, 18, 21, 22, 28, 29, 30, 33, 35, 42, 49, 50, 51 et 52 ; cependant les numéros 18, 33 et 35 devaient vraisemblablement appartenir à des armes, à des flèches. Les numéros 14, 15, 16 et 21 sont taillés à arêtes saillantes ; le numéro 29 au contraire était arrondi. Le numéro 35 soit volonté délibérée, soit pur effet du hasard, a la forme d'une flèche à encoche très grossière et peut-être fut-ce en effet une arme de jet.

D'autres numéros nous montrent au contraire par leur forme de quelle sorte d'objets ils faisaient partie : tels sont les numéros 4, 5, 7, 8, 23, et 26 : en tous ces fragments on voit un léger fût qui monte jusqu'à un bouton plus ou moins développé, et à l'autre extrémité du bouton on voit une sorte de petite tige, ou droite, ou inclinée qui est cassée bientôt après : dans les fragments 4, 8 et 26, cette petite tige est très apparente, droite dans le premier, inclinée dans les deux autres ; dans les fragments 5, 7 et 23 on voit encore très bien l'attache de cette tige. Le numéro 25 qui a la partie supérieure complète se rattachait-il par quelque manière aux numéros précédents? Je serais presque tenté de le croire : il représente une tige de fleur se courbant presque à l'endroit où la fleur commence, parce que cette fleur est trop lourde : la fleur elle-même sort du calice qui est parfaitement marqué ; ce n'est encore qu'un gros bouton qui ne demande qu'à s'épanouir bien vite et qui formera une fleur immense, s'il faut en croire les nombreuses stries verticales qui indiquent les pétales. Je ne serais pas le moins du monde surpris si l'on venait affirmer que les numéros précédents se rapportaient à une imitation végétale. Les numéros 3 et 6 rentrent peut-être aussi dans cette même catégorie, pendant que le 24 reproduit une pomme de canne qui ne fut jamais recouverte de métal.

Le numéro 31 devait, je crois, appartenir à la partie supérieure d'une canne, où de quelque instrument semblable, quoique je n'ose rien affirmer. De même le numéro 45, avec son écorce épaisse et qui pouvait se détacher facilement du bois qu'elle recouvrait; mais je ne peux non plus savoir quelle forme de canne représente ce fragment. Le numéro 39 représentait sans doute aussi une sorte de bâton : il est recouvert dans sa partie inférieure, partie droite dans la planche, d'une couche de métal, comme le marquent les douze petits trous que l'on voit à la partie antérieure de l'objet. Le numéro 37 me semble représenter la partie centrale d'un fuseau autour de laquelle on pelotonnait la laine qu'on filait : on pourrait sans doute penser au verrou qui servait alors à fermer les portes, et qui aurait absolument la même forme, s'il y avait place entre les deux boutons ou renflements du milieu pour y mettre l'intervalle significatif du verrou. De même le numéro 42 devait avoir un usage approchant, sans doute de verrou, car l'intervalle entre les deux renflements est assez grand pour permettre la place des deux clefs verticales qui fermaient : la chose serait certaine si la partie supérieure n'était fragmentaire.

J'ai réservé pour la fin de ce chapitre l'examen des numéros 1, 9, 13, 15, 17, 34, 38, 41, 43, 44, 46, 47, 49, 52 et 53. Tous les objets fragmentaires représentés sous ces numéros appartenaient à des sortes de lames en bois, dont le spécimen le plus beau est représenté par le numéro 47. A quoi servaient ces lames, si lames il y a? C'est ce qu'il n'est pas très facile de déterminer; c'est même ce qu'il est impossible actuellement de dire avec quelque certitude et ce dont je m'abstiendrai. Tout ce que je puis dire, c'est que l'on devait considérer ces lames comme assez précieuses pour qu'on les ornât de façons diverses, aussi primitives, mais aussi distinguées l'une que l'autre. Il y en a cependant, comme le numéro 1, qui n'avaient aucune décoration, ou dont la décoration s'est complètement effacée par suite soit de l'incendie, soit de la période énorme de temps écoulé depuis qu'elles avaient été déposées dans les tombeaux. Le numéro 13 me semble aussi être dans le même cas; mais je pencherais pour l'effacement de la décoration, car on voit des lignes parallèles, courant dans le sens de la lame. Toutes les autres lames ou fragments de lames représentés à la planche VI étaient décorés.

Il y a quatre motifs principaux de décoration parmi les lames représentées dans cette planche. D'abord ce que j'appellerai le motif transversal, représenté aux numéros 15, 29, 47 et 53. Sur la lame bien polie, à intervalles égaux, l'ouvrier a tracé des bracelets ou des couronnes qui coupent l'uniformité de la lame nue, et cela d'une manière très avenante et très agréable dans les numéros 15, 29 et 53, et suprêmement délicate et distinguée dans le numéro 29, que le numéro 53 imitait de son mieux. Après cette décoration sobre et élégante, vient le décor par lignes horizontales dans le sens de la lame, marquées par de petites stries verticales : ce motif qui devait aussi se retrouver sur les numéros 17, 41 et sans doute aussi sur les numéros 43 et 44, est beaucoup moins élégant que celui dont il a été question en premier lieu. Il se rapproche beaucoup de la décoration des fragments d'ivoire signalés plus haut, si bien que sans aucun doute on peut dire que cette double décoration est de la même époque, et pour l'ivoire et pour le bois. Un troisième motif nous est donné par le numéro 46 où les lignes horizontales sont coupées par des lignes verticales perpendiculaires de manière à former de petits rectangles. Le numéro 48 rentrait aussi dans cette catégorie. Un quatrième mode de décoration nous est fourni par le numéro 38. Ce motif procède par des lignes horizontales dans le sens de la lame, coupées de temps à autre par de petites branches ou feuilles et reliées entre elles par des lignes brisées et transversales. Ce motif n'est pas laid, tant s'en faut, il est au contraire très agréable ; mais il est loin d'être aussi simple, partant aussi beau que le premier. Ces quatre motifs me semblent avoir été pris dans l'imitation de la nature végétale, et par là, l'âge en est identique avec l'âge des autres fragments ou des vases complets qui ont été attribués à la préhistoire.

Il me reste à parler des deux lourdes traverses en bois d'ébène qui retenaient les sangles du lit et qui ne sont pas représentées dans les planches où sont reproduits les objets en bois. Ces deux pièces d'un lit ont été trouvées dans le tombeau numéro 26 : elles sont de deux longueurs différentes et devaient appartenir peut-être à deux lits différents faits d'après deux systèmes qui eux aussi différaient peut-être l'un de l'autre, à moins que l'une ne formât le petit côté, et la seconde le grand côté du lit, ce qui me paraît plus vraisemblable. On aurait été fixé sur la question si deux des extrémités n'avaient pas été brisées, mais dans l'état actuel ce que l'on peut seulement dire avec exactitude, c'est que les deux extrémités existantes ne s'emboîtaient pas l'une dans l'autre.

La plus petite de ces deux pièces mesure 1^{m},10 en longueur : elle est arrondie, mais plus grosse en son milieu qu'à ses extrémités, puisqu'elle a 0^{m},19 de tour au milieu, et seulement 0^{m},17 près de l'extrémité conservée. Celle-ci contient un tenon pris à même dans le bois et formé par l'évidement des deux côtés en forme de quart de cercle. De ce tenon à celui de l'autre extrémité et situées dans le sens du tenon, c'est-à-dire perpendiculairement, sont dix mortaises longues de 0^{m},049, ou de 0^{m},047, ou de 0^{m},05 etc., car elles sont irrégulières et larges uniformément de 0^{m},003. Ces dix mortaises descendent perpendiculairement le long du morceau de bois, à une distance à peu près égale. A 0^{m},022 en arrière de cette première rangée de mortaises s'en trouvait une seconde d'égales dimensions, taillées parallèlement dans le bois. Les unes et les autres n'étaient pas faites perpendiculairement au bois, comme lorsqu'on veut y enfoncer un tenon, mais elles étaient obliques et se rencontraient, sans que leur point de contact formât un angle droit. J'imagine que c'était par là qu'on faisait entrer et sortir les bandes d'étoffe, ou sangles, qui permettaient l'usage du lit. Comme les mortaises n'étaient pas régulières, la chose ne devait pas être facile, mais la patience vient à bout de toutes les difficultés. Sur le pourtour de la pièce de bois, à peu près en son milieu et à l'opposé des mortaises on avait fait une longue entaille de 0^{m},295, large de 0^{m},015 et ayant cette forme ⊂⊃. Je ne sais à quoi elle pouvait servir.

La seconde pièce est beaucoup plus grande, elle avait demandé beaucoup plus de travail compliqué, et elle était moins finie que la précédente. Elle a 1^{m},19 en longueur ; le tour, près de l'extrémité intacte est de 0^{m},177, tandis qu'au milieu, autant qu'on peut en juger actuellement, il était d'au moins 0^{m},22. Ce qui empêche de mesurer exactement le tour, c'est que sur trois côtés, il a été grossièrement équarri. A l'extrémité qui semble entière, il n'y a pas de tenon, et du côté où la pièce de bois a conservé sa rondeur sont deux séries de quatorze mortaises étagées les unes au-dessus des autres. Ces mortaises sont plus petites que les précédentes, puisqu'elles n'ont que 0^{m},039, 0^{m},037 ou 0^{m},040 de longueur, larges uniformément de 0^{m},003; la seconde rangée de ces mortaises est en arrière de la première de 0^{m},016. Elles sont irrégulièrement espacées : de l'extrémité intacte à la première, il y a 0^{m},016; de la première à deuxième, il y a 0^{m},082 ; celle-ci est distante de la troisième de 0^{m},035, et la troisième est éloignée de la quatrième de 0^{m},04, etc. La rangée de droite commençait par une grande entaille, profonde de 0^{m},034, large de 0^{m},018 et longue de 0^{m},039 : le haut est détruit vers l'extrémité supérieure de la pièce de bois, et dans l'échancrure faite par le bris du bois, on voit encore l'aboutissement de la première mortaise de la rangée d'arrière, ce qui laisse supposer qu'il y en avait une correspondante et que l'entaille dont il vient d'être question avait un but tout à fait différent de celui des mortaises à passer la sangle et qu'on devait y encastrer le pied ou le support du lit. A l'autre extrémité de la pièce de bois, elle était beaucoup plus grosse et il y avait une forte entaille de cette forme ⊏ du côté opposé au premier. Cette pièce de bois, primitivement ronde et polie, avait été équarrie sur trois côtés, avec des mortaises percées de distance en distance, irrégulières et non en ligne droite. A gauche de la seconde rangée de mortaises, il y en a cinq autres, et près du gros bout on en voit une qui a cette forme ⊂⊃ : on voit encore quatre trous percés dans le bois, sans doute pour recevoir des clous ou des chevilles. Toujours à gauche, un second côté équarri et se terminant par l'entaille ⊂ sont encore 4 mortaises non en ligne droite et non également distantes : les deux du côté du bout intact sont situées à $0^m,02$ l'une en dessus et en retrait de l'autre. Le troisième côté équarri, à deux reprises, a deux mortaises parallèles et très petites, à $0^m,13$ environ les unes des autres ; une troisième est simple, et une quatrième est tout à fait sur le bord du deuxième côté équarri. A l'extrémité de ce troisième côté, juste en face de l'entaille ⊂, il y en a une autre longue de $0^m,06$ et profonde de $0^m,021$. Je n'ai pu parvenir à savoir à quoi servaient ces deux entailles.

J'ai gardé pour la fin trois documents, deux complets, un fragmentaire, mais contenant en entier ce qui était répété sur l'objet complet ; ils sont représentés aux numéros 1, 2 et 3 de la planche XXV : ce sont des cylindres à inscription.

Ceux de mes lecteurs qui auront parcouru les deux premiers volumes de cet ouvrage et l'ouvrage de M. Morgan sur les *Origines de l'Égypte*, auront sans doute été frappés du nombre considérable de grandes jarres trouvées coiffées encore de leurs bouchons coniques, ou de celui des poteries de toutes formes fermées par des bouchons en terre estampillée. Les uns et les autres portaient des inscriptions. On avait dit que ces inscriptions avaient été faites au moyen de planchettes qu'on appliquait sur la terre encore fraîche dont on avait luté les vases et qu'une de ces planchettes était conservée dans le musée de Gizeh ; puis, plus tard, M. de Morgan prononça le mot de cylindre, que la plupart des égyptologues et des savants adoptèrent[1] : c'est à bon droit, car M. de Morgan avait raison. J'ai trouvé en effet trois de ces cylindres dont deux sont complets et dont le troisième contient la partie inscrite tout entière. Pour faire comprendre au lecteur ce dernier membre de phrase, je dois lui dire que le cylindre complet comprenait l'inscrip-

1. J. de Morgan : *Recherches sur les origines de l'Egypte*, t. II, p. 165.

tion gravée et trois fois répétée. Quand on avait arrondi aussi parfaitement que possible le cylindre, qu'on l'avait poli, qu'on l'avait percé d'un conduit longitudinal au centre afin de le faire rouler sur la terre encore fraîche et de lui faire imprimer les caractères qu'on aurait gravés, le premier soin de l'ouvrier-scribe qui le faisait était de délimiter le champ de l'inscription par une ligne qui l'encerclait près des bords; puis alors on gravait les signes qu'on voulait imprimer. Sur les trois cylindres qui sont représentés dans cet ouvrage, les signes gravés sont assez peu nombreux : on a voulu sans doute enfermer le plus de renseignements que l'on pouvait dans le plus petit nombre de mots possible ; mais sur les grands bouchons, on devait se servir de cylindres beaucoup plus grands, comme le lecteur pourra le voir en examinant les phototypies de ces grands bouchons coniques ou en forme de calotte sphérique.

Le plus petit de ces cylindres a cinq signes que voici : ; le cylindre qui vient après lui en a un plus grand nombre qui sont contenus en deux lignes verticales . Ces deux lignes équivalent au fond à une seule et même ligne, car je ferai observer au lecteur que, sauf le signe du bas de la ligne située à droite, à savoir ce sont absolument les mêmes signes qui constituent les deux lignes, mais placés dans un ordre différent. Le troisième cylindre est encore plus développé que le second : il contient sept signes placés dans une seule colonne verticale, à savoir . On remarque que le premier signe qui semble être une simple variante du vautour n'en est pas un cependant à cause de la longueur de ses pattes qui indique qu'il appartient à l'ordre des échassiers, et à cause de la touffe de plumes qui forme sa queue. On observera encore la forme du signe *mer* qui est fait comme dans l'autre cylindre précédent , mais disposé autrement, et enfin la présence du signe dans les trois cylindres. Enfin le signe est fait absolument comme dans les célèbres panneaux de Hosi. Je ne chercherai pas à indiquer par à peu près la signification de ces trois inscriptions, ni même l'époque à laquelle elles appartiennent en me basant sur la présence du signe [, estimant que des essais semblables sont prématurés pour ceux qui ne veulent pas mettre des points d'interrogation après tous les mots et qu'une comparaison ne peut aucunement servir de base solide à l'affirmation d'une époque certaine.

Il me reste encore un autre document à faire connaître qui est d'une importance capitale pour l'histoire de cette époque : c'est un planchette de bois représentée à la planche XXXVII. Lorsque cette planchette sortit de terre encore toute couverte de sable, je la ramassai et ne vis absolument rien d'extraordinaire ; je la prenais pour un simple morceau de bois ayant servi à un usage que je ne me demandai pas alors. Le soir, quand je cataloguai au propre les objets fournis par les fouilles et les étiquetai en mettant le numéro du tombeau où ils avaient été trouvés et le quantième du mois de la trouvaille, je m'aperçus qu'elle était couverte de graisse et je vis quelques points noirs qui décelaient une inscription. Comme je ne pouvais avoir à Abydos ce qu'il m'aurait fallu pour m'apprendre si réellement il y avait une inscription, je remis à plus tard le soin de m'en assurer. Quand je fus arrivé à Paris, j'allai au laboratoire de chimie organique de la Faculté des sciences où je croyais rencontrer encore M. Friedel, mais la mort l'avait enlevé pendant les vacances de Pâques. Je trouvai son chargé de cours qui m'offrit de faire toutes les analyses utiles, et en particulier de faire disparaître la graisse qui couvrait une bonne moitié de la tablette. J'acceptai : il s'y prit graduellement pour ne pas courir le risque de voir la tablette s'émietter dans ses mains, et finalement fit usage d'éther. Je vis alors l'inscription apparaître peu à peu, et non pas une seule inscription, mais deux inscriptions dont la première à l'encre rouge et la seconde à l'encre noire. Ces deux inscriptions avaient été superposées l'une à l'autre, la première tracée étant celle à l'encre rouge. La preuve qu'il en fut ainsi c'est qu'en bien des endroits l'inscription à l'encre rouge n'est plus visible, parce qu'elle a été recouverte par celle à l'encre noire. Il s'agissait ensuite de la faire photographier de manière à rendre les deux inscriptions visibles : une première démarche ayant échoué, je m'adressai à un modeste, mais savant photographe de Montmartre, M. Forestier, qui, je le savais, avait beaucoup étudié la photographie des couleurs, et il me promit de faire son possible pour réussir. Son espoir ne fut pas trompé et il m'envoya par la suite deux clichés et deux épreuves, dont une agrandie, de la double inscription. Je le remercie ici publiquement de la bonne grâce avec laquelle il fit ce travail sans vouloir accepter de rétribution. En étudiant le contenu de la planchette, je regrettai vivement de ne pouvoir rendre distincte chaque inscription séparée, mais la chose m'a été certifiée impossible, parce que les deux couleurs viennent noires sur l'épreuve et je me suis soumis à ce verdict des gens compétents. Ce qui est tout d'abord évident dans cette tablette, c'est qu'il y avait une double inscription, l'une à l'encre rouge, l'autre à l'encre noire, et que cette dernière à été superposée à la première : celle-ci dans la phototypie qui est publiée à la planche XXXVII, numéro 3 est venue en blanc tandis que la seconde est restée en noir. Il y a une preuve péremptoire qu'il en a été ainsi, c'est que l'auteur de la seconde inscription a fait percer un trou dans la partie supérieure droite, et que ce trou a détruit une partie du signe rouge tracé en dessous. Par conséquent, la tablette est en son état primitif. Je dirai d'abord ce que je vois dans l'inscription en noir.

Le lecteur qui prendra la peine de comparer cette tablette avec une tablette de *Den* publiée par M. Petrie à la planche XI, numéros 14 et 15 du premier volume de ses *Tombes royales de la Ire dynastie*, verra sans doute au premier coup d'œil que l'inscription en noir est de très près apparentée avec l'inscription de la tablette de M. Petrie; il y a cependant certaines différences que je dois faire observer. Tout d'abord si l'aspect général est le même, si la branche de palmier, signe des années, se trouve au commencement de la tablette, si les signes △ se trouvent en haut, trois près de la branche de palmier, trois en arrière et assez éloignés du trou, si le rectangle surmonté de l'épervier est après la première partie de la tablette, si à l'extrémité on voit l'un au dessus de l'autre deux rectangles, comme dans la tablette de *Den*, il n'en est pas moins certain que la tablette à inscription noire n'était pas séparée en deux parties par une ligne noire qui aurait dû tomber verticalement du haut en bas, comme dans celle de *Den* publiée par M. Petrie. De même la partie intérieure n'est pas divisée en trois registres, comme dans l'autre ;

de plus, il y a dans l'inscription, quelque incomplète qu'elle soit, beaucoup plus de signes que dans la tablette publiée dans l'ouvrage anglais.

La partie inférieure de l'inscription n'est presque plus lisible, car on a reculé devant la dessiccation plus complète des graisses accumulées en cette partie, de peur que l'éther qu'on employait ne désagrégeât le bois et que le tout ne s'en allât en morceaux. On n'aperçoit bien à l'arrière que le signe ◿ ou un signe analogue, au dessus d'un autre signe qui est illisible. A l'avant, il y a peut-être tout d'abord 𓅓, ce qui indiquerait une tablette commençant comme la tablette d'ivoire; mais cela ne suffit pas pour indiquer une parité quelconque. En dessus du premier groupe de signes, on voit encore trois signes semblables 𓏤 dont le premier aurait en son milieu quelque chose d'ajouté. Plus à gauche on voit cinq signes faits de la même manière et qui me paraissait cinq têtes d'oiseaux. A la partie qui devrait former le troisième registre, on voit une sorte d'enroulement de deux cordes qui se rejoignent au milieu et la partie inférieure donne un 𓈖; l'enroulement est surmonté du signe hiératique qui se transcrit en hiéroglyphes par 𓎡. Plus à gauche on lit encore 𓈖 avec un signe inférieur que je ne reconnais pas; puis en arrière les trois signes 𓅓 𓈖 𓏏 superposés. Au quatrième registre sont les 𓏏 que j'ai indiqués, avec d'autres signes qui sont à peine indiqués. En arrière de cette première partie antérieure, on voit descendant jusqu'au milieu de la tablette un rectangle surmonté de l'épervier dans lequel est inscrit un 𓈖 suivi d'un tout petit point en dessous. Au dessous du rectangle est un 𓂝, et derrière l'épervier et le rectangle sont des signes indistincts. En arrière de ces signes est un rectangle sans porte 𓉐 qui ressemble à celui de la tablette publiée par M. Petrie car le bas porte les mêmes traits verticaux dont l'un paraît former la porte. En dessous de ce premier rectangle s'en trouve nu second avec porte; le signe 𓇓 est enfermé dans le rectangle, ce qui nous donne *château royal*, ou *maison royale*. C'est tout ce que je puis et sans doute tout ce qu'il est possible de tirer de cette première inscription.

Elle n'offrirait rien de spécialement remarquable, n'était la présence du rectangle surmonté de l'épervier et dans lequel se lit d'une manière indubitable le signe 𓈖. Ce signe évidemment forme un nom de roi ou fait partie d'un nom de roi. Je mets l'alternative, parce qu'au dessus du signe 𓈖 on voit une main faisant partie de l'inscription rouge et s'il fallait réunir les deux signes on aurait le nom du roi [signe] 𓈖. Mais, ce signe [signe] fait-il ou non partie du nom du roi de l'inscription à l'encre noire? Je crois qu'il n'en faisait pas partie et voici mes raisons. Tout d'abord, si ce signe devait entrer dans la lecture du nom royal avec 𓈖, je ne vois pas pourquoi on ne l'eût pas passé à l'encre noire aussi bien que le signe 𓈖. D'ailleurs une observation que chacun peut faire montre que le rectangle dans lequel entrait le signe [signe] était plus grand que celui dans lequel se trouve le signe 𓈖. En effet, sous les barres verticales qui simulent les portes ou les contreforts de la maison royale, on peut très bien voir encore les mêmes portes ou contreforts entre les lignes noires, et ces lignes descendent plus bas que la première. De plus, sous le signe 𓈖, il y en avait un autre qui n'est plus visible. On pourrait objecter à cette manière de voir que le restaurateur de la tablette écrite primitivement à l'encre rouge a seulement repassé à l'encre noire les signes qui n'étaient pas assez visibles par suite de l'effacement des caractères écrits à l'encre rouge. Il est évident qu'une telle restauration *peut* avoir eu lieu ; mais en fait elle n'a pas eu lieu et il y a bel et bien deux inscriptions superposées l'une à l'autre, la noire à la rouge. En effet si le lecteur veut regarder attentivement l'enroulement de droite, au milieu de la hauteur de la planche, il verra clairement que cet enroulement avec le caractère 𓈖 recouvrait d'autre caractères qui n'ont aucun rapport avec les signes noirs, en particulier le signe encore très visible [signe]. De même au milieu de ce même registre, on voit encore très bien par dessous l'écriture noire la représentation d'un roi armé de pied en cap, et précisément à l'endroit où devait se trouver la figure du roi, il y a un signe tracé à l'encre noire. Par conséquent, il y a bien eu double inscription, l'une superposée à l'autre ; par conséquent aussi dans le rectangle le signe [signe] ne doit pas être rattaché au signe 𓈖, et l'on pourrait avec assez de raison voir en la présence de ce signel 𓂧 la raison de l'éloignement de 𓈖. Le lecteur attentif et observateur trouvera de lui-même d'autres endroits où la différenciation des deux inscriptions est nécessaire. Par conséquent enfin il y avait un roi 𓈖. Cette conclusion ressortira encore davantage quand j'étudierai les bouchons en terre, et je montrerai qu'un de ces bouchons portait une suite de six rois dont les noms sont imprimés sur la terre, et parmi eux ce même roi 𓈖.

L'inscription à l'encre rouge est nécessairement la plus ancienne, puisqu'elle est recouverte par celle à l'encre noire ; elle était aussi beaucoup plus développée, et comprenait au moins quatre registres superposés l'un à l'autre. Elle ne se rapportait pas, comme la tablette d'ivoire dont il a été question au chapitre des *objets en ivoire*, aux cérémonies funèbres, mais bien aux victoires remportées par le Phararon sur les tribus ennemies de l'Égypte, car, d'après les documents mis au jour par les fouilles, il y a bien au moins deux sortes de tablettes, les unes funéraires, les autres que j'appellerai triomphales. L'inscription à l'encre rouge faisait primitivement de cette tablette une tablette triomphale ayant le plus grand rapport avec la tablette publiée par M. Petrie au numéro 14 de la planche XI du premier volume de ses *Royals tombs of the first dynasty*, mais en différant cependant notablement ainsi que je vais le montrer.

Tout d'abord la tablette primitive était divisée en deux parties verticales, l'une antérieure, l'autre postérieure, par une ligne verticale rouge tombant du haut jusqu'en bas comme dans la tablette incomplète publiée par M. Petrie. La partie postérieure ne me semble pas avoir été divisée en registres superposés, mais il en était autrement de la partie antérieure qui comprenait quatre (?) registres. L'inscription rouge était complètement écrite en hiéroglyphes, tandis que l'inscription noire contient nombre de signes abrégés déjà comme dans l'écriture hiératique.

Les deux premiers registres du bas, partie antérieure, sont presque illisibles : cet état est dû à la présence de matières grasses qui ne sont pas encore complètement éliminées et qu'on pourra peut-être faire disparaître en prenant de grandes précautions, comme en solidifiant les fibres du bois dans un bain de matière solidifiante, et alors apparaîtront sans doute nettement les caractères ou les représentations de ces deux premiers registres [1]. Cependant au premier registre près du bord le signe qui se lit encore facilement, montre qu'il s'agit bien d'un roi. Peut-être pourrait-on voir ce roi en arrière de signes indécis, au milieu du registre. Au second registre ce roi est sans doute aussi représenté, car on voit très bien le bas de ses jambes dans la même position qu'au registre supérieur, c'est-à-dire en marche. Mais je n'ose être affirmatif à propos de ces deux registres, vu leur état. Il en est tout autrement du troisième qui commence sous les enroulements noirs et sous le signe : il y a très clairement un signe suivi de et endessus et en arrière de ce dernier signe, je lis ; il est très facile de reconnaître dans le premier de ces signes la mention d'un massacre quelconque des ennemis du pays d'Égypte, car c'est le mot consacré pour la circonstance. Puis vient un roi en grande toilette, coiffé de la double plume et tenant une pique à la main gauche. Derrière la partie supérieure du roi, peut-être y a-t-il , et un traîneau derrière ses pieds. C'est tout ce que je puis voir en ce registre. Au registre supérieur, derrière les noirs, il y a tout d'abord un roi en marche, avec la queue d'animal pendant entre ses jambes, comme sans doute dans le registre supérieur de la tablette publiée par M. Petrie, dans laquelle il est à grand'peine reconnaissable; et en arrière du roi il devait y avoir un escabeau et sur l'escabeau un personnage assis, comme dans la tablette de M. Petrie, ou peut-être un plan incliné, comme au numéro 15 de M. Petrie, et dans ce cas le roi serait descendu de son siège et serait à l'avant, tandis que dans le premier cas il serait assis sur son trône. Là encore, si je ne suis pas plus affirmatif, c'est que cette partie est encore empâtée par la présence de corps graisseux. De la partie postérieure,

1. Si je ne l'ai pas fait moi-même, c'est que la tablette ne m'appartenait pas et que j'ai dû m'arrêter devant les appréhensions du chimiste qui a fait dissoudre les graisses grâce à des bains d'éther répétés.

il n'est possible de tirer que très peu de renseignements. En bas il y avait certainement les deux signes . Au milieu le titre est encore très visible, et à droite en haut, le du rectangle, au sujet duquel j'ai déjà disserté plus haut. Ce devait peut-être s'unir à un signe en rouge ; mais il pouvait aussi former un nom à lui seul ; ce qu'il y a de certain c'est que l'on voit encore les pattes de l'épervier qui surmontait le rectangle rouge, un peu en arrière de l'épervier noir. C'est tout ce qu'il m'est possible de dire, et je conviens que c'est peu ; je laisse à des collègues plus fortunés que moi le soin d'en découvrir davantage et de parfaire mon œuvre incomplète. Je n'envierai pas leur bonheur et serai le premier à proclamer la supériorité des résultats obtenus.

CHAPITRE XXII

DES OBJETS EN CORNE ET EN ÉCAILLE

Ce chapitre sera forcément très court, pour la bonne raison qu'il ne comporte qu'un très petit nombre d'objets qui ressortissent au titre qu'il porte. Ces objets qu'on trouvera représentés à la planche VII ne sont qu'au nombre de 15, dont quatre cornes d'antilopes qui n'ont reçu aucun travail et sont telles qu'elles appartenaient à l'animal qui les portait, six provenant d'objets en corne travaillée, plus une petite boîte en écaille polie. Il y faut ajouter quatre fragments de cuir enveloppants une légère ficelle, fragments qui ont été recueillis dans le tombeau de Perabsen. Ce n'est pas la première fois qu'on trouve des cornes d'antilopes ou d'autres animaux dans les tombes, ni même des ouvrages en corne dans les sépultures préhistoriques : M. Petrie avait trouvé à Neggadeh des harpons en corne[1] et M. de Morgan dans la nécropole qu'il a fouillée dans la même localité a trouvé des cornes de gazelle[2]. Mais c'est bien, je crois, la première fois qu'on trouve des vases en cette matière, et j'en ai trouvé des fragments évidents.

Je n'ai pas à rechercher quelle idée religieuse avait pu faire placer des cornes d'antilope ou de gazelle dans les tombes de ces époques primitives : sans doute on pouvait ne les considérer que comme des trophées de chasse, mais aussi les cornes pouvaient être regardées comme jouant un rôle protecteur contre les esprits mauvais. Je n'affirme rien, mais quand on sait le rôle que jouaient à ce point de vue les bucrânes en pleine époque historique où on les rencontre encore figurés dans les

1. W. M. Flinders Petrie, *Naqadâ and Ballas*, pl. LXI, n°s 19 et 16.
2. J. de Morgan, *Recherches sur les Origines de l'Égypte*, tome II, p. 198 et fig. 760.

tombeaux de la XVIIIe ou de la XIXe dynastie, il n'est pas téméraire de penser qu'à l'aurore de la civilisation, en pleine époque de superstition, il en pouvait être de même. Quant à rechercher l'animal, genre, espèce, individu, qui portait des cornes semblables à celles qui sont représentées aux numéros 12, 13, 14 et 15 de la planche VII, je ne peux nullement y songer et n'ayant trouvé aucun secours pour cette partie de mon œuvre je laisse ce soin aux spécialistes. Les numéros 6 et 11 de cette même planche représentent deux objets évidemment similaires et le premier de ces objets me semble avoir quelque rapport avec un harpon, quoique je n'ose rien affirmer de semblable en pareille matière où il est si aisé de commettre une erreur que l'on ne manquerait pas de me reprocher amèrement. Le second a une forme légèrement, mais réellement courbée. Tous les deux sont aussi plus pointus que les harpons trouvés par M. Petrie à Neggadeh; mais ils se distinguent en plus par les protubérances amincies de la pointe. Quoi qu'il en soit, que nous nous trouvions ou non en présence de harpons, il est bien certain que ces deux objets témoignent assez clairement qu'ils ne sont pas sortis tels des mains de la nature, mais que le travail de l'homme leur a donné la forme qu'ils ont actuellement.

Les quatre fragments 7, 8, 9 et 10 sont des fragments de vases d'un même type. Le numéro 10 est presque complet, puisqu'il n'a qu'une partie, peut-être le cinquième, qui manque. La matière du vase est sans doute grossière, mais la forme ne laisse pas d'être élégante. Le vase s'enlève du piédestal avec élégance : le pied est bien proportionnel à la taille du vase ; au-dessus du pied est une panse bien arrondie, prouvant que l'auteur de ce vase avait un très vif sentiment de la beauté des lignes. Arrivée à son sommet, la panse, au lieu de rentrer doucement vers le cou, forme un angle droit; puis au bout de l'angle, s'élève droit et circulaire le col du vase jusqu'au rebord. A l'attache de la panse et du col il y avait une série de petits trous ronds, également espacés et qui forment un curieux effet de galerie à jour. Je le répète, celui qui fit ce vase de si pauvre matière n'était pas le premier venu, mais bien un artiste consommé.

Il est visible que les fragments 7 et 8 proviennent de vases à peu près semblables, car ils ont tous les deux les trous qui percent le col à son attache avec la panse. Le numéro 7 est celui qui se rapproche le plus près de la forme du numéro 10, mais quelle différence dans l'élégance : il est gros, uniforme de lignes, lourd. Le numéro 8 devait avoir au contraire une forme assez élégante et différente de celle du numéro 10, car on remarque une arête en sa partie médiane, un peu au dessous des trous; mais le fragment qui nous en est parvenu est si petit qu'on ne peut raisonnablement espérer savoir quel effet faisait le vase quand il était entier. Le fragment neuf me semble aussi avoir fait partie d'un vase d'un diamètre plus considérable, à moins que ce ne soit une partie d'un objet que je ne connais pas et ne peux espérer de connaître.

Le lecteur observera la couleur blanche qu'ont les trois numéros 7, 9 et 10 : cette couleur n'est pas inhérente à la corne, elle a été ajoutée. Pourquoi ? Il n'est pas trop facile de le savoir, mais on pourrait supposer d'une manière assez plausible que les ouvriers mirent cette couleur sur les vases qu'ils avaient faits pour retenir une couche de métal dont ils les recouvrirent : et s'il y eut du métal mis par dessus le plâtre qui recouvrait la corne, il est bien probable que ce métal était de l'or. Je ne donne cette manière de voir que comme une simple hypothèse à vérifier, si jamais on peut arriver à la vérifier.

Le numéro 5 est un objet unique en son genre. C'est une sorte de boîte en écaille dont le couvercle est absent. L'écaille a été polie d'une manière admirable, elle est presque transparente et, lorsqu'on la regarde en pleine lumière, on s'aperçoit que les artistes égyptiens avaient choisi une très belle matière, fidèles à leurs usages. La boîte est représentée de dos; l'intérieur ne paraît pas. Elle est intacte, sinon telle qu'elle sortit des mains de l'ouvrier. On voit encore le trou où s'enfonçait la cheville qui permettait au couvercle mobile de recouvrir l'intérieur. Cette partie est ornée d'une série de petites chevilles minuscules en métal, sans doute en cuivre, qui décoraient les côtés de la largeur. Quelques-unes de ces chevilles sont tombées, je l'ai vu de mes propres yeux, quand on la sortit du sable, mais d'autres sont encore en place. Telle qu'est cette boîte, c'est un témoignage d'une industrie que l'on ne connaissait pas en Égypte. Nous avons déjà trouvé à la planche des bracelets un fragment de bracelet en écaille : il devait donc y avoir d'autres objets similaires, et nous ne nous trouvons pas devant un objet unique, parce que solitaire.

Les premiers numéros servent à désigner des fragments de cuir tanné que l'on avait fait se recroqueviller de manière à laisser un conduit dans le cylindre : ce conduit était rempli par une toute petite ficelle qui s'y trouve encore. Comme je l'ai dit en commençant ce chapitre, ces quatre fragments proviennent du tombeau de Perabsen. Si j'en parle ici, c'est de peur de les oublier quand je parlerai des objets de ce tombeau et parce qu'ils ont été photographiés avec les objets voisins.

CHAPITRE XXIII

DES OBJETS EN CRISTAL DE ROCHE ET DES PERLES

Les objets fragmentaires ou complets qui composent les diverses planches où, avec les perles de verroterie et de cornaline, ils sont représentés, forment l'une des parties les plus curieuses et les plus belles des résultats obtenus dans la troisième campagne de fouilles. Quand on sait quelles difficultés comporte la taille du cristal de roche, on peut reconnaître combien le peuple qui a su fabriquer de tels objets a été avancé dans les voies de la civilisation. Avant les dernières découvertes d'Abydos et de Neggadeh, on possédait à peine quelques exemplaires de l'habileté des Égyptiens dans ce genre de travail. MM. de Morgan et Petrie à Neggadeh en ont trouvé des spécimens assez nombreux, mais il était réservé aux fouilles pratiquées à Om el-Ga'ab d'en produire au jour de grandes quantités, soit pendant la première année, soit surtout pendant la seconde et la troisième, et M. Petrie en a encore trouvé après moi.

Tous les fragments trouvés n'ont pas été représentés ici par suite du manque de place, et je dois attirer l'attention du lecteur particulièrement sur cinq de ces fragments pour les raisons qu'il verra passer sous ses yeux. Ces fragments devaient tout d'abord être d'une taille assez grande, puisque l'un d'eux a encore $0^m,10$ de haut et devait avoir environ $0^m,20$ de tour intérieur d'après le calcul. Un autre était encore plus grand, puisque, d'après le calcul, sa circonférence extérieure n'atteignait pas moins de $0^m,50$. Pour faire ce dernier vase, il avait fallu un morceau de cristal de roche plus qu'ordinaire, et les musées égyptiens ne possèdent pas un seul objet en cette matière qui approche de cette taille.

L'un de ces fragments est un fond de vase; un autre, le haut d'un bol avec bord recourbé vers le dedans : c'est tout ce que j'en puis dire, car malheureusement les fragments ne permettent pas d'assurer autre chose. Il en est tout autrement des trois autres fragments. Deux de ces derniers devaient appartenir à des vases assez hauts, ayant un rebord à l'ouverture centrale, comme les vases à vin en marbre blanc veiné de bleu qui ont été trouvés dans le tombeau de la seconde année. L'un d'eux possède encore un fragment de col qui a été bien conservé : ce col a un rebord qui recouvre une partie du vase en dessous, et ce rebord était séparé de la panse par une distance d'environ 0^{m},004. Au contraire, un autre qui a un col avec rebord beaucoup plus large que le précédent, rabat son col sur la panse du vase de telle sorte qu'il la touche presque et que l'évidement du dessous a été réduit à sa plus simple expression, mais existe cependant en réalité et a été poli. Quand on considère maintenant quelle force et quel tranchant devait avoir l'outil dont on se servit, on demeure confondu devant l'audace de l'ouvrier, devant la perfection relative à une époque dont la civilisation était si jeune, par rapport à notre civilisation contemporaine. Un autre fragment qui a été trouvé dans le tombeau de Porabsen présente encore, si possible, un travail plus curieux. L'objet dans son entier avait la forme d'un bracelet, mais d'un bracelet énorme, puisque la circonférence extérieure mesurait 0^{m},50. La circonférence intérieure devait être assez régulière, si l'on en juge par ce qui en reste. Ce bracelet avait une épaisseur de 0^{m},023. Près du bord extérieur, on avait réussi à faire une petite moulure qui se voit encore très bien sur la photographie. Après cette moulure, l'épaisseur du bracelet s'incurvait pour se relever ensuite à mesure qu'elle approchait du bord opposé, et le tout est fait avec un réel sentiment des proportions, de la beauté des lignes courbes ainsi travaillées. Sur l'épaisseur du col ou du bord, comme on voudra, à l'avant, on remarque des taches noires qui pourraient être les restes d'une inscription tracée à l'encre noire; moi-même, j'avais cru me trouver d'abord en présence d'une inscription, mais après mûre considération et après deux ou trois expériences faites à l'effet de savoir si ce fragment me donnait, ou non, une inscription, j'ai été persuadé qu'il n'y en avait pas.

Outre les cinq fragments dont il vient d'être question et qui ont un aspect noir par suite des incendies multiples dont le tombeau d'Osiris a été le théâtre, j'ai trouvé une très grande quantité d'autres fragments semblables, tous misérablement brisés, portant encore pour la plupart la trace du choc et de l'instrument qui les mirent en pièces : si je ne les ai pas fait reproduire dans cette partie de mon ouvrage, c'est que leur reproduction n'aurait été d'aucun avantage. Non seulement ces fragments étaient de grande taille, mais ils avaient une épaisseur étonnante, plus forte encore que celle de ceux qui viennent de passer sous les yeux du lecteur. J'en fais cependant ici mention pour rendre mon compte-rendu aussi complet qu'il doit l'être.

Entre les fragments qui précèdent et les objets complets ou fragmentaires qui vont passer devant mes lecteurs, il y a encore une différence étonnante. Si les ouvriers qui firent les premiers étaient habiles, très habiles, ceux qui firent les fers de lances et les pointes de flèches dont il s'agit, et qui sont représentés planche XVII, numéros 1-19, étaient des artistes consommés. Des trois fers de lances représentés aux numéros 1, 2 et 3, les deux derniers sont de trop petits fragments pour retenir l'attention, quand on se trouve devant un fer de lance qui, quoique fragmentaire, mesure cependant 0^{m},0805. On pourrait même penser en voyant combien ces fers de lance étaient larges à leur extrémité, que nous nous trouvons en présence, non de fers de lances véritables, mais de lames de couteaux imitées des lames de couteaux en silex. Quand on examine de plus près en effet la manière dont ces lames en cristal de roche ont été taillées, on est tout surpris qu'au lieu d'avoir été polies, elles ont l'air d'avoir été éclatées, et que les éclats les rendent comme taillées à facettes, car elles divisent le spectre solaire, absolument comme les objets prismatiques. Et cependant je ne crois pas qu'il soit possible d'obtenir ces éclats dans le cristal comme dans le silex où l'éclat ne laisse aucune trace, tandis que dans les lames qui m'occupent les traces sont trop visibles. Il me semble donc qu'on a voulu seulement imiter le silex, en tant qu'on pouvait l'imiter avec du cristal de roche. J'en trouve la preuve encore dans les seize pointes de flèches rangées au dessus du fer de lance. On aura vu plus haut, au chapitre des silex et à celui des flèches, que les Égyptiens de cette époque connaissaient deux sortes de pointes de flèches, les unes en silex, les autres en ivoire et en bois dur. Par conséquent pour faire des pointes de flèches en cristal de roche, ils pouvaient choisir entre la double forme de ces pointes, d'autant mieux qu'elles étaient loin, bien loin de se ressembler. Ils ont choisi la forme de la pointe en silex; ils ont taillé leur cristal en conséquence, effilant la pointe, élargissant au contraire l'arme à mesure qu'elle s'approchait du pédoncule qui est très apparent sur douze de ces pointes. S'ils ont choisi la forme des flèches de silex, s'ils ont su leur donner toutes les parties de la pointe à silex, il est assez vraisemblable qu'ils ont voulu donner à ces armes votives, car je ne crois pas qu'aucune de ces pointes ait jamais pu servir, tant elles sont fragiles, il est, dis-je, vraisemblable qu'ils ont voulu leur donner toute l'apparence des flèches en silex; de là les éclats figurés ménagés dans le cristal comme si on l'eût fait réellement éclater, quand il était en réalité impossible de le tailler de la sorte. Ce qu'on voulait obtenir, c'est l'apparence, et l'apparence a été obtenue par des moyens en rapport avec la taille du cristal : d'où ce que j'ai nommé les facettes du cristal en ces sortes d'objets.

Ces pointes de flèches étaient de toutes les tailles, depuis celle qui n'a que $0^m,03$ comme le numéro 10, jusqu'à celle qui mesure $0^m,076$, comme le numéro 16, ce qui est une longueur très grande pour les pointes de flèches en silex. La pointe est plus ou moins effilée selon la longueur de l'objet : les numéros 13, 14 et 15, même 16, nous montrent la délicatesse de travail que l'on pouvait obtenir en ce genre : le numéro 15 n'a qu'environ $0^m,0013$ près du pédoncule et le numéro 13 est encore plus petit. La pointe proprement dite atteint une finesse vraiment extraordinaire. L'habileté des ouvriers qui taillèrent ces pointes de flèches en cristal de roche était donc réellement surprenante : nous ne pouvons nous empêcher de les saluer quand nous les rencontrons.

Le numéro qui suit, à savoir le 25, nous donne un fragment de vase qui n'aurait rien de remarquable et de digne d'attention par lui-même, s'il ne contenait une inscription gravée. Cette inscription au premier abord n'est pas entière, puisqu'elle contient deux groupes de signes, suivi d'un troisième dont l'on ne distingue plus que les traits de la fin. Cette inscription est déjà connue dans son entier, car je l'avais trouvée sur un fragment de vase dès la première année de fouilles[1] et M. Petrie l'a rencontré aussi dans les déblais qu'il a fait passer un crible quand on lui eut attribué ce qui m'appartenait encore. Le roi auquel avait été offert le vase en question est le roi Qâ, et ce vase lui avait été consacré par un de ses serviteurs dont le nom n'est pas écrit sur le monument en question, parce qu'il se trouvait sur la partie absente du vase. Le premier groupe se compose d'une maison dans laquelle sont renfermés trois signes; dans l'exemplaire qui est ici publié, la maison n'a pas de porte pour entrer, ou du moins elle n'est pas figurée; mais sur l'exemplaire trouvé la première année et sur ceux trouvés par M. Petrie, elle est bien figurée. M. Griffith l'a traduite avec son bonheur ordinaire : La résidence de celui qui seul est Horus[2]. Il a pris l'oiseau qui est enfermé dans la maison pour l'épervier, symbole du nom de Horus, sans indiquer le moindre doute, et cependant la chose est loin d'être certaine. De plus encore le premier signe n'est pas certainement un harpon, ce qu'il faudrait pour hasarder une traduction dans un cas aussi difficile. Enfin en admettant que les signes fussent ce que M. Griffith les a crus, la grammaire s'opposerait encore à sa traduction, à cause de la forte, trop forte inversion qu'elle suppose.

Nous avons déjà vu plus haut une première maison du Pharaon Qâ désignée par un autre nom; en voici une seconde désignée par un nom nouveau. Pourquoi? M. Petrie n'a pas été le moins du monde embarrassé pour répondre à une semblable question. Il a trouvé, selon son dire, une assiette de marbre gris sur laquelle on a d'abord tracé l'inscription qui m'occupe, puis sur une autre partie du même vase était le nom que nous avons rencontré plus haut, *Sa neb ha*, et il explique ainsi cette coïncidence : « Le numéro de la planche IX fait disparaître la différence entre les deux noms : à droite sont les parties

1. E. Amélineau, *Les nouvelles fouilles d'Abydos*, t. I, pl. VIII, n° 1 à gauche, ligne du bas.

2. W. M. Flinders Petrie, *The royal tombs of the fisrt Dynasty*, pl. VIII, n°s 13 et 14; pl. IX, n°s 1 et 10.

d'une inscription comme celle du numéro 3 montrant que l'édifice Hor-pa-ua fut le premier gravé sur le vase avec le nom du roi ; puis, plus tard, l'édifice Sa-neb-ha fut inscrit sur le bol. Ainsi la « maison du seul Horus » — *Hor-pa-ua* — était le nom du palais, et la « maison de toute fortune » — *Sa-ha-neb* — était le nom de la tombe où le bol fut déposé plus tard[1]. » Évidemment les deux auteurs ne sont pas trop d'accord sur leur traduction ; mais on ne saurait nier que la palme n'appartienne à M. Petrie. De plus n'est-il pas réjouissant de voir que, sans aucune autre donnée pour résoudre un problème aussi difficile, sans aucune pensée qu'il pouvait ne pas en être ainsi, M. Petrie affirme avec mperturbabilité qu e le roi Qâ avait d'abord un palais, puis qu'il eut une tombe, puis encore qu'on transporta le « bol » du palais dans la tombe : on croirait vraiment que M. Petrie était présent au moment où se fit la dernière opération et qu'il l'avait notée avec soin pour publier sa note le jour qu'il écrirait ses *Mémoires*. Heureux M. Petrie qui peut affirmer que le roi Qâ avait un *palais*, où il conservait ses vases en attendant qu'il les fît transporter dans son tombeau ! M. Petrie n'a oublié qu'une chose, et c'était précisément la seule qu'il eût pu affirmer, c'était de dire par qui avait été opéré le dépôt des vases dans la tombe, car les noms des déposants sont fournis par les inscriptions en question. C'étaient des prêtres ou de hauts employés de la maison funéraire.

La planche IV contient 34 de ces fragments qui sont de toutes les grandeurs. Ces fragments ont ceci de particulier qu'ils sont beaucoup plus fins que ceux dont il a été question dans les premières pages de ce chapitre et qu'ils ont dû coûter autant de travail et témoignent d'autant d'habileté que les pointes de flèches, quand ils n'ont pas coûté plus du premier et ne témoignent pas plus de la seconde. Tous les fragments réunis et représentés dans la planche IV appartenaient à des vases, assiettes, bols, vases à panses, etc., sauf de très rares exceptions comme le pectoral soutenu par une chaîne d'or. Je n'ai pas été assez heureux pour trouver des animaux sculptés, comme l'a fait M. de Morgan à Neggadeh[2] ; mais les fragments de la planche IV peuvent jeter

1. W. M. Fl. Petrie, *The royal tombs of Abydos*, p. 21, col. 1.
2. *Ibid.*, p. 40, col. 1.

encore assez de jour sur l'industrie, et surtout sur la civilisation égyptienne à cette haute époque.

Tout d'abord la plupart de ces fragments sont d'une finesse remarquable, comme les numéros 16, 21, 25, 27, etc. Obtenir une telle finesse avec une matière aussi fragile, c'est déjà la preuve d'une habileté supérieure dans le travail du cristal ; mais les artistes de l'Égypte ont fait beaucoup plus. Ils ont su donner à certains vases une courbure déconcertante pour une époque aussi reculée : ainsi les numéros 3, 10, 16, 21, 32, etc. Les numéros 14 et 16 nous montrent encore que parfois l'objet creusé était de si petit volume que le creusement du cristal était lui-même d'un volume très restreint. On ne saurait assez regretter que ces vases aient été brisés et qu'ainsi la preuve complète, évidente de la perfection dans le travail humain ait été obscurcie ; heureusement que les restes nous permettent encore de conclure à l'art magnifique dont ont fait preuve les artistes égyptiens, car à cette haute époque c'était de l'art le plus pur, et le progrès humain s'est manifesté en faisant que l'art se soit communiqué à la foule des hommes, en devenant industriel. Deux pièces sont à ce point de vue remarquables : ce sont les numéros 15 et 18. Le numéro 15 représente le goulot d'une petite bouteille ou simplement d'une fiole cylindrique, et vraisemblablement c'est la dernière hypothèse qui est la vraie, si l'on observe la ligne qui a été creusée au-dessous de la partie supérieure. Cette fiole, on peut le voir d'après la cassure, avait été forée sans doute jusqu'au fond, dans un cristal encore plus fragile que les autres espèces. Quelle qu'eût été la difficulté présentée par cette pièce, elle n'était cependant rien encore auprès de celle que présente le numéro 18. Ce numéro faisait partie d'un vase rond, à ouverture centrale ronde bordée tout autour de petites cannelures très régulièrement espacées et indiquées. Ce fragment est le plus fin de la collection : il fut trouvé dans la couche de cendres qui annonça l'approche du tombeau d'Osiris.

Mais il n'y a pas que des vases ou fragments de vases parmi les morceaux représentés à la planche IV ; il y a aussi un objet que l'on portait au cou grâce à une chaîne d'or qui était passée dans le morceau de cristal ce qui permettait d'y attacher une ficelle ou un cordon suspensif.

C'est le numéro 7. Tel qu'est le fragment, on n'en peut trop deviner la forme : on voit seulement que, près de la chaîne d'or, les deux arcs de cercle qui formaient les côtés se rejoignaient, et c'est tout ce qu'on en peut dire. J'ai fait rechercher avec le plus grand soin les autres fragments ; je n'en ai pas rencontré un seul qui se rapportât au fragment trouvé et je crois bien que la perte est irréparable.

Je passe maintenant à l'examen des perles qui sont représentées au milieu de la partie inférieure de la planche XXV. Ces perles ont été trouvées et ramassées une à une pour la plupart et, si elles ont été réunies en chapelets, c'est uniquement pour former un tableau photographique agréable à l'œil.

Sous le rapport de la matière dont elles sont faites, les perles trouvées au cours de la troisième année sont en pierre, en verre ou en terre cuite. Les premières sont uniquement en cornaline, comme la partie supérieure du numéro 4, le numéro 5 à l'intérieur et la partie inférieure du numéro 21. Au numéro 5 est une belle et longue perle cylindrique, à peu près intacte : le cylindre est bien arrondi et il est percé à son centre d'un trou très apparent, qui occupe presque tout le milieu de la perle. Les perles en verre sont peu nombreuses : elles sont ou rondes ou ovoïdes ; le lecteur trouvera aux numéros 4, 6, 11, 14, 19 et 21 des spécimens de ces perles rondes, tandis que le numéro 5 lui donnera une forme presque régulièrement ovoïde. Cette perle avait encore conservé le fil de métal qui servait alors à la réunir à sa voisine, et, chose bien curieuse à constater, ce fil de métal était formé d'après les mêmes principes qui servent encore aujourd'hui aux faiseurs de chapelets. Les verroteries étaient très connues à l'époque ayant précédé Ménès : j'en ai trouvé un fort grand nombre dans les fouilles d'El-'Amrah. Les perles en terre cuite ont la forme cylindrique et la forme d'une couronne sphérique : le lecteur l'observera de lui-même dans le grand chapelet qui porte le numéro 5. Il n'y a, somme toute, rien de bien remarquable dans la facture des perles dont je viens de parler ; mais je me devais à moi-même et à mes lecteurs de faire passer sous leurs yeux ces reliques du passé, si peu de valeur qu'elles puissent avoir.

CHAPITRE XXIV

DES OBJETS EN MÉTAL

Les objets en métal rencontrés pendant la troisième campagne de fouilles n'ont pas été très nombreux et cela se comprend du reste, car la métallurgie n'était pas bien avancée. De plus, les objets trouvés dans les tombeaux de cette année-là, sauf pour le tombeau de Perabsen, sont loin d'avoir la même valeur au point de vue du travail que les grands vases trouvés dans le tombeau que je continue d'appeler celui de Set et de Horus. Malgré tout, ils sont encore importants parce qu'ils nous montrent que les œuvres métallurgiques étaient déjà entrées dans les usages courants de la vie des riches tout au moins.

Tous les objets ne remontent pas à cette époque. Tout d'abord la petite table d'offrande en bronze à personnages qui se trouve au numéro 16 de la planche XXVI. Cette table a la forme d'un traîneau avec la boucle qui servait à la tirer, mais elle a aussi la forme de la table d'offrande avec le canal pour l'écoulement des liquides et, afin qu'on ne puisse s'y tromper, les offrandes elles-mêmes sont représentées dans le champ de la table. Jusqu'ici il n'y a rien de bien extraordinaire, sinon la matière dont est faite cette table d'offrande, matière peu usitée pour un tel objet. Mais ce n'est là que le commencement de la description de cet objet. A l'arrière du traîneau est assis sur ses talons un homme qui a les deux mains dans la posture de l'adoratiion ou de la prière. De chaque côté de lui sont deux pieux (?) en bronze qui inclinent vers le personnage. A droite et à gauche sont deux cynocéphales accroupis coiffés du disque entre les cornes. Au milieu de la table et de chaque côté sont deux personnages debout à tête d'épervier , tenant une offrande entre leurs mains et la présentant, prêts à la déposer sur la table. Près de chacun d'eux est un petit personnage à tête humaine sur un corps d'oiseau : il figure sans doute l'âme. En avant de la table d'offrande, de chaque côté du canal est un chacal, celui de droite affronté à celui de gauche. Au dessus du canal pour la sortie des liquides est une grenouille, la tête tournée vers l'extérieur. C'est le seul exemple d'un semblable monument qui, cela va de soi, ne saurait aucunement appartenir à l'époque préhistorique, ni même aux deux premières dynasties. A l'arrière de ce monument qu'on a dû décaper, on voit une inscription hiéroglyphique faite au trait qui m'a semblé illisible mais où l'on distingue encore très bien le signe [illegible].

Les numéros 1, 2, 3, 4, 5, 6 et 7 sont sept fragments qui ne furent pas déposés dans le tombeau comme un objet usuel, mais comme un monument votif, et je ne le crois pas non plus de l'époque préhistorique, quoiqu'il soit beaucoup plus ancien que le précédent. Il fut trouvé cassé et enfermé dans un pot encore luté : il était composé de six fragments, plus un clou, le tout mélangé à des cendres. Le métal est du cuivre pur. Si l'on rapproche ce fait de l'autre fait que j'ai déjà signalé, à savoir la trouvaille du coffret de Tout-ônekh-Amen en de semblable circonstances, on est conduit à attribuer à ces fragments de cuivre pur une origine peu différente, et par conséquent une époque éloignée des deux premières dynasties et de l'époque antécédente. Je n'en dirai pas plus long, parce que je n'en sais pas plus long : il reste toujours possible que les fragments de ce qui était ou un vase ou une plaque, puissent appartenir à une époque très rapprochée des deux premières dynasties, sinon à ces deux premières dynasties elle-mêmes. J'ajouterai seulement que la tête du clou était couverte d'une feuille d'or. Les numéros 14 et 15 de la même planche sont deux grands disques repliés sur eux-mêmes par moitié. Comme cette partie de la planche a été réduite au sixième et que le disque de droite mesure à son axe 0m,0465 sur la phototypie, il a en réalité 0m,279, c'est-à-dire près de 0m,28, ce qui ne laisse pas que d'être un diamètre considérable. J'ai laissé ces deux disques dans la forme où je les ai trouvés ; si je les avais dépliés, ils se seraient bien certainement brisés et l'on n'aurait pu en réunir les morceaux. Le petit fragment en dessus du grand disque porte une inscription qui montre que le vase était consacré à Osiris. Cet objet n'appartient pas non plus aux anciennes époques. L'objet qui précède et qui porte le numéro 18 est une des attaches de cuivre qui servaient à maintenir des pièces de bois entre elles, comme j'aurai l'occasion de le dire plus loin.

Le grand ciseau représenté au numéro 17 ne mesure pas moins de $0^{m},2225$. Il a une forme peu ordinaire. Bien arrondi au sommet quoiqu'il porte des traces indéniables d'usage, le métal s'étant recourbé sous les coups de maillet ou de marteau qu'il avait reçus, il s'infléchit de chaque côté pour reprendre bientôt sa largeur première et l'amplifier à mesure qu'il arrive vers la lame. Cette lame est amincie pour former le tranchant qui est un peu émoussé; il y avait longtemps sans doute que le ciseau servait déjà et qu'on ne l'avait pas aiguisé. Deux autres instruments de ce genre sont représentés dans le numéro 9 de la planche et au numéro 10, derrière la pomme de canne en métal. Ce sont des ciseaux dont le petit a certainement servi et dont le plus grand a été taillé d'une autre manière que son voisin. Au lieu que la lame du grand aille en s'élargissant et en s'amincissant, comme celle du petit, elle va au contraire en se rapetissant, de sorte que le quadrilatère tout entier arrive à ne former qu'une pointe. Le haut de ce ciseau est aussi taillé différemment : à environ 6 millimètres de l'extrémité, le quadrilatère qui s'était jusqu'alors constamment agrandi se rapetisse et s'effile. L'objet qui est représenté au numéro 12 est le haut d'une canne recouverte d'un morceau de cuivre cylindrique. Le cuivre est du cuivre relativement jaune. Au numéro 8 de cette planche est aussi une sorte de canne entièrement recouverte d'une feuille de métal excessivement mince : le lecteur se souviendra que c'était la coutume en Égypte d'avoir de ces cannes d'apparat et se rappellera la canne du roi Thoutmès III dont on se servit pour prendre Joppé. C'est une canne dans ce genre-là que représente l'objet situé à l'extrémité gauche de cette partie de la planche. Au numéro 10 est encore un autre de ces bâtons : c'est la grande canne à pommeau dont se servaient encore les compagnons charpentiers, il n'y a pas longtemps, et dont ils se servent peut-être toujours. Le pommeau représenté ici avait une forme rappelant les chaudières dont on se sert encore actuellement dans le village d'Abydos, et, pour cette raison, je les avais prises pour des chaudières votives. Mais la découverte de la partie supérieure de cette grande canne en bois, ayant encore une forme analogue à celle de l'enveloppe de cuivre m'a ouvert les yeux, ainsi que je l'ai dit plus haut. Cette feuille de cuivre avait été battue et étalée au marteau; la ligne de jonction se voit très bien, car les parties martelées se sont disjointes après le long laps de temps pendant lequel elles ont duré. Ainsi les Égyptiens dès la plus haute époque connaisaient au moins trois genres de canne ornées dans leur partie supérieure d'un ornement de métal, ou entièrement recouvertes d'une feuille métallique très mince.

La planche VIII est tout entière consacrée à des objets en métal, presque tous des objets en cuivre pur. Tout d'abord il y a les aiguilles représentées aux numéros 11 et 17, les premières très fines, conservant encore l'oxyde de cuivre dans lequel elles furent rencontrées. Quelques-unes de ces aiguilles étaient très grandes, comme le numéro 25 ou comme le numéro 17 qui représente une aiguille de grande dimension et de forte taille. Elles devaient être canaliculées et faites par les replis du métal ramené plusieurs fois sur lui-même. A côté des aiguilles je placerai les fragments de lamelles très minces qui devaient sans doute avoir été employées comme les feuilles dont il a été question plus haut; ce sont les numéros 3, 5 et 12; mais il n'est pas complètement certain que le numéro 5 ne soit que du cuivre. Le numéro 16 est un petit poids en cuivre dont je ne sais quelle valeur ou quel poids il peut avoir, quoiqu'il serait assez facile de s'en assurer. Le numéro 18 représente un serpent et peut-être est-ce un bracelet. Si c'est bracelet, il ne doit pas appartenir à la période préhistorique ou des deux premières dynasties. Il contient en son milieu un petit chapeau qui entourait un clou; il en est de même de l'objet représenté au numéro 1, quoique la forme n'ait pas été conservée, mais on voit encore le trou fait par le clou entouré. Maintenant si je rejette l'examen des numéros 20, 21, 22 et 23 à plus tard, comme ayant été rencontrés dans le tombeau de Perabsen, il ne me reste plus à examiner que les numéros 2, 4, 5, 6, 7, 8, 9, 15, 19 et 24.

Les six objets représentés aux numéros 4, 6, 7, 8 et 9, sont de même nature; ce sont tous des attaches de planches, s'ils n'ont pas apparemment la même forme, on peut croire que les numéros 4 et 6 ont été étirés en les arrachant aux planches qu'ils soutenaient, et qui est une preuve qu'ils conservaient encore assez de ductilité et de malléabilité pour ne pas s'être cassés pendant cette opération. Les quatre autres appartenaient à la même boîte rectangulaire servant de cercueil; les planches étant presque tombées en poussière, ces sortes de soutiens ont conservé leur forme première. Si l'on n'adopte pas pour les numéros 4 et 6 l'hypothèse que je viens de suggérer et si la forme était bien celle que les objets ont conservée, alors nous nous trouverions en présence de petits objets comme ceux dont se servent encore les vitriers pour empêcher les carreaux d'une serre, par exemple, de glisser les uns par dessus les autres.

Le numéro 19 représente un clou qui a dévié et a été tordu par suite de la dureté du bois dans lequel on voulait le faire entrer. La résistance de ce clou montre à elle seule combien l'industrie métallurgique avait fait de progrès. La tête d'ailleurs le prouve assez par elle-même : elle forme au dessus du clou proprement dit une calotte sphérique presque régulière et elle a résisté, sans s'aplatir, à tous les coups qui lui ont été assénés.

Le numéro 2 représente un petit ciseau très fin, encore neuf, de cuivre rouge pur, ayant conservé encore tout son tranchant: tel il sortit des mains de l'ouvrier qui le fit, tel il est. Il est d'une grande dureté et a dû être fait d'après d'autres procédés que ceux que M. Berthelot a constatés d'après les objets provenant du tombeau de Set et de Horus.

Les numéros 15 et 24 représentent deux poignards ; ils sont faits exactement d'après la même forme et seul, le numéro 24 a été brisé avant que sa pointe se fût éfilée jusqu'au bout. Tous les deux, ils se composent d'une poignée improprement dite, d'une partie cylindrique qui s'élargit à mesure qu'elle s'avance vers la base des triangles isocèles très allongés qui forment l'arme proprement dite. La garde se composait de la partie supérieure enroulée sur elle-même de manière à laisser un trou au milieu de sorte qu'on y pût faire entrer une perle qui est encore restée à la garde du numéro 15. Le numéro 26 est en cuivre pur sans doute, mais le numéro 15 est en argent doré, ce qui explique sa résistance et son état intact.

Avant de clore ce chapitre, je dois faire une observation qui peut avoir son importance. Je ne suis pas métallurgiste, ni même connaisseur dans les métaux : il se peut très bien que certains de ces objets soient d'une composition chimique autre que celle que je leur ai attribuée : c'est à l'analyse chimique qu'il appartient de déterminer la composition ou la pureté des objets dont il a été question dans ce présent chapitre et de ceux dont il sera question dans le chapitre réservé aux objets provenant du tombeau de Perabsen. Cette analyse chimique, je n'ai pu la faire pour plusieurs raisons qui n'importent pas ici : la mort de M. Friedel m'a enlevé les moyens faciles de faire analyser ces objets, et de plus, il aurait fallu en sacrifier quelques-uns pour pouvoir en retirer tous les renseignements intéressant la science. Je n'ai pas cru devoir le faire : quand ces objets auront pris place dans un musée, comme ils le méritent, alors il sera toujours temps de les faire analyser et de faire examiner d'après quels procédés ils ont été exécutés.

CHAPITRE XXV

DES OBJETS EN CHEVEUX

Le titre de ce chapitre étonnera sans doute un assez grand nombre de mes lecteurs : c'est en effet la première fois qu'on se soit occupé de recueillir ce qui semblait dénué de tout intérêt. Il est même probable que si je n'avais pas eu présent à l'esprit ce que rapporte le faux Plutarque de la conduite d'Isis après le meurtre d'Osiris, à savoir qu'elle déchira ses vêtements et coupa ses cheveux en signe de deuil pour les lui consacrer ensuite [1], je n'aurais pas songé à recueillir les premiers exemplaires de ces œuvres ; mais j'étais si fermement persuadé, d'après les documents que j'avais rencontrés précédemment que, tôt ou tard, je finirais par trouver le tombeau d'Osiris, que je fis recueillir avec le plus grand soin tout ce qui pouvait avoir en ce genre le plus petit intérêt. Bien m'en prit, car non seulement je trouvai des cheveux en abondance, mais je trouvai aussi de véritables œuvres d'art, comme le lecteur pourra s'en convaincre en se reportant à la planche XIII. Mais cette planche est elle-même précédée de deux autres planches où j'ai réuni seulement une partie des chevelures que j'ai trouvées. Je suis persuadé qu'en outre il y en avait un bon nombre qui, ayant été défaites, mises en pièces, ont dû m'échapper dans les décombres intérieurs des tombeaux.

Ce que j'ai réuni suffit cependant pour montrer que la consécration des chevelures, ou de quelque partie de la chevelure, avait atteint une fréquence très grande; d'ailleurs le lecteur aura vu déjà dans les premiers chapitres de ce volume dans quels tombeaux j'ai trouvé ces

1. *De Iside et Osiride*, éd. Parthey, XIV.

marques de piété funéraire, soit envers Osiris, soit envers les membres de la famille en général. J'ai trouvé toutes ces chevelures, sans aucune exception, je crois, dans l'intérieur des tombes : elles étaient éparses dans le sable où on les rencontrait à mesure qu'on vidait les tombeaux. Quelques-unes d'entre elles étaient rencontrées vers le milieu de la profondeur du tombeau, la plupart vers la partie inférieure, mais aucune au fond de la tombe : quelques-unes seulement ont été trouvées presque à la surface du tombeau. Ces détails ont ou auront leur importance pour les conclusions que l'on pourra tirer ou que je tirerai moi-même de ces prémisses. Je dois aussi faire observer que ces chevelures ou ces offrandes en cheveux ont été seulement rencontrées dans les tombes situées du côté est; pas une tombe du nord, de l'ouest et du sud n'en a livré une seule mèche. Il est vrai que la première année de fouilles on a pu en trouver quelques-unes sans m'avertir dans les tombeaux qui formaient la première rangée du nord et quelques-uns qui furent ouverts à l'ouest : si cela était, je n'ai aucun doute que M. Petrie qui m'a succédé, qui a fait passer au crible les décombres que j'avais enlevés, ne les ait trouvées, puisqu'il est censé avoir apporté beaucoup plus de méthode et de conscience dans ses fouilles que je n'en ai moi-même apporté : comme il n'a rien publié en ce genre, on est conduit à conclure qu'il n'a rien trouvé. Par conséquent, c'est seulement du côté est que se trouvaient ces nattes.

Dans presque toutes les tombes ouvertes autour du tombeau d'Osiris on a trouvé des caisses où avait été renfermé le squelette, parfois dans ces caisses en bois de cèdre on a trouvé des objets, soit vases, soit toute autre choses : pas une seule fois il n'a été trouvé de nattes de cheveux. Ces nattes de cheveux ne pouvaient donc appartenir au crâne du squelette, quand même tous les squelettes renfermés dans les tombeaux des trois rangées de l'est eussent été des squelettes de femmes, ce qui n'était pas. Par conséquent elles n'ont pû être que des objets votifs dédiés à un être cher et disparu : c'est une coutume qui a régné presque dans toutes les civilisations anciennes à une certaine époque : les exemples en sont si connus que cela me dispense d'en citer.

Le champ de la trouvaille étant ainsi bien limité et le but poursuivi étant bien indiqué, je dois rechercher si telle était la coutume en Égypte de tresser ses cheveux avec toute l'habileté que témoignent certains des monuments représentés dans les trois planches de ce volume. Nous savons par le papyrus d'Orbiney que la femme d'Anoupou était occupée à peigner sa chevelure, lorsque la pensée de tromper son mari avec le frère de celui-ci lui traversa l'esprit. Il n'y a pas là grand indice qui puisse nous mettre sur la voie du problème à résoudre, si nous l'entendons comme nous serions portés à l'entendre en jugeant des coutumes égyptiennes par les coutumes européennes. En Europe, du moins dans les pays du Nord et de l'Ouest, les femmes peignent chaque jour leur chevelure ; en Égypte, elles ne s'occupent de ce soin qu'une fois par mois environ. Dans le sud de l'Italie cependant, les femmes de Naples se font peigner dans le milieu de la rue et l'édifice construit avec leurs cheveux demeure stable pendant près d'un mois. En Égypte, il est de mode pour les femmes de partager leur chevelure en une multitude de petites nattes très fines et très bien faites ; ces nattes à leur extrémité sont terminées par des fils de soie, dans les villes et chez les riches ; pour les fellahas, par une sorte de cordonnet en laine qui tombe en allongeant encore les nattes et qui, à son extrémité, porte des imitations de pièces de monnaie en étain, pendant qu'à la ville ce sont de véritables pièces d'or qui pendent au bout des fils de soie. Il est facile de comprendre que pour cette opération délicate il faille pas mal de temps et que les femmes égyptiennes, autrefois comme aujourd'hui, ne se soient pas prêtées à recommencer chaque jour une pareille tâche, C'est pour cela que la coiffure, une fois terminée, peut durer pendant un mois et plus.

Le major Serpa Pinto raconte dans son ouvrage : *Comment j'ai traversé l'Afrique,* que les jeunes filles des Quimbandés portent sur la tête, en guise de coiffures, de véritables édifices[1]. Le grand explorateur Livingstone dans ses *Explorations dans l'intérieur de l'Afrique centrale,* dit : « J'ai vu plusieurs femmes dont les cheveux étaient tressés de manière à représenter un chapeau d'homme européen et ce n'est qu'après

1. Serpa Pinto : *Comment j'ai traversé l'Afrique*, éd. Hachette, I, p. 237.

un examen attentif que l'on arrivait à découvrir la composition de cette coiffure ; il en est d'autres qui divisent leur toison par touffes dont le bord est entouré d'une natte, ou bien qui la laissent retomber sur leurs épaules, après en avoir fait une masse de petites cordes à la façon des Égyptiens d'autrefois, système qui, avec le genre de figure de certains Balondas, me rappelait d'une manière frappante les anciennes peintures égyptiennes que l'on voit au musée de la Grande-Bretagne[1] ».

Ces deux citations, avec une troisième que je ferai plus tard, montrent bien que l'art de se tresser ou même de se tisser les cheveux n'est pas inconnu dans l'intérieur de l'Afrique australe, et sans doute dans l'intérieur de l'Afrique centrale[2]. Le lecteur comprendra de lui-même que ces coiffures si compliquées ne pouvaient être faites que sur la tête des personnes vivantes qui avaient une assez belle toison pour le permettre : mais en est-il de même des coiffures égyptiennes anciennes, je veux dire celles que j'ai trouvées en si grand nombre dans les tombes d'Abydos? le cheveu détaché de la tête de son propriétaire n'aurait-il plus eu assez de fixité pour se prêter aux caprices de l'artiste qui tenta d'en faire un chef-d'œuvre, à moins de le coller? Les pièces qui passeront bientôt sous les yeux du lecteur montreront ce qui en est : on a dû soit les natter du vivant de la personne qui les portait, soit en faire les ouvrages compliqués que dénotent certains des monuments rencontrés, soit enfin tisser véritablement les cheveux, comme nous le verrons. Par conséquent ces nattes et ces ouvrages en cheveux ont dû être coupés et détachés sur la tête de leurs propriétaires avant d'être portés comme des objets votifs dans les tombes où ils ont été rencontrés.

Ces observations me suffiront pour le moment et je reviens à l'état dans lequel je trouvai ces mèches et ces ouvrages en cheveux. Toutes les chevelures, de quelque forme qu'elles fussent, étaient dans le plus triste état, pleines de sable, comprimées de façon à ne plus conserver

1. D. Livingstone : *Travels and researches in South Africa*. Philadelphia, p. 296.

2. Depuis que ces mots ont été écrits, mes études m'ont conduit à lire une grande quantité d'ouvrages relatant des voyages au centre de l'Afrique ; dans tous, j'ai rencontré des preuves que l'on traitait de même la chevelure non seulement des femmes, mais aussi des hommes. J'étudierai tout au long, je l'espère, cette curieuse coutume dans un ouvrage postérieur sur l'origine de la civilisation égyptienne.

de leur première forme que l'apparence; il fallait de toute nécessité la faire nettoyer avec assez d'habileté pour enlever le sable, leur donner leur souplesse première et les fixer de manière à ce que nul changement ne pût s'opérer en elles. Je fis faire ces multiples opérations par une des maisons les plus renommées de Paris pour ses ouvrages en cheveux : la chose fut faite à souhait et je recueillis de ces personnes compétentes que les artistes capillaires de nos jours ne feraient pas mieux, si même ils pouvaient arriver à faire aussi bien. Cette constatation n'était pas faite pour me déplaire; mais les gens qui me la firent n'étaient peut-être pas versés dans les mystères de la toilette des femmes de l'Afrique, comme Serpa Pinto et Livingstone, et ce qui nous paraît un chef-d'œuvre extraordinaire ne paraîtrait sans doute qu'un travail bien ordinaire pour les tribus sauvages du centre de l'Afrique ou de l'Afrique australe.

Les deux premières des trois planches consacrées aux ouvrages en cheveux ne renferment que les représentations d'offrandes vulgaires. La première de ces deux planches ne renferme aucune chevelure d'arrangement artistique : les plus grosses nattes sont faites d'une manière qui, même à l'époque à laquelle elles furent faites, si l'on en juge par celles de la troisième planche, ne peut que paraître très ordinaire. Seules, les nattes au bas de la planche, celles de droite encore plus que celles de gauche, peuvent faire présager ce que l'on pouvait rencontrer chez des gens riches, car on peut encore voir d'après la disposition des mèches, leur peu de cohérence, leur état isolé, que ceux qui les offrirent n'apportèrent pas, tant s'en faut, toute l'attention qu'on trouve dans les offrandes similaires. Cependant l'équité veut qu'on tienne compte de l'état délabré dans lequel elles ont été trouvées.

La seconde planche vient encore renforcer cette première impression et montrer avec évidence que toutes les femmes jeunes et vieilles, pouvaient apporter une offrande qui était dans les moyens de toutes. On a pu voir d'après la planche précédente et d'après celle-ci que presque toutes les chevelures sont de couleur châtain clair. On pourrait même jusqu'à un certain point en trouver de blondes; mais je sais pour l'avoir entendu dire à M. Schweinfuhrt, que les chevelures les plus noires pouvaient devenir châtain clair et même blondes, par suite d'un long séjour dans le sable. Si l'on veut se donner la peine d'examiner la couleur des cheveux du fellah, on a bien vite fait de voir que quatre-vingt-quinze sur cent sont noirs, le reste est châtain et l'on trouve quelques rares types de blonds, mais il est facile de voir que les blonds sont adventices en Égypte. On peut donc conclure avec assez d'exactitude que les Égyptiens de la première époque avaient la même couleur de cheveux que leurs descendants actuels. Aussi en face de ces chevelures qui n'ont pas été soignées, qui décroissent de ton progressivement jusqu'au blanc-verdâtre, en passant par des tons encore moins prononcés, on peut dire que tous les âges sont représentés dans les offrandes de chevelures. Et cependant ce n'avait pas été sans précaution qu'on avait placé ces cheveux dans les tombes; au bas de la planche sont représentées les toiles assez et très grossières dans lesquelles on avait pris soin de les enrouler. Quelques-unes de ces toiles sont tellement lâches qu'il est excessivement facile de séparer la trame des fils qui l'ont reliée. On peut distinguer dans les morceaux de toile représentés en cette planche trois sortes d'étoffe : une très grossière qui est à l'extrémité droite de la planche en bas, une autre beaucoup moins grossière et qui est assez bien conservée en dessus de la précédente et, un peu en dessous de la partie gauche de celle-ci, une troisième plus fine en bas et au milieu de la planche. A la vérité, ces toiles ne se recommandent point par leur beauté, mais c'est là précisément le point intéressant à constater. J'ai rencontré dans les tombeaux situés au sud de celui d'Osiris des toiles en très grande quantité et de très belle qualité : à la même époque, il y avait donc des toiles riches et des toiles pauvres. Si l'on a choisi ces dernières pour envelopper les offrandes de cheveux, il est bien vraisemblable que c'était par raison de pauvreté relative, par conséquent que les cheveux étaient des offrandes offertes par des gens relativement pauvres : c'est ce que je voulais prouver. Il en est tout autrement des chevelures tressées ou même tissées que représente la planche XIII. Nous y voyons tout d'abord des tresses plus ou moins grandes, des nattes plus ou moins fines, en tout cas plus artistiques que dans les deux planches précédentes, à la partie droite du milieu et aux parties inférieure et supérieure du tableau qui occupe le centre de la planche. A droite, la natte a conservé encore en grande partie sa beauté première : elle avait dû appartenir à une chevelure opulente, tellement elle est fournie. Celle qui forme la partie inférieure de la partie centrale est formée de cheveux plus fins; mais cette finesse est encore surpassée dans les deux nattes qui sont en haut du cadre central. On remarquera que la natte inférieure de ces deux en soutient une troisième qui pend jusqu'au bas de cette partie de la planche et qui est faite d'une torsade.

A gauche de ces deux nattes est une pièce très curieuse composée de trois parties dont la supérieure dans la photographie devait être en réalité l'inférieure. On avait, autour d'un cordon gonflé et tenu raide à l'aide des crêpés qui se voient au milieu de cette partie de la planche, côté droit, cousu ou attaché de façon quelconque des mèches soigneusement égalisées en comptant le nombre des cheveux qui la composent, on les avait entourées d'une sorte de fil en cheveux, puis on les avait ficelées fortement et rapprochées les unes des autres autant qu'on le pouvait : les cheveux alors sortaient en liberté et, comme ils étaient en grand nombre, par suite de la pression opérée, ils semblaient bouffer un peu et onduler jusqu'à ce qu'ils arrivassent à l'endroit précis où la natte commençait. C'est aussi la manière dont est traitée la chevelure occupant le milieu de la partie inférieure, et peut-être celle qui est à la partie droite supérieure était elle aussi le résultat d'une semblable méthode.

Dans le tableau central, au-dessous des deux nattes supérieures et de la tresse avec nattage que je viens de décrire sont trois autres pièces dont la partie supérieure était constituée de la même façon que dans la pièce précédente ; mais les mèches n'avaient pas été si serrées que dans le premier ouvrage, puisque l'on voit des interstices entre les diverses mèches. De plus à peine sortis de la compression qu'exerçait sur eux le fil qui les réduisait à leur plus simple volume, les cheveux en liberté s'empressaient de s'enrouler en papillottes très bien faites et qui ont résisté à plus de quatre-vingts, à près de quatre-vingt-dix siècles.

Les cheveux représentés à la gauche de la rangée du milieu nous offrent des nattes très fines suspendues à un cordonnet qui a été lui aussi rempli et rendu stable au moyen de cheveux crêpés, de même que les extrémités des autres nattes qui composent le numéro 4. Les nattes ainsi suspendues à un seul cordon atteignent le nombre de huit, dont la dernière ou la première s'est perdue. Ces nattes sont non seulement remarquables par leur finesse générale, mais en certaines parties elles deviennent d'une ténuité qui pourrait faire penser qu'après avoir commencé par être une natte en trois elles devenaient une simple torsade. Ce qu'il y a de plus curieux encore, c'est que vers l'extrémité inférieure de quelques-unes de ces nattes, on voit la même enveloppe de fil roulé autour de la natte ou de la torsade; après quoi, dans un cas tout au moins, natte ou torsade continuait. Dans un autre cas, à la natte en trois, assez grosse, qui avait commencé par ce même boudin de cheveux, succédait tout à coup une natte très fine qui était elle-même serrée en boudin à son extrémité supérieure. Dans un autre cas, la grosse natte finissait par deux boudins dont l'un restait tel, pendant que le second s'effilait en une natte très fine, sinon une torsade, qui s'élargissait ensuite, si bien qu'on est amené tout naturellement à penser que les cheveux étaient nattés dans toute leur longueur et que vers leur extrémité on leur fournissait un nouvel appoint de cheveux qui disparaissaient à l'une de leurs extrémités dans le boudin bourré de crêpés.

Les nattes représentées au milieu de la partie supérieure de la planche présentent une autre variété dans la disposition des cheveux : la natte commence comme toutes les nattes à trois, après avoir enfermé l'extrémité des cheveux d'une mèche sous ceux des autres de manière à former un bout que l'on pouvait attacher; puis, parvenue à la longueur qu'on a voulu lui donner, elle s'est divisée en six mèches de cheveux à l'état libre. Ces nattes de mèches postiches s'ajoutaient sans doute aux cheveux naturels, et c'est encore ainsi que les petites fellahines les portent, comme je pus le constater sur la chevelure de la sœur d'un de mes ouvriers, laquelle avait huit ou neuf ans. Toute sa chevelure était partagée en petites nattes très fines, et naturellement assez courtes ; mais on avait trouvé l'art de les allonger par de fausses nattes de laine tressées comme les cheveux et dont l'extrémité pendait librement comme les nattes de ce numéro. En plus, les nattes postiches de laine étaient décorées de petites plaquettes rondes d'étain, imitant les sequins d'or que mettent dans leur chevelure les femmes plus fastueuses ou qui savent gagner facilement cet or qu'elles convoitent. La partie gauche de la rangée inférieure nous offre un nouveau spécimen du travail des cheveux. A gauche, on voit en haut l'extrémité du cordonnet auquel sont attachées les petites mèches de cheveux qui avaient été divisées en deux parties égales tombant de chaque côté du cordon. Un peu en dessous du cordon, elles ont été serrées par une texture en cheveux également, puis enfin, libres, elles se sont empressées de former de petits frisons qui ondulent d'abord de droite à gauche avant de se recroqueviller vers la droite. La photographie montre qu'il en est ainsi, car derrière le rideau des premiers frisons, l'œil aperçoit d'autres frisons de couleur quelque peu grisonnante qui apparaissent, soit parce qu'ils sont en avant, soit parce qu'ils sont en arrière des premiers. La pièce ainsi travaillée s'arrête brusquement — et malheureureusement — après le septième frison, mais il n'y a aucun doute à avoir : elle se continuait encore, peut-être longtemps, peut-être pendant un court espace, personne ne peut le savoir.

J'ai réservé pour la fin l'objet figuré à gauche de la rangée du haut, qui est un chef-d'œuvre dans ce genre de travaux et qui de plus a le mérite de nous représenter effectivement un ornement que tous les égyptologues ont vu pendre à la tête des enfants royaux et leur retomber sur la tempe droite : c'est ce qu'on appelle la *boucle* des enfants royaux. Dans le livre qu'il a consacré aux cinq années qu'il dut passer au Congo, M. Stanley raconte qu'il trouva une mèche exactement semblable ornant la tête d'un indigène de By-Anzi et il en était de même chez les Bangalas [1]. Jusqu'ici la croyance générale était que cette boucle était quelque chose de factice et de postiche et qu'elle ressemblait à la barbe des statues en bois : il est certain désormais, d'après ce document, qu'elle était réellement postiche et qu'elle était faite de vrais cheveux, tout comme chez les indigènes de By-Anzi et chez les Bangalas du Congo belge. Je ne m'attarde-

1. H. Stanley, *Cinq années au Congo*, p. 364 et 416.

rai pas à décrire tout au long la manière dont on s'y prenait pour tisser de semblables ouvrages, pour la bonne raison que je ne sais pas exactement la méthode employée; mais je pourrais parfaitement décrire la méthode employée de nos jours pour faire des ouvrages analogues. La chose serait assez longue, car le travail est minutieux; mais je ne vois pas trop quel parti pourraient en tirer mes lecteurs. Je me contenterai donc de dire que cette sorte d'ouvrages en cheveux se fait exactement comme la dentelle fabriquée à l'aide de fuseaux, et qu'on emploie exactement les mêmes instruments, qu'on fait manœuvrer à sa guise suivant le dessin que l'on veut former. Dans la phothographie donnée de cet objet, il est facile de voir comment la chaîne tombe et comment la trame se mêle avec la chaîne pour la recouvrir. Mais il est sans doute non moins évident qu'on ne s'est pas servi des fuseaux en usage de nos jours; cependant il faut bien avouer qu'on a dû se servir d'instruments analogues, car ces instruments étaient nécessaires pour maintenir les fils de la chaîne bien droits et bien perpendiculaires au sol, pendant qu'on avait également besoin d'instruments semblables aux premiers pour pouvoir arriver à passer les cheveux de la trame à travers ceux de la chaîne sans les embrouiller d'une manière inextricable. Si je parle ainsi, ce n'est pas que j'ai la science infuse, mais j'ai pris soin de me renseigner au préalable près des connaisseurs et que j'ai étudié deux ouvrages spéciaux dus à l'expérience de Croizat, le fondateur de l'Académie de coiffure de Paris, qui était dans toute sa renommée justement acquise vers 1830. Ces deux ouvrages sont les *Cent et un coiffeurs de tous les pays* et *Théorie de l'art du coiffeur*. Si quelqu'un de mes lecteurs était tenté de recourir aux mêmes sources que moi, je lui découvre bénévolement celles auxquelles j'ai puisé; maintenant une dernière réflexion avant de clore ce chapitre. Les pièces qui viennent d'être décrites étaient évidemment faites non sur la tête même de la personne à qui appartenaient ces cheveux; mais après qu'on les en avait détachés. Si j'avais pu croire un seul moment que les ouvrages en cheveux qui viennent d'être décrits avaient été faits autrement, les livres que je viens d'indiquer se seraient chargés de me détromper. Il reste donc acquis désormais, que les femmes de l'époque voisine de celle d'Osiris, sinon de l'époque même d'Osiris, savaient tresser leurs cheveux de manière à former des ouvages aussi parfaits que ceux qui viennent d'être décrits, qu'elles les consacraient en l'honneur d'Osiris ou des morts de leurs familles et qu'en cela le renseignement fourni par le pseudo-Plutarque est confirmé, et enfin que ces ouvrages en cheveux se faisaient après que les mèches avaient été séparées de la tête qui les portaient. Le lecteur qui m'aura suivi jusqu'ici reconnaîtra, je pense, avec moi qu'il eût été bien dommage de ne pas ramasser ces précieux restes d'œuvres aussi belles.

CHAPITRE XXVI

LES STÈLES

Les stèles qui furent trouvées au cours de la troisième année de fouilles sont toutes sans exception des stèles de simples particuliers. Elles sont au nombre de 26, plus un fragment non de stèle, mais de bas-relief représentant un homme, peut-être un roi, paraissant devant Thot ibiocéphale et un fragment de table d'offrande, représentés le premier au numéro 1 de la planche XVIII de ce volume, le second au numéro 3 et dont il a été question plus haut[1]. Si j'ai employé l'expression de fragment de bas-relief en parlant de la pierre où un individu est mis en présence de Thot, c'est que les deux personnages sont contenus dans un champ limité par deux lignes, dont celle du haut est assez large, et que par dessus cette ligne la pierre était encore parée, sans qu'il soit possible de dire jusqu'à quelle hauteur.

Quant aux 26 stèles qui composent le reste de la planche XVIII, je dois faire observer qu'elles sont en beaucoup moins bon état que les premières trouvées au cours des fouilles de la première campagne et que, si celles-ci avaient été gravées sur des pierres non également parées, les signes gravés étaient malgré tout bien apparents et ressortaient suffisamment de la pierre pour être lisibles; quant à celles de la troisième année, je ne sais trop pour quelle raison, c'est précisément l'opposé qu'il faut en dire : les caractéres sont sans relief suffisant et le grain de la pierre était tellement gros que la gravure n'a pas répondu au désir du graveur et que l'effritement a causé plus de dommage que

1. Cf. plus haut ch. XII, p. 300. La photographie ne montre absolument rien de ce qui existait sur le devant de la table. Elle était semblable à l'autre qui fut trouvée dans la première campagne.

dans les stèles fines. Celles-ci à leur tour ont eu à souffrir du frottement du sable et, les caractères n'ayant qu'un minime relief, elles sont illisibles en grande partie par suite de l'effacement des signes. Cependant on peut encore assez facilement reconnaître les signes gravés sur plusieurs d'entre elles.

Une chose en ressort assez clairement, à savoir que ce sont presque toutes des stèles de femmes. La grosse coiffure que portent les femmes représentées comme déterminatifs le prouve suffisamment. Ce fait rapproché de cet autre, la découverte de chevelures féminines dans les tombes de l'est, tombes d'où proviennent les stèles dont je parle, montrerait assez bien que les tombes situées à l'est étaient en grande partie occupées par des femmes. Cependant on ne peut rien en dire avec certitude, parce que le nombre des tombes où l'on n'a pas rencontré de stèle est beaucoup plus grand que celui des tombeaux où l'on en a trouvé. De plus, la plupart des stèles ont été rencontrées dans les tombes à une hauteur telle que l'on ne peut guère douter qu'elles n'étaient pas à la place où on les avait primitivement placées.

Un autre point est digne de remarque : c'est l'absence totale de titres, soit religieux, soit civils. Les titres religieux semblent de préférence avoir été gravés sur les stèles d'hommes, comme celles que j'ai publiées dans le premier volume de cet ouvrage et celles qui ont été publiées dans le premier volume des *Tombes royales de la première dynastie*, par M. Fl. Petrie. On en pourrait sans doute conclure qu'à cette haute époque, les femmes n'avaient pas encore les titres qu'elles portaient au cours de l'Ancien Empire.

Enfin, je ferai observer que, parmi les stèles de cette troisième année, il n'y a ni stèles de chiens, ni stèles de nains. Les chiens sont d'ordinaire représentés en compagnie de leurs maîtres; il n'est pas étonnant de ne pas en trouver dans des tombeaux réservés spécialement aux femmes. De même les nains. J'ai trouvé des squelettes de nains, comme je le dirai en son lieu, mais ces nains avaient été enterrés du côté sud, dans les deux rangées de tombes qui de ce côté bordaient la tombe centrale ou tombe d'Osiris. Le nain d'ailleurs était pour le plaisir du maître. Tout concorde donc à montrer que le côté est des tombes disposées sur trois rangées avait été spécialement laissé aux femmes qui méritaient d'avoir leur sépulture près de la sépulture d'Osiris.

Mes lecteurs verront facilement par le nombre de stèles trouvées dans la troisième campagne ajouté à celui des stèles trouvées pendant les deux premières années de fouilles que j'ai fourni mon contingent, un contingent assez sérieux, aux stèles qui nous sont parvenues de cette haute époque, car 26, plus une de la seconde année, plus 45 de la première année, font un total de 72. Si je m'appesantis sur ce chiffre, ce n'est pas pour en tirer de la vaine gloire : je n'ai eu aucun mérite à trouver des objets aussi volumineux qu'un aveugle seul aurait pu ne pas voir. Le seul mérite que j'ai eu, si c'en est un, c'est d'en soupçonner du premier coup la grande, l'immense importance, et de ne les pas avoir jetés dans le Nil, comme le voulait le second des employés supérieurs du musée de Gizeh. Ce n'est donc pas pour ce motif que je viens de faire ici le compte des stèles que j'ai trouvées dans les trois années qu'ont duré les fouilles d'Om el-Ga'ab ; c'est pour un tout autre motif. Ce n'est pas sans surprise que j'ai vu dans l'ouvrage que M. Petrie a fait sur les *Tombes de là première dynastie*, une planche dont les deux tiers environ sont remplis par le dessin des stèles que j'ai trouvées la première année. Lorsque je demandai en 1894 aux officiers de l'*Archeological Survey of Egypt* la permission de reproduire dans un de mes ouvrages quelques-unes des planches qui avaient été consacrées à Beni-Hassan, on me demanda d'abord le nombre et les numéros des planches que je voulais reproduire, on me pria de ne pas trop les multiplier, puis à la fin on m'autorisa d'assez mauvaise grâce à en faire la copie en m'invitant à ne pas dépasser le nombre que j'avais indiqué. Je ne pus donc m'empêcher de trouver assez plaisante la conduite de M. Petrie, un des piliers des sociétés anglaises qui se sont formées pour tirer parti des antiquités égyptiennes, qui de sa propre autorité reproduisait en une seule planche, non entière, plusieurs planches de mon premier volume. S'il m'eût demandé de consentir à la reproduction des stèles qu'il désirait reproduire, j'y aurais souscrit volontiers et je m'en serais trouvé honoré, encore que son volume soit tout entier dirigé contre les opérations que j'ai eu l'honneur de pratiquer en Abydos. Il n'a pas cru devoir le faire, et peut-être le pouvait-il; passons. Mais alors je me suis demandé pourquoi sur les 42 stèles reproduites en mon volume, il n'en a donné que 31. Je serais peut-être resté insensible à cette manière de faire, malgré qu'on ait pris le soin de me le faire savoir amicalement, si je n'avais lu de mes propres yeux les paroles suivantes employées par M. Petrie à la page 27 de son ouvrage : « Comme il est important de pouvoir comparer ensemble tout ce qu'on a de semblables monuments, j'ai dessiné de plus à la planche XXXII *toutes* les stèles trouvées dans ce cimetière par la mission Amélineau, autant qu'on peut les distinguer dans les photographies publiées[1]. »

Ainsi M. Petrie a bien voulu dessiner toutes les stèles que j'avais publiées, et il en a seulement publié 31 au lieu de 42. Il est vrai qu'il y a une restriction; mais cette restriction est assez habilement calculée pour laisser toute la latitude désirable afin de passer sous silence ce qu'on ne veut pas dire et afin de faire croire à ses lecteurs qu'on a largement été plus heureux que son émule. De plus, comme le chiffre des stèles omises est de 14, c'est laisser à ses lecteurs le soin de conclure que le soin apporté par l'auteur anglais à son ouvrage est au moins un tiers plus grand que le soin apporté par l'auteur français; mais ce pauvre auteur français n'a pas senti le besoin, après avoir reproduit mécaniquement les stèles qu'il a trouvées, de refaire d'autres planches où ces mêmes stèles auraient été dessinées par un dessinateur qui aurait été difficilement plus malhabile que M. Petrie. Il est vrai que le volume de M. Petrie y a gagné en ampleur; mais y a-t-il autant gagné en valeur? C'est un point qu'il serait facile de décider. De plus, ce n'est pas dans les ouvrages de M. Petrie qu'on peut aller chercher des modèles de bonnes planches. Mais les lecteurs anglais seront contents de voir sa supériorité ainsi prouvée.

Tout a donc été calculé par M. Petrie pour obtenir les divers résultats que je viens d'indiquer avec une habileté dont il peut être fier.

1. Comme ces paroles sont importantes, je prends soin de citer le texte même de M. Petrie : « As it is important to be able to compare all of such material together, I have further sketched an pl. XXXII, all the steles found in this cemetery by the Mission Amélineau, so for as anything can be discerned in the photographs published ». W. M. Fl. Petrie, *The royal tombs of the first dynasty*, I, p. 27, 1re col., l. 10-15.

Mais cette habileté, nous l'avons tous reconnue dans de plus grands événements, et même nous avons appris à la juger sur les bancs de l'école ; c'est ce que les Romains appelaient *Punica fides* et ce que nous nommons en français la *bonne foi punique*, c'est-à-dire la mauvaise foi.

Je reviendrai plus loin sur l'affectation qu'a mise M. Petrie à désigner mes travaux par l'appellation de Mission Amélineau.

CHAPITRE XXVII

DES BOUCHONS EN TERRE ET DES INSCRIPTIONS QU'ILS CONTIENNENT

Je n'ai aucunement la prétention de faire ici la description complète et la discusion des bouchons que j'ai recontrés au cours des fouilles de cette troisième campagne : tout ce que je peux faire, c'est de faire observer à mes lecteurs les renseignements historiques ou religieux qui m'ont été fournis par ces monuments, estimant d'un côté que le temps n'est pas encore venu où l'on pourra donner une explication pleine et entière des bouchons avec sceaux rencontrés dans les fouilles d'Om el-Ga'ab, et d'un autre côté croyant que les savants auxquels mon ouvrage parviendra pourront en recueillir plus que je n'ai su en tirer. Ce chapitre sera donc très court, quand il aurait peut-être dû être l'un des plus développés de cet ouvrage.

Les bouchons qui ont été rencontrés pendant l'hiver 1897-1898 ne sont pas très nombreux, sauf pour le tombeau de Perabsen dans lequel j'en ai trouvé environ trois cents. De ces derniers il sera question dans le chapitre des objets trouvés dans le tombeau de ce roi ; ici il n'est question que de ceux rencontrés dans le tombeau d'Osiris et dans les tombes environnantes.

Tout d'abord, je dois parler de deux bouchons qui furent rencontrés dans la couche supérieure de décombres formant la grande colline. L'un de ces bouchons n'est pas reproduit ici, parce qu'il est assez connu par lui-même, puisqu'il renfermait le nom du Pharaon Séti Ier enfermé dans un cartouche : . Quoiqu'enfermé dans le cartouche, ainsi que dans les briques estampillées au prénom du roi Séti Ier, ce prénom était bien gravé sur un bouchon et non sur une brique. Il était de forme ronde, ce que n'est pas une brique, et avait dû servir à boucher un de ces grands vases que j'ai rencontrés en quantité ou même un plus grand encore. Le second a un intérêt tout particulier et me semble d'une importance majeure. Lui aussi contient, non pas un nom, à ce que je crois, mais une inscription renfermée dans un cartouche, ou plutôt dans le champ d'une stèle arrondie par le sommet. C'est bien aussi un bouchon, fait de terre sans mélange de fibres de palmiers, comme on en trouve dans les bouchons de l'époque la plus reculée : j'ai dit de terre, et non de sable de grès. Par endroits, la terre a été comme rongée par des insectes et est tombée, formant des figures capricieuses, absolument comme il arrive dans les poutres rongées par les insectes xylophages. La représentation qui en est donnée à la planche XXVII, numéro 1, ne permettra pas de mettre en doute que nous soyons bien en présence d'un bouchon. Ce bouchon a été estampillé au moyen d'un cylindre, ou plutôt d'une planchette gravée préalablement. Cette planchette n'a pas sans doute été gravée d'une manière uniforme, ou bien la terre n'était pas également bien préparée ; toujours est-il que la photographie ne donne nettement que le bas du cartouche ou de la stèle, pendant que la partie supérieure est à peu près illisible, et, si la photographie n'a rien reproduit de plus précis, c'est que réellement le monument ne contenait que des signes n'ayant pas assez de relief pour ressortir sur la plaque sensible. On ne lit donc sans aucune hésitation que le nom d'Osiris au bas du cartouche de la stèle : ; au-dessus de ces trois signes, il y a sans doute ou . Au-dessus de ce signe, il y avait un groupe carré d'hiéroglyphes dont le premier signe occupait toute la hauteur du groupe, si bien qu'il ne pouvait guère y avoir dans la partie droite du groupe qu'un ou deux signes. Le premier qui peut se reconnaître sur la photographie et qui se reconnaît très bien sur le monument est , de sorte qu'on a pour l'inscription entière ou . Je m'abstiendrai de vouloir compléter la lacune et expliquer ces mots, quoiqu'il se présente une explication qui serait apte à remplir la lacune et donnerait un sens très plausible :

Tous les autres bouchons dont il va être question remontent à la plus haute époque. Ils ne sont pas fort nombreux et sont malheureusement dans un état de dégradation qui empêche la lecture de ceux sur lesquels le cylindre avait laissé les traces les plus visibles. En outre, l'incendie violent allumé, soit dans la cour en plein air, soit dans les chambres particulières du tombeau d'Osiris en a gâté les plus beaux spécimens et les plus importants, en cuisant la terre dont ils étaient faits et en rendant illisibles des signes qui ne ressortaient déjà que fort imparfaitement.

Le prêmier des bouchons qui se présente à nous au numéro 12 de cette planche est celui d'un roi dont nous avons déjà rencontré le nom sur un petit plateau d'ivoire. Il est écrit par un signe inconnu, que M. Petrie a cru pouvoir lire, sur la foi de M. Quibell, *Djer*. J'ai déjà fait remarques que ce signe ne peut pas, à ma connaissance, s'être réduit plus tard à l'hiéroglyphe . Ce bouchon est fait de terre argileuse; il a été estampillé de manière si malheureuse et si incomplète, si peu soignée, qu'on ne peut rien distinguer autre chose des autres signes, s'il en portait. Il est sans doute reproduit sur d'autres exemplaires de bouchons en grès avec des fibres de palmier, mais là encore, si l'on voit bien que les rectangles surmontés de l'épervier sont si nombreux et si rapprochés les uns des autres qu'il n'y a pas de place pour des signes intermédiaires aux rectangles, on ne peut, ou du moins je ne n'ai pu percevoir assez distinctement les signes inscrits dans les différents cartouches.

Je dois ranger à côté de ces bouchons, deux autres exemplaires d'un même bouchon qui me semble contenir une liste de quatre et de six noms de Pharaons qui seraient ainsi rangés chronologiquement aux numéros 8 et 15. Nous aurions donc dans ces deux bouchons deux exemplaires d'une *Table royale* d'Abydos pour cette lointaine époque. Je suis persuadué que ces deux bouchons étaient la reproduction d'un même sceau : si le premier contient moins de noms que le second, cette différence provient de ce que le premier exemplaire est moins long et moins bien conservé que le second; mais il contient bien cinq rectangles dont le dernier est illisible, et il est acéphale. Le premier nom de Pharaon qui puisse être lu avec certitude est celui du roi que j'ai cité plus haut et qu'on a lu *Djer*. Le second est celui du roi Ahâ; le troisième celui du roi ~~~~, le même que nous avons trouvé sur la tablette de bois à double inscription, rouge et noire. C'est tout ce que je peux lire avec certitude, il me semble, et je laisse à de plus heureux que moi le soin de lire les autres noms, s'il est possible de les lire.

L'importance de ces deux bouchons n'échappera à aucun de ceux qui se sont occupés des Pharaons appartenant à cette époque primitive. Les conclusions qui en découlent sont en effet des plus importantes. Tout d'abord, il est tout naturel de conclure de l'ordre dans lequel ces noms sont rangés qu'ils sont placés par ordre chronologique : jusqu'à présent on n'a pas d'autre preuve que les rois des deux premières dynasties de la table d'Abydos ont vécu dans l'ordre où nous les rangeons, que celui dans lequel ils sont rangés dans la double table du temple de Séti Ier et du temple de Ramsès II à Abydos. Pourquoi refuserait-on aux noms de Pharaons que je viens de citer l'existence dans l'ordre d'après lequel ils sont rangés sur les deux bouchons? Je ne peux voir par quelle raison logique on refuserait à celle-ci ce qu'on accorde sans hésitation à celles-là.

S'il en est ainsi, comme le premier roi mentionné sur des bouchons est le prétendu roi Djer, non compris celui ou ceux qui le pouvaient précéder sur le cylindre, il en faut conclure que ce roi *Djer* a précédé le roi Ahâ et le roi ~~~~ qui est peut être un roi *Eau*, comme nous avons un roi Serpent et un roi Poisson dont on ne peut connaître avec certitude les noms véritables, parce que ces signes peuvent être dès cette époque et sont certainement à l'époque suivante polyphones, et qu'on ne peut choisir entre les différents noms qui conviennent au signe celui qui représente réellement l'idéogramme employé. Il a été fort facile à ceux qui sont venus après moi, de donner à ces rois les noms dont il leur a plu de les nommer, mais j'estime encore qu'il eût été plus sage de ne pas trop s'aventurer et de les nommer d'un nom plus générique et qui ne sera pas changé par la suite, s'il vient à être modifié.

La seconde conclusion pour ceux qui veulent que sous les noms de rois découverts depuis l'année 1896 soient des noms de rois ayant appartenu aux deux premières dynasties sera que le nom de *double* Ahâ ne peut être le nom du roi Ménès, pour la bonne raison que ce nom n'arrive qu'en deuxième ou troisième ligne sur les bouchons dont il est questions. D'ailleurs la chose ne pouvait être douteuse depuis que M. Naville a étudié la tablette de Neggadeh où est si pleinement confirmée la tablette publiée en ce volume. Je traiterai plus loin les autres questions que soulèvent ces monuments et j'examinerai si les diverses tentatives qu'on a faites pour ranger chronologiquement les rois, sans motif autre que des raisons de convenance, ne sont pas instables au premier chef et je dirai pourquoi elles le sont, à mon humble avis.

Ce sont là tous les bouchons dont il m'a été possible de tirer parti pour les noms de rois. Ces bouchons et d'autres qui sont publiés à la planche XXVII portent des noms de dignitaires que je ne m'attacherai pas à étudier d'une manière plus détaillée.

Il n'y a pas de noms de dieux écrits sur les bouchons de cette année : nous en rencontrerons au contraire sur ceux qui proviennent du tombeau de Perabsen et je les examinerai à cette place.

CHAPITRE XXVIII

DES SQUELETTES

Ce chapitre n'est pas une étude des squelettes proprement dits, cette étude sera faite par M. le docteur Papillaud ; ce que je prétends faire n'est qu'une étude à côté, à savoir sur certaines circonstances dans lesquelles j'ai trouvé les squelettes dont il sera question dans l'étude anatomique, anthropologique et scientifique.

Tout d'abord je dois protester avec toute la force dont je suis capable contre les phrases que M. Naville a cru pouvoir écrire dans un numéro du *Recueil de travaux relatifs à la philologie et à l'archéologie égyptiennes et assyriennes.* Ces phrases sont les suivantes : « M. Amélineau, il est vrai, nous parle de squelettes qu'il y a trouvés (dans les tombes d'Om el-Ga'ab) ; mais, en regard de tant d'objets de nature variée, lorsque, suivant M. Petrie on pénètre dans des chambres intactes, comment se fait-il que les débris du mort, les ossements, soient en si petite quantité? Car, dans ces nombreux réduits dont on nous donne le plan, excepté quelques boîtes renfermant des ossements dans la tombe du roi Qâ, rien qui rappelle le mort et ses funérailles. Et d'ailleurs, si l'on remarque la disposition des chambres qui entourent ce qu'on appelle la tombe il faut admettre qu'elles ont toutes été faites en même temps; elles sont disposées comme dans les nécropoles modernes, où les chapelles sont préparées d'avance pour le moment où le mort viendra les occuper. Or, je le demande, est-ce conforme aux idées égyptiennes d'élever ainsi d'avance de grandes constructions funéraires, avec leurs niches parfaitement régulières, et à l'usage d'un grand nombre de défunts ? Et, si, au contraire, chaque tombe de particulier avait été faite successivement, peut-on admettre qu'on y aurait apporté cette régularité, qu'elles auraient été construites d'après un plan tracé d'avance, qu'on se serait arrêté au moment où l'ensemble projeté aurait été atteint, quand l'édifice aurait été complet dans toutes ses parties? N'y aurait-il pas de l'irrégularité, de la diversité, soit dans la forme, soit dans la construction de ces tombes[1] ? » Et M. Naville conclut que les monuments royaux qu'on a pris pour des tombes sont des édifices où l'on rendait le culte au double[2].

Je ne sais si M. Naville a englobé dans les paroles que je viens de citer toutes les tombes qui existaient dans la nécropole d'Om el-Ga'ab ou s'il n'a voulu que parler des tombes royales, mais il me semble bien qu'il n'ajoute pas une entière confiance à mes dires quand j'ai parlé des squelettes rencontrés dans ces tombes. Je puis cependant bien lui certifier que si j'ai parlé de squelettes que j'avais rencontrés, c'est que je les avais effectivement rencontrés. Si je ne les ai pas tous recueillis, c'est que la plupart d'entre eux étaient dans un état inutilisable pour la science, ne consistant qu'en ossements dépareillés, brisés, éparpillés un peu partout au fond des tombes, en dehors des cercueils qui les contenaient : je ne crois pas qu'il y ait eu plus d'un dixième des tombes où les squelettes ne se trouvèrent pas. J'ai recueilli tous ceux qui se présentaient à moi dans leur entier. J'en ai laissé je ne sais plus combien de caisses au musée de Gizeh, huit ou neuf à ce que je crois, et il y en avait trois ou quatre par caisse, bien séparés les uns des autres : j'en ai apporté à peu près le même nombre à Paris. Je crois que primitivement ils étaient tous renfermés dans un cercueil en bois de conifère, sans doute de cèdre, car dans cette troisième année presque chaque tombe renfermait un cercueil. On trouvera à la planche XXVIII de ce volume une preuve palpable qu'il y avait bien des squelettes dans les tombes que j'ai explorées. Si M. Petrie n'en a pas trouvé, c'est que je les avais enlevés ; c'est qu'il n'a fouillé que la surface pour trouver ce que mes ouvriers avaient laissé échapper dans la hâte du travail. Il n'a pas que je sache trouvé de tombes intactes, parce qu'il n'y en avait pas une seule, les Coptes ayant pris soin de les visiter et de les ravager au

1. E. Naville : *Les plus anciens monuments égyptiens*, tir. à part, p. 1.
2. *Id.*, p. 3 et 4.

sixième siècle de notre ère. D'ailleurs ses fouilles ont porté principalement sur le plateau où étaient enterrés les rois de ce temps, à l'ouest du tombeau d'Osiris, entre ce tombeau et celui que je continue à regarder comme celui de Set et de Horus. Et ces rois étaient enterrés comme on a toujours enterré les rois jusqu'au Nouvel Empire thébain, avec les fonctionnaires de leur cour auprès d'eux. En outre, en plus des squelettes trouvés dans les tombes particulières, il ne faut pas oublier que j'ai rencontré deux squelettes dans le tombeau de Set et de Horus, ou comme disent mes contradicteurs dans la tombe de Khasekhemoui. J'en ai rencontré un dans la dernière chambre à droite de la seconde partie du monument, à côté du corridor longeant le mur de la grande salle funéraire; j'en ai rencontré un autre sous la partie construite en terre de ce mur. Je ne les avais pas placés là pour les y trouver : les spoliateurs s'étaient chargés de ce soin et je les ai rencontrés à la place où il les avaient jetés. Il y en avait aussi dans les autres tombes royales : si je ne les ai pas recueillis, c'est qu'ils étaient incomplets ou tellement en pièces qu'on ne pouvait les étudier. En conséquence, il est facile de juger maintenant si je peux m'en rapporter aux conclusions de M. Naville en ce point : ici, ce n'est pas à M. Petrie qu'il faut s'en rapporter, c'est à moi qui suis arrivé le premier, qui ai vu la nécropole dans l'état où elle se trouvait, et mon témoignage doit avoir autrement de valeur que celui d'un compétiteur venu pour me trouver en faute et faire éclat de son savoir et montrer mon ignorance.

Cette première question réglée de façon à ce qu'on ne puisse douter sensément qu'il y eût des squelettes dans les tombes d'Om el-Ga'ab, royales ou particulières, en contradiction complète avec la théorie de M. Naville (je dois dire que je suis d'accord avec lui sur d'autres points également intéressants), il me faut dire en quelle position j'ai trouvé ces squelettes.

Dans les textes qui ont trait aux funérailles, on rencontre assez fréquemment cette mention : « Comme Horus a fait pour son père, comme Anubis a fait pour Osiris », et il semble que ce qu'avait fait Horus soit en opposition avec ce qu'avait fait Anubis. Le même fait se produit dans les textes des pyramides et je me contente de signaler ici ces textes, devant les reproduire et les discuter plus loin. De plus, tous mes confrères en égyptologie savent le rôle que joue Anubis dans les préparations funéraires qui accompagnaient la momification : c'est lui qui préside à ces opérations d'embaumement, qui veille sur la momie renfermée dans son cercueil, etc. Au contraire jamais Horus ne remplit les fonctions d'*embaumeur*, titre sous lequel on désigne souvent Anubis.

Or, on est conduit à se demander, en face de ces textes, de ces représentations et des deux états bien distincts dans lesquels ont été trouvés les restes de squelettes ou les squelettes entiers, si près du tombeau d'Osiris, les deux modes de sépulture n'ont pas été rencontrés, l'un selon le rite qu'employa Horus pour son père Osiris, l'autre selon le rite auquel présida Anubis également pour son père Osiris. Avant de pouvoir se prononcer d'une manière certaine, en toute connaissance de cause, le lecteur doit avoir sous les yeux les éléments d'un jugement acceptable, et je vais lui fournir ces éléments.

J'ai déjà dit plus haut que presque tous les tombeaux renfermaient un cercueil qui avait été jeté dans un coin, lorsqu'il n'avait pas été laissé en place par les spoliateurs. Dans les rares tombes où l'on n'en a pas trouvé, on voyait encore assez souvent la trace fort visible du cercueil qui s'était décomposé et qui en se décomposant avait laissé sur les murailles près desquelles il se trouvait des signes visibles de son existence préalable, si bien que parfois, quand le couvercle s'était affaissé sous le poids du sable, au moment de la spoliation ou au moment des fouilles, j'ai pu prendre avec certitude la hauteur du cercueil. D'ailleurs le lecteur qui aura lu les premiers chapitres de cette troisième partie saura à quoi s'en tenir sur ce sujet. La plupart du temps, le squelette était encore en partie dans le cercueil, tel qu'il y avait été placé au moment de la mise en bière ; mais je ne veux pas dire qu'il était encore intact, car fort souvent on l'avait privé d'un ou de plusieurs membres. Je crois fermement que la disjonction de ces ossements et leur dispersion hors du cercueil sont le fait des spoliateurs, car pourquoi aurait-on placé dans un cercueil tout le squelette d'un mort, sauf sa tête, un tibia, un fémur, des côtes, un os de la main ou du pied? Si j'avais rencontré absent un ossement toujours le même, mon attention aurait alors été attirée sur ce fait qui se serait renouvelé à l'occasion de chaque enterrement, ou assez souvent; mais le cas a été bien loin d'être celui que j'imagine : tantôt c'était un ossement, tantôt l'autre qui avait été jeté hors du du cercueil, quand ce n'était pas la moitié du squelette, sinon le squelette tout entier, ce qui est arrivé parfois.

On pourrait peut-être penser que j'ai rencontré des squelettes à l'état dispersé, comme on l'a dit. M. Petrie affirme en avoir rencontré à Neggadeh et en a tiré les conclusions les plus curieuses et les plus imprévues[1]. Je n'ai pas à examiner s'il n'a pas été induit en erreur par son esprit aventureux et amoureux du bruit, c'est son affaire; mais je dois dire que jamais je n'ai rencontré dans mes fouilles d'Om el-Ga'ab de squelettes à l'état dispersé. On aurait pu croire peut-être que c'était cependant là la disposition du squelette dont j'ai trouvé les ossements au tombeau de Set et de Horus ou de Khasekhemoui, pour lui donner un autre nom, dans la chambre dernière du couloir à l'est de la grande salle construite en pierre et destinée à recevoir les squelettes des deux illustres morts; mais l'on ne doit pas prendre un squelette sans prendre en même temps le second, et je n'imagine pas que l'architecte qui fit construire ce grand et magnifique tombeau, ait voulu qu'on plaçât le second squelette, mutilé d'une jambe et d'une cuisse, sous un mur qu'il aurait pris soin de démolir aussitôt que construit. Ce n'est pas ainsi que les hommes agissent d'habitude quand ils veulent rendre les suprêmes honneurs à ceux de leurs semblables qui les ont précédés et dans la vie et dans la mort; mais c'est bien ainsi que font les spoliateurs et les sacrilèges. On ne saurait donc arguer, pour infirmer ma manière de voir, d'un cas particulier dont il me semble rendre un compte suffisant.

Je prie mon lecteur d'observer que je suis bien loin de nier que M. Petrie ait découvert des squelettes à l'état dispersé, que certains des ossements de ces squelettes aient été placés dans une place particulière, suivant le degré d'honneur dans lequel on les tenait; que certains de ces ossements portassent encore des traces de raclage provenant de l'avidité avec laquelle on les avait dépouillés de la chair qui les recouvrait

1. W. Flinders Petrie : *Naqadâ and Ballas*, p. 14-16; 17-22; etc.; 60-62.

pour s'en nourrir[1]; je ne nie rien, je dis seulement que je n'ai rien rencontré de semblable à Om el-Ga'ab. Et cependant c'eût été le cas ou jamais : si les anciens habitants de l'Égypte avaient eu la coutume de faire des festins anthropophagiques afin de se rendre possesseurs des qualités du défunt en se nourrissant de sa chair, jamais sans doute ils n'eussent trouvé meilleure occasion qu'en dévorant les chairs des rois enterrés à Om el-Ga'ab. Mais une telle coutume est complètement opposée à ce que nous savons des habitudes égyptiennes à l'époque historique, même la plus lointaine, et, pour l'époque dont je parle, le seul fait que la plupart des squelettes se trouvaient encore enfermés en partie dans les cercueils où on les avait placés, suffit pour montrer que le repas anthropophagique, s'il s'est jamais pratiqué en Égypte, ne se pratiquait pas à Abydos à l'époque préhistorique à laquelle ces rois vivaient. Il suffit d'observer que les survivants n'auraient pu se nourrir de la chair des défunts sans la faire cuire, ou tout au moins sans la découper : or les squelettes qui étaient complets étaient encore adhérents, sans aucune attache pour relier entre eux des ossements qui eussent été préalablement détachés. Dès ma seconde campagne de fouilles j'avais emporté de ma maison d'Abydos l'ouvrage de M. Petrie sur ses fouilles de Neggadeh et j'avais été frappé de ce qu'il disait sur les os grattés et regrattés, sur la particularité du repas anthropophagique, et j'ai recherché sur les ossements que je trouvais dispersés, si je ne rencontrerais pas des traces analogues à celles que M. Petrie dit avoir rencontrées à Neggadeh : jamais je n'ai rien trouvé de semblable. Je dis donc que le fait signalé par M. Petrie ne s'est pas rencontré dans la nécropole d'Abydos, et je me contenterai de faire observer que la coutume du repas anthropophagique accuse un état de barbarie, comme nous l'appelons, qui devait avoir été de longtemps dépassé par les hommes qui s'établirent dans la vallée du Nil.

Maintenant si le lecteur veut savoir dans quelle position étaient les squelettes rencontrés à Om el-Ga'ab, je lui dirai qu'ils avaient tous la position dite contractée, position qui rappelle celle que le fœtus occupe dans le sein de sa mère. Cette position était toujours la même quand

1. *Ibid.*, p. 19 et 32.

le squelette était entier ou presque entier, soit à l'est, soit au nord, soit à l'ouest, soit même au sud du tombeau central, ou tombeau d'Osiris.

A cette première question s'en ajoute une seconde : les squelettes étaient-ils enveloppés d'étoffe, de toile ou d'autres choses semblables? Je dois répondre ici catégoriquement que, bien qu'ayant rencontré des toiles de lin ou de coton dans les tombes de l'est, du nord et de l'ouest, notamment pour envelopper les mèches ou nattes de cheveux, je n'en ai jamais rencontré servant à envelopper ou à protéger les squelettes qui avaient été déposés dans les tombes de ces trois côtés. J'ai rencontré encore assez souvent, surtout dans les tombes disposées au côté nord, des restes des toisons qui avaient été déposées dans le tombeau avec le squelette. Cette toison était-elle de la laine véritable de mouton, la laine du mouflon à manchettes ou celle d'un autre animal similaire? Je n'en sais absolument rien. Mais si je suis complètement incapable de résoudre cette question, je crus me rappeller cependant, dès que j'eus entre les mains ces échantillons de laine qui m'arrivaient d'une époque si lointaine, que Mariette avait rencontré à Saqqarah des tombeaux où le squelette avait été enveloppé dans de la laine[1], et je savais en outre que dans la première trouvaille de Deir el-Bahary[2] était le squelette d'un prince mis en cercueil dans la laine. Je crois que les squelettes de Saqqarah qui doivent dater d'une époque très éloignée, peuvent appartenir au même mode d'ensevelissement que les momies ordinaires, quoique l'on ne les ait pas enveloppés des bandelettes qui furent d'usage dans la suite, car Mariette laisse supposer qu'ils avaient été soumis aux opérations ordinaires de la momification, sinon de l'embandelettement, bien que son attention n'ait peut-être pas été suffisamment attirée sur ce point. Quant à la momie de Deir el-Bahary, il est bien certain qu'elle était en complète contradiction avec les procédés ordinaires de la momification, mais il pourrait se faire que nous nous trouvions en présence d'un retour aux usages antiques, retour conscient ou inconscient.

1. C'était à tort, car il n'est question dans son ouvrage que de ce qu'il appelle momies sans linge.

2. Maspero : *Les momies royales de Deir el-Bahari* dans les *Mémoires publiés par les membres de la Mission permanente du Caire*, I, f. IV, p. 548.

Ce qu'il y a de bien certain, c'est que j'ai rencontré de la laine dans la tombe d'Om el-Ga'ab avec les squelettes enterrés dans la position que j'ai indiquée, sans étoffe d'aucune sorte.

Les étoffes existaient cependant, puisque j'en ai rencontré de pleines caisses et que je les ai rencontrées en compagnie d'ossements et d'ossements qui avaient été traités avec le natron, et ceci m'amène à parler de la seconde manière d'enterrer les squelettes en usage dans les tombes d'Om el-Ga'ab. Cette seconde manière ne s'est rencontrée seulement que dans les tombes situées au sud de la tombe centrale d'Osiris et elle s'est rencontrée trois fois. Cette triple rencontre n'est assurément pas grand'chose, si on veut la comparer aux nombreux squelettes qui ont été trouvés dans les tombes, mais n'en eussé-je trouvé qu'un seul dans les conditions où j'ai rencontré ces ossements qu'il faudrait bien admettre qu'il y a eu au moins une tentative pour sortir de la coutume générale qui était d'enterrer les squelettes dans la position contractée.

Je n'ai rencontré la première fois qu'un seul ossement fragmentaire, la seconde fois que la moitié d'un crâne et la troisième fois que divers ossements du squelette que je n'ai pas cherché à reconnaître parce qu'ils étaient placés dans de l'étoffe et que j'ai voulu les conserver tels quels. Cette triple trouvaille a été faite dans les tombeaux 94, 97 et 99, elle eut lieu le 14 et le 15 janvier 1898, comme le lecteur le trouvera en se reportant au chapitre IX de cet ouvrage. Ces fragments d'os et ces ossements étaient empaquetés dans de l'étoffe qui avait, elle aussi, été saturée natron. J'ai trouvé aussi des étoffes imprégnées de natron, soit qu'elles ne continssent rien, soit qu'elles enveloppassent des bracelets fragmentaires en ivoire. Ces fragments de bracelets en ivoire avaient passé par le feu et le feu avait été assez violent pour les réduire en charbon. Quand ce feu fut-il allumé ? Je n'en sais absolument rien. Il se peut que ce soient les Coptes spoliateurs qui aient voulu exercer ces ravages comme ils l'avaient fait dans d'autres tombes ; il se peut aussi que certains ossements aient été placés dans du natron bouillant, mais en ce cas jamais l'ivoire ne se serait calciné ; enfin on peut supposer un incendie allumé de propos délibéré avec des bracelets brisés exprès, et une théorie récente en recevrait ainsi une confirmation attendue ;

mais ce ne serait point là l'état dans lequel ont été trouvés les bracelets : ces bracelets étaient intacts et ce n'est qu'en soulevant l'étoffe, alors qu'il était impossible de savoir qu'elle renfermait des bracelets d'ivoire, que ces bracelets se sont divisés par suite de la calcination et sont apparus fragmentés.

C'est là tout ce que j'ai à dire de ce second état qui me semble le commencement de la momification et que j'attribue à Anubis qui a toujours été regardé comme le dieu présidant aux diverses phases de la momification. Ce serait tout, si je ne devais revenir sur le premier mode d'enterrement que j'attribue, par hypothèse, à Horus. Les squelettes placés à l'état contracté dans des cercueils en bois de cèdre ou de quelque autre conifère, y avaient-ils été placés à l'état de squelette, ou bien recouverts encore de leurs chairs? Si la dernière hypothèse était la vraie, il me semble que j'aurais trouvé dans les cercueils certaines preuves, certains indices tout au moins, qu'il en avait été ainsi. Je n'insiste pas sur la nature de ces indices, tout le monde devant me comprendre. Mais ces traces ne se sont jamais rencontrées. De même, il me semble que certains ligaments auraient laissé des traces, puisque les peaux d'animaux en ont bien laissé dans les mêmes circonstances. Et cependant je n'en ai jamais observé. Les squelettes étaient disposés dans leur cercueil commme si l'on venait de les y mettre, quand les spoliateurs n'avaient pas fait porter leur rage sur ces derniers restes d'hommes qui avaient jadis vécu sur la terre qu'ils occupaient : le sable était entré dans le cercueil, avait rempli les vides, et l'on y trouvait avec les os du squelette quelques vases, souvent des étoffes et quelquefois de la laine, des restes de peau d'animal, etc. Malgré le sable, quand le couvercle du cercueil avait été pourri, on voyait encore distinctement sur les murs auxquels il touchait, des traces indubitables de la hauteur, de la largeur ou de la longeur de la caisse : je ne vois pas pourquoi le cadavre, s'il s'était putréfié à l'intérieur du cercueil, n'aurait pas laissé de semblables traces. Or, je le répète, je n'ai jamais eu lieu d'en observer le moindre vestige, quoique j'aie pu examiner de très près de 60 à 80 cercueils. Quelle en est la raison?

Cette raison, je la trouverais dans ce fait que les Egyptiens, comme font d'ailleurs toujours les Chinois et comme ils le firent indubitablement à l'époque historique, avaient sans doute la coutume de garder les corps dans leurs habitations, soit dans des endroits spéciaux, soit jusqu'à ce que les chairs s'en fussent détachées et que le squelette survécût seul, coutume qui a existé et existe encore chez certains peuples. Et je ne m'aventurerai pas à chercher des ressemblances dans les coutumes des autres peuples, même de l'Afrique, car je ne pense pas le moins du monde qu'il faille expliquer certains faits superficiellement observés et souvent imaginaires par des habitudes encore existantes soit en Afrique, soit dans les autres contrées de la terre et dire qu'indubitablement elles ont existé en Égypte, puis partir de là pour établir, sans aucun fondement, des théories en l'air, qui ne sauraient soutenir le moindre examen; il me faut au moins trouver une allusion à ces coutumes dans les représentations funéraires ou dans les textes égyptiens pour me hasarder à faire un rapprochement et ce texte je le trouve dans une pyramide, celle du roi Merenra, appelé par M. Maspero Mirinrî. Il est en effet dit dans le texte auquel je fais allusion que ce roi a eu son jour de mort, sa quinzaine, son mois et son année de mort et voici la traduction du passage telle que l'a donnée M. Maspero : « Car Merenra a subi (?) le jour qui appartient à la mort comme Set a subi son jour de mort. Merenra a subi ses quinzaines qui appartiennent à la mort comme Set a subi ses quinzaines de mort; Merenra a subi ses mois qui appartiennent à la mort, comme Set a subi ses mois de mort; Merenra a subi son année qui appartient à la mort, comme Set a subi son année de mort[1] ». Le roi Merenra est identifié à Set parce qu'il a subi les diverses époques de la mort comme Set les avait subies auparavant. Ces époques sont au nombre de quatre : le jour, la quinzaine, le mois et l'année, et au bout de l'année il jouit des prérogatives dont a joui le dieu Set, c'est-à-dire qu'il est devenu dieu, parce que d'abord il est redevenu vivant par suite de ce qu'on lui a fait les diverses opérations magiques constituant les funérailles, c'est-à-dire enfin qu'on l'a mis dans la tombe. Si on l'a mis dans la tombe un an après son décès, c'est qu'on a dû lui faire subir les

1. *Recueil de mémoires relatifs à la philologie et à l'archéologie égyptiennes et assyriennes*, XI, p. 26.

opérations de la momification ; comme la momification n'existait pas au temps où l'on supposait que Set avait vécu, pour ne pas rouvrir ici la question de la réalité de Set, qu'on avait cependant gardé en ce temps les cadavres un an sans les enterrer, il en faut sans doute conclure que pendant cette année les chairs avaient eu le temps de se corrompre et de laisser les os. C'est ce que j'ai fait; mais je ne présente eette théorie que comme une hypothèse qu'il sera facile de vérifier. Ce qu'il y a de certain, c'est le fait lui-même et c'est le texte. Le fait, je l'ai observé; et en rapprochant ce texte de ce fait, j'explique l'un par l'autre : la méthode est légitime, je crois, et je ne vois pas pourquoi on me reprocherait de l'avoir employée quand tous les jours on accepte des conjectures établies sur des observations incomplètes, hâtives et tendancieuses comme des faits réels et des vérités démontrées.

Je clos ici ces observations préliminaires. L'étude scientifique des squelettes n'est pas de mon ressort. J'ai eu la bonne fortune de rencontrer enfin un savant qui voulût l'entreprendre, je lui laisse le soin de faire cette étude et d'en tirer les conclusions qu'il croira devoir en tirer.

CHAPITRE XXIX

DE DIVERS AUTRES OBJETS NON COMPRIS DANS LES CHAPITRES PRÉCÉDENTS

Je comprends dans ce chapitre tous les objets dont je n'ai pu traiter au cours des chapitres précédents. Ces objets appartiennent à des genres tout à fait différents, puisqu'on y rencontre des objets manufacturés, des objets provenant de la dépouille d'animaux, des coquillages, des laines et des étoffes, etc. J'aurais certes pu les rattacher à certains des chapitres précédents; mais j'ai préféré les réunir dans un même chapitre, quelque disparates qu'ils fussent, parce que ce que j'ai à en dire se réduit en définitive à peu de chose. Ce sont tous ces objets qui forment la planche I.

Les objets qui se présentent d'abord à mon examen sont des fragments d'armes en pierre polie. Les Égyptiens de cette époque savaient ainsi, non seulement tailler le silex, mais connaissaient encore parfaitement l'art de polir les pierres les plus dures, telles que l'agate, le silex, l'obsidienne, etc. Nous avons déjà rencontré un bracelet en agate; M. de Morgan a trouvé à Neggadeh des fragments d'objets en obsidienne[1], et ce chapitre montrera amplement que l'Égypte a eu aussi son âge de la pierre polie. Le lecteur qui voudra se reporter à la planche I verra que les numéros 1, 2, 5, 6 et 9 sont des spécimens fort beaux de pierres polies: les numéros 13, 5 et 2 sont des silex admirablement polis, et les numéros 1 et 6 sont des fragments polis d'agate cuite par suite de l'incendie. Les fragments de silex sont sans doute des fragments de haches polies, et les fragments d'agate des fragments de couteaux, si l'on s'en

1. J. de Morgan : *Recherches sur les Origines de l'Égypte*, t. II, p 190.

tient à ce qui ressort assez clairement de la forme des fragments; mais il se pourrait très bien que ces fragments appartinssent à des objets de formes différentes. Les numéros 2 et 5 sont surtout remarquables par le poli merveilleux qu'a su leur donner l'artiste égyptien, poli qui est aussi parfait que celui que les Chinois savent donner au jade.

Près de cette première catégorie d'objets en pierre, je dois ranger les numéros 3, 4, 7 et 12 qui sont en obsidienne, et peut-être aussi le numéro 10. Les numéros 7, 12 et 10 représentent des fragments de vases. La forme du vase auquel appartenait le fragment 26 était remarquable, sinon en elle-même, du moins en raison de la matière dans laquelle ce vase avait été fait. L'obsidienne est en effet une des pierres les plus difficiles à travailler. Cependant elle était communément employée en Égypte pour faire des vases, des couteaux ou des fers de lance, comme les numéros 3 et 4. M. de Morgan a trouvé des fragments de cette pierre volcanique dans le tombeau de Neggadeh, ainsi que je l'ai dit plus haut; elle avait été employée pour en faire des vases de forme différente de celle qu'avait le vase qui est représenté ici[1]. Nul doute que si l'on eût porté son attention sur cette pierre on l'eût rencontrée ailleurs et peut-être à d'autres époques presque aussi anciennes : le musée du Caire possède d'ailleurs des objets de cette matière. M. de Morgan constatant la présence de cette pierre dans la vallée du Nil à l'époque du tombeau de Neggadeh, en a tiré la conclusion que l'Égypte en était redevable à l'Asie. Il s'exprime ainsi : « L'obsidienne abonde dans les îles grecques, on en rencontre également dans l'Arménie et, je crois, aussi dans l'Asie Mineure. Mais ces gisements du verre de volcan sont fort éloignés de la vallée du Nil.

« Ce minéral était, dans l'antiquité, considéré comme une substance de grande valeur; sous la XIIe dynastie il servit à la confection des vases montés en or que j'ai découverts dans la galerie des princesses à Dahschour, et M. Maspero m'a montré, autrefois, une tête de statuette en obsidienne faisant partie de sa collection.

« Dans la haute antiquité, l'obsidienne fut une matière d'exportation pour le pays où elle se trouve naturellement; elle était connue de tout

1. Id., *ibid.*, p. 190, figures 625-627.

temps en Chaldée car, bien que les montagnes voisines n'en renferment pas, j'en ai rencontré dans les stations préhistoriques du Pouchtékouh, aux confins de la Mésopotamie et dans les couches néolithiques du tell de Suse. Cette matière semble donc avoir joué, sur une moindre échelle, un rôle analogue à celui du jade oriental à l'époque néolithique.

« La présence de l'obsidienne dans la vallée du Nil, dès une époque aussi reculée, est une preuve de plus en faveur des relations très suivies qui existèrent de tout temps entre la Syrie, la Chaldée et l'Égypte, car, pour le pays des Pharaons, cette pierre est essentiellement asiatique : elle venait probablement par la même voie que le bronze, l'étain et le cuivre qui, je l'ai dit, n'existe pas dans le sol égyptien en quantité suffisante pour fournir aux besoins de la population[1] ».

S'il en était vraiment à ce sujet comme le dit M. de Morgan, on ne pourrait nier que la présence de l'obsidienne dans la vallée du Nil et jusqu'à la hauteur de Thèbes ne fût une preuve péremptoire des rapports des Égyptiens et des Asiatiques, rapports qui existaient certainement déjà à la haute époque dont il s'agit, témoin les cercueils en bois de cèdre trouvés en si grand nombre à Abydos; mais loin d'être *essentiellement asiatique*, ainsi que l'affirme M. de Morgan, l'obsidienne se rencontre en Afrique. J'avais demandé à M. Friedel si l'affirmation de M. de Morgan correspondait à la réalité; il m'apprit qu'un ingénieur, M. Chaper, avait été envoyé par le gouvernement français pour reconnaître les gisements de charbon qui existaient, disait-on, à Obock, et qu'il en était revenu en disant que ces prétendus gisements de houille n'étaient autres que des gisements d'obsidienne. M. Chaper a publié son rapport dans le *Bulletin de la Société géologique de France* et voici ses paroles :

« La densité seule démontre immédiatement qu'on n'a pas affaire à du charbon. La matière raie fortement le verre, ne noircit pas les doigts ; la poussière en est d'un gris jaune; au chalumeau elle se boursoufle légèrement par places et se dissout dans les sels alcalins en donnant une perle teintée par le fer. C'est une obsidienne. Mais il faut reconnaître qu'elle joue l'anthracite d'une façon vraiment assez curieuse. Au premier abord on la prendrait pour un morceau arraché à une couche

1. J. de Morgan : *Recherches sur les Origines de l'Égypte*, t. II, p. 174-175.

d'anthracite des terrains si métamorphiques des Alpes. Les fissures remplies de matière blanche et les taches ocreuses rappellent aux yeux les filets talqueux des couches de la Mure et de la Maurienne et les traînées ferrugineuses dues à la décomposition des pyrites. Il n'est donc pas surprenant que des gens peu familiarisés avec les caractéristiques des roches aient cru avoir affaire à du charbon minéral..... [1] ».

Déjà, d'ailleurs, dans un mémoire publié par M. de Rozière dans la Commission d'Égypte, on pouvait lire ces paroles significatives : « Les Arabes Bicharieh qui occupent les déserts situés le long de cette côte, et qui fréquentent les villes de la partie supérieure du Sa'yd, apportent, parmi divers objets de curiosité, des fragments d'obsidienne. Lorsque nous les vîmes à Syène, ils nous dirent qu'ils les avaient recueillis près de la mer, et nous leur en achetâmes plusieurs morceaux pendant notre séjour à Syène, M. Descotils et moi [2] ». On ne saurait rien désirer de plus précis après ces paroles de M. de Rozière et le rapport récent de M. Chaper : l'Égypte pour posséder de l'obsidienne n'était pas obligée d'avoir recours à l'Asie; elle en possédait sur les territoires avoisinant la vallée du Nil et l'île d'Obock pouvait lui en fournir en très grande quantité. La conclusion de M. de Morgan tombe donc d'elle-même sur ce point.

Le numéro 11 représente une sorte de pierre qui a beaucoup souffert de l'action du feu et que je ne connais pas d'ailleurs. On dirait qu'il y a une composition vitreuse et que ce serait une sorte de pâte de verre : s'il en était ainsi, je ne devrais pas la placer ici ; mais je ne suis pas certain que ce soit une pâte de verre, et même je ne le crois pas.

Le numéro 16 représente sans aucun doute un fragment de bracelet ayant la forme des bracelets ordinaires, avec une partie médiane nettement séparée par deux rainures des deux parties extrêmes ; de plus cette partie médiane a été entaillée transversalement et d'une manière fort irrégulière. Comme ce fragment a beaucoup souffert de la chaleur de l'incendie, je n'ose dire quelle en était la matière, bien que ce me semble du verre.

1. *Bulletin de la Société géologique de France*, 3e série, tome XVI, 1887-1888, p. 816.
2. *Description de l'Égypte*, tome XXI, p. 122, éd. Pauckanche.

Le verre en effet n'est pas inconnu à l'époque des tombes d'Om el-Ga'ab : j'en ai rencontré dans la tombe explorée la seconde année et l'on en trouvera deux spécimens à la planche XXV numéros 8 et 9. Ces deux fragments sont exactement semblables à ceux que j'ai trouvés au cours de la seconde année et dont je n'ai pas parlé dans le second volume de cet ouvrage, et j'ai cru même, au moment où je les trouvai, qu'ils pourraient compléter la circonférence des premiers; mais ils n'étaient ni de la même épaisseur, ni du même diamètre. La tubulure existe intérieurement, comme on peut le voir sur la phototypie, et l'on avait encore décoré la partie supérieure avec une rainure fort légère, ce qui dénote un art déjà sûr de lui-même. Au-dessus et au-dessous des deux fragments de verre sont deux objets dont l'un, le numéro 7 représente un fragment de vase en verre de couleur trouvé parmi les décombres, et l'autre est une anse de vase à tête d'animal que je ne peux déterminer. C'est le numéro 10 de cette planche XXV.

Pour revenir à notre série d'objets manufacturés, de la planche I, je dois dire que le numéro 18 représente un fragment de bracelet en ivoire complètement carbonisé et que le numéro 8 est un fragment de lame ou bordure contenant la fin d'une inscription d'époque historique , c'est-à-dire Osiris maître d'Abydos.

Viennent ensuite les coquilles représentées aux numéros 21, 18, 14 et 9. Le numéro 21 représente un morceau de brique en terre provenant des murs de tombeaux et dans laquelle est encore pris le coquillage qui y fut englobé. Ce détail montre qu'à l'époque où fut faite la brique en question, la terre contenait en quantité des coquilles de la sorte, car j'en ai trouvé des exemples fort nombreux et c'est presque toujours la même coquille qui a été mélangée à la terre ayant servi à la fabrication de la brique. On en peut donc conclure qu'à cette époque on ne savait pas débarrasser la terre des éléments étrangers qui y étaient mélangés, et, comme toutes les tombes étaient bâties de ces petites briques minces, très peu larges et séchées au soleil, on en peut inférer que la briquerie était alors, ou peu s'en faut, à ses commencements. J'avais trouvé d'ailleurs les mêmes coquilles dans la terre battue du tombeau de Set et Horus, et si je ne les ai pas publiées, comme je publie celles-ci, c'est que je savais que je les publierais ici et que je ne voulais pas inutilement augmenter le nombre des planches et que je me suis contenté d'en parler au lieu voulu.

Une autre coquille semblable, ou à peu près, est représentée au numéro 18. Toutes différentes sont celles que représentent les numéros 14 et 9 : ce sont des coquilles à nacre et j'en ai trouvé un certain nombre de semblables. Il ne m'appartient pas de les déterminer, mais évidemment elles avaient un certain prix aux yeux de ceux qui les avaient déposées dans l'intérieur des tombes. J'ai rencontré aussi une vingtaine de cauries qui étaient mélangés au sable des tombeaux; on a souvent dit que ces petits coquillages se rencontraient en nombre considérable dans les tombes de toutes les époques : je ne sais ce qu'il en est, car je n'en ai pas rencontré pour ma part dans les tombes en grande quantité et dans les ouvrages des fouilleurs qui sont venus entre mes mains, je n'ai pas remarqué qu'ils en aient trouvé en quantité aussi grande que je l'ai entendu dire. Jusqu'à preuve du contraire, je considérerai les cauries comme très rares en Égypte à toutes les époques, même à l'époque préhistorique.

Après ces coquilles qui appartiennent cependant au règne animal et que j'aurais pu pour ce motif ranger parmi les objets qui ressortissent à ce règne, mais qui présentement n'offrent plus qu'un intérêt minéral, si je puis ainsi parler, viennent les objets qui appartiennent au règne végétal. Ces objets dans la planche I sont représentés aux numéros 25, 26, 28 et 29. Le numéro 29 représente des fruits avec leur enveloppe : le lecteur observera que les deux objets à droite et à gauche du petit groupe répondant à ce numéro : celui de gauche est une amande et celui de droite ressemble à la fleur de pavot qui est desséchée et dont les pétales sont tombés. Le numéro 28 est le fruit d'une sorte de plante avec des piquants. Le numéro 26 représente des noyaux de dattes. Quant au numéro 25 je ne sais pas ce que sont les objets qu'il représente : ce que je sais, c'est que ces objets avaient été enfilés les uns à la suite des autres par le trou qui est à leur milieu, qu'ils avaient été pressés les uns contre les autres et qu'ils adhéraient les uns aux autres, lorsque je les trouvai, par la force de la pression antique, sans que j'aie trouvé vestige d'un lien quelconque ayant servi à les enfiler.

Le règne animal est représenté d'abord par les numéros 23, 24, 28 et 38. J'ai trouvé en quantité les objets représentés aux deux premiers de ces numéros et qui sont des fragments de toison d'animal. Quel est cet animal? c'est ce qu'il ne m'appartient pas de dire. Peut-être était-ce à l'animal dont j'ai trouvé les griffes dont un spécimen est représenté au numéro 19. Je ne dirai pas davantage de quel squelette d'animal faisaient partie les ossements groupés au numéro 17; j'en ai rencontré de semblables encore assez souvent; mais il se pourrait très bien que ce fussent des ossements relativement récents d'animaux qui se seraient enterrés dans le sable et que la mort y aurait surpris. Je ne sais pas ce que représentent les objets figurés au numéro 30 : ces trois objets faisaient sans doute partie d'un même ensemble. Quant aux quatre larves représentées au numéro 27, il suffit de les regarder pour voir avec certitude que ce sont des chrysalides d'annelés, mais je ne peux en dire plus long. Je rappelle ici que j'ai trouvé dans les offrandes faites aux morts tout un essaim de mouches qui avaient été enfermées et qui sont mortes à l'état de chrysalide.

Je ne peux malheureusement pas en dire plus long à ce sujet : mes études n'ont pas fait de moi un naturaliste comme il l'aurait fallu pour étudier les objets figurés en cette planche ; je le regrette, mais ces objets montreront tout au moins avec quelle conscience j'ai ramassé les moindres fragments que je rencontrais et dont ceux qui sont figurés sur la première planche de cet ouvrage sont loin d'avoir épuisé le nombre.

CHAPITRE XXX

DES OBJETS TROUVÉS DANS LE TOMBEAU DE PERABSEN

Les objets trouvés dans le tombeau de Perabsen, s'ils ne sont pas très nombreux, sont du moins de la plus haute importance pour l'histoire de la civilisation. Dans ce tombeau, comme dans celui d'Osiris et comme dans celui de Set et de Horus, tous les vases étaient brisés en un grand nombre de morceaux, ainsi qu'il aura été facile de le voir en lisant le chapitre des fouilles consacré à ce tombeau; la très grande majorité de ces vases mis en pièces avait été jetée dans le fossé de l'enceinte intérieure du tombeau, c'est-à-dire dans le grand quadrilatère entre le mur d'enceinte proprement dit et les murs du tombeau. C'est surtout dans la partie nord et dans la partie ouest de ce fossé que se trouvaient les fragments amoncelés. Par bonheur une des chambres du côté est n'avait pas été violée; son mobilier était complet et c'est ce qui fait que j'ai à présenter à mes lecteurs un assez grand nombre d'objets que je vais décrire et étudier.

Pour ne pas exiger de nos lecteurs une trop grande attention, je diviserai également ce chapitre en paragraphes.

I. — Poteries.

Il n'y avait en ce tombeau qu'un nombre très restreint de poteries : elles avaient sans doute été brisées préalablement, car si l'on en juge par les autres tombeaux royaux trouvés en cette même nécropole, la tombe de Perabsen devait en contenir un beaucoup plus grand nombre. En réalité, il n'y avait guère que des jarres, de la même forme que les grandes jarres que j'ai déjà publiées dans le premier volume de cet ouvrage, mais d'une taille beaucoup plus petite, car au lieu de mesurer à peu près 1 mètre de haut, elles n'ont guère que 0m,55 de hauteur moyenne, moins grandes encore que la petite jarre qui se trouve dans la planche XVIII du premier volume. Quant à la forme, elle ne diffère en rien de celle des grandes ; les petites ont aussi un cordonnet au-dessus de la panse ou quelquefois au-dessous. Elles étaient également coiffées de bouchons estampillés au nom d'un roi qui n'était autre que Perabsen. Il y avait aussi de grandes jarres puisque j'en ai retrouvé certains fragments, mais aucune entière, et aussi des jarres de taille moyenne comme celle que j'ai citée plus haut.

Il devait y avoir d'autres poteries, puisque j'ai trouvé les bouchons de terre glaise qui avaient servi à les luter. Quelle forme avaient ces vases qui étaient marqués au nom du roi Sekhemab? C'est ce que je ne puis dire le moins du monde. J'ai retrouvé aussi d'autres vases dont j'ai parlé au chapitre des poteries, du tombeau d'Osiris: si je les ai décrits à ce chapitre, c'est parce que j'ai dû les placer à la même planche que les autres poteries, afin de ne pas trop éparpiller mes documents. Ce sont les numéros 2 de la planche XXXII et 7 de la planche XXIV, je n'y reviendrai donc pas, estimant en avoir assez parlé.

II. — Vases en pierre.

Ces vases sont représentés aux planches XIX, XX, XLVIII, XLIX et L; ils comprennent des vases grossiers comme ceux qui avaient été trouvés dans les fouilles de la seconde année au-dessus et dans l'intérieur du tombeau de Set et de Horus, des assiettes, des écuelles et un vase gobulaire, sans compter les fragments de vases ouvragés en schiste ardoisier qui sont représentés ailleurs. Si on veut les ranger d'après la matière dont ils sont composés, il y a des vases en onyx rubané, en pierre schisteuse ardoisière, en marbre rose et en porphyre.

Les cinq vases grossiers qui sont représentés aux numéros 5, 6, 7, 8 et 9 de la planche XLIX sont en onyx rubané, de même que les assiettes 1, 2, 10 et 11 de la même planche. Ces assiettes à peu près travaillées de la même manière sont au nombre des plus belles pièces qu'il m'ait été donné de trouver au cours de mes fouilles : la matière est d'une richesses incomparable avec des veines d'une transparence extraordinaire. Les deux numéros 10 et 11 sont remarquables sous ce rapport, et la photographie est bien loin d'avoir rendu toute la beauté de l'original. Le numéro 2 est remarquable par ses lignes presque régulières et parallèles traversant verticalement l'assiette telle qu'elle est représentée. Le numéro 1 est encore très beau, quoique les veines n'apparaissent presque pas sur la photographie.

Les écuelles en pierre schisteuse ardoisière sont représentées aux numéros 5, 6 et 7 de la planche XLVIII; je n'en dirai rien, non plus que des assiettes au nombre de trois qui occupent les numéros 3 et 4 de la planche XLIX, parce qu'elles ne présentent pas de particularités nouvelles et que j'ai discuté assez longuement sur le type que ces vases représentent dans le second volume de cet ouvrage. Il en sera de même du petit bol en pierre schisteuse ardoisière représenté au numéro 5 de la planche XX, quoique ce soit le premier spécimen d'un bol en cette matière que j'aie rencontré et quoique la pierre soit d'une très grande finesse.

Il en sera tout autrement du bol en marbre rose veiné de blanc que l'on trouvera représenté deux fois aux numéros 1 et 2 de la planche L. Le vase est parfait de forme et de légèreté; la matière est précieuse et c'est sans doute le plus ancien vase connu qui porte le nom de celui qui l'a fait. Il porte en effet une double inscription écrite à l'encre à l'intérieur du vase, sur deux colonnes verticales (numéro 1) et l'autre gravée à l'extérieur du vase. La première est quelque peu effacée, mais la seconde se lit très bien et elle dit : Le polisseur de tous les vases Hepet-Hepen. A quelle époque appartient ce vase? c'est ce qu'il est difficile de dire avec certitude, car nous n'avons aucun renseignement certain, et nous ne pourrions nous appuyer que sur des raisons de convenance, comme la forme des hiéroglyphes, laquelle ne peut pas fournir de critérium certain. Aussi ne puis-je affirmer qu'une chose, c'est que la forme des hiéroglyphes gravés ne diffère pas de celle des hiéroglyphes gravés sur les stèles, et aussi de celle des hiéroglyphes encore employés sous la IIe dynastie, comme dans les panneaux de Hosi, et sous la IVe dynastie, comme dans plusieurs des mastabas de Saqqarah remontant à cette époque.

Le vase globulaire en porphyre représenté au numéro 14 de la planche XLIX est l'un de plus beaux spécimens qui existe de ce genre de vase. La facture n'offre rien de bien spécialement remarquable ; elle est très soignée comme celle des vases de ce genre, mais n'en diffère en rien.

Dans la grande enceinte qui entourait le tombeau, près des chambres ouest, on trouva plusieurs fragments de vases en une pierre qui ressemble assez au schiste ardoisier, mais qui est plus dure : ces fragments sont représentés aux numéros 12 de la planche XXII, 5, 6, 7 et 8 de la planche XXIII, 9, 17, 18 et 19 de la planche XXIV, et 3 et 8 de la planche XLVIII. Tous ces fragments portent une inscription à l'encre noire : ces inscriptions se ressemblent beaucoup par certains signes, mais il serait prématuré et imprudent de ma part de dire quelle valeur j'accorde à ces signes. Un fragment en marbre blanc, numéro 8 de la planche XLVIII, contient dans un rectangle deux signes encore visibles ; ces signes formaient-ils à eux seuls un nom de roi ? on serait tenté de de le croire. Ce ne serait pas la première fois que le nom d'un roi aurait été renfermé dans un retangle, témoin le nom de Perabsen, comme je le dirai plus loin, et la présence ou l'absence de l'épervier ou de l'animal typhonien ne sauraient être une preuve péremptoire que le nom était ou n'était pas royal. Mais il pourrait se faire que ces deux signes hiéroglyphiques ne constituassent pas à eux seuls tout ce qu'il y avait d'enfermé dans le rectangle, ou tout le nom royal. Si c'est un nom appliqué à un pharaon, c'est la première fois qu'il se trouve ; si c'est un nom donné à la tombe, comme on pourrait aussi le croire d'après les inscriptions des bouchons dont j'ai parlé plus haut, il serait curieux de voir le nom de Horus employé pour désigner la tombe et il ne serait pas invraisemblable d'y voir la confirmation des bouchons rencontrés dans la tombe de Set et de Horus.

Les deux numéros 5 et 6 de la planche L représentent un même vase, vu de l'extérieur et de l'intérieur. La forme de ce vase est fort remarquable et elle est unique. Il rentre dans la catégorie des vases que j'ai appelés ouvragés, mais je dois dire ici que c'est une restauration. Cette restauration a été faite par un artiste de Paris, d'après les indications que j'ai fournies et d'après les fragments qui existaient encore de ce vase. La forme est irrégulière, mais elle a été déterminée d'après celle des fragments. Tous les fragments des angles, notamment aux deux extrémités du grand axe sont certainement à leur place, et la restauration n'a porté que sur le milieu qui manquait en partie. Ce milieu a été déterminé de même par les angles qui ont été conservés et qui fournissaient la longueur des petits côtés et par conséquent du petit axe du vase. Rien qu'en disposant les fragments dans le sens où ils devaient être placées, la forme du vase restauré était clairement dessinée, et la restauration du vase n'a pas été une surprise pour moi, malgré son irrégularité et son étrangeté. Que représente cette forme? On pourrait faire à ce sujet bien des hypothèses, si le champ de ces hypothèses n'était heureusement limité par les nervures qui se remarquent sur la partie extérieure du vase, et qui rappellent aussitôt les nervures de la feuille. Ces nervures s'enchevêtrent les unes dans les autres d'une manière assez bizarre et anormale, et je ne vois pas bien où celui qui fit ce vase avait pu voir le modèle qu'il a voulu imiter; mais où est le modèle du vase à tête de canard qui a été publié dans le premier volume de cet ouvrage? Je me contenterai de ces simples observations qui étaient nécessaires, et je m'abstiendrai de toutes celles que je pourrais faire parce que ce ne seraient que de simples conjectures qui ne répondraient à rien de réel.

Il en sera de même du vase réprésenté aux numéros 3 et 4 de la même planche. Ce vase est tout à fait irrégulier de forme, et il provient aussi d'une restauration qui est due au même artiste que celle du numéro précédent : cet artiste est M. Quinet. Dans ce vase la partie de gauche à l'intérieur est réelle et authentique; celle de droite, qui est la partie restaurée et celle qui offre une grosse différence avec la partie gauche consistait seulement en la partie pointue extrême. De là sans doute vient la différence des deux parties : il n'a peut-être pas été tenu un compte assez exact des dimensions de la partie gauche. Cependant il faut se rappeler que le même fait existe pour le vase précédent dont toutes les parties essentielles existaient. La partie extérieure de ce vase offre les mêmes nervures que celui qui précède, et il est probable que l'artiste a voulu imiter une certaine feuille d'arbre que je ne puis connaître.

III. — Objets en grès émaillé.

Les objets en grès émaillé trouvé dans le tombeau de Perabsen sont bien loin de ressembler à ceux qui avaient été rencontrés dans le tombeau de Set et de Horus. Ceux-ci n'étaient que de petits objets inconnus, il est vrai, des sceptres, des tables de jeu dont on ne pouvait aucunement deviner la forme ; ceux-là au contraire sont de grands et beaux objets entiers pour la plupart et qui montrent à quel haut degré de perfection avait été porté l'art de l'émailleur sur grès. Ces objets sont au nombre de onze, dont quatre sont fragmentaires ou restaurés. Ils sont figurés à la planche XLVII. Les objets qui rentrent dans cette dernière catégorie sont des tables de jeu, rondes et qui servaient de support à une bille ou autre objet semblable destiné à marquer le progrès des joueurs vers le but final. Toutes ces tables ont été trouvées à l'état fragmentaire dans les diverses chambres du tombeau de Perabsen ; elles avaient été brisées intentionnellement et de propos délibéré par les spoliateurs : les fragments ont pu être réunis plusieurs ensemble pour en former une table aussi complète que possible, à l'exception d'un seul qui n'a pu trouver sa place ; la restauration des trois tables qui sont représentées à la planche XLVII a été faite d'aussi près qu'on l'a pu ; mais il est évident à l'examen qu'on a considéré comme certains des points qui ne l'étaient pas et qu'elle n'est rigoureusement exacte dans aucune des trois tables restaurées, et figurées aux numéros 8, 10 et 11. Ces tables devaient ressembler à notre actuel *jeu de l'oie* : elles sont composées d'une série de lignes circulaires qui se développent en spirale et qui arrivent au point central. Ce point central est très exactement marqué sur deux, plus particulièrement sur le numéro 10, quoique le point central ne soit pas régulièrement fait, tandis que pour le numéro 11 le restaurateur n'avait aucun élément pour se guider dans la restauration de la partie manquant au centre. Le numéro 8 était dans le même cas et le restaurateur, d'après mes ordres, n'a pas tenté même de séparer les cases qui remplissaient cette partie. Ni le numéro 8, ni le numéro 10 n'offrent de partie initiale, parce que sans doute cette partie initiale se trouvait dans la partie absente et que l'on ne pouvait savoir par conséquent où elle commençait. Le numéro 11 au contraire nous montre une partie initiale qui existait réellement sur la partie intacte; il y en avait même plusieurs, comme on pourra s'en convaincre en remontant les spirales jusqu'au centre. La facture de cette table devait donc être très compliquée et avait dû demander un effort d'imagination immense pour cette époque. On pourrait croire que deux spirales étaient ascendantes et deux descendantes, si le jeu consistait à se hâter d'arriver au centre, puis à sortir de ce centre, et de la table tout entière.

Ces spirales étaient divisées en cases, et ces cases devenaient de plus en plus petites à mesure qu'elles approchaient de la partie centrale. On comprendra facilement que s'il en était comme je l'explique, la restauration fût difficile, puisque comme il y avait deux points de départ, il devait y avoir aussi deux points d'arrivée au centre, puis deux points de départ au centre pour arriver aux deux points de sortie sur la circonférence. Aussi ne présenté-je ces tables de jeu que comme des essais de reconstitution, mais ce qui ne saurait être un essai, c'est l'émaillage de ces tables de grès : le bleu si connu comme ayant été employé par les Égyptiens ne sera jamais plus tendre et plus caressant pour l'œil, quelques progrès que doivent faire la céramique égyptienne. Les trois coupes représentées aux numéros 1, 2 et 4 sont entières, sinon intactes, car elles avaient été cassées en deux par le milieu. Toutes les trois, elles sont de matière aussi fine qu'on la pouvait préparer, ce qu'il a été possible de reconnaître à cause de la cassure ; elles n'ont rien de remarquable, sinon d'être des pièces uniques jusqu'ici.

Il en est de même des deux pièces de jeu d'échecs représentées aux numéros 5 et 7. Le numéro 5 représente je ne sais quelle pièce, et le numéro 7 représente un pion, tel qu'on le faisait en Égypte à l'époque historique : c'est la forme hiéroglyphique du pion, et c'est ainsi qu'on le représentait sur les damiers que l'on a peints dans les tombeaux. Ce sont également des pièces uniques vu leur antiquité.

Il me reste enfin à parler des numéros 3 et 6. Le numéro 3 est un vase de forme connue par le grand vase à libation, quoiqu'il n'ait pas de bec. Il avait été brisé en deux, mais j'ai retrouvé les deux parties et un simple recollage les a réunies. Le lecteur observera que la partie supérieure du vase est enduite d'une sorte de couleur noire que l'on a mise par dessus l'émail. Cette couleur noire provient d'un oxyde métallique, et c'est le premier exemple rencontré du *jaspage* sur les vases émaillés, comme l'on dit actuellement. Il a été régulièrement disposé et forme comme une sorte de manteau. Du côté qui ne paraît pas dans la phototypie, il a reçu une éraflure, que je me suis bien gardé de faire restaurer, par respect pour ce témoin de l'art de l'émailleur à une époque aussi reculée.

Cependant ce n'est pas là ce qu'on savait faire de plus difficile, la petite coupelle n° 6 témoigne d'un art autrement avancé. D'abord la forme même du vase, avec son col en retrait sur la circonférence de la partie extrême de la coupelle en hauteur, témoigne assez d'elle-même qu'on avait voulu faire beau en faisant autre chose que ce que l'on faisait d'ordinaire. Or, cette petite coupelle est, elle aussi, *jaspée* à l'intérieur et à l'extérieur sur la base. Le *jaspage* a été fait de manière évidemment destinée à sortir de l'ordinaire : le fond extérieur est orné d'un jaspage qui a presque la forme de l'hiéroglyphe 𓆙, si bien que j'ai cru, au moment de la découverte, qu'il y avait une inscription, mais cette inscription n'existe pas : ce qui existe, c'est le jaspage avec un oxyde métallique, et le jaspage est le premier pas vers le grès flammé.

Il y avait en outre des petites boules en émail ordinaire, et d'autres qui se distinguaient des précédentes par le jaspage étendu sur les côtés. Le point noir ainsi formé devait sans doute servir à distinguer les boules des joueurs.

Ce sont là tous les objets en grès émaillé trouvés dans le tombeau de Perabsen.

IV. — Objets en métal.

Les objets en métal qui ont été trouvés dans le tombeau de Perabsen comprennent quatre vases et des instruments de différents genres : les premiers sont reproduits à la planche XLVIII et les derniers à la planche VIII avec les autres instruments de métal provenant des premières tombes. Les uns et les autres sont en cuivre rouge pur.

Les quatre vases comprennent un pot cylindrique avec une légère panse, un bol sans pied exactement semblable aux vases actuellement appelés rince-bouche, et deux autres vases qu'on ne connaissait jusqu'ici que par leur représentation sur les monuments, mais dont on ne possédait pas le modèle; ils ont la forme de la coiffure connue en Égypte sous le nom de *tarbousçh*.

Le vase de forme presque cylindrique représenté au numéro 1 de la planche XLVIII est haut, n'ayant pas moins de $0^{m},246$ de hauteur : la forme est élégante et accuse un ouvrier possédant à merveille les secrets de son métier. Il a un petit col arrondi et rabattu au marteau sur la panse : le métal s'est cassé en un endroit et le rabattement du col a laissé un tout petit espace entre le métal du vase proprement dit et celui du col. Il n'a pas d'anse, comme l'un de ceux qui ont été trouvés dans le tombeau de Set et Horus, mais il a plus de consistance, plus d'équilibre, il est plus étoffé si je puis parler de la sorte, et l'on voit clairement que l'ouvrier qui le fit était plus sûr de de son faire que celui qui avait fabriqué le premier. Je ne suis pas assez versé dans les procédés de la fabrication antique des vases en métal pour avoir une opinion sur la manière dont on s'y prit pour faire un pareil vase : je laisse à de plus habiles le soin de rechercher quels furent les procédés.

Le bol figuré au numéro 2 se compose d'une assez mince feuille de cuivre qui a été façonnée de la sorte par un procédé quelconque, sans doute le martelage. Il n'offre rien qui le signale spécialement à l'attention.

Les deux autres vases en forme de *tarbousch*, numéros 4 et 9, ont sans doute été fabriqués d'une manière analogue. Ils servaient, à déposer un autre petit vase en cuivre avec un goulot recourbé soit simple, soit divisé en deux par une petite cloison, comme ceux qui ont été trouvés dans la tombe de Set et de Horus. C'est sans doute à cause de leur destination que leur a été donnée la forme si évasée qu'ils ont. Leur usage est certain d'après les représentations des tombeaux de l'Ancien Empire;

au tombeau d'Amten, un de ces vases est représenté contenant le petit vase avec goulot courbe, et cela prouve suffisamment, il me semble, que le contenant comme le contenu était en cuivre pur, puisque j'ai retrouvé les deux vases et qu'ils sont, l'un et l'autre, en cuivre rouge pur[1]. Dans le tombeau de Merab on voit encore un vase de cette forme avec le vase à goulot recourbé, et dans le tombeau de Tebhen le second vase est dans le premier. Il y a sans doute bien d'autres exemples[2].

Les objets autres que des vases trouvés dans le tombeau de Perabsen sont au nombre de quatre seulement : une aiguille et quatre hameçons. L'aiguille est très grosse et percée d'un chas à son extrémité la plus volumineuse : elle a, sans doute été faite comme les aiguilles que M. Berthelot a étudiées dans le second volume de M. de Morgan sur les *Origines de l'Égypte*, étude que j'ai reproduite dans le second volume de cet ouvrage. Elle est représentée au numéro 1 de la planche VIII; les quatre hameçons sont reproduits aux numéros 20, 21, 22 et 23 de la même planche. Le numéro 21 qui représente le plus petit devait être un hameçon servant à la pêche des petits poissons : il a à peu de chose près la forme des hameçons modernes, car il est arrondi avant d'arriver à son extrémité, laquelle manque. Le numéro 22 qui est le plus petit après le précédent devait déjà servir à des poissons de forte taille, sinon à des animaux plus volumineux encore : il est arrondi en son milieu, mais la pointe est très évasée. Au contraire, dans les deux hameçons, numéros 20 et 23, les deux plus gros des quatre, la pointe de l'hameçon, après la courbure montait presque perpendiculairement. L'entaille de ces deux hameçons, surtout celle du numéro 24 devait défier les efforts les plus vigoureux : c'était sans doute de semblables hameçons dont on se servait pour la chasse à l'hippopotame, comme on le voit dans les représentations des tombeaux.

C'est tout ce que j'ai à dire sur les quelques objets en métal trouvés dans le tombeau de Perabsen : on voit que si la moisson a été importante, elle n'a pas recueilli des objets en grand nombre.

1. Lepsius : *Denkmäler*, II, pl. 3, 4 et 6. Dans la planche 3, les deux vases sont séparés; dans la planche 4, le vase contenu a une forme très haute, et dans la pl. 6 ils sont tous les deux dans la main d'un officiant.

2. Lepsius : *Denkmäler*, II, pl. 19 et 36.

V. — Bouchons en terre.

Les bouchons en terre trouvés dans le tombeau de Perabsen ont été extrêmement nombreux, peut-être de 250 à 300 : ils sont presque tous restés au musée de Gizeh. Ils se rapportaient tous à deux rois. Ils avaient une quadruple forme, la forme conique si connue depuis la première trouvaille de ce bouchon lors de la première campagne de fouilles; la forme de calotte sphérique qui a été particulière à ce tombeau; une troisième forme à peu près ronde et de peu d'épaisseur, plus épaisse cependant au sommet du bouchon qu'à sa base, et enfin une quatrième forme de petits bouchons en terre argileuse destinée à fermer de petits vases. Ni la seconde, ni la quatrième ne sont représentées à la planche qui contient ces bouchons, parce que sur les bouchons à forme de calotte sphérique, le cylindre gravé n'a laissé que quelques traces éparses de son passage sans qu'on puisse y trouver autre chose dont on puisse tirer parti : les bouchons sont d'une très grande pesanteur, parce que très volumineux : j'ai eu beau chercher les vases qu'ils recouvraient, je n'ai pas, ni de près, ni de loin, trouvé le moindre vase qui, par ses dimensions, cadrât tant soit peu avec ces énormes bouchons. Ceux de la quatrième classe sont de même inutilisables par suite de l'effritement de la matière; d'ailleurs je ne les ai trouvés qu'en très petits fragments dont pas un seul ne contenait de nom royal, pas même celui de Perabsen. De plus toutes les photographies que j'ai prises des bouchons du musée de Gizeh ont été brûlées : je les donne cependant ici telles que je les ai, mais je les regarde comme inutilisables, sans pour cela dire, bien au contraire, que les monuments soient inutilisables; mais tous les bouchons coniques que j'ai vus du tombeau de Perabsen — et ceux dont je parle sont tous coniques et je les ai tous vus, — portaient il me semble, la même sorte d'inscription. En en décrivant un, je les décrirai tous.

Le nom du roi Perabsen est écrit dans un rectangle portant à sa partie supérieure les signes , surmonté de l'animal typhonien symbole de Set, et ayant à sa partie inférieure la représentation des portes de la demeure du roi. M. Maspero m'avait mis au défi autrefois de trouver un nom de roi enfermé dans le rectangle du nom de *double* : le voici. Ce nom est connu par ailleurs, par la stèle de *Scheri* au musée de Gizeh, mais ce nom est alors placé dans un cartouche. Est-ce le même? Il est fort probable que c'est le même ; et alors? De plus, l'oiseau de Horus qui accompagne toujours, sauf cette seule exception, le nom de *double* est absent sur ces bouchons, et il est remplacé par le symbole de *Set*. Pourquoi? il doit y avoir une raison, et cette raison je la trouve dans ce fait que le roi Perabsen aurait été du parti de Set contre Horus. A gauche du nom du roi est un personnage en pied vêtu d'un pagne, portant la houlette pastorale de la main gauche et tenant la croix ansée de la main droite : il est coiffé de la couronne blanche et au-dessus de la houlette il y a . A droite du nom royal, il y a un enroulement elliptique dont les murs sont garnis de créneaux et dans l'enroulement se trouvent les signes suivants . En dessus, on lit . Je prie mon lecteur d'observer que cet enroulement elliptique, dépourvu de créneaux constitue le cartouche avec la barre terminale. On a pris des enroulements semblables, mais sans créneaux, avec des signes hiéroglyphiques, pour un nom de vignoble : la chose est possible, mais je ne saurais y souscrire, sans que je puisse toutefois proposer une explication qui ait quelque raison d'être. Puis en avant de cette ellipse comme en arrière de ce dieu, on rencontre deux rectangles avec le nom du roi, et la formule recommence. Cela est pour la partie circulaire de la base. La partie gravée sur la hauteur du cône contient une série d'inscriptions qui semblent s'étager les unes au-dessus des autres, mais qui sont placées en sens contraire de celles du pourtour. Ces inscriptions sont au nombre de huit, et chacune d'elles a l'air de se composer de deux lignes dont la première comprend le rectangle dans lequel est enfermé le nom de Perabsen et la seconde contient quatres signes ▭ △ ▭ ⊗, sous leur forme primitive qui est presque la même que la forme historique. Je trouverai plus loin l'occasion de discuter en détail le texte de ce bouchon et d'autres semblables; mais je dois dire dès ce moment que l'aspect des hiéroglyphes de ce bouchon est presque celui des hiéroglyphes de l'Ancien Empire à la IVe ou à la Ve dynastie. Au numéro 10 de la planche XX, j'ai reproduit la stèle de Scheri conservée au musée de Gizeh maintenant musée du Caire, le seul monument qui jusqu'à la découverte du tombeau de Perabsen mentionnât le nom du roi Perabsen, mais enfermé dans un véritable cartouche et sans animal typhonien par conséquent; je tirerai plus tard les conclusions qui me semblent résulter de ce fait.

Le second bouchon que j'ai à décrire a été trouvé en triple exemplaire : ce cylindre a été fait également avec de beaux hiéroglyphes qui, comme ceux du bouchon précédent, ont tout à fait l'apparence des hiéroglyphes classiques. Sur le plus grand des trois spécimens que contient la planche XXVII, le cylindre n'a pas bien porté et l'inscription est mal venue; on ne distingue que le nom de roi et quelques signes que l'on retrouve d'ailleurs sur les deux autres. Ceux-ci de leur côté sont tellement frustes qu'on ne peut arriver à reconnaître l'inscription tout entière. On voit seulement qu'elle contenait le nom du roi, puis une colonne verticale, puis le nom du roi, puis une seconde colonne verticale, puis un troisième nom de roi, et peut-être une troisième colonne verticale. S'il n'y a pas de troisième colonne verticale, la première recommençait. Le nom du roi est son nom de *double* surmonté de l'épervier; ce nom, inconnu jusqu'ici est le suivant [hiéroglyphes]. La première colonne verticale contenait les signes suivants [hiéroglyphes]. Avant les deux signes [hiéroglyphes], il y a un signe, et si l'on se reporte au numéro 4, on voit la tête avec signe qui semble bien être le signe [hiéroglyphe], ce qui donnerait [hiéroglyphes] : scribe des provisions nommées *djefaou*, et cela rentrerait très bien dans les formules déjà connues des autres bouchons. La seconde colonne contient cinq signes très lisibles, mais il devait y en avoir avant et sans doute après; on lit actuellement [hiéroglyphes]. C'est tout ce que je puis tirer de ce bouchon, mais ce peu nous montre péremptoirement que ce bouchon, comme le précédent, n'est pas de l'époque préhistorique, que je ne l'ai trouvé qu'en vertu du culte des ancêtres qui avait été rendu au nom de Sekhemab à Perabsen, ou bien à Sekhemab dont le tombeau n'a pas été retrouvé. C'est donc un nouveau nom de Pharaon qu'il faut joindre aux autres que l'on connaît déjà. Je renvoie à la partie des conclusions, la discussion des conséquences qu'on peut tirer de la découverte de ce bouchon et je clos ce chapitre.

Les autres bouchons offrent des noms de particuliers revêtus ou non de certaines fonctions civiles ou religieuses, et ce n'est pas sans doute le lieu de m'y arrêter ici, d'autant que je ne saurais en dire bien long.

TROISIÈME PARTIE

CONCLUSIONS

CHAPITRE PREMIER

EXAMEN DES DIVERS TRAVAUX FAITS A L'OCCASION DE MES FOUILLES OU QUI S'Y RAPPORTENT

Lorsque j'arrivai, au mois de novembre 1895, sur le site d'Abydos muni de ma concession, afin d'interroger les restes de la nécropole ancienne, je n'avais nulle idée de ce que j'allais découvrir. Le mois de novembre se passa tout entier, ainsi que celui de décembre, sans que j'eusse mis la main à l'œuvre qui devait manifester, au monde savant surpris, l'existence d'une époque historique dont on ne savait au juste si elle avait remplacé l'époque divine de plain pied, ou, si les dieux fatigués de la terre s'en étaient complètement désintéressés pour se cantonner dans leur vie divine et ses attributions. Ce ne fut qu'au mois de janvier 1896 que je commençai l'exploration de la nécropole d'Om el-Ga'ab, quoique j'eusse décidé déjà, à la première inspection que j'en fis, que là devait être le théâtre de mes travaux et que j'en eusse fait part à M. de Morgan que je conduisis sur les lieux et qui m'exhorta vivement à donner suite à ma résolution. Nous ne prévoyions d'ailleurs ni l'un ni l'autre ce qui devait résulter de ces fouilles. J'ai dit ailleurs les heures de désespoir qui suivirent les premiers résultats et comment peu à peu les objets apparurent, se multiplièrent et devinrent enfin d'un nombre prodigieux. Jusqu'à la fin de la première campagne de fouilles, j'ignorai l'époque des objets que j'avais rencontrés et ce ne fut qu'en France que que mon opinion s'arrêta, après bien des réflexions, à la conclusion que j'avais trouvé l'époque antéhistorique, ayant précédé la première des dynasties historiques et nommée par Manéthon l'*époque des mânes*. On sait quelle émotion souleva la seule mention de cette opinion, quelle opposition s'abattit tout à coup sur moi, comment je partis de la séance de l'Académie des Inscriptions et Belles-Lettres dans laquelle j'avais énoncé cette opinion, réduit en morceaux, pulvérisé et mort à tout jamais, selon la croyance de mon adversaire et au grand plaisir de mes bons amis. Chose curieuse, je ne fus pas outre mesure abattu : l'opposition était ouverte, je pouvais y répondre, j'y répondis et j'eus foi en l'avenir. Ce qui me fait mal surtout, c'est l'opposition souterraine, ce sont les petites habiletés qui creusent une mine sous vos pas et qui la font éclater au moment précis où vous ne la soupçonniez pas et où vous demandiez du secours. Cette opposition souterraine ne me manqua pas : on commença par écrire en Angleterre que je ne retournerais pas en Égypte, que je n'aurais pas d'argent pour continuer mes travaux, que j'étais abandonné de tout le monde; on continua en écrivant des lettres anonymes avec en tête officiel au directeur de la *Gazette des Beaux-Arts* qui m'avait demandé un article sur les objets rencontrés dans mes fouilles, en lui certifiant que tous ces objets avaient été fabriqués sur ma commande, pendant l'hiver que je venais de passer en Abydos. Aucune violence ne me fut épargnée; et j'ai les preuves en main de ce que je viens de dire et d'autres choses que je passe sous silence. Me rappelant le conseil du fabuliste, je pliai sous l'orage, mais ne rompis pas. Aujourd'hui c'est l'arbuste qui sort vainqueur de la tempête et ce sont les victorieux d'antan qui sont les vaincus de l'heure présente. Mais entre ce jour de la tempête et aujourd'hui, on a beaucoup écrit sur la question et, avant de proposer à mes lecteurs des conclusions que j'ose regarder comme fondées, je lui dois de lui faire passer sous les yeux une analyse fidèle de tout ce qui a été écrit à ce sujet, autant que je le connais, d'autant plus que chemin faisant je trouverai l'occasion de démasquer certaines habiletés, de rétablir certains faits et par conséquent de me défendre contre certaines accusations calomnieuses faites de propos délibéré.

Le premier ouvrage qui a paru sur mes fouilles est l'œuvre que M. de Morgan a consacrée à ses *Recherches sur les origines de l'Égypte*. Le premier volume qui parut au cours de l'été de 1896 repose en grande partie sur les faits qui ressortent de mes travaux à Om el-Ga'ab et sur les objets que j'avais fournis à l'auteur, particulièrement les silex que je lui remis en très grand nombre. Une très grande partie des objets que j'avais rapportés à Paris et qui appartenaient à mes commanditaires ont été publiés dans ce premier volume. On s'est montré étonné que j'eusse consenti à la publication de ces objets par un autre que par moi : ceux qui en ont été étonnés ne me connaissent pas. L'important n'était pas que ce fût moi qui entrepris la publication de ces documents, mais bien qu'ils fussent publiés. De plus, j'avais contracté envers M. de Morgan une dette de reconnaissance qui devait être payée, car c'était lui qui m'avait trouvé des commanditaires et qui m'avait fait obtenir la concession d'Abydos. En outre, M. de Morgan dessinant les objets qu'il publiait dans son premier volume, ou les faisant dessiner par M. Jéquier, la publication des documents devait être regardée comme à peu près nulle et non avenue au point de vue strictement scientifique, car la science demande, non des dessins qui interprètent toujours les documents, mais des représentations mécaniques, et je savais que tôt ou tard je reproduirais mécaniquement les documents que j'avais découverts. Enfin, je savais que M. de Morgan n'admettrait point l'attribution à une époque préhistorique des documents que j'avais mis au jour et par conséquent je n'avais rien à craindre de la publication d'une partie des objets que j'avais découverts. De fait, tous les monuments écrits qui ont été publiés dans le volume de M. de Morgan ont été jugés insuffisants et l'on a réclamé une publication photographique.

Le second volume de M. de Morgan contient deux parties fort distinctes : une première où il repasse plus en détail, en grande partie, les données du premier volume et où il se sert encore beaucoup des objets que je lui avais fournis pour le premier volume et de ceux que j'avais découverts la seconde année; puis d'une seconde où il rend compte de sa découverte du tombeau royal de Neggadeh qu'il ne cherche pas à identifier, mais dont il se servit pour instituer une comparaison entre les objets qu'il avait rencontrés dans ce tombeau et les objets similaires que j'avais trouvés à Om el-Ga'ab. Là encore, il n'adopte pas mon sentiment, il caresse des théories qui lui sont chères et qui n'ont aucune chance d'avoir jamais mon assentiment. A son œuvre étaient ajoutés deux appendices, l'un de M. Jéquier, l'autre de M. Wiedemann. Le premier seul de ces auteurs m'emprunta des documents, avec ma permission, et il les publia d'une manière encore plus défectueuse que les dessins du premier volume dus à sa participation n'avaient laissé à désirer. Somme toute, M. de Morgan et M. Jéquier ne croyaient pas à la préhistoricité des tombes d'Om el-Ga'ab : M. de Morgan était demeuré fidèle à ses premières idées, car il m'avait toujours dit qu'il était persuadé de l'importance de mes découvertes et que, pour lui, la nécropole d'Om el-Ga'ab était la nécropole des deux premières dynasties thinites : il m'avait même fait envoyer la liste des rois de ces deux premières dynasties, persuadué que j'y retrouverais les noms que je recueillais de mes fouilles. Il a eu raison, jusqu'à un certain point, puisque j'avais recueilli le nom de Merbapen auquel j'avais pensé, et que la forme inaccoutumée des hiéroglyphes m'empêcha de reconnaître; mais sa thèse ne devait pas résister à la force des raisons qui sortaient en foule du sable de la nécropole, pas plus que sa tentative de rechercher hors de l'Afrique l'origine des Égyptiens. De plus, après avoir admis dans son premier volume que la spoliation, la dévastation et l'incendie des tombes d'Om el-Ga'ab avaient eu les Coptes pour auteurs, dans son second volume il répudia cette théorie et soutint que l'incendie et le bris des objets avaient été intentionnels et ritualistiques, théorie qui fut appuyée par l'érudition très grande de M. Wiedemann.

Le second volume de M. de Morgan parut au cours de l'automne de l'année 1897 : si j'en ai parlé avant d'autres travaux qui parurent les premiers, c'est pour ne pas avoir à revenir sur les travaux de l'ancien directeur général du service des Antiquités en Égypte. La même année et un peu plus tard, il parut dans la *Zeitschrift für Ægyptische Sprache*, un article de M. Sethe par lequel ce jeune savant allemand faisait connaître que, d'après lui, trois des documents que j'avais recueillis dans ma première campagne de fouilles, portaient le premier avec certitude le nom du roi Merbapen, connu d'après la table d'Abydos, et les deux autres sans doute les noms d'Ousaphaïs et de Semempsès, en égyptien Hesepti et Samempetah[1]. Il admettait que j'avais raison en reportant l'âge de ces monuments aux temps les plus reculés de l'histoire, et que M. Petrie et M. Maspero se trompaient en voulant en faire l'apanage d'une race non égyptienne par origine[2]. Comme me l'écrivait M. Erman, cette constatation n'était pas faite pour me déplaire.

A ce sujet, quoique peut-être la chose n'en vaille guère la peine, il me semble que je dois à mes lecteurs de leur donner la raison pour laquelle j'avais été chercher du secours à Berlin. Et pour faire comprendre la genèse de cette découverte, je dois entrer dans quelques détails. A la fin de l'année 1896, en octobre, j'avais été chargé par mes commettants d'offrir au musée du Louvre la totalité des objets découverts dans ma première campagne, pour une somme très minime à mon estimation. Deux des conservateurs du Louvre vinrent voir la collection, parurent tout d'abord enchantés de l'aubaine qui leur arrivait, et je crus que la vente se ferait toute seule. Sur ces entrefaites, je partis pour l'Égypte dans les premiers jours de novembre, et je fus fort surpris d'apprendre au mois de janvier 1897, à Abydos, que les négociations avaient échoué. A mon retour d'Égypte, la même année, je fus chargé, toujours par mes commettants, de négocier la vente de la première collection : je m'adressai aux musées de Londres et de Berlin, puisque le musée du Louvre refusait l'acquisition. De Berlin on envoya M. Schäfer voir les objets à Paris, et l'on me demanda ensuite communication des photographies que j'avais fait faire des objets. Je n'avais aucun motif de refuser cette communication, et j'envoyai les photographies, les mêmes que j'avais auparavant montrées aux membres de l'Académie des Inscriptions et Belles-Lettres dans la mémorable séance où l'on prit à tâche de noyer mes

1. *Zeitschrift für Ægyptische Sprache und Alterthumskunde*, Band XXXV, p. 1.

2. « Schon dadurch wird es wahrscheinlich, dass Petrie und Maspero irren, wenn sie die neuentdeckte Cultur einem nicht ägyptischen Volke zuschrelien wollen. Ihre Theorie wird aber noch sicherer dadurch widerlegt. » *Ibid.*, p. 5.

découvertes sous un flot d'observations en dehors de la question. Ces photographies furent examinées à Berlin par M. Erman et ses collègues du Musée Égyptien, et M. Erman m'écrivit pour me demander la permission de publier certaines observations qu'il avait faites au sujet des inscriptions tracées sur les fragments de vases. Je lui répondis qu'il se pouvait faire que j'eusse déjà de mon côté fait ces observations, qu'en conséquence s'il voulait me communiquer son manuscrit, je lui dirais si oui ou non j'avais trouvé les observations faites à Berlin, et qu'en cas de négative je lui accorderais avec le plus grand plaisir la permission de publier ce qu'il voulait faire connaître au monde savant. M. Erman hésita et sans doute il n'aurait pas consenti à me faire la communication que je lui demandais, si dans l'une de mes lettres il n'avait cru trouver la preuve que je n'avais pas fait les observations qu'on avait faites à Berlin. Il m'envoya alors son manuscrit entièrement écrit de sa main : je le lus et lui répondis en toute sincérité que la phrase comprise par lui dans un sens qu'elle n'avait pas forcément pouvait être interprétée d'une autre manière, mais que cependant je n'avais pas fait les identifications contenues dans son manuscrit, que je lui renvoyai avec toute permission de publier son article. Je fus un peu surpris quand il me récrivit pour me dire que l'article ne paraîtrait pas sous son nom, mais sous celui de M. Sethe qui avait aussi bien que lui fait la découverte, car c'était dans un examen commun que l'idée de l'identification avait été émise. Je lui répondis que j'avais voulu lui être agréable personnellement, que j'aurais peut-être hésité avant d'accorder à M. Sethe pareille permission, mais que la permission ayant été donnée, je ne la retirais pas. En effet, du moment que mon esprit s'était refusé à admettre l'identification que les savants de Berlin admettaient, à cause de l'emploi d'un signe autre que celui que contenait la table d'Abydos et du déplacement d'un autre, à quoi bon retarder l'apparition d'observations qui, comme me le disait M. Erman, n'étaient pas faites pour me déplaire, puisque du coup l'époque de mes découvertes était reportée à la Ire dynastie[1] ?

1. L'achat de la collection n'aboutit pas plus pour Berlin que pour le Louvre : mais, je dois à la vérité de déclarer que de Berlin on offrit une somme plus de trois fois supérieure à celle qu'offrit le Louvre, et la seule stèle du roi *Serpent* a été acquise par le

Si maintenant l'un de mes lecteurs français, ou même étrangers se montrait surpris qu'ayant en France des savants considérables dont les suffrages auraient dû être sollicités avant de recourir à Berlin, je dirais que d'abord je n'ai pas eu recours à Berlin et que j'ai seulement accepté d'accorder une liberté dont on aurait pu se passer, comme d'autres, tant Anglais que Français l'ont fait sans me demander la permission que m'avait demandée M. Erman, et ensuite que les savants de France avaient été tout d'abord à même de voir et d'examiner les documents en ma possession, mais que pas un ne voulut se donner la peine de les examiner ou même simplement de les voir. C'est tout ce que j'ai à dire présentement à ce sujet.

Dans le même numéro de la *Zeitschrift für Ægyptische Sprache* l'article de M. Sethe était suivi d'un article de M. Spiegelberg intitulé : « *Un nouveau monument des premiers temps de l'art égyptien* ; » il y était question de la tablette d'ivoire qui m'avait été dérobée sur le champ de fouilles et vendue au représentant en Égypte de M. Mac Gregor de Tamworth en Angleterre, Comme j'ai déjà eu occasion de répondre à l'article de M. Spiegelberg et de dire pourquoi je ne pouvais admettre ses conclusions[1], et que les mêmes arguments n'ont aucunement perdu de leur valeur, je ne m'y arrêterai pas davantage. Je dois cependant dire que dans les deux articles précités, pas une seule parole ne pouvait être regardée comme blessante, que le ton des deux auteurs était amical et que, s'ils différaient d'opinion avec moi, il ne m'était aucunement loisible de m'en formaliser, chacun étant libre et se devant à lui-même d'énoncer les opinions scientifiques qu'il a adoptées d'accord avec sa conscience.

Je ne puis passer sous silence l'article que dans le même numéro de la *Zeitschrift*, M. Erman consacra aux stèles ni ceux que M. Schweinfuhrt dans la *Gazette de Voss*[2] et M. Wiedemann dans l'*Umschau*[3] con-

Musée du Louvre pour la somme de 103.400 francs, le Musée de Berlin s'étant arrêté à cinq cents francs en moins. Il est probable que si un musée avait offert seulement cent mille francs, il aurait eu toute la première collection.

1. E. Amélineau : *Les nouvelles fouilles d'Abydos*, I, p. 22, compte-rendu *in extenso*.
2. *Vossische Zeitung*, 25 février et 30 mai.
3. *Die Umschau*, année 1898, 5 mars, p. 176.

consacrèrent à mes découvertes. Ce dernier ne craignit pas de mentionner le nom illustre de Schliemann en parlant de ce qui m'était arrivé à la suite de la séance de l'*Académie des Inscriptions et Belles-Lettres*, et je ne saurais trop le remercier de sa bienveillance. Dans un article qu'il publia plus tard dans les *Proceedings* de la *Société d'Archéologie biblique*[1] en Angleterre il reconnut de même l'importance plus qu'ordinaire de mes travaux et de mes découvertes.

Jusque là, je n'avais qu'à me louer du ton avec lequel on avait parlé de mes travaux; mais tout d'un coup parut un article dans la *Revue française d'Anthropologie* où l'on m'accusa de n'avoir pas su tirer parti de mes fouilles et d'avoir eu pour mobile des préoccupations qui n'avaient rien à faire avec la science. L'article était signé *von Bissing*. M. de Bissing avait sans doute cru que son article en paraissant dans une revue française acquerrait un prix qu'il n'aurait sans doute pas eu en Allemagne et sans nul doute il avait compté sur l'ironie cruelle qu'il y avait d'attaquer deux auteurs français, M. de Morgan et moi, dans une revue française. La rédaction de la *Revue anthropologique* lui donna l'hospitalité en faisant observer qu'elle ne prenait pas à sa charge les attaques dirigées contre M. de Morgan ; quant à moi, comme j'étais un auteur trop peu considérable, il ne fut pas question de mes opinions et on passa sans doute condamnation sur elles. M. de Bissing m'exécutait dans une seule phrase ; il déclarait péremptoirement que mes fouilles avaient été complètement perdues pour la science[2]. Le jugement était net et précis. Mais il ne valait qu'autant que l'auteur était apte à juger et de bonne foi. Sur son aptitude, je ne dirai autre chose si ce n'est qu'il se révélait tout à coup comme s'adonnant à l'étude d'une époque venant à peine d'être connue, et cela avec un ton de certitude qui aurait surpris dans un vétéran de la science égyptologique. Quant à sa bonne foi, on va pouvoir en juger. J'avais connu M. de Bissing au Caire où il était employé à rédiger le *Catalogue du musée de Gizeh* en compagnie d'autres jeunes érudits ; la seconde année de mes

1. *Proceedings of the Society of Biblical Archæology*, avril 1898.
2. *Revue Anthropologique*, octobre 1897.

fouilles il vint me voir en Abydos : je lui montrai mon champ d'opérations et les objets que j'avais alors découverts ; il partit après m'avoir comblé d'éloges et de félicitations. La troisième année, il revint en compagnie de M. Borchardt et de deux autres voyageurs dont je ne me rappelle plus les noms : j'avais découvert le tombeau d'Osiris et ces Messieurs venaient s'assurer de la réalité de ma découverte. Ils se rendirent sur le théâtre des fouilles sans m'avertir et sans en demander la permission, et je n'eus connaissance de leur présence qu'en revenant à ma maison après une excursion dans la montagne, car les fouilles étaient terminées cette année-là. Je ne me formalisai point de ce manque de convenances, et je crus même de mon devoir d'exercer envers eux l'hospitalité la plus élémentaire. M. de Bissing et un autre voyageur déclinèrent mon invitation : je ne compris son refus que l'année suivante, lorsque j'appris qu'il avait publié son article dont je n'avais pas encore la moindre notion, quoiqu'il eût paru au mois d'octobre 1897 et que nous fussions alors au mois de mars 1898. J'étais bien loin de me douter de ce que contenait cet article, car avant mon départ pour l'Égypte, un libraire de Paris m'avait montré une carte postale par laquelle M. de Bissing le priait de lui faire tenir le compte-rendu *in extenso* de mes fouilles dès qu'il aurait paru, et le libraire m'avait montré cette carte en me demandant quand mon ouvrage paraîtrait. Et de fait, quand l'ouvrage parut, je lui en remis un exemplaire qui fut envoyé à M. de Bissing. Je ne sais si je me trompe, mais il me semble qu'entre le jugement si net de M. de Bissing et sa demande de mon ouvrage, jugement paraissant à peu près au même moment où il envoyait sa demande, il y a quelque contradiction, puisque son jugement s'appuyait sur un fait qu'il aurait dû tenir problématique, à savoir la non publication des résultats de mes fouilles, publication annoncée cependant et que l'auteur savait pertinemment devoir se faire puisqu'il la demandait avant qu'elle n'eût paru. Je me contenterai de faire cette réponse à M. de Bissing. Je lui souhaite de trouver des approbateurs de sa conduite en cette occasion et ce sera là toute la vengeance que je tirerai des difficultés qu'il m'a créées au Caire et à Abydos, en portant au ministère des travaux publics l'affirmation que mes ouvriers m'enlevaient la plus grande partie des objets que je trouvais, objets qui étaient perdus pour la science, car il est étonnant comme certaines gens savent mettre la science en avant pour essayer de masquer leurs petitesses et leur jalousie. Nous en verrons bientôt un exemple illustre.

Dans l'ordre chronologique des ouvrages ou articles de quelque importance qui ont vu le jour sur la question de l'antiquité des objets découverts pendant mes fouilles, se place un article paru dans le *Sphinx*, volume V, fascicule I, sous la signature de M. Loret, à propos de la découverte du tombeau que j'ai attribué et que j'attribue encore plus que jamais à Osiris. M. Loret était directeur du Service des Antiquités en Égypte lorsqu'eut lieu cette découverte. Je l'en prévins aussitôt que je fus certain de l'attribution du tombeau ; il vint ensuite me voir à Abydos, et rien ne me faisait prévoir alors qu'il s'élèverait plus tard contre la réalité de cette découverte qu'il admit d'abord si bien qu'il reprocha à un employé français sous ses ordres de ne pas se montrer assez zélé croyant au sujet de cette découverte. L'année suivante, pendant l'hiver 1898-1899, je le vis encore et il ne me fit aucune objection contre le bien fondé de mon identification. Dans l'article qu'il a publié depuis, il affecte d'ailleurs de ne pas mettre en doute l'attribution du tombeau, et il ne s'en prend qu'aux preuves que j'avais mises en avant. Dans l'intervalle il avait été remplacé dans la Direction du *Service des Antiquités* et était rentré en France où il avait repris sa place à l'Université de Lyon. Le dernier acte qu'il avait sanctionné de son autorité avait été de m'enlever la concession d'Abydos pour l'attribuer à M. Petrie, et cela sans me prévenir, quoique le permis de fouilles qui m'avait été concédé fût encore valable pour un an. J'avais jusqu'alors entretenu avec M. Loret les meilleures relations de bonne camaraderie et je le croyais sincèrement mon ami. Je fus donc fort surpris lorsque j'appris au cœur du mois d'avril 1900, que M. Petrie s'était emparé de ma concession, autorisé par le Comité d'Archéologie du Caire et que cette autorisation lui avait été accordée dans une séance que présidait M. Loret. J'écrivis aussitôt à M. Loret pour lui demander ce qu'il y avait de vrai dans cette affirmation, car j'étais plutôt porté à rejeter la responsabilité de ce déni de justice sur un autre qui en était cependant complètement innocent. Au bout d'un certain temps, M. Loret me répondit par une lettre assez amphigourique dans laquelle il insistait sur le peu de créance que méritent les rapports venus d'Égypte, sur le peu de confiance qu'il faut accorder même aux pièces officielles, comme le procès-verbal des séances du Comité d'Archéologie, car rien n'est plus facile et plus usité en Égypte que d'échanger un procès-verbal, même quand il a été adopté, c'est-à-dire de faire un faux. La question de principe ainsi réglée, il en vient à la question de fait qu'il ne se rappelle pas : il ne sait pas comment la chose fut portée devant le Comité d'Archéologie, s'il a réellement présidé la séance, mais il va écrire à M. Daressy qui était le secrétaire du Comité et dès qu'il aura sa réponse il m'écrira franchement ce qu'il y a de vrai ou de faux dans ce qu'on m'a dit.

Après m'avoir écrit cette lettre qui sans doute lui coûta beaucoup, M. Loret crut avoir assez fait pour sa conscience, il se garda bien d'écrire à M. Daressy et se rendormit dans sa petite quiétude. Cependant j'attendais toujours sa réponse, je l'attendis jusqu'au mois de septembre et, voyant qu'elle n'arrivait pas, je pris le parti d'aller la chercher à Bois-Colombes où habitait alors M. Loret. Je lui reposai de nouveau ma question et lui demandai s'il avait écrit a M. Daressy. Sur le premier point, il me dit n'être pas plus avancé que lors de ma lettre; quant au second, il avait été sur le point d'envoyer la lettre, lorsqu'il s'était rappelé tout à coup que M. Daressy allait revenir de France, que rien ne serait plus aisé que de lui demander alors si l'on avait fait un procès-verbal de la séance dans laquelle on m'avait enlevé indûment ma concession. Depuis, il n'avait pas encore vu M. Daressy, il ne savait même pas s'il le verrait, mais en tout cas il écrirait au Caire. Ces réponses de M. Loret me suffirent, je ne lui en demandai pas plus, car j'étais fixé. Avant de nous séparer, il me demanda de lui donner les deux volumes qui venaient de paraître sur mes fouilles. Je les lui promis et je les lui ai fait tenir, ne me doutant aucunement de ce qu'il voulait en faire, et peut-être lui-même ne s'en doutait-il pas.

Lorsqu'il eut fait imprimer son article, il me l'envoya en me priant de le lire et de le lui retourner avec les observations que je croirais devoir faire. Je le lus avec toute l'attention dont j'étais capable et je fus stupéfait d'avoir commis tant de balourdises, d'avoir tant ignoré de choses que M. Loret disait indiscutables; cependant en avançant dans ma lecture, je surpris deux ou trois arguments qui ne me semblèrent pas d'une grande force, je vis que M. Loret tentait des explications de choses qu'il n'avait pas vues et qu'il ne pouvait connaître sans les avoir vues; puis qu'il y avait des affirmations qui procédaient d'une immense légèreté, des exagérations si manifestes qu'elles en devenaient de véritables faussetés, et mon émoi, pour n'être pas moins grand, eut une cause différente, car l'article était fait avec une perfidie qui honorait son auteur. Je lui renvoyai ce factum en lui disant que je n'avais voulu y faire aucune observation, craignant d'en déflorer la beauté. J'ajoutai cependant qu'il aurait dû avoir la pudeur de ne pas en appeler au témoignage de M. Petrie pour savoir quelle devait être au juste l'attribution de la tombe que je croyais être celle d'Osiris, car il devait savoir, tout comme moi, que c'était lui la dernière personne qui pût faire cet appel. J'écrivis en même temps au directeur du *Sphinx* pour lui dire que je prétendais user de mon droit de réponse : ce qui me fut accordé et ce que j'ai fait. Les raisons que j'ai données dans ma réponse me semblent toujours valables, et n'y veux revenir ici que pour les compléter, car lorsque je fis cette réponse, j'étais pressé par le temps et par le travail, et je ne pouvais d'ailleurs employer pour répondre à une attaque plus d'espace qu'on n'en avait employé pour m'attaquer.

L'article de M. Loret est divisé en deux paragraphes, dont le premier a trait à la brochure que je publiai à peine les fouilles de la troisième année terminées afin de faire connaître les résultats de mes travaux, pendant que le second se rapportait spécialement à ma monographie de la découverte du tombeau d'Osiris. Je ne m'occuperai ici que de la seconde partie, devant rencontrer chemin faisant les détails de la première qui appelleront une réponse. Comme rien ne saurait valoir le texte de mon adversaire, je vais en citer les principales critiques :

« Dans le premier chapitre, *Les conditions de la découverte*, M. Amélineau formule les conditions que doit présenter un édifice pour pouvoir être considéré comme le tombeau d'Osiris. Dans son premier mémoire, il n'indiquait que trois conditions. Cette fois, il en compte quatre :

« 1° Il faut que le tombeau ait été saccagé, pillé par les chrétiens, moines ou autres (p. 25);

« 2° Ce tombeau doit posséder un escalier (p. 20);

« 3° Il doit renfermer non pas le squelette entier d'Osiris, mais seulement la tête (p. 21).

« 4° Il faut rencontrer autour de la tombe du dieu d'autres tombeaux encore assez nombreux (p. 29).

« Ces quatre conditions, s'étant trouvées remplies, l'auteur en fait autant de preuves de l'identité du tombeau d'Osiris. Or, comme on va le voir, il résulte d'un examen minutieux du sujet qu'aucune de ces conditions ne repose sur le moindre fondement scientifique et que par conséquent aucune des preuves qu'allègue M. Amélineau en faveur de son opinion n'offre de valeur réelle.

« 1° L'auteur cite (p. 16-17) un texte copte dans lequel il est raconté que les gens d'Abydos, ayant résolu, pour une raison qui n'est pas indiquée, de tuer le moine Moïse et ses compagnons, envoyèrent quarante hommes tendre une embuscade *dans la montagne d'Ebôt*. Moïse et ses frères allèrent d'abord *à la montagne* et ils montèrent sur la colline. Tous prièrent le Seigneur lui demandant de renverser le temple d'Apollon. Le Seigneur les exauça: non seulement le temple d'Apollon, mais quatre autres temples tombèrent, écrasant tous les prêtres qui s'y étaient réfugiés, de sorte que « pas un homme ne recommença à faire des réunions « *à la montagne d'Ebôt* pour faire des sacrifices ». Et c'est tout. Des mots *la montagne d'Ebôt*, M. Amélineau conclut que les moines détruisirent non seulement les temples, mais la nécropole. Or on vient de voir dans quelles circonstances il est fait mention de la montagne d'Ebôt : on attend les moines à la montagne, ils y vont, de là ils obtiennent du Seigneur la destruction des temples et des prêtres, et plus personne ne retourne faire des sacrifices à la montagne. Donc, non seulement il n'est pas question dans le texte copte, d'une spoliation de la nécropole par les moines, mais encore on est endroit de se demander ce que vient faire le tombeau d'Osiris dans cette affaire. Car, en admettant même —

ce qui n'est pas — qu'il résulte du texte que la nécropole ait été saccagée par les Coptes, en quoi le fait d'avoir été saccagé s'appliquerait-il plutôt au tombeau d'Osiris qu'à tout autre tombeau? Mais encore une fois, il ne s'agit dans le document cité par M. Amélineau ni de spoliation de nécropole, ni surtout de tombeau d'Osiris. Par conséquent cette première condition doit être rayée de la liste[1] ».

J'aurais pu répondre à ce premier paragraphe en montrant à M. Loret et à ses lecteurs que les Coptes, qui ont bien voix au chapitre, ont toujours nommé la montagne adjacente à un village du nom de ce village et j'aurais pu lui citer encore un assez grand nombre d'ouvrages pour faire montre de mon érudition. Je me suis contenté de lui montrer que *montagne d'Ebôt* dans le texte incriminé signifiait la lande sablonneuse qui s'étend entre les terres cultivées et la montagne proprement dite, que c'était là que les nécropoles antiques étaient et sont encore situées, comme aussi les cimetières modernes ; que c'était aussi là que se trouvaient les monastères ou les couvents anciens et que se trouve encore notamment le couvent de Moyse d'Abydos; que ce couvent et tout au moins trois des temples mentionnés étaient compris dans ce que le texte copte nomme **ⲡⲉⲣⲓⲁⲥⲧⲟⲛ**, lequel **ⲡⲉⲣⲓⲁⲥⲧⲟⲛ** s'avançait jusqu'à la Schounet ez-Zébîb en l'y comprenant; que par conséquent en parlant d'aller à la montagne, les Coptes devaient comprendre dans cette expression la partie de la nécropole située après ce **ⲡⲉⲣⲓⲁⲥⲧⲟⲛ**, et la comprenaient en effet. J'aurais pu ajouter qu'il n'y avait sans doute pas plus de colline près du temple de Séti Ier qu'il n'y en a aujourd'hui, quoique Mariette ait fait déposer à l'ouest les déblaiements du temple de Séti Ier; que dans toute la nécropole il n'y avait qu'une seule colline, celle qui se trouve à quelques centaines de mètres d'Om el-Ga'ab au sud, et que par conséquent j'avais fort légitimement pu comprendre le texte comme je l'avais compris, d'autant mieux que l'événement m'avait donné raison. J'aurais pu corroborer mes preuves par ce fait que les fellahs d'Abydos distinguent très bien ces diverses parties de la nécropole dans leur langage actuel; que la première partie va jusqu'au mo-

1. *Sphinx*, vol. V, fasc. I, p. 41-43.

nastère de Moyse لال دير; la seconde jusqu'à la Schounet ez-Zebîb لال شونة الزبيب et ils appellent la troisième partie du nom de montagne الجبل.

La vraisemblance du site est donc de mon côté; de plus ce sont bien les moines qui ont saccagé et pillé cette partie de la nécropole. J'ai montré à M. Loret que cette partie de la nécropole avait été spécialement ravagée, qu'elle l'avait été par des moines dont j'ai trouvé et publié les noms, chose que mon critique a soigneusement évité de dire : j'aurais pu ajouter que j'ai trouvé sur ces lieux des fragments d'objets qui montrent péremptoirement à qui veut voir et à qui sait que les moines étaient conduits par leur supérieur qui portait un habit bordé d'un liseré violet, comme c'est encore la coutume en Égypte pour les hégoumènes, c'est-à-dire les supérieurs, les قومس, comme on dit toujours. J'ai montré en plus à M. Loret que cette élection pour le ravage de la nécropole d'Om el-Ga'ab se comprenait très bien si l'on recherchait le mobile qui les avait poussés à cette spoliation. Osiris était le *maître d'Abydos*, son culte était le culte primant tous les autres, ayant notamment presque fait oublier le culte d'Anhour, le dieu primitif du nome thinite ; que si les moines voulaient faire disparaître à tout jamais le culte païen du territoire d'Abydos, ils devaient tout d'abord s'attaquer au culte d'Osiris, ce qu'ils ont fait à Kom es-Soultân, et aussi à Om el-Ga'ab pour cette *maison d'Osiris*, *située à l'ouest du temple de Ramsès Meriamen.*

Si M. Loret s'était donné la peine de chercher à savoir ce que signifiait la phrase : « Et pas un homme ne recommença à faire des réunions à la montagne d'Ebôt pour faire des sacrifices, » il se serait dit que ce n'était pas le vulgaire (pas un homme) qui offrait des sacrifices dans les temples du **περιαστοιι**, que c'était là l'office des prêtres ; que si ce vulgaire faisait des réunions dans la montagne, c'est-à-dire dans la partie la plus occidentale de la montagne, pour y faire des sacrifices, ce ne pouvaient être que des sacrifices funéraires offerts aux morts célèbres qui reposaient dans la nécropole particulière d'Om el-Ga'ab, à l'ouest du temple de Ramsès, et non pas au nord-est, c'est-à-dire à Kom es-

Soultân. M. Loret aurait sans doute voulu que le texte copte mentionnât le nom d'Osiris, parlât de son tombeau et mît les points sur les i : il est regrettable en effet que le rédacteur de la vie copte ne l'ait pas fait, car M. Loret aurait compris.

Je passe au second point :

« 2° Nous arrivons maintenant au fameux escalier. Dans son premier mémoire, M. Amélineau déclarait, sans en fournir la preuve, que les Égyptiens donnaient au tombeau d'Osiris le nom d'Escalier du Dieu grand, et il en déduisait que ce tombeau devait se distinguer par un escalier important. C'est dans le second mémoire que nous comptions trouver les preuves de cette assertion. Or, M. Amélineau n'en donne aucune : il se contente de répéter la même affirmation, comme s'il s'agissait d'une chose tellement connue qu'elle n'a point besoin d'être démontrée. C'est là une grande erreur. J'ai réuni quelques textes qui parlent de l'Escalier du Dieu grand.

1° (Louvre, stèle C. 170, *Recueil*, IV, 119) = « C'est le tombeau que je me suis construit dans le nome Thinite à Abydos, auprès de l'Escalier du Dieu grand » ;

2° (*Rec.*, XIII, 175, « Tu manges du pain auprès de Ptah, sous le Grand Escalier..... » ;

3° (Mar., *Cat. d'Abyd.*, n° 615, « celui qui reçoit une pension du Dieu grand, seigneur du désert occidental en sa syringe du *Nouter-Kkar*...... » ;

4° (*Ibid.*, n° 356), « j'ai fait, certes (=), un tombeau vers l'Escalier du Dieu grand, maître de vie résidant dans Abydos ».

« Je ne connais pas d'autres exemples de l'expression. Elle ne se rencontre qu'en un endroit du *Livre des morts*. Le long dépouillement du *Catalogue d'Abydos* de Mariette ne m'a fourni, à ma grande déception, que les deux derniers exemples. Et encore sur les quatre exemples que j'ai réunis, doit-on probablement défalquer les n°s 2 et 3. Le n° 2 en effet, tiré d'un tombeau de Gournah, fait seulement allusion à Ptah et n'a probablement aucun rapport avec Abydos. Dans l'exemple n° 3, qui semblerait donner raison à M. Amélineau on ne sait si se rapporte au dieu ou au défunt, ni si est une opposition ou un déterminatif. Enfin, l'exemple n° 4 doit être le plus probant, puisque la stèle d'où il est tiré a été trouvée à sa place antique. La stèle était dans le tombeau et le tombeau, d'après le passage cité, devait être situé vers l'Escalier du Dieu grand. Or, la stèle a été trouvée à *Kom el-Soultan* (sic) (Mar., *Cat. d'Abydos*, p. 101), ce qui nous transporte bien loin de la nécropole d'Om el-Ga'ab et ce qui donne raison contre l'avis de M. Amélineau (p. 147, n° 121), à ceux qui placent l'Escalier du Dieu grand dans les environs de Kom es-Soultan.

« M. Amélineau pourra peut-être me trouver bien pauvre en références. Je reconnais ma pauvreté, et il se peut qu'il existe sur le sujet bien d'autres textes qui m'ont échappé. Mais il avouera que j'en fournis plus que lui, qui n'en fournit aucun, et que je me suis imposé là de pénibles recherches qu'il aurait dû épargner à ses lecteurs. Et puis, en somme, cet escalier était-il aussi célèbre que le croit M. Amélineau ? — J'en doute fort, après avoir dû constater que, sur les 807 stèles d'Abydos, il n'est mentionné que deux fois dont une douteuse. Je crains bien que l'auteur ne puisse ajouter beaucoup d'exemples à ceux que j'ai signalés.

« Quoi qu'il en soit, on voit que rien ne démontre, en tout cas, que l'Escalier du Dieu grand ait le moindre rapport avec le tombeau d'Osiris. Mais il y a mieux. S'il est un document où l'on ait chance de rencontrer des renseignements sur la tombe d'Osiris à Abydos, c'est bien la longue inscription relative aux fêtes d'Osiris au mois de khoïak dont j'ai, il y a bien longtemps, publié le texte et la traduction (*Rec.*, III-IV). Or, dans cette inscription, l'Osiris mort d'Abydos porte comme unique qualificatif les mots (§ 8), et l'édifice funéraire où a lieu l'ensevelissement de la momie divine est appelé (§ 18). Aucune allusion à un escalier, ni dans un cas ni dans l'autre.

« Il est donc certain qu'en attendant que M. Amélineau nous fournisse des preuves formelles de la célébrité de l'escalier et de son identité avec le tombeau d'Osiris, nous devons considérer la seconde condition comme une pure hypothèse ».

Ce second paragraphe roule presque en entier sur la présence de l'escalier au Dieu grand dans le tombeau d'Osiris, ou plutôt sur l'existence d'un escalier qui est attribué au Dieu grand, et l'on me demande de prouver d'abord que cet escalier était renommé et en second lieu qu'on doit l'identifier avec le tombeau d'Osiris.

Pour le premier point, M. Loret, plein de sollicitude, craint que je ne puisse « ajouter beaucoup d'exemples » à ceux qu'il a signalés, car il a fait de pénibles recherches que j'aurais dû épargner à mes lecteurs. Je le regrette; mais ces recherches ont-elles été aussi pénibles que le dit M. Loret? Si l'on s'en tient aux documents qu'il cite, il n'a eu à feuilleter que le *Catalogue général* des monuments trouvés pendant les fouilles de Mariette à Abydos et le Recueil dirigé par M. Maspero. Réellement il n'a pas dû faire de si pénibles recherches, à moins que ces recherches ne deviennent pénibles dès que M. Loret les fait. Eh bien! j'ai le regret de l'écrire ici, pour le Recueil tout au moins, les recherches de M. Loret, bien que pénibles, ont été tout à fait superficielles, ainsi que la liste suivante va le démontrer.

Au tome II, page 30, il y en a deux exemples que cite M. Piehl dans un article; le premier est tiré de la stèle C, 170 du Louvre, mais il est orthographié ainsi : , et c'est celui qu'a cité M. Loret, qui a omis le déterminatif du nome thinite, ce qui n'est pas grave, mais ce qui n'aurait pas dû se trouver dans un article de critique. M. Loret pour cet exemple renvoie au IVe volume du Recueil, p. 119, où le texte se trouve bien avec l'orthographe que je viens de reproduire. Il a bien le sens que lui attribue M. Loret d'après M. Piehl.

A la même page 30 du IIe volume se trouve le second exemple cité encore par M. Piehl d'après un ouvrage de Sharpe, *Egyptian Inscriptions*, tome I, pl. 109, l. 11; il contient les parolos suivantes :

; ce que M. Piehl traduit ainsi avec raison : « Quant à ce tombeau que j'ai érigé à l'escalier du dieu grand. » Voici donc un premier exemple qu'a négligé M. Loret, qui n'a sans doute pas parcouru ce deuxième volume du *Recueil* de M. Maspero, quoiqu'il ait subi tant de fatigues dans ses recherches.

Par contre il a bien lu le quatrième volume, où M. Piehl a publié et étudié la stèle C, 170 du Louvre, sur laquelle je reviendrai bientôt; mais avant ce quatrième volume, il y en a un troisième et ce troisième contient une nouvelle mention de cet escalier. C'est dans le *Rapport* que M. Maspero a adressé au Ministre de l'Intrction publique sur sa mission en Italie. A la page 115 de ce volume, M. Maspero étudie la stèle 107 du Musée de Turin, laquelle provient d'Abydos, et cette stèle contient les paroles suivantes : (sic) ; ce que M. Maspero traduit ainsi; traduction à laquelle je ne désire pas changer un seul mot. Il dit (*Abou*, le défunt) : « Je suis venu en paix vers ce tombeau éternel que je me suis fait faire dans l'horizon occidental du nome Thinite à Abydos, à la petite nécropole auprès de l'escalier du Dieu auguste (où peut-être; à la nécropole qui dépend de l'escalier du Dieu auguste), du Dieu grand, maître des Dieux ». Voici donc un second exemple qui a échappé aux pénibles recherches de M. Loret, quoiqu'il n'eût pas été très pénible de parcourir les trois premiers volumes du *Recueil*, comme je l'ait fait sans fatigue, d'autant mieux que d'après le titre de l'article on voit du premier coup s'il peut-ou non, contenir des textes funéraires.

Au tome X, p. 144, on trouve de nouveau deux exemples qui témoignent que l'escalier du Dieu grand était connu des auteurs des deux stèles qui les présentent. Il s'agit de la grande stèle de Mentouhotep qui a été décrite par Mariette au n° 617 de son *Catalogue général* des monuments découverts pendant les fouilles d'Abydos et qu'il a publiée au tome II d'*Abydos*, numéro 23; la seconde stèle a été trouvée par M. Maspero à Gournah : elle date de la XVIIIe dynastie pendant que la stèle de Mentouhotep est de la XIIe. Celle-ci n'avait eu qu'une de ses faces publiée par Mariette, l'autre étant trop mutilée; M. Daressy a publié cette face délaissée en accompagnant le texte de cette stèle de celui de la stèle de Gournah. La stèle de Mentouhotep dit : pendant que la stèle de Gournah qui est moins mutilée en ce passage dit : ; ce que M. Daressy traduit par : « C'est un ordre royal, grand héritier..... Mentouhotep, qu'on te fasse une sépulture près de l'escalier du Grand Dieu, seigneur d'Abydos. » Et plus avant dans le corps de la stèle, lorsque celle de Mentouhotep contient : avec une lacune fort importante, la stèle de Gournah a : , ce que je traduirai ainsi : « Ah ! que je sois un suivant du Dieu à sa volonté, un *khou* puissant près de l'escalier du maître d'Abydos. » De la sorte le double exemple des deux stèles se change en un quadruple exemple, bien que le mot principal soit absent de la stèle de Mentouhotep. Il est vraiment malheureux que M. Loret n'ait pas feuilleté ce volume, car il y aurait peut-être trouvé l'identité de l'escalier avec le tombeau d'Osiris qu'il réclame avec tant d'ardeur.

Au tome XII du même recueil, p. 15, dans un article que M. de Bergmann a consacré à faire connaître les monuments du Musée égyptien de Vienne, ce savant a cité une stèle où on lit ces mots : , ce qui signifie : « Je me suis fait ce tombeau brillant, en rendant parfaite sa place, près de l'escalier du Dieu grand, maître de la vie dans

Abydos, dans la nécropole (m. à m. : dans le tertre de la maîtresse des offrandes — nécropole) ». M. de Bergmann rapproche de ce texte une phrase presque semblable qui se trouvait sur une stèle de l'ancien Musée de Boulaq au nom d'un certain Seônekhenpetah; voici ce texte : ; ce qui signifie également : « Je me suis fait ce tombeau brillant, en rendant parfaite sa place, près de l'escalier du Dieu grand, dans la nécropole », et ce mot nécropole est rendu par la double périphrase : dans le terrain de la maîtresse des offrandes, dans le terrain de la maîtresse des provisions *djefaou*. M. de Bergmann attribue la stèle du Musée de Vienne à la XIIIe dynastie : voilà donc deux nouveaux documents qui connaissent l'escalier du Dieu grand et sa place dans la nécropole.

M. de Bergmann ne se contente pas de citer ces deux documents, il énumère encore les monuments similaires qu'il connaît et il en cite cinq autres dont M. Loret eût pu parfaitement faire son profit, s'il avait dépouillé le recueil comme il semble dire qu'il l'a fait. Peut-être aurais-je pu trouver d'autres textes[1] dans le *Recueil*, mais le dernier tome que je possède est le tome XV, et il ne m'est pas facile de consulter les autres.

Tous ces textes se trouvent dans le *Recueil* et il est étonnant que M. Loret qui a pris tant de peine pour les chercher n'ait pas su les trouver. Quant au second qu'il cite, je lui ferai observer qu'il n'est pas si certain qu'il veut bien le dire que l'*escalier grand* n'ait rien à faire

1. Le *Recueil* contient encore au volume XIV l'emploi du déterminatif accolé au nom d'Osiris, dans la phrase suivante : . Mais comme ce texte se trouve déjà dans la *Pyramide d'Ounas* et sur quelques autres monuments où le mot est déterminé par le trône il est plus que probable que le déterminatif employé par le scribe est abusif; aussi je ne me servirai pas de ce texte.

avec Osiris, car le déterminatif est suivi de la préposition et d'une lacune d'un ou deux mots; or, si l'on examine les phrases suivantes on voit qu'elles sont en parallélisme et que le mot qui répond à celui qui manque ici est un nom de divinité comme Hou, Thot, Horus, etc.; il se pourrait donc très bien que la lacune renfermât le nom d'Osiris, et dès lors la mention de l'escalier se comprendrait très bien. Mais, comme je n'en suis pas réduit à faire flèche de tout bois, je ne me servirai pas d'un texte incomplet : ceux que j'ai cités et que je vais citer encore me suffiront amplement.

J'ai aussi parcouru le recueil égyptologique de Berlin, et, si je n'y ai pas fait une moisson aussi abondante, j'y ai cependant trouvé un texte qui, à la XVIIIe dynastie, reproduit certaines tournures que l'on trouve sur les stèles de la XIIe dynastie : c'est à l'année 1888, p. 117 que M. Piehl a publié cette stèle curieuse, qui était au Musée de Boulaq et qui se trouve sans doute encore au Musée du Caire. Voici le passage où il est question de l'escalier du Dieu grand : (*sic*) . « Et il y eut ordre royal pour que te fût fait un tombeau près de l'escalier du Dieu grand, maître d'Abydos ». Le lecteur verra de suite que cette phrase est semblable à certaines autres phrases citées plus haut; mais il n'y a là rien que de très compréhensible, les mêmes choses à exprimer ayant appelé les mêmes termes.

Je peux ajouter à ces mentions de l'*escalier* du Dieu grand les deux passages que signale M. Loret comme se trouvant dans le *Catalogue général* des monuments provenant d'Abydos, en faisant observer toutefois que dans le numéro 615 du catalogue d'Abydos, le pronom *il* ne saurait se rapporter à un autre nom que le *Dieu grand*, car ce n'est pas dans un tombeau qu'on peut se dire *féal* de quelqu'un, mais bien dans la vie, vie première ou vie seconde; par conséquent, c'est bien le Dieu grand dans sa tombe du Nouterkher, et la preuve est que l'expression entière est déterminée par l'escalier , comme c'est un cas fréquent en égyptien et cela d'autant mieux que l'adjectif *féal* est répété devant le nom du défunt qui est Entef. Cependant il est vrai, je crois, comme M. Loret le dit, que la mention de l'escalier du Dieu grand ne se trouve que deux fois dans le *Catalogue général* des monuments qui ont été découverts pendant les fouilles d'Abydos. Mais je lui ai objecté dans ma réponse que nous n'étions pas certains que la mention de ce fameux escalier ne se trouvât pas sur les stèles provenant d'Abydos qui n'ont pas été publiées par Mariette, attendu que les raisons qui ont fait choisir à ce grand fouilleur les stèles qu'il a publiées n'ont aucun rapport avec les idées religieuses, parce qu'il recherchait avant tout les stèles qui pouvaient jeter quelque jour sur l'histoire politique. Mon raisonnement a reçu une éclatante confirmation par la publication par M. Daressy de la partie postérieure du texte de la stèle de Mentouhotep ainsi que je l'ai dit plus haut. De plus, qui nous assure que nous possédions toutes les stèles où se trouve mentionné ledit escalier? les textes que j'ai signalés plus haut répondent assez clairement à cette question. Et cependant il en est d'autres qui ont été publiés soit par Sharpe dans ses *Egyptian inscriptions*, soit par M. Pierret dans les deux volumes de son *Recueil d'inscriptions inédites du Musée du Louvre*. Je vais les passer bientôt en revue. Mais auparavant, je dois m'étonner que M. Loret n'ait lu que le *Catalogue général des monuments d'Abydos* et ne se soit pas laissé aller à consulter les deux volumes de Mariette sur Abydos. Il aurait trouvé dans le second volume tout au moins un passage qui lui aurait sans doute donné à réfléchir. Ce passage se trouve dans la stèle 670 du *Catalogue général* publiée *in extenso* par Mariette dans son second volume d'*Abydos*. Elle contient à la pl. 25, l. 7 le passage suivant que nous avons déjà trouvé sur la stèle découverte à Gournah par M. Maspero et publiée par M. Daressy : , phrase qui se trouvait déjà dans la partie postérieure de la stèle de Mentouhotep, comme elle se trouve ici sur la face postérieure de la stèle de Rashotep-ab. Comme conclusion sur les onze mentions de l'escalier du Dieu grand qui se trouvent dans le *Recueil* de M. Maspero, dans la *Zeitschrift* de Berlin et dans le *Catalogue* de Mariette des monuments trouvés à

Abydos, il est plus qu'étonnant que M. Loret, avec les grandes fatigues auxquelles il s'est soumis n'en ait trouvé que quatre, déclarant même que sur les quatre il n'y en a qu'une qui semble me donner raison.

J'arrive maintenant aux autres. Le Musée du Louvre comprend au moins cinq stèles qui renferment la mention de *cet escalier* ou de l'escalier du Dieu grand. Les textes de ces stèles ont été publiés par plusieurs savants et en premier lieu par M. Pierret. Je vais les citer dans l'ordre où elles se trouvent dans le second volume de ses *Inscriptions inédites* du musée du Louvre. Au second fascicule de ses *Inscriptions inédites*, p. 12, M. Pierret publie la stèle C, 117 et dans l'analyse qu'il en donne pour les parties qui lui ont semblé peu intéressantes, il s'exprime ainsi : « Il dit ! O prêtres, prophètes, savants etc. Ce qui signifie, je crois : « qui êtes venus vers cette montagne, qui vous arrêtez près de *cet escalier*, venez, écoutez mes paroles, car je suis, etc. ». Il est facile de suppléer le signe qui manque dans les groupes .

Plus loin, à la page 29, la stèle C, 15 contient sans doute la mention d'un monument déterminé par un escalier ; mais comme ce signe vient après une assez longue lacune, je ne veux pas m'en servir et j'ajourne à une place plus appropriée la mention du lieu nommé dont je ferai usage pour déterminer ce qu'il faut peut-être identifier avec cet endroit.

A la page 53, la stèle C, 5 mentionne un certain *Sati* qui dit avoir fait un monument afin « d'être stable près de l'escalier du Dieu grand lui-même : » .

A la page 63 est la stèle C, 170 dont j'ai déjà cité les passages importants, et à la page 104 est la stèle C, 3 dont il va être question plus loin à propos de la traduction qu'en a donnée M. Maspero.

Il ne me reste plus qu'à citer les passages des monuments qu'a publiés Sharpe dans ses *Egyptian inscriptions*. Le premier des textes qui se présente au lecteur, planche XVIII des *Egyptian inscriptions* de cet auteur est le suivant : (*sic*) : où l'on peut voir clairement que le défunt, un certain Mentouhôtep, nom qui peut nous reporter jusqu'à la XIe dynastie, dit s'être fait des *lieux d'éternité* près de l'escalier du Dieu Grand dans la Terre Sainte d'Abydos, sur le territoire de la *maîtresse des offrandes*, c'est-à-dire de la nécropole. Ainsi d'après ce texte l'escalier du Dieu Grand était bien situé dans la nécropole, et j'étudierai plus loin le sens du mot d'après d'autres documents. Un autre passage, qui se trouve à la planche LXXII, parle d'un Dieu *Toum de l'escalier* ; mais je ne vois là qu'une allusion faite par l'auteur à Osiris et à son escalier, allusion significative, mais non probante. Un troisième texte que je cite déjà parle de l'*Ouart* de la montagne occidentale en des termes que nous trouverons ailleurs .

La conclusion des pages qui précèdent est que nous sommes bien loin des quatre textes que M. Loret avait trouvés après ses pénibles recherches, et pour les trouver j'ai feuilleté seulement quatre ou cinq ouvrages ou recueils, à savoir le recueil de M. Maspero, la *Zeitschrift* allemande, les ouvrages de Mariette sur Abydos et le recueil d'inscriptions égyptiennes de Sharpe et de M. Pierret. Tous ces textes, il n'y a pas à en douter, s'échelonnent de la XIe à la XVIIIe dynastie, c'est-à-dire de l'an 3000 environ à l'an 1600 environ avant notre ère. Je ne crois pas que l'on puisse nier désormais que pendant cette période de l'histoire égyptienne, l'escalier d'Osiris n'ait été célèbre en Égypte, ou tout au moins en Abydos. Maintenant où était situé cet escalier? Nous savons déjà par le texte que j'ai mentionné plus haut, texte de la XIXe dynastie, très clair et très net, ne laissant place à aucun subterfuge, que le tombeau d'Osiris était situé à l'ouest du temple de Ramsès II, c'est-à-dire à Om el-Ga'ab, et non pas à Kom es-Soultân qui est au nord-est du temple de Ramsès, lequel existe toujours. Quant à l'escalier d'Osiris, il y a deux identifications : l'une, celle de M. Maspero, qui le place à Kom es-Soultan, c'est-à-dire à l'endroit où se trouvait jadis le temple d'Osiris, et la mienne qui lui attribue une place dans la tombe d'Osiris à Om el-Ga'ab. N'y aurait-il pas par hasard, dans les textes que j'ai cités, quelques renseignements à cet égard? Je crois qu'on peut les trouver et qu'ils sont en ma faveur.

Tout d'abord, quand on place l'escalier d'Osiris à Kom es-Soultân, sait-on si réellement il y avait un escalier dans ce temple ? Non, car le temple est détruit et il n'y a pas dans les quelques ruines qui en subsistent encore aucun signe apparent d'escalier. M. Petrie qui fouille maintenant l'emplacement de ce temple, n'en a pas trouvé la première année de ses fouilles ; mais j'ignore s'il n'en a pas rencontré quelques traces la seconde année. C'est donc une question préjudicielle à réserver. D'ailleurs en rencontrât-il qu'on pourrait parfaitement rendre raison de la présence de cet escalier dans le temple d'Osiris, comme de celui qui se trouve dans le temple de Séti Ier, en disant qu'on avait voulu reproduire dans le temple la disposition du tombeau. Interrogeons maintenant les textes.

D'abord il est certain que l'escalier du Dieu grand était situé dans la nécropole. Le texte que j'ai cité d'après M. von Bergmann ne laisse à ce sujet aucun doute : ; le lieu où est situé ce tombeau est dit avoir été près du tombeau du Dieu grand dans Abydos, dans le de la maîtresse des offrandes, c'est-à-dire de la nécropole, car l'expression *nebt hotpetou* n'est qu'une périphrase pour désigner la nécropole où l'on allait à toutes les fêtes des morts porter de nombreuses offrandes. La stèle de Boulaq au nom de *Sônekhenpetah* a un passage conçu dans les mêmes termes où la nécropole est désignée par une seconde périphrase qui renchérit sur la première : . Les deux phrases sont très claires et se traduisent tout simplement et tout naturellement sauf le mot dans l'expression . Ce groupe qui est ainsi écrit par trois fois à la page 15 de la XIIIe année du *Recueil* de M. Maspero me semble identique avec le même groupe écrit dans la stèle du Louvre C, 170, et je vais reproduire de suite le texte de cette stèle que M. Loret n'a cité qu'écourté, sans doute à cause des grandes fatigues qu'il avait supportées en faisant ses recherches. Ce texte est le suivant d'après M. Piehl et M. Maspero : ; c'est là le texte que M. Maspero a publié dans le premier volume de ses *Études égyptiennes*, fascicule 2, page 128, note 2. Voici maintenant le texte qu'a publié M. Piehl du même passage de la même stèle, dans le *Recueil* de M. Maspero, année IV, page 119 : . Personne parmi les égyptologues n'hésitera, je crois, à reconnaître que ce second texte est plus complet et plus exact que le premier. M. Maspero a traduit ce texte ainsi : « C'est ici le tombeau que je me suis fait dans le nome thinite, à Abydos, près l'escalier du Dieu grand, maître des Dieux, sur le tertre, maître du repos, à l'horizon occidental, afin que soit puissant mon *khou* à la suite du Dieu grand ». Et il ajoute : « On voit ici que la stèle est appelée « tombeau ». Pour mettre mes lecteurs à même de comprendre cette dernière phrase, je dois citer le texte de M. Maspero : « Entre les deux murailles qui formaient l'enceinte des temples d'Abydos, s'étendait une sorte de couloir profond, irrégulier, clos à ses deux extrémités par des murs de briques crues. Sous la VIe dynastie quelques riches personnages y firent construire leur tombeau : plus tard, les pèlerins ou les dévots déposèrent dans les espaces laissés vides entre les tombes, leurs *ex-voto* funèbres, leurs stèles, leurs statues, leurs pyramides, qui comblèrent à la longue l'intervalle compris entre les murailles [1]. Il y a vingt

1. Mariette, *Abydos*, texte, tom. II, p. 30-33. (Note de M. Maspero.)

ans encore, cette masse compacte, isolée au milieu des ruines du temple formait une sorte de butte artificielle qu'on nomme *Kom es-Soultân* : autrefois c'était « l'escalier du Dieu grand[1] ».

Il y a dans ces paroles de l'introduction qui précède deux points que je ne peux admettre : d'abord que la stèle soit nommée *le tombeau* par une métonymie surprenante dont ce serait le seul exemple, car l'égyptien possédait un mot pour l'idée de stèle, même votive, et ce mot est très connu. Par conséquent, il se peut tout aussi bien que la tombe dont parle l'Entef à qui cette stèle était dédiée, ait fait réellement construire dans la nécropole abydénienne une tombe qu'il décrit comme placée dans le [illegible] de la nécropole, à la montagne occidentale (je m'efforcerai de prouver plus loin cette traduction), dans la Terre Sainte. Le second point est que Kom es-Soultân n'était pas l'escalier du Dieu grand, car la butte, ou le *tertre*, selon M. Maspero, n'est que l'œuvre des siècles, et sans doute même que l'œuvre de la dévastation. A ce propos, Mariette qui représente le témoin le plus ancien et le plus véridique auquel nous puissions nous fier, a placé dans son second volume d'*Abydos* des paroles qu'il sera bon de citer et de méditer : elles ne concordent pas, je crois, avec celles de M. Maspero, qui s'appuie cependant sur elles. Les voici :

« Il y a une vingtaine d'années, il existait, à l'angle du nord-ouest de l'enceinte dans laquelle est enfoncé le temple d'Osiris, une grande butte de douze à quinze mètres de hauteur moyenne. Il était facile d'y monter. On s'apercevait alors qu'elle était formée artificiellement de terres rapportées, d'éclats de pierre et de poteries rouges, de murs en briques crues superposés et enchevêtrés sans ordre. On remarquait çà et là des trous de fouilles, étroits et profonds comme des puits.

« Les habitants des villages voisins donnaient à cette butte le nom que nous connaissons déjà de *Kom es-Soultân*. Aucun endroit, selon eux, n'est plus riche en monuments funéraires, en pierres couvertes d'inscriptions, en statues de toute matière... Aussi loin, disent-ils, qu'on ait pu descendre par des fouilles dans les flancs de la butte, on a trouvé

1. Maspero, *loc. cit.*, p. 128-129. Ce mémoire a été écrit en 1880.

des tombes. La butte serait ainsi tout entière artificielle, et semblerait formée de tombes qui se sont successivement empilées les unes sur les autres.

« Une autre particularité est à noter. La butte a pour limite à l'ouest le mur même de la grande enceinte. Or c'est au pied et à l'extérieur de ce mur que se trouvent précisément les plus nombreuses et les plus soignées des tombes qui touchent par leurs chapelles postérieures à l'enceinte. La butte de Kom es-Soultân semblerait donc, à la rigueur, être passée par dessus le mur qui la sépare de la nécropole, et avoir éparpillé ses tombes au dehors.

« Que ces vues soient ou ne soient pas justes, elles ont eu sur la direction qu'ont prise les fouilles une influence décisive. Longtemps, en effet, j'ai cru : 1° Que Kom es-Soultân était une nécropole réservée où d'âge en âge, les « gens riches » du Pseudo-Plutarque venaient entasser successivement leurs tombes ; 2° que les « gens riches » choisissaient Kom es-Soultân parce que, sous la butte et dans ses flancs, se trouvait la tombe d'Osiris. Les habitants de l'Égypte, qui venaient de toutes parts se faire enterrer à Abydos, dormaient ainsi leur dernier sommeil près de la momie du dieu protecteur des morts ».

Mariette entre ensuite dans les détails de la fouille dont les résultats n'ont malheureusement pas été toujours en rapport avec les efforts dépensés. Il établit qu' « à la rigueur Kom es-Soultân n'est pas une butte ». Il montre que c'était plutôt « une sorte de fossé profond, irrégulier, maçonné en briques crues sur ses quatre côtés », que « c'est ce fossé qu'on a utilisé et comblé peu à peu[1].

Ces passages suffiront à montrer que Mariette n'a jamais considéré Kom es-Soultân comme l'escalier du dieu grand, pour la bonne raison qu'il n'y avait pas d'escalier, au propre, et qu'on ne peut pas considérer comme un escalier au figuré une butte qui n'était pas même à considérer comme une butte, d'abord parce qu'elle avait été violée, ravagée et spoliée, ensuite parce que la destination du couloir ou fossé était tout autre. Par conséquent, je ne vois pas comment M. Maspero serait auto-

1. Mariette, *Abydos*, tom. II, p. 30-82.

risé à tirer des paroles de Mariette une conclusion que Mariette n'a pas cru pouvoir tirer, car M. Maspero, alors qu'il écrivait les lignes que j'ai citées, n'avait pas vu l'Égypte, ne connaissait pas Abydos, et pas davantage le lieu dont il parlait, tandis que Mariette connaissait le théâtre de ses fouilles. L'autorité de Mariette n'est donc pas favorable à M. Maspero.

Si je prends maintenant la traduction de M. Piehl, je vois qu'elle est à peu de chose près la même que celle de M. Maspero. Et cependant il avait un texte qui ne resemblait guère à celui de M. Maspero pour le passage qui nous importe. Ce passage, je le traduirai aussi : « Et ce tombeau, je me le suis fait en le nome thinite, à Abydos, près de l'escalier du Dieu Grand, maître des Dieux, dans le terrain de la nécropole (maîtresse des offrandes), dans la Terre sainte de la montagne occidentale, afin que mon *khou* soit puissant comme suivant du Dieu Grand ». Cette traduction diffère de celle de mes deux devanciers en ce qu'elle rend par *nécropole* ou *maîtresse des offrandes*, l'expression qu'ils ont rendue par *maître du repos*. Si l'on veut comparer les deux textes que j'ai cités précédemment à celui de la stèle C, 170, on trouvera sans doute que la correction que je propose est suffisamment justifiée : si elle suppose une faute pour , elle rend compte de la présence du second dans qui est un pluriel, car le mot comme nom est du masculin. Le texte n'a pas les déterminatifs des deux autres stèles, mais les passages sont évidemment similaires, et, comme les deux premiers sont très clairs et ne sauraient donner lieu au moindre doute, il me semble que le second l'est aussi. La Terre Sainte des Égyptiens est un autre nom des nécropoles qui étaient situés près des montagnes orientale et occidentale, dans la bande sablonneuse qui, de chaque côté, s'étend entre la terre cultivable et la montagne ; c'est pourquoi l'expression est déterminée par la double montagne . Ici il s'agit de la montagne occidentale car la stèle n'a pas le signe que donne M. Maspero, qui traduit par *horizon occidental*;

d'ailleurs l'eût-elle qu'il faudrait encore traduire par montagne, car à droite et à gauche de la vallée du Nil, en suivant le cours du fleuve, la ligne qui limite l'horizon est formée par les montagnes, d'où le signe qui représente l'astre du jour apparaissant ou disparaissant à l'horizon, c'est-à-dire sortant de la montagne ou disparaissant derrière la montagne.

Il ne me reste plus maintenant qu'à examiner l'expression que mes deux devanciers ont traduite par *tertre*. Le mot pleinement écrit se retrouve sur d'autres monuments. Je le trouve tout d'abord dans la stèle de Stockholm qu'a publiée M. Piehl, cette stèle dit : . M. Piehl traduit ainsi : « Que le célèbrent les grands de Mendès, les favoris du Seigneur d'Abydos, que lui tendent leurs mains les ancêtres à *Uart* qui donne des offrandes [1] ». Cette traduction gagnerait à être améliorée, mais telle qu'elle est elle me suffit : c'est assez en effet pour ma démonstration que ce texte mette cet endroit dans la nécropole, ici *le lieu où l'on fait les offrandes*. Si ce texte donnait lieu à quelques difficultés, en voici un autre qui est emprunté à la publication de Sharpe et cité par M. Piehl [2] : . C'est, à peu de chose près, le même texte que plus haut, mais plus clair : il y a bien ici : « dans la *Uart* de faire des offrandes ».

Le même mot se trouve dans d'autres documents qui emploient comme qualificatifs des expressions qui ne peuvent convenir qu'à la nécropole et que les Égyptiens n'employaient que pour la nécropole. Par exemple qui est une périphrase pour désigner la nécropole parce qu'on avait coutume d'y porter des offrandes ; , nou-

1. *Recueil de travaux relatifs à la philologie et à l'archéologie ég. et assyr.*, I, p. 134.
2. *Ibid.*, I, p. 135, note de M. Piehl qui cite l'ouvrage de Sharpe : *Egyptian inscriptions*, I, 87.

velle périphrase désignant la même idée par la terreur qu'inspire la nécropole à ceux qui sont destinés à l'aller habiter lorsqu'ils se seront acquittés de la vie ; il en est de même de [hiéroglyphes], qui signifie sans doute *grande de rugissements* à cause des cris que l'on poussait aux funérailles et des explosions de douleur de ceux qui survivaient aux morts[1]. La stèle C, 170 du Louvre met cette dénomination en parallélisme avec les autres noms des nécropoles égyptiennes, comme [hiéroglyphes], [hiéroglyphes] ; c'est donc que cet endroit était situé dans la nécropole. De même la stèle C, 15 qui dit : [hiéroglyphes][2]. Ce qui se peut traduire ainsi : « Cette tombe près du magasin des aliments servant à des offrandes, je me la suis faite dans le nome thinite, à Abydos, dans la Terre Sainte occidentale du territoire, le grand des rugissements (ou de gémissements) ». On peut le voir à présent sans que j'insiste plus particulièrement sur ce point : la [hiéroglyphes] était assez connue en Abydos : les témoignages ne sont pas isolés qui en parlent, ils sont au contraire assez nombreux sous les XIIe et XIIIe dynasties auxquelles appartiennent les textes que je viens de faire passer sous les yeux de mes lecteurs ; mais il y a encore un assez grand nombre de textes qui ont rapport à ces mêmes endroits et que je dois citer, parce qu'ils éclairent la question.

La stèle 107 de Turin telle que l'a publiée M. Maspero est encore plus explicite, elle dit : [hiéroglyphes] (*sic*) [hiéroglyphes]. Je rappelle ici la traduction de M. Maspero : « Je suis venu en paix vers ce tombeau éternel que je me suis fait dans l'horizon occidental

1. Ces exemples ont été cités d'après la note 4 de la page 134 du tome I du *Recueil* de M. Maspero d'après M. Piehl. Les passages que j'ai pu vérifier sont exacts ; il y faudrait joindre encore quelques autres, mais je crois que ce serait en surérogation.

2. Pierret, *Recueil d'inscriptions inédites du Musée du Louvre*, II, p. 29.

du nome thinite, à Abydos, à la petite nécropole auprès de l'escalier du Dieu auguste, du Dieu grand, maître des Dieux », ou « de la nécropole qui dépend de l'escalier du Dieu grand[1] ». Il ne saurait s'agir ici d'une stèle qui est mise pour le tombeau tout entier; le mort parle bien ici de son entrée dans la tombe qu'il s'est fait construire près de l'escalier du Dieu grand. Cette tombe est située dans la montagne occidentale qui est dans le nome thinite à Abydos, près d'un lieu nommé la petite nécropole, lequel était situé près de l'escalier du Dieu grand. Je ne crois pas qu'il soit possible d'admettre qu'il est fait allusion à un endroit situé près de *Kom es-Soultân,* parce que *Kom es-Soultân* n'était pas situé en pleine nécropole et surtout parce qu'à la XIIe dynastie ce Kom n'existait pas, puisque Mariette qui l'a fouillé nous a dit que la colline était factice, qu'elle était pillée, ravagée et qu'elle ne se composait que du couloir dans lequel on avait déposé les *ex voto* et où quelques tombes s'étaient glissées. Par conséquent la butte, le *tertre,* n'existait pas et n'a été dû qu'à l'accumulation des offrandes au cours des siècles, ou bien plutôt qu'à la destruction du temple d'Osiris. Cette colline de Kom es-Soultân touchait le temple d'Osiris, mais ce temple était placé hors de la nécropole proprement dite. La nécropole proprement dite ne commence en effet qu'à l'ouest de tous les temples qui existent encore aujourd'hui en Abydos; si, près du temple d'Osiris, il y avait des tombes, quand on a bâti le second temple de Ramsès II, on a pris soin de niveler le terrain et de faire disparaître les tombes, et c'est peut-être là l'origine de la colline qui avoisinait le temple d'Osiris. Le fait est facilement vérifiable pour les grands temples de Séti Ier et de Ramsès II qui s'élevaient à la limite des terres cultivables, s'avançaient vers la nécropole qui commençait alors. On aurait pu employer l'espace entre les temples de Seti Ier et de Ramsès II comme cimetière, si la nécropole se fût avancée au niveau des temples; or, j'ai vu fouiller par les gens du Musée cette partie du terrain où l'on trouvait en abondance du *sébakh* pour l'engraissement des terres : il n'y avait que des maisons probablement habitées par le menu clergé des temples et pas un seul tombeau. Il en devait être de même du temple d'Osiris : par conséquent ce temple n'était pas

1. *Recueil de trav., loc. cit.*, p. 115-116.

placé en pleine nécropole, comme le pensait Mariette, mais à l'extrémité orientale de la nécropole ; par conséquent aussi, quand un défunt parle du tombeau qu'il s'est fait faire dans la montagne occidentale dans la petite nécropole, près de l'escalier du Dieu grand, il en faut conclure avec assurance que cet escalier était bien situé vraisemblablement dans la nécropole. On s'est habitué à traduire par *près de* dans l'expression ; on pourrait aussi bien traduire par : *aux environs de*, *vers*, et cette traduction répondrait mieux à la place que j'assigne à la tombe d'Osiris.

Mais je peux encore pousser ce raisonnement plus loin et arriver à déterminer plus exactement l'emplacement de l'escalier d'Osiris d'après la stèle C, 3 du Louvre dont j'ai déjà parlé. Cette stèle est d'une très grande importance pour la solution du problème qui m'occupe et je vais en citer d'assez nombreux passages.

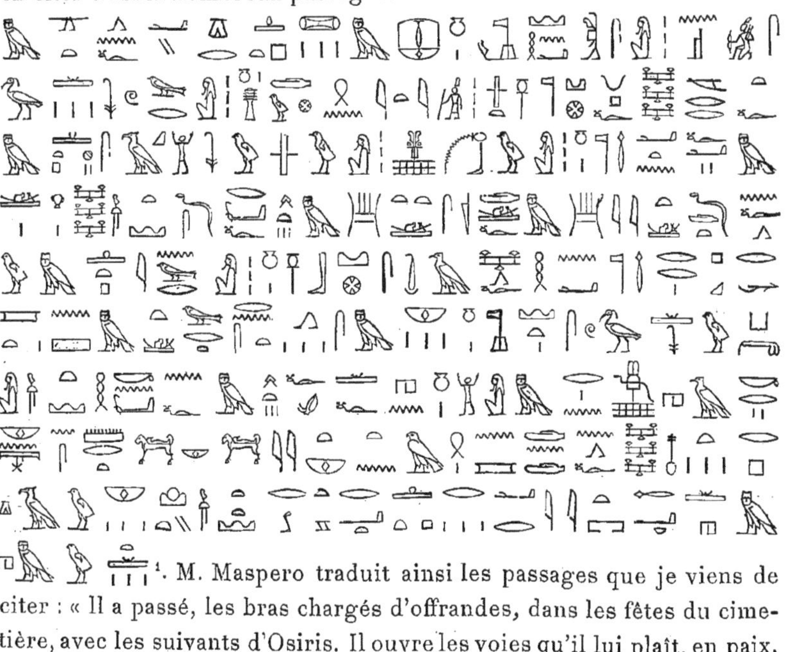

[1]. M. Maspero traduit ainsi les passages que je viens de citer : « Il a passé, les bras chargés d'offrandes, dans les fêtes du cimetière, avec les suivants d'Osiris. Il ouvre les voies qu'il lui plaît, en paix,

1. Congrès provincial des Orientalistes — session de Lyon 1875, p. 245, 246 et pl. XI.

en paix, — (et) l'exaltent les dieux qui résident dans le nome thinite, les prêtres du Dieu grand. Il a aidé à la manœuvre dans la barque sur les voies de l'Occident; il manœuvre les rames-gouvernails, dans la barque MADTI; il dirige la navigation dans la barque SAKTIT, — (et) il lui est dit : « Va en paix! » par les chefs d'Abydos; il conduit avec le Dieu grand à la bouche du PEGART, la grande barque sacrée lors de ses courses dans les fêtes des morts, — (et) le glorifie le taureau de l'Occident. Il a dirigé sa course avec ses rames-gouvernails; il entend les Dieux qui acclament à la porte du nome thinite, à la fête de « *Viens à moi!* » lors de la nuit de la fête de l'aliment, à la fête de l'aliment de HOR-SHEN; il parcourt rapidement les voies excellentes jusqu'aux districts (?) de l'horizon d'Occident, jusqu'au Champ de passage qui donne des offrandes au magasin plein de provisions ».

Le texte cité qui est quelquefois une interprétation de M. Maspero présente avec celui qu'a publié M. Pierret d'assez nombreuses divergences assez importantes. Malgré ces divergences qui, je le dis, proclament le texte de M. Maspero supérieur à celui de M. Pierret, l'on ne saurait douter qu'il ne s'agisse dans ce passage de ce que M. Maspero a appelé la *Bouche de la fente*, par laquelle le soleil semblait disparaître au soir dans la montagne occidentale, ainsi qu'il l'a dit dans plusieurs de ses mémoires qu'il est inutile de citer parce qu'ils sont très connus des égyptologues, et je dois dire que c'est bien de cela qu'il s'agit à mon sens. Les fêtes dont il est question sont ces processions qu'on voit représentées sur les monuments, dans lesquelles les prêtres portaient les barques du dieu, ici d'Osiris. Ces barques, tout le monde égyptologique le sait, étaient déposées dans les chapelles voûtées du temple de Seti Ier à Abydos ou dans d'autres chapelles, soit au temple de Ramsès II, soit au temple d'Osiris, s'il y en avait; elles ne pouvaient aucunement être conservées dans les tombes, pour la bonne raison qu'il n'y avait pas une seule chambre de la tombe qui aurait eu la capacité nécessaire pour les contenir. Par conséquent, quand il est dit que le défunt a conduit la grande barque sacrée d'Osiris vers la *bouche de la fente* dans les fêtes de la nécropole, il faut entendre que la procession partait des temples d'Osiris pour aller vers la *bouche de la fente*; mais où était le lieu ainsi nommé?

Pour qui connaît le site, la nécropole et la montagne d'Abydos, il n'y a que deux endroits qui puissent être indentifiés avec cette *bouche de la fênte*, comme on l'a nommée. En effet, à peu près à la hauteur d'Om el Ga'ab, à 600 mètres environ au sud de cette partie de la nécropole, la montagne qui venait du sud perpendiculairement à la nécropole, s'écarte subitement, fait un angle droit et court à l'ouest, pendant à peu près un kilomètre, subit un chasme, puis se remet à courir du sud au nord, jusqu'à un nouveau chasme, reprend alors la direction de l'est, jusqu'à ce qu'elle arrive au niveau de la première direction qu'elle reprend enfin pour courir vers le nord. Elle forme ainsi en se retirant un vaste quadrilatère dont le côté est n'est pas fermé, et qui commence au sud et se termine au nord par les deux chasmes, ou les deux ouvertures, dont je viens de parler. Dès mon arrivée à Abydos et en parcourant la nécropole, je fus frappé de cette disposition, j'observai le coucher du soleil qui à l'époque de l'année où je me trouvais à Abydos, vers le solstice d'hiver, se couchait précisément entre les deux fentes et je me dis qu'il était probable, si les Égyptiens d'autrefois avaient attaché une grande importance à cette *bouche de la fente*, qu'on y pourrait trouver des *graffiti* qui détermineraient cet emplacement. Je les explorai de mon mieux et je ne trouvai rien ; mais je vis que les deux fentes étaient frayées et l'on me dit qu'elles servaient de chemin aux caravanes qui se rendaient à l'Osiris d'El-Khargeh ou qui en revenaient. Comme le temple d'Osiris est situé au moins à trois kilomètres de l'une de ces fentes et environ à cinq ou six de l'autre, les dévots d'Osiris avaient donc un ample espace pour faire leurs processions et porter leurs barques du temple vers cette *Bouche de la Fente* dont parlent les textes. Cette bouche de la fente était située à la montagne occidentale, ou horizon occidental, le texte est formel, et l'espace qui s'étendait entre le temple d'Osiris et cette *Fente* est nommé par l'inscription « les voies excellentes vers les districts (?), vers le champ du passage », selon M. Maspero, vers le territoire de la nécropole, selon mon interprétation, et la nécropole est ici nommée par la périphrase qui *donne les offrandes, le grand magasin des provisions alimentaires*. Le mot que M. Maspero a traduit par *districts* est le mot . Depuis il a corrigé sa traduction de la sorte : « Il conduit, avec le Dieu grand, jusqu'à la bouche de la fente, la barque *Noshemit* la grande, pour ses courses dans les fêtes des morts[1] ». Et dans une note qui précède la traduction, il fait connaître le mot qu'il traduit, en disant : « [hiéroglyphes] ou par chute de [hiéroglyphes] »; mais le même mot est traduit plus loin par « défilés », dans cette phrase : « il s'est élancé sur les voies excellentes, vers les défilés de l'horizon occidental, vers le champ de passage qui donne les offrandes funèbres, l'entrepôt riche en provisions ». Je ne saurais rien désirer de mieux que ces divergences qui montrent, après tout, qu'un même sens est au fond de ces deux traductions, à savoir une fente ou un défilé produit par la fente, de la racine πωϭ = [hiéroglyphes] ou [hiéroglyphes] = déchirer. Je ferai observer que le mot du texte [hiéroglyphes] que M. Maspero a traduit ici et ailleurs par *champ de passage*, il l'a traduit un peu plus loin dans le même ouvrage par *tertre*[1], traduction que M. Piehl s'est trop hâté d'adopter[2]. Si M. Maspero, en traduisant le passage de la stèle C, 170 où se trouve le mot égyptien, s'est servi du mot *tertre*, c'est qu'il a cru trouver dans cette traduction une preuve que ce mot *tertre*, répondant très bien au nom de *Kom es-Soultân*, déterminait l'emplacement de l'escalier d'Osiris en son temple de *Kom es-Soultân*. Les rapprochements que je viens de faire montrent que la réalité était autre, puisque ce [hiéroglyphes], ce *territoire* était près de la *bouche de la fente*, c'est-à-dire près de la montagne. Si maintenant l'on veut rapprocher encore de ces textes celui qui dit que la maison d'Osiris était « à l'ouest du temple de Ramsès Meriamoun », on ne pourra, je crois, s'empêcher de penser que j'ai raison d'identifier le tombeau de la grande colline avec le tombeau d'Osiris, et que l'*escalier du Dieu grand* désigne bien cette tombe, et non le temple d'Osiris.

Avant de terminer cette longue dissertation nécessitée par les objections qu'on m'a faites et par les affirmations de M. Loret, je dois encore citer un texte qui provient d'Abydos et qui parle encore de l'*escalier*

1. Maspero : *Études égyptiennes*, I, fasc. 2, p. 122.
2. Maspero : *Études égyptiennes*, p. 123.

d'Osiris. Le texte de cette stèle dit : [1], c'est-à-dire : « Ah ! que je sois un suivant du Dieu (grand) à volonté, glorifié, puissant près de l'*escalier* du maître d'Abydos. » Le lecteur observera que cette phase formait l'un des souhaits qui ont été mentionnés plusieurs fois sur les stèles que j'ai citées : comme l'escalier du Dieu ne pouvait se trouver que dans la nécropole située près de la montagne occidentale et de la *bouche de la fente*, comme il résulte des textes préalablement cités, le nom de cet escalier déterminé par le signe de la demeure, terrestre ou infernale, est donc identifié ici avec le tombeau. C'est donc là l'identification que demandait M. Loret et que lui fournissent les textes égyptiens.

Maintenant, de quelle époque sont ces textes ? Je réponds franchement de la XIIe, de la XIIIe et de la XVIIIe dynasties ; ils proviennent d'Abydos et de Thèbes, de ce dernier endroit par une imitation des stèles du Moyen Empire. Cet escalier était donc célèbre tout au moins en Abydos et à Thèbes durant un laps de temps d'environ quinze siècles. Si je n'ai pu citer plus de textes, c'est que je n'en ai pas trouvé. D'ailleurs est-il bien nécessaire que les textes soient nombreux pour prouver qu'un lieu a été célèbre par le concours et les cérémonies qui s'y faisaient ? Nul ne mettra en doute que Notre-Dame de Lourdes ne soit un lieu fréquenté et célèbre ; si l'on prenait les œuvres littéraires contemporaires, trouverait-on mention de ce sanctuaire et lieu de pèlerinage assez fréquente pour que l'on en pût conclure à sa célébrité ? Les œuvres qui ignorent Lourdes, je veux dire qui n'en parlent pas, sont autrement plus nombreuses que celles qui en parlent. Ce serait donc une faute de logique de conclure à la non célébrité de ce lieu parce que les œuvres littéraires n'en parlent pas. Et notez bien que les œuvres égyptiennes sont perdues irrémédiablement pour l'immense majorité : cependant dans les stèles d'Abydos et de Thèbes nous trouvons mention de l'escalier d'Osiris environ une vingtaine de fois. Du coup

1. Mariette : *Abydos*, II, pl. 25. — M. Maspero a traduit cette stèle dans les *Actes du Congrès de Florence* (*Atti del IV congresso internazional degli Orientalisti*, II, p. 49.

M. Loret ne pourra plus dire que je n'ai pas cité de textes, plus de textes qu'il n'en a apporté, car j'ai tout lieu de croire qu'il n'a pas voulu citer tous ceux qu'il connaissait ou qu'il a agi selon son habitude avec une déplorable légèreté. Je lui conseillerai d'ailleurs de relire les règles de la logique; il y verra qu'une seule mention faite en termes généraux implique une proposition universelle ; que par conséquent la mention de l'escalier du Dieu grand, même faite une seule fois, si universelle ou générale, explique la célébrité. C'est très simple, comme le dit M. Loret; et le point principal, « le seul qui importe ici, l'identité entre le tombeau d'Osiris et le célèbre escalier[1] » il ne pourra nier que je ne l'aie prouvé, que j'en dis quelques mots, et pour cause. Alors de nous deux, qui comprend le mieux la controverse ? J'en reviens au troisième paragraphe de la critique de M. Loret estimant que désormais sur les deux points précédents la cause est entendue.

« 3° J'ai déjà, au sujet de la tête d'Osiris, montré quelle pétition de principe a commise M. Amélineau, en exigeant, d'une part, la présence d'une tête humaine dans la tombe sans avoir au préalable songé à établir qu'Osiris a réellement existé, et en s'appuyant, d'autre part, sur la trouvaille de cette tête pour affirmer l'existence du Dieu. Mais nous reviendrons une dernière fois sur cette tête, à propos d'un *Nota* inséré par l'auteur à la fin de son volume[2] ».

Et, en effet, M. Loret revient sur ce sujet. « Il nous reste enfin, dit-il, pour terminer cette discussion déjà longue, à examiner la question de la tête d'Osiris. « La légende grecque à nous conservée par le faux « Plutarque — écrit M. Amélineau (pp. 21-22), — raconte en effet « qu'Isis ayant retrouvé à Byblos la caisse dans laquelle Osiris avait été « étouffé par son frère Set, l'avait apportée dans le Delta. Elle se reposait « un soir, lorsque Set chassant au clair de lune l'aperçut, lui enleva la « précieuse caisse et, afin qu'elle ne pût jamais plus reconstituer le ca- « davre entier, il le prit, le découpa en quatorze morceaux qu'il jeta dans « différents lieux de l'Égypte afin d'en rendre la découverte plus diffi- « cile. Isis, que ce nouveau malheur n'abattit point, se mit à la re-

1. *Sphinx*, vol. V, fasc. IV, p. 248.
2. *Sphinx*, vol. V, fasc. III, p. 46.

« cherche du cadavre coupé en morceaux de son mari : elle en retrouva « sans peine tous les fragments et sur chaque fragment qu'elle rencon- « trait elle bâtissait un tombeau. Elle retrouva la tête à Abydos et cons- « truisit pour elle le sépulcre célèbre de cette ville. Et non seulement « la légende grecque raconte ces faits, mais les textes d'origine pure- « ment égyptienne racontent également ces particularités ou y font des « allusions dans lesquelles on reconnaît facilement certaines parties de « la légende que nous a transmise l'auteur grec. Les murailles de cer- « tains temples ptolémaïques sont couvertes de scènes et de récits se « rapportant au mythe d'Osiris : il me suffira de citer ici le temple de « Dendérah, celui d'Edfou et celui de Philée. M. Victor Loret a traduit « dans le *Recueil de monuments relatifs à l'archéologie et à la philologie « égyptiennes et assyriennes* une partie des textes ayant trait aux fêtes « célébrées en Égypte en souvenir de la passion d'Osiris : dans ces « textes empruntés au temple de Dendérah, mais qui se retrouvent ail- « leurs, le chef d'Osiris est dit avoir été enterré à Abydos et l'on note « soigneusement les différents rites spéciaux à cette ville à l'occasion de « la relique célèbre que renfermait la nécropole ».

« Or, j'ai le regret d'avoir à dire que, des deux seuls documents que signale de façon précise M. Amélineau, à savoir le traité de Plutarque et le texte de Dendérah, aucun ne parle de la tête d'Osiris enterrée à Abydos. Et non seulement Plutarque, mais aucun des auteurs grecs qui, à ma connaissance, ont fait mention d'Osiris ne parle en aucun endroit de la tête du Dieu. J'ai dépouillé en vain, à la recherche de cette tête, les plus importants des écrivains grecs qui ont parlé de l'Égypte. M. Wiedemann, dont l'érudition est bien connue, n'a pu, sur ce sujet, citer aucun texte classique[1]. M. Amélineau rendrait donc service à la science en reproduisant un texte grec ou latin faisant allusion à la tête d'Osiris conservée à Abydos.

« Quant à l'inscription de Dendérah, que j'ai quelque raison de connaître, elle parle bien de la tête d'Osiris. Elle parle même de deux

1. *Herodotos zweites Buch mit sachlichen Erläuterungen*, pp. 584-591. (Note de M. Loret.)

têtes d'Osiris, l'une à face humaine, l'autre à face de bélier[1]. Mais à propos de ces têtes, elle ne fait en rien allusion à Abydos ; et, à propos d'Abydos, elle ne fait en rien allusion à la tête d'Osiris.

« Cette constatation étonnera peut-être bien des personnes, M. Amélineau tout le premier, mais il est certain que la présence de la tête d'Osiris à Abydos a fortement besoin d'être démontrée. Seul, si je ne me trompe. E. von Bergmann[2], — et M. Amélineau ne fait aucune allusion à son article, — a cité quelques passages des textes égyptiens, qui lui ont paru pouvoir s'appliquer à Abydos et à la tête d'Osiris, mais l'interprétation que l'on doit donner de ces passages est loin d'être claire.

« Quoi qu'il en soit, il est certain que M. Amélineau n'a donné au sujet de l'existence à Abydos de la tête d'Osiris à titre de relique, que des preuves erronées. D'autre part, il n'a songé que tardivement à faire étudier par un spécialiste la tête qu'il avait trouvée dans le prétendu tombeau d'Osiris, et la réponse du spécialiste, réponse égarée dans le mémoire entre la table des planches et les planches, est que « sans doute ce n'est pas un crâne d'homme »!...

« De sorte qu'en fin de compte, de tous les arguments réunis par M. Amélineau en faveur de son identification du tombeau, aucun ne subsiste après examen ».

Je vais recommencer à nouveau la marche que j'ai suivie pour le paragraphe précédent, en disant tout d'abord qu'il y a eu erreur de ma part en annonçant que le texte de Dendérah publié et traduit par M. Loret portait mention de la tête d'Osiris à Abydos. De même ma phrase à propos de Plutarque était mal construite et trop compréhensive : je l'ai déjà dit ailleurs[3]. Ceci posé et avoué sans aucune fausse honte, je dois dire à mon tour que les textes égyptiens parlent bien de la tête d'Osiris à Abydos, et je le vais montrer.

Tout d'abord je citerai le temple d'Abydos, où dans la grande salle

1. *Rec.* III, p. 56, col. 45-46 ; IV, p. 23, col. 54. (Note de M. Loret.)

2. *Die Osiris Reliquien in Abydos, Busiris und Mendes* (Z. 1880, pp. 87-99). (Note de M. de Loret.)

3. *Sphinx*, V, fasc. I, p. 49-50.

qui suit la chambre voûtée d'Osiris, qui était le point terminus du temple du côté nord-ouest et qui donne entrée dans les trois petites chambres dont les sculptures conservées font l'admiration des voyageurs; dans cette chambre, dis-je, où l'on voit le culte de la déesse *Heqet*, c'est-à-dire la Grenouille, mentionnée, avec Khnoum dans la stèle C, 3 du Louvre, comme les deux premiers fondateurs d'Abydos[1], se trouve l'adoration plusieurs fois répétée de la châsse dans laquelle on conservait la tête d'Osiris : cette châsse est représentée dans cette salle au moins cinq fois : elle est recouverte en sa partie supérieure de riches étoffes, comme le sont encore nos tabernacles, et quelquefois elle est ornée d'yeux symboliques[2]; mais dans un tableau, celui que Mariette a nommé le 24e tableau, la châsse représentée abrite un crâne, une tête et cette tête est figurée[3]; le roi Séti Ier, debout et penché en avant l'oint des huiles canoniques pendant qu'Isis se tient de l'autre côté et touche la châsse des deux mains. Il n'y a donc pas à nier que dans la châsse d'Osiris à Abydos, on conservait un crâne et que l'on rendait à ce crâne ce que nous nommons actuellement les honneurs divins. Donc en pleine XIXe dynastie, sous le règne de l'un des rois les plus célèbres de l'Égypte, ce roi faisait construire un temple où la famille d'Osiris occupe une place prépondérante puisque, sur les sept travées du temple, trois lui sont consacrées et que la chambre d'Osiris seule était suivie d'au moins six autres chambres placées en arrière, et de ces chambres la plus vaste, consacrée à ce que je nommerai la période la plus archaïque de la cité abydénienne, nous met en présence de la châsse d'Osiris dans laquelle reposait une tête. Or quelle tête pourrait-ce être, sinon le chef d'Osiris? Dans une châsse universellement reconue en Abydos comme particulière à Osiris, aurait-on pu placer une tête qui ne fût pas crue, à tort ou à raison, celle d'Osiris? Dans tout l'univers, lorsqu'on a un reliquaire quelconque spécialement consacré à un personnage ayant mérité les honneurs divins, si l'on honore une relique quelconque, évidemment c'est

1. Cf. *Actes du congrès provincial des Orientalistes* (session de Lyon), p. 246.
2. Mariette, *Abydos*, tom. I, p. 81 et seqq.
3. *Ibid.*, tableau 24, p. 82. Les tableaux, 20, 21 et 22 portent les yeux symboliques.

la relique de ce saint personnage, à moins que nous ne soyons avertis de la substitution : il en était de même pour Osiris à Abydos.

A la XVIIIe dynastie, s'il faut en croire Mariette, et je le crois volontiers, car c'était un savant d'une immense bonne foi et qui voyait avant tout les intérêts de la science — sur un monument qu'il avait trouvé à Abydos, dans la nécropole du centre, versant du nord-ouest, c'est-à-dire tout près d'Om el-Ga'ab et j'y ai trouvé moi-même, dans les fouilles préliminaires de la première année, des stèles ou fragments de stèles avec la châsse d'Osiris[1], — il avait trouvé une dalle rectangulaire qui pouvait être le linteau d'une petite porte et qui au centre portait l'emblème de la châsse d'Osiris au centre de la montagne : « A chaque extrémité, un personnage agenouillé, adorant. La légende du personnage de droite n'a jamais été gravée. La légende du personnage de gauche débute en ces termes : [2], c'est-à-dire « Adoration à Osiris ». Or, sans chercher ici à être pointilleux et trop jouer sur les mots, je ne peux cependant m'empêcher de voir que les deux personnages adorent la châsse et que cette châsse est appelée *Osiris*, parce qu'elle renfermait la relique d'Osiris spéciale au nome thinite, c'est-à-dire la tête. D'ailleurs, avant que je n'eusse fouillé les tombes d'*Om el-Ga'ab*, les hommes ayant le plus d'autorité dans la science égyptologique admettaient que la relique osirienne consacrée à Abydos était la tête. J'ai entendu cet enseignement plus d'une fois à l'École des Hautes Études, alors que j'y étais élève; depuis j'ai lu dans Mariette : « C'était la tête qui était enfermée dans la châsse dont l'image était figurée ainsi que nous la voyons ici au premier registre de la stèle[3] ». E. von Bergmann disait de son côté à peu près vers la même époque : « En paroles qui ne peuvent donner lieu à aucune méprise, il est dit que la tête d'Osiris à Abydos avait été confiée à la protection et aux soins de la déesse Nekheb qui, par suite de cette fonction, portait le titre de [4] ». Un

1. E. Amélineau, *Les nouvelles fouilles d'Abydos*, compte-rendu *in extenso*, vol. I, p. 38.
2. Mariette, *Catalogue général des monuments d'Abydos*, p. 411, n° 1118.
3. *Ibid.*, n° 1128, p. 418. Cette stèle est du temps de Ramsès II.
4. *Zeitschrift für Ægyptische Sprache* 1880, Drittes Heft, p. 88. Voici les paroles de

autre savant qui vit encore et qui honore la science, M. Erman dans son livre : *l'Égypte et la vie égyptienne dans l'antiquité*, dit au chapitre de la religion, après avoir raconté la légende osirienne telle que nous l'a conservée Plutarque : « La ville d'Abydos, où sa tête reposait dans une petite châsse [1] ». Par conséquent, il paraît désormais que je n'étais pas en aussi mauvaise compagnie qu'on le voulait bien dire, et j'avoue que, même sans textes égyptiens, s'il me fallait choisir entre les deux partis, ce ne serait pas du côté de M. Loret que j'irais me ranger.

Les textes que je viens de citer ne sont pas les seuls qu'on puisse alléguer pour soutenir l'opinion que je soutiens; il y en a d'autres : d'abord le texte du sarcophage de *Penehmises* conservé à Vienne où il est dit : [hieroglyphs] ; c'est-à-dire, comme traduit E. von Bergmann : « la Grande, la vénérable à qui a été donnée par Râ la charge honorable de tendre à son fils, qui est à Abydos, sa tête, de lui attacher solidement son épine dorsale et de l'abriter contre ses ennemis qui sont menaçants envers lui, au milieu des ténèbres, le serpent Naï à ses deux côtés protégeant le cercueil du Dieu Grand dans le monde souterrain ». Ce texte est encore rendu plus clair par un passage d'un papyrus de Vienne, pl. 29, l. 44, qui dit [2] : [hieroglyphs], c'est-à-dire : « Tu appelles le dieu *Dad* de Nifur dans le corps de

l'auteur : « In nicht misszuverstehenden Worten wird hier gesagt, dass der Kopf der Osiris in Abydos von *Ra* dem Schatze und der Sorgfalt der Göttin *Necheb* übergeben ist welche eben in Folge dieser ihrer Funktion den Titel [hieroglyphs] (Brugsch, *Geogr. lex.* 352) erhält. *Zeitschrift*, 1880, p. 88.

1. Erman, *Ægypten und Ægyptisches Leben in Alterthum.*, p. 368.

2. *Zeitschrift für Æg. Sprache*, 1880, Drittes Heft, p. 88.

sa mère, la tête sainte qui est à *Piâr* », comme traduit E. von Bergmann, ou « qui est dans la maison d'Osiris », comme je suis bien tenté de traduire, car le nom géographique de *Piar* est inconnu, et, quand même ce mot serait connu, il ne serait pas déterminé par le Dieu [hiéroglyphe], mais par une maison [hiéroglyphe], tandis que le déterminatif se comprend très bien, si nous avons [hiéroglyphes] ou [hiéroglyphes][1]. Sans doute il n'est pas dit expressément que la tête d'Osiris est à Abydos, mais si l'on charge la déesse Neckheb de protéger « la tête pour son fils Osiris qui est à Abydos » quiconque est habitué à la phraséologie égyptienne comprendra de suite que la tête se trouvait à Abydos.

Mais il y a encore mieux : la châsse d'Osiris est appelée dans un texte de Dendérah : la châsse vénérable qui conserve la tête du Dieu à Abydos [hiéroglyphes][2]. D'autre part, la tête sur un support [hiéroglyphe] sert d'emblème au nome thinite[3]; le nom de la ville d'Abydos est écrit [hiéroglyphes][4] et dans le temple d'Edfou le même nom de ville est écrit [hiéroglyphes][5]. Il n'y a donc plus à douter que depuis la XVIIIe dynastie jusqu'aux Ptolémées et aux empereurs romains constructeurs des temples d'Edfou et de Dendérah, la tradition égyptienne disait que la tête d'Osiris était consacrée à Abydos. Je pourrais ajouter un dernier texte qui se trouve dans un papyrus du Louvre qu'a traduit M. Maspero où la tête d'Osiris est mise en rapport avec le maître d'Abydos : « Je suis la tête vénérable du Seigneur d'Abydos »[6], mais ce texte, qui n'est pas assez affirmatif pour la cause que je soutiens, n'apprendrait rien de nouveau après les textes aussi probants que ceux que je viens de citer[7].

1. *Ibid.*, II, p. 88.
2. Mariette, *Dendérah*, IV, 69.
3. *Ibid.*, IV, 33 et 34.
4. *Ibid.*, IV, p. 68.
5. Naville, *Textes relatifs au mythe d'Horus*, pl. XXII, 18.
6. Maspero, *Mémoire sur quelques papyrus du Louvre*, p. 116.
7. La plupart des textes que j'ai cités m'ont été indiqués par M. Lefébure ; qu'il re-

Donc, après les représentations signalées dans lesquelles une tête est renfermée dans la châsse spéciale à Osiris, châsse qui est dite se trouver à Abydos, après le texte qui rapporte la charge commise à la déesse Sekhet de veiller sur le chef d'Osiris, après le texte de Dendérah qui dit que la châsse vénérable protège la tête divine dans Abydos, après surtout le nom d'Abydos écrit avec la châsse dans laquelle apparaît une tête, ou écrit par la tête au bout d'un support, ou encore après le nom du nome thinite ou abydénien écrit par une tête au-dessus du support , qui pourrait douter que la tête d'Osiris était bien la relique conservée à Abydos? Le nom de cette ville était suffisamment désigné par des hiéroglyphes idéographiques, comme de nos jours encore après les siècles du Moyen-Age, le nom d'un saint donné à un village est une preuve que ce saint est le protecteur de ce village parce que primitivement on y conservait une relique fausse ou prétendue de ce saint. Si M. Loret se fût donné la peine de lire les textes de Dendérah, d'Edfou et même d'Abydos, il eût pu connaître ces textes et ces représentations, et alors il se fût abstenu de dire avec une suffisance qui ne doute de rien « que la présence de la tête d'Osiris à Abydos a fortement besoin d'être démontrée. » La présence de cette tête à Abydos n'avait pas plus besoin d'être démontrée qu'il n'est besoin de démontrer que l'auteur de la critique est superficiel, léger, abonde en son propre sens et s'admire lui-même. Il reste donc prouvé que le tombeau d'Osiris à Om el-Ga'ab renfermait la tête d'Osiris, comme relique spéciale à la ville d'Abydos. Dès lors, ayant rencontré le tombeau d'Osiris à Om el-Ga'ab, comme on n'en peut désormais douter, ayant de plus trouvé dans ce tombeau un seul ossement, à savoir le crâne que j'ai cru être celui d'Osiris, n'étais-je pas fondé à croire que ce crâne était celui d'Osiris, ou un crâne préposé à la vénération des fidèles d'Abydos et de l'Égypte entière par une supercherie des prêtres? C'est pourquoi j'ai fait le procès-verbal publié dans ma monographie du *Tombeau d'Osiris*. Que n'aurait-on pas dit si je ne l'eusse pas fait? Quelles clameurs se seraient élevées de tous les pays de l'Europe, sans compter les autres parties

çoive ici mes sincères actions de grâces. Il a eu d'autant plus de mérite à le faire qu'il a toujours soutenu qu'Osiris était un symbole de l'être humain.

du monde! J'avais toujours eu l'intention de soumettre ce crâne à l'examen d'un spécialiste : dès mon retour au Caire, après ma troisième campagne de fouilles, j'en parlai au docteur Fouquet qui avait déjà étudié les squelettes d'El-'Amrah et il me promit de l'examiner lors de son voyage à Paris qui devait avoir lieu en 1900. Ce voyage n'a pas eu lieu et M. Fouquet a retiré sa promesse pour des raisons que je ne connais pas, en me conseillant de soumettre les ossements que j'avais apportés de mes fouilles à l'examen du docteur Verneau, préparateur au Muséum d'histoire naturelle et connu pour les travaux de ce genre. J'allai trouver M. Verneau avec le crâne trouvé dans la tombe d'Osiris; ce crâne avait été trouvé assez détérioré, il y manquait la mâchoire inférieure en partie, et M. Verneau s'étonna de son état, sans penser que quoique en mauvais état, ce chef avait dû subir une quinzaine de transbordements avant d'arriver d'Abydos à Paris; il ouvrit devant moi la boîte que je n'avais pas ouverte depuis que j'y avais déposé le crâne en question et, en le voyant, du premier coup, il me dit que c'était un crâne de femme. Je fus surpris, je l'avoue, de ce jugement primesautier; je fis part à M. Verneau de ma surprise et je lui déclarai en même temps que, quoi qu'il dût m'en coûter, je mettrais une note à la fin de mon *Tombeau d'Osiris* dans laquelle je ferais connaître son sentiment. M. Verneau me répondit qu'il fallait toujours dire la vérité, chose que je savais d'ailleurs; que, si son jugement me laissait des doutes, je pouvais en appeler à d'autres, mais qu'il croyait bien que le jugement des autres serait conforme au sien. Je lui dis qu'ayant eu confiance en sa science, je n'avais pas l'intention d'en appeler de son jugement; je le priai seulement de me donner par écrit son jugement motivé, ce qu'il me promit de faire.

Sur ces entrefaites, mon mémoire parut avec la note additionnelle : je n'eus pas une hésitation d'une seconde et je crois que c'est une action méritoire de ma part. Ma note ne contenait pas le nom de M. Verneau, et je fus fort surpris quand j'appris que cette note avait soulevé les rires dans les couloirs de l'Institut de France et que je lus, dans la *Revue critique d'histoire et de littérature*, un article de M. Maspero qui traitait la note de piteuse et donnait le jugement de M. Verneaux (*sic*) comme le dernier mot de la science et sans appel. L'orthographe du nom de M. Verneau écrit Verneaux montre bien que M. Maspero ne le connaissait pas et je sais parfaitement quel chemin suivit la nouvelle avant d'arriver à M. Maspero. Je m'étonnai donc, et à bon droit, je présume, que M. Verneau que j'avais prié de collaborer avec moi dans l'ouvrage que je publie ici eût livré le secret professionnel sans m'en demander l'autorisation ou tout au moins sans m'en parler. Le crâne resta dans son laboratoire du Muséum dix-huit mois et quand j'allai le chercher après en avoir écrit à M. Verneau, comme je demandais à celui qui était chargé de me le remettre en son absence, si M. Verneau ne l'avait chargé de me remettre son rapport, on me répondit qu'il n'avait pas laissé de rapport parce qu'il ne savait pas ce que je désirais.

Pendant les dix-huit mois qui s'étaient écoulés entre la remise du crâne et le jour où je l'allai chercher, j'avais reçu de beaucoup de côtés des reproches sur ma crédulité à l'occasion de ce crâne : on me disait que rien n'était plus difficile à saisir que la différence entre un crâne d'homme et un crâne de femme, que je devais, dans l'intérêt même de la science, faire étudier cette relique du passé par un autre, etc. J'ai dit dans le *Sphinx* en répondant hâtivement à M. Loret, que je le ferais[1] : je l'ai fait et, à l'heure où j'écris ces lignes, j'ignore complètement quel sera le verdict prononcé par celui qui m'a été indiqué comme compétent : mais quel que doive être son jugement, il sera publié à la fin de ce volume. D'ailleurs que le crâne soit celui d'un homme ou celui d'une femme, le fait importe peu en lui-même : le point important, c'est qu'il ait été trouvé dans le tombeau d'Osiris. Or, il est certain que je l'ai trouvé dans la tombe d'Osiris, à l'endroit que j'ai indiqué dans ma monographie de la découverte, c'est un fait ; on ne peut pas même le discuter : cela est. Maintenant, que les prêtres égyptiens aient dupé leurs fidèles, c'est possible, quoique je doive dire que cela ne me paraît pas très probable. Et ce n'est pas une raison de sentiment, comme on pourrait le croire ; c'est une raison basée sur la connaissance des coutumes égyptiennes, du saint respect avec lequel était traité tout

1. *Sphinx*, V, fasc. IV, p. 141.

ce qui touchait aux ancêtres. Libre à chacun de croire à ce sujet ce qu'il voudra, mais il est certain que les prêtres égyptiens, s'ils ont commis la supercherie, admettaient l'existence réelle d'Osiris, qu'ils lui avaient élevé un tombeau à Om el-Ga'ab, que dans ce tombeau on avait déposé le chef du mort dans une châsse spéciale à ce mort et que l'Égypte entière connaissait ce fait. Je reviendrai d'ailleurs sur le fait lui-même dans le chapitre suivant.

Il est temps de se demander maintenant où était conservée cette tête? J'ai trouvé dans la grande cour de la tombe d'Osiris, une longue rainure de 8^{m},10 de long environ sur 0^{m},90 de large et 0^{m},10 de profondeur. Elle était située à une distance de 0^{m},40 environ en avant des chambres nord de la tombe osirienne. Cette rainure était en quelque sorte parquetée en bois et le fond était encore en place par endroits, les planches sortaient du sol et j'ai pu constater, comme je l'ai dit, qu'elles étaient assemblées grâce à de petites chevilles en cuivre, ce que j'ai rencontré ailleurs. Ainsi avait été formée une sorte de boîte et j'ai pensé tout d'abord que ce pouvait être la châsse d'Osiris dans laquelle on conservait la tête du Dieu. Cette châsse avait donc été brisée puis dépouillée de sa relique, et c'est précisément à l'extrémité est de la châsse, un peu au sud, à l'entrée d'une chambre, qu'était le crâne dont il est question. M. Loret, qui a l'âme délicate, trouve « qu'il est difficile d'admettre que, dans un édifice construit spécialement en vue de donner asile à une châsse, on ait oublié de réserver à cette châsse un endroit convenable et qu'on en ait été réduit, pour trouver où la caser, à la coucher sur le sol, en travers de quatre chambres latérales dont elle obstruait l'entrée », et de plus : « que la châsse d'Osiris ne mesure d'ordinaire que 1 mètre ou 1^{m},50 au plus et que, dans les cas où elle présente des dimensions plus considérables, ce n'est que grâce à une hampe, longue parfois de cinq ou six mètres, au bout de laquelle elle est fixée et qui, très vraisemblablement, était mobile[1] ». Et il conclut : « Je crois bien, pour ma part, que la tranchée qui a frappé M. Amélineau n'est que la fondation d'une sorte de devanture en boiserie, percée de portes, qui

1. *Sphinx*, vol. V, fasc. I, p. 40.

servait à décorer extérieurement et à fermer les quatre chambres du nord, chambres qui, sans cette devanture, n'eussent été que des sortes de stalles ouvertes. Je suppose même que les deux autres côtés de la cour devaient être pourvus de devantures semblables et qu'ainsi disparaissaient les deux angles des chambres A et E qui, sans cela, eussent fait une inexplicable saillie dans la cour. On a trouvé, dans une tombe de Thèbes, une devanture en bois découpé et travaillé, de style archaïque, analogue à celle que je me figure[1] ».

Il faut avoir une certaine dose de confiance en son propre jugement pour penser pouvoir, par des suppositions et des imaginations, dénaturer un fait observé avec minutie : j'ai déjà répondu à M. Loret qui n'a jamais vu ce dont il parle, que son imaginaire hypothèse n'avait aucun poids en face des affirmations de quelqu'un qui a vu, que jamais semblable devanture n'a été vue en Égypte dans un tombeau, pour la bonne raison que les tombeaux ayant changé de forme dès la période historique, on n'avait aucun besoin d'une telle boiserie pour fermer des chambres qui n'auraient pas d'ailleurs été fermées, puisque la fin de la rainure au nord était au moins à $0^{m},40$ du commencement des chambres. Il faut avoir une furieuse envie de contredire les assertions d'un collègue pour user de semblables arguments dont toute la valeur est indiquée par ces mots « je suppose » et « je me figure ». Contre des faits il faut apporter des faits et non des *je suppose* et *je me figure*. Quant à la châsse d'Osiris, je me demande comment M. Loret peut affirmer qu'elle avait 1 mètre ou $1^{m},50$ au plus : l'a-t-il vue? Il me répondra sans doute qu'on peut en juger d'apres les figurations du temple de Séti Ier à Abydos et des stèles : je lui demanderai de nouveau s'il connaît les proportions employées par les artistes égyptiens. Je lui ferai toucher du doigt l'inanité de son affirmation en attirant son attention sur le tableau dont j'ai parlé, à savoir le 34e d'après le premier volume d'*Abydos* de Mariette, p. 82; c'est la plus grande image de la châsse d'Osiris qui nous soit parvenue : si la châsse proprement dite a 1 mètre ou même $1^{m},50$, quelle hauteur aura la hampe? quelle taille auront les deux

1. *Ibid.*, p. 41. M. Loret cite en note, pour étayer sa dernière phrase, G. Maspero, *Hist.*, tom. II, p. 519.

personnages qui sont à côté, à savoir Isis et le roi Séti Ier? quelle taille surtout auront les deux personnages royaux accroupis au pied de la hampe? Si la hampe a parfois une longueur de cinq ou six mètres, comme nous avons ici la représentation de la hampe la plus haute que l'on connaisse pour la châsse d'Osiris, comme les deux personnages, Isis et Séti Ier ont à peu de chose près la hauteur de cette hampe, il faudrait donc admettre que la taille d'Isis était presque de cinq ou six mètres, ainsi que celle de Séti Ier? Or celle-ci est connue d'après sa momie conservée au musée du Caire, et l'on sait qu'elle était loin d'atteindre cette mesure qui serait plus que gigantesque. La conclusion est que M. Loret a parlé pour ne rien dire, ou plutôt pour dire une chose ridicule. Et comment sait-il que cette hampe était mobile? où a-t-il vu la mortaise qui lui permettait de pénétrer dans la châsse pour se maintenir adhérente, ou les attaches qui l'y cramponnaient? où a-t-il vu que même il y avait une hampe? Il aurait bien fait d'examiner toutes ces questions avant d'écrire avec cette légèreté qui ne doute de rien.

Si cette châsse était placée dans le sol et au dessus du sol, c'est sans doute que les Égyptiens, qui n'avaient pas prévu que M. Loret serait scandalisé, l'avaient ainsi voulu. Au fond cette châsse n'était qu'un sarcophage comme les autres, un peu plus grand. L'idée de mettre cette tête dans une châsse avait pour but, ainsi que le texte de Dendérah le dit, de protéger cette tête. Ce n'est pas une idée inouïe, même en Égypte. A la Ve dynastie nous trouvons une idée analogue exprimée dans un texte de la pyramide d'Ounas, disant : . Ce qui signifie « Ounas est Horus qui sort de l'acacia, qui sort de l'acacia. On lui a commandé : « Prends garde, lion, sors ! » et dès qu'on lui a eu commandé : « Prends garde, lion, sors », Ounas est sorti de la jarre où il était couché, car Ounas a ses apparitions demain matin[1]; il est sorti de sa jarre où il était couché, car Ounas a ses apparitions demain matin. » Je ne veux pas dire que la momie d'Ounas reposait dans une jarre, mais seulement qu'avant Ounas, longtemps peut-être avant lui, on avait l'habitude d'enfermer les corps dans une jarre, comme on le fait en Afrique et comme on l'a fait en d'autres pays dans une cyste ainsi qu'on nomme la jarre destinée à cet office, comme on l'avait fait à El-'Amrah pour la gazelle que j'ai trouvée enterrée dans une tombe[2]. Est-ce qu'il y avait inconvenance à agir de la sorte? L'inconvenance est quelque chose de tout à fait relatif: elle dépend des habitudes. Si donc on déposait les corps dans des jarres ou cystes, comment aurait-on placé ces jarres, sinon sur le sol du tombeau? et de même la tête d'Osiris, si vénérable fût-elle, même dans sa châsse ou sarcophage, ne pouvait être placée autrement que les cercueils ordinaires. C'est à quoi je voulais arriver.

Je pense avoir répondu aux objections moqueuses de M. Loret assez abondamment. Je ne m'arrêterai pas aux points secondaires auxquels j'ai déjà répondu dans le *Sphinx*[2]. M. Loret a dit et redit à ses lecteurs que je faisais des pétitions de principe, que mes raisonnements ne tenaient pas debout, que j'avais parlé des pièces de jeu d'échecs, des étoffes, des cheveux et des squelettes de nains comme de conditions

1. *Recueil de mon. relatifs à la lang. et à l'arch. ég. et assyr.*, IV, p. 65, l. 546-548. Cette traduction diffère légèrement de celle donnée par M. Maspero : Je vois un parallélisme dans la conduite de Horus et celle d'Ounas : Horus sort de l'acacia, et Ounas de sa jarre, et cette jarre est déterminée par la mention « étant couché dans sa jarre ». La phrase est rappelée deux fois comme pour Horus.

2. J'avais dans ma réponse, accusé M. Loret de faire débuter son article par une affirmation fausse matériellement, puisqu'il avançait au 25 septembre la trouvaille du tombeau d'Osiris, laquelle eut lieu le 25 décembre. Il me répond qu'il a puisé ce renseignement dans ma brochure, le fait est exact; mais ce n'est qu'une faute d'impression qui m'a échappé et qui a été dix fois corrigée dans mon mémoire sur le tombeau d'Osiris. M. Loret le savait comme moi, puisque vers le commencement de janvier je lui annonçai par lettre cette découverte, alors qu'il était à Saqqarah. Il incrimine là dessus ma bonne foi scientifique : mais elle n'a rien à faire dans ce cas. Il n'en est malheureusement pas de même pour lui qui s'est présenté à ses lecteurs comme scientifiquement outillé après avoir dépouillé avec bien des fatigues les textes égyptiens et qui a laissé de côté délibérément, je crois, les trois quarts des textes qui avaient trait à la discussion.

importantes pour la trouvaille de la tombe osirienne : il s'est donné le facile plaisir de me réfuter et d'apprendre à ceux qui l'ont lu qu'on a et qu'il a lui-même trouvé des échecs, des perruques, des étoffes, etc., en quantité et que cela ne signifie rien pour l'attribution de la tombe à Osiris. C'est vraiment chose curieuse que de voir comment il suffit d'une petite entorse donnée à un texte pour le présenter de tout autre manière que celui qui l'a écrit. Je n'ai jamais présenté ces faits incriminés comme des conditions *sine quibus non*, mais seulement comme des concordances dignes d'attention. Les défauts de raisonnement dont a triomphé si allègrement M. Loret n'ont jamais existé que dans son imagination; je lui conseillerai avant de parler de logique et de pétition de principe d'apprendre d'abord à connaître les règles de la logique et à distinguer plus certainement ce qu'est une véritable pétition de principe : il ne connaît pas les unes et ne sait pas discerner l'autre.

J'en ai fini avec M. Loret et je vais maintenant me tourner du côté d'un adversaire autrement redoutable, plus froid, plus rempli de lui-même encore que le maître de conférences de Lyon, moins doucereux, mais qui croit tout autant que la science est incarnée en sa personne, qui fait fi des travaux de ses confrères, qui parcourt en triomphateur romain la voie scientifique sans songer que la roche Tarpéienne se trouvait près du Capitole : j'ai nommé M. Petrie.

Pendant ma carrière scientifique je me suis beaucoup occupé de M. Petrie, car pendant un laps de temps de plus de quinze ans, il ne s'est guère passé d'année que je n'eusse à rendre compte d'un ouvrage sorti de sa plume. J'ai toujours, sans aucune exception jusqu'à l'année 1900, su rendre hommage à l'infatigable activité de M. Petrie, estimant que, s'il y avait à redire à sa méthode, les choses recommandables dans son œuvre étaient beaucoup plus nombreuses que les choses blâmables; mais aussi j'ai toujours séparé dans mes jugements le fouilleur archéologue du faiseur d'hypothèses. Les théories que M. Petrie bâtissait un peu trop hâtivement sur des fondations peu solides ne m'ont pas paru dignes des mêmes éloges que les travaux de l'archéologue : je l'ai dit comme je le pensais et j'ai fait une œuvre honorable, car si l'on peut glisser sur des choses peu importantes sans avoir l'air de les apercevoir et sans les signaler, l'honneur d'un critique est engagé près de ses lecteurs s'il ne signale pas ce qui lui paraît faux ou simplement contestable dans les systèmes qui se sont élevés comme par enchantement. D'autres en France n'ont pas tenu la même conduite et il suffisait qu'une théorie fût née outre-Manche pour qu'elle fût adoptée de ce côté-ci du détroit. M. Petrie s'est alors habitué à se considérer comme un homme heureux, à s'attribuer une infaillibilité presque souveraine dans toutes les questions, malgré les formidables bévues qu'il commettait de temps en temps, et autour de lui les gens intéressés n'ont pas manqué pour l'exciter à marcher dans cette voie, le couvrant de fleurs et lui criant par dessus les toits qu'il était un grand homme. Le temps me semble venu d'examiner si la réalité correspond bien chez M. Petrie à l'apparence qu'il s'est et qu'on lui a donnée, et je n'en fais pas une affaire personnelle, mais seulement une affaire scientifique pour le moment, la question de personne devant venir un peu plus loin.

S'il est un fait qui frappe les lecteurs des ouvrages de M. Petrie, c'est le manque absolu de notes dans ses ouvrages : il ne met guère de notes au bas de ses pages que pour citer des auteurs étrangers à l'égyptologie. On dirait vraiment que M. Petrie a tout découvert en égyptologie, et c'est assez surprenant chez un homme qui n'a jamais traduit un texte hiéroglyphique ou hiératique. Il ne s'occupe pas plus des travaux extérieurs que s'ils n'existaient pas et cependant il les connaît, car s'il trouve l'occasion de tomber sur certains auteurs pour lesquels il entretient une aversion de choix, il ne manque jamais de déverser sur eux des phrases tranchantes comme l'acier, pleines de morgue britannique, que ces hommes soient ou nom des titans, quand lui n'est qu'un pygmée, comme pour Mariette. Sans égard pour les services rendus par ce grand homme, sans reconnaissance pour les travaux de ce pionnier de la science égyptologique qui ont rendu les siens possibles, il l'a accusé d'avoir brisé les monuments les plus respectables, quand ce n'est pas de les avoir complètement détruits. La grande faute de Mariette, aux yeux de M. Petrie, c'est d'avoir été Français : la politique chez lui ne s'est jamais séparée de la science, il ne peut pardonner à la France l'expédition d'Égypte avec cette réunion des plus illustres savants qui fussent alors en Europe, le travail considérable qui en résulta, les découvertes de Champollion qui suivirent, et son envie est immense de s'attribuer les dépouilles de ces grands hommes, comme ses compatriotes s'attribuèrent la pierre de Rosette. Ces défauts de l'homme privé rejaillissent sur l'archéologue et l'empêchent de rendre justice aux savants qui l'ont précédé dans la vie. D'un autre côté, M. Petrie se renferme tout entier dans son œuvre propre : s'il cite rarement des monuments qu'il n'a pas découverts et qui existent cependant, ce n'est pas qu'il les ait vus, c'est qu'il a entendu parler de leur existence. Le fait est cependant, il n'y a pas à le nier, que M. Petrie a beaucoup découvert, et de toutes les époques de l'histoire égyptienne sur tous les points de l'Égypte; mais c'est précisément quand on peut se targuer à bon droit d'un nombre considérable de découvertes qu'on ne doit pas être assez mesquin pour ne pas citer les découvertes des autres. Dans une science surtout où l'on attache autant d'importance à la question de priorité, M. Petrie est très souvent arrivé bon dernier : dès lors pourquoi tenter de faire croire à ses lecteurs qu'il est arrivé bon premier? pourquoi ne pas avoir l'honnêteté de dire qu'on a été précédé dans cette course, même par des hommes qui ont disparu sans connaître M. Petrie?

Dès le premier article que je consacrai à M. Petrie et à ses ouvrages, j'aurais pu signaler cette direction voulue de son esprit. J'aurais pu tout aussi bien parler de son habitude de mélanger aux objets qu'il trouvait dans ses fouilles des objets qu'il se procurait à prix d'argent. Un fouilleur sérieux faisant connaître les objets qu'il a découverts se doit à lui-même de ne pas y mélanger des objets qu'on lui a vendus, car il ne peut pas être certain de la provenance de ces objets et il ne peut pas en faire état, quant à la provenance, dans sa démonstration scientifique. Je n'ai pas besoin de citer tel ou tel volume des publications diverses de M. Petrie; il n'y a qu'à ouvrir les planches un de ses volumes pour être assuré du fait, car lui-même a pris soin de le noter à côté de la représentation des objets, et en cela il faut le féliciter; mais de ce qu'il se sert de ces objets et de leur achat en telle ville où il se trouvait pour en donner la provenance comme certaine, c'est ce dont personne ne peut le féliciter, car le procédé est anti-scientifique au premier chef. Les indigènes de l'Égypte ne savent pas ce que c'est que dire la vérité, surtout à l'égard des Européens, et plus que les indigènes en général les marchands d'antiquités sont de grands menteurs. J'ai vu des indigènes avouer des choses qu'ils n'avaient pas faites et se laisser condamner à six mois de travaux forcés, après avoir reçu force coups pour être amenés à se laisser accuser à la place d'un autre. Et ce sont les misérables qui forcent leurs serviteurs à se dévouer pour eux au moyen de tels traitements qui sont marchands d'antiquités, qui vous disent de l'air le plus innocent et le plus convaincu du monde tout ce qui peut être favorable à leurs intérêts. La première année de mes fouilles, pendant que M. Petrie fouillait lui-même au Ramesséum, on est venu m'offrir à Abydos des objets qu'on m'affirmait provenir de ce temple célèbre : je refusai de les acheter, et j'ai été tout étonné d'en retrouver de semblables ensuite dans les planches du volume où l'archéologue anglais a rendu compte de ses travaux cette année-là. Je ne dis pas que ce soient identiquement les mêmes; mais cet exemple prouvera à M. Petrie qu'il a pu être volé tout comme je l'ai été, qu'il a pu en outre être trompé sur la provenance des objets qu'il a achetés et, ce doute existant sur ces objets qu'il n'a pas personnellement trouvés, la rigueur de la méthode scientifique veut qu'il les tienne pour nuls et non avenus dans le compte rendu de ses travaux comme provenant de tel ou tel endroit.

M. Petrie est donc vulnérable tout comme le commun de ses confrères : il a la chance que personne n'est allé après lui interroger les endroits qu'il a fouillés, sauf une seule fois à Neggadeh, et si l'on juge par les résultats de cette unique fois, il y a tout lieu de croire que les autres endroits fouillés par M. Petrie auraient réservé de pareilles surprises. En effet, M. Petrie n'a laissé de côté dans la nécropole que le tombeau royal que M. de Morgan a trouvé deux ans après lui. Un pareil exemple devrait engager à la modestie. S'il eût trouvé ce tombeau, nul doute qu'il ne s'en fût servi pour étayer une théorie encore plus étonnante que celle de la *Nouvelle race* qu'il a dû abandonner depuis mes découvertes. Peut-être est-ce pour cette raison qu'il a voulu aller chercher fortune en Abydos et fouiller après moi. D'autres auraient pu penser qu'il y avait peu d'honneur à profiter du travail d'autrui, car M. Petrie a eu peu à faire lorsque j'avais eu beaucoup de travail. L'important était avant tout de mettre la main sur un site aussi fructueux que celui d'Om el-Ga'ab; quand on a été témoin que ce site pouvait donner beaucoup, il n'y a pas grand mérite a évincer le concessionnaire à son profit. M. Petrie et ses acolytes s'arrêtent peu aux questions d'honneur : ils tiennent beaucoup plus au profit matériel. A Om el-Ga'ab leurs intérêts ont été servis à souhait. Aussi savait-il bien qu'il en serait ainsi, tout comme je le savais moi-même, car je m'étais aperçu qu'un assez grand nombre d'objets avaient échappé à mes ouvriers, et je savais pertinemment que dans le plateau situé à l'ouest de la grande colline et avant la tombe que j'ai nommée de Set et de Horus, il avait été oublié un ou deux tombeaux. L'histoire présente des exemples beaucoup plus grandioses que ne le sauraient être l'histoire des fouilles d'Abydos où un peuple qu'il est inutile de nommer tant il est connu, s'apercevant que son rival avait fait une œuvre méritoire et pouvant devenir très profitable, ne put laisser ce rival jouir en tranquilité de ses conquêtes et les lui ravit avec la plus brutale insolence. Les compatriotes de M. Petrie ne sont pas gens à se laisser arrêter par des questions d'honneur et de délicatesse : M. Petrie, par atavisme et par éducation nationale, ne pouvait pas ne pas les imiter : aussi l'a-t-il fait.

La question entre M. Petrie et moi s'annonce ainsi comme une question personnelle, et de fait elle est aussi personnelle qu'elle le peut être, et si je la continue c'est seulement parce que M. Petrie l'a soulevée avec une acrimonie et une perfidie manifestes. Comme je ne saurais jamais trouver une occasion plus favorable de me défendre contre des calomnies faites de sang rassis et de propos délibéré, je pense que mes lecteurs ne m'en voudront pas de la saisir.

M. Petrie affecte en maints endroits de ses deux volumes sur les tombes royales d'Abydos de ne désigner mon œuvre que sous le nom de *Mission Amélineau*. Il emploie ce terme de *Mission* de manière à laisser supposer à ses lecteurs que cette mission était composée de plusieurs personnes et que j'avais avec moi des collègues qui aidaient à ma besogne, tout comme il a chaque année avec lui sa femme depuis qu'il est marié, d'autres dames, et de nombreux amis : je ne l'invente pas, lui-même le dit dans les préfaces de ses volumes. Ces personnes très honorables, j'en suis persuadé, l'aident dans sa besogne. Il en a été tout autrement pour moi : pendant les deux premières années j'ai été seul au milieu de mes ouvriers; les deux dernières années j'ai eu pendant la plus grande partie du temps un ami avec moi qui est venu partager ma vie et photographier les documents découverts, qui m'a beaucoup aidé dans le classement et le numérotage des objets mis au jour, classement et numérotage qui avaient lieu tous les soirs pour les objets découverts pendant la journée. M. Petrie le savait pertinemment, car il m'a rencontré à Abydos en la compagnie de M. A. Lemoine. Et cependant il a passé outre et a dit une chose matériellement fausse. Il peut avoir pour excuse son ignorance de la langue française, car le mot *mission* a deux sens fort distincts en français; il signifie d'abord : *la charge* que l'on donne à remplir à quelqu'un en vue de tel objet spécialement désigné, et en second lieu les *personnes* qui sont employées à remplir cette charge. Or, si j'avais bien reçu du Ministère de l'Instruction publique la mission (premier sens) de faire des fouilles à Abydos et de rechercher les monuments les plus anciens de l'Égypte, je n'avais reçu aucun membre adjoint (second sens) pour m'aider à remplir cette charge. Si j'insiste sur ce point c'est que j'ai souvent entendu déplorer en Angleterre que le gouvernement anglais se tînt sur la réserve dans les questions de missions scientifiques et trouver louable au contraire l'action du gouvernement français en pareille matière. Et si je rapproche de l'emploi de ce mot *mission* par M. Petrie, emploi ironique le plus souvent, les paroles par lesquelles l'un des affidés de M. Petrie qui partage également sa haine pour la France, prenant son désir pour la réalité, reproche à mon pays de n'avoir su envoyer en Égypte aucun homme de première valeur depuis Mariette, il est à peu près certain que j'ai mis le doigt sur la cause véritable de cet emploi abusif. Certes la France, si besoin en était, trouverait de meilleurs défenseurs que moi; mais comme on l'attaque à mon occasion, personne ne s'étonnera, je crois, que je la défende. Que si ce motif n'était pas le mobile véritable auquel a obéi M. Petrie, il me resterait à lui conseiller d'apprendre ce que signifie un mot français avant de s'aventurer à l'employer.

Ceux de mes lecteurs qui se seront donné la peine de lire le volume précédent auront vu que M. Petrie avait employé en me citant des procédés scientifiques bizarres, ou plutôt n'ayant rien de scientifique; je dois revenir sur cette question à propos de certaines paroles qu'il me prête. A la fin de la préface de son premier volume, il dit : « Une recherche après laquelle M. Amélineau a écrit de cette nécropole : *tous les fellahs savent qu'elle est épuisée*[1] ». M. Petrie aurait bien dû citer la page du volume où j'ai écrit ces paroles, car je les ai cherchées dans ma dernière brochure et dans les autres volumes que j'ai écrits sur mes fouilles sans réussir à les trouver. Je suis bien loin de nier qu'en écrivant cette troisième brochure je croyais avoir achevé l'exploration de la nécropole, exploration qui pouvait cependant avoir laissé échapper quantité d'objets fort précieux pour l'histoire, mais que je n'ai jamais fait briser et rejeter comme inutiles. Cette persuasion ne dura pas longtemps chez moi, car l'année suivante je sus pertinemment que l'on avait laissé échapper des objets dignes d'attention et je pris la résolution de réexplorer à nouveau certaine partie de la nécropole, sinon toute, ainsi que je l'ai déjà dit. Si j'ai écrit la phrase incriminée, et je ne le sais pas, je savais donc qu'elle ne correspondait pas à la réalité. Mais d'ailleurs cette phrase pourrait d'après son contexte, avoir un tout autre sens que celui que lui attribue M. Petrie, car le mot *savent* pourrait avoir un sens tout à fait relatif, ne s'appliquant qu'aux fellahs qui avaient vu de leurs yeux les fouilles pratiquées dans cette partie de la nécropole et qui *savaient* autant qu'ils le pouvaient savoir que la nécropole avait été fouillée, même épuisée pour eux qui ne recherchent que les objets pouvant être vendus aux étrangers et aux marchands. Mais c'est là une nuance de la phrase française que M. Petrie ne peut comprendre. Si l'on m'eût laissé le temps, j'aurais sans doute trouvé les monuments et documents rencontrés par M. Petrie, car j'avais l'intention de faire passer au crible tout le sable dans lequel ils étaient enfermés comme je l'ai écrit dans mon journal.

1. Fl. Petrie, *The royal tombs of the first dynasty*, I, p. 2, col. 2.

Mais comment avais-je pu laisser tant d'objets, plus de 40.000, a-t-on dit. dans les décombres sans les apercevoir? Si l'on en croyait M. Petrie, ce serait dans la poursuite folle d'antiquités marchandes que j'aurais rejeté tout ce qui ne pouvait pas se vendre et impitoyablement brisé tout le reste[1]. Cela lui est fort facile à dire, mais c'est absolument le contraire de la vérité, autrement dit c'est une erreur voulue. Il eût été tout d'abord équitable de faire la part de mon inexpérience pour les fouilles de la première année; je n'ai jamais prétendu avoir la science infuse, et je ne pense pas que M. Petrie l'ait eue davantage. Avant donc de me juger, il aurait fallu attendre que mon œuvre fût complète. De plus, j'avais reçu des conseils que j'étais obligé de suivre, et ces conseils qui m'étaient nuisibles, je les ai carrément rejetés la seconde année. Je ne plaide pas les circonstances atténuantes, mais, je le répète, la simple équité demandait à ce qu'on fît la part de l'inexpérience. Ce n'aurait pas été l'affaire de ceux qui aspiraient à me déposséder de ma concession. Ils ont choisi la calomnie et les voies tortueuses et ils sont arrivés à leur but. Je reviendrai bientôt sur la calomnie, je ne veux maintenant que mettre au jour leurs actes. M. Petrie m'a écrit à moi-même qu'il ignorait pour combien de temps ma concession m'avait été attribuée parce qu'on n'avait pas publié *officiellement* la date de cette concession. En lisant cette phrase je crus rêver, car c'était la première fois que j'entendais parler de cette publication. S'il eût été persuadé que ma concession était arrivée à terme, qu'avait-il besoin de rompre à ses habitudes et de se rendre en Égypte dès le mois de novembre, quand d'ordinaire il ne quittait l'Angleterre que dans les derniers jours de décembre? Il craignait que je ne retournasse à Abydos et voulait arguer du commencement de ces fouilles pour pouvoir les continuer. S'il eût cru que je ne retournais pas en Égypte, que ne m'écrivait-il pour me dire son intention de prendre ma succession et me

1. Fl. Petrie, *The royal tombs of the first dynasty*, I, p. 2, col. 2 : « And worst of all, for history, come the active search in the last four years for everything that could have a value in the eye of purchasers, or be sold for profit regardless of its source ; a search in wich whatever was not removed was deliberately and avowedly destroyed in order to enhance the intended profits of European speculators ».

demander les renseignements que, seul, je pouvais lui donner? C'est la manière d'agir des hommes bien élevés, et M. Petrie n'en a pas voulu S'il ne craignait pas de me voir retourner en Égypte, pourquoi, quand M. Lieblein de Christiania se fût rendu à Abydos où je lui avais donné rendez-vous et où il croyait me trouver, pourquoi M. Petrie ne lui laissait-il voir ses travanx qu'après lui avoir fait promettre solennellement de ne pas en dire un mot? Il craignait de me voir arriver, et je me serais en effet rendu sur les lieux si j'avais su qu'on avait usurpé ma concession. Sont-ce là des façons d'honnête homme? Je n'ai aucune difficulté à répondre que non.

Et encore si M. Petrie s'en fût tenu à ces façons que je me contenterai de qualifier d'extraordinaires! mais il a cru utile d'ajouter la calomnie et de se présenter comme le défenseur attitré des intérêts de la science. Je vais examiner s'il avait le droit d'écrire les unes et de se poser comme il l'a fait. La phrase que j'ai citée en note est un joli échantillon des aménités de Petrie à mon égard, car il ne peut pas dire que ce n'est pas moi qu'il vise. Comment les objets auraient-ils été détruits, si je ne les avais pas fait détruire pour augmenter la valeur marchande de ceux qui restaient? Si M. Petrie avait su ce qu'il disait, il ne m'aurait pas accusé d'avoir détruit de propos délibéré tout ce qui ne pouvait pas être vendu sans avoir égard à l'origine des objets, car il eût compris que, même à mes yeux, l'origine des objets devait être, au contraire, la garantie de la valeur de ces objets mis en vente. Quant à la destruction des objets, elle n'a jamais eu lieu, ainsi que M. Petrie le dit : j'ai seulement, après avoir prélevé des spécimens nombreux des divers types de poteries amoncelées sur la grande colline, fait briser les autres, quand elles ne l'étaient pas déjà, et cela par ordre du Musée de Gizeh. Ces poteries pour la plupart n'étaient pas anciennes; celles qui étaient anciennes ont été soigneusement conservées : un grand nombre sont allées au musée de Gizeh où l'un des principaux officiers, le second après le directeur général, a parlé de les faire jeter au Nil; les autres sont restées à Abydos où a eu lieu ce qu'on voulait empêcher tout d'abord, à savoir le commerce illicite.

M. Petrie ne s'est pas contenté de cette phrase de son premier volume, il est revenu à la même accusation dans la seconde partie de son ouvrage à propos du tombeau de Set et de Horus, de Khasekhemoui, comme il l'appelle. « De nouveau une riche moisson est sortie du site que l'on avait dit épuisé; et au lieu de la confusion désordonnée de noms sans aucune connexion historique qui était tout ce que l'on connaissait par la *Mission* Amélineau, nous avons maintenant la suite complète depuis le milieu de la dynastie qui précède Ménès jusqu'à la fin de la IIe dynastie, probablement, et nous pouvons retracer en détails les fluctuations de l'art à travers ces règnes. Les 166 planches des résultats de notre travail auront besoin de vingt ou trente planches d'additions pour compléter toutes nos informations, ce que l'on ne pouvait espérer deux années auparavant. Et cette recouvrance a eu lieu non seulement après l'enlèvement de tout ce qui était regardé comme ayant une valeur, à la fois par la *Mission* et par les voleurs d'Abydos qui firent le travail, mais encore en dépit de la destruction des restes sur le lieu. Les jarres furent mises en éclats, expressément pour empêcher que quelque autre pût en avoir. Les vases de pierre, brisés anciennement par les fanatiques, sont ainsi rappelés « ceux qui étaient brisés et que *j'ai réduits en miettes*[1] » et nous les trouvâmes en réalité en éclats; les monceaux de grandes jarres qui sont dites avoir été trouvées dans le tombeau de Zer[2] étaient entièrement détruits; les jarres d'huile pour friction furent brûlées, comme nous le lisons : « les matières grasses brûlent pendant des journées entières, comme j'en ai fait l'expérience[3] », les restes les plus intéressants de la chambre en bois de Zer, une masse carbonisée de 28 pieds sur 3, retenus avec des liens de cuivre, ont entièrement disparu, et à propos d'une autre tombe nous lisons : J'y rencontrai environ 200 kilos de charbon de bois[4], qui ont tous été emportés. Les tablettes d'ivoire de Narmer et de Ménès — les monuments historiques sans prix — furent tous brisés en 1896 et jetés dans les décombres, d'où nous les avons retirés, puis restaurés autant que nous le pouvions. Pour tout cela nous

1. Amélineau, *Fouilles*, 1897, p. 33.
2. *Fouilles*, 1898, p. 42.
3. *Fouilles*, 1896, p. 18.
4. *Fouilles*, 1896, p. 15.

ne pouvons qu'appliquer au destructeur ses propres paroles concernant les Coptes qui laissèrent les restes « tous brisés de la manière la plus sauvage[1] ».

Mes lecteurs ne diront pas que je recule devant des citations aussi désagréables pour moi que la précédente, ni que M. Petrie, qui avait semblé garder quelque mesure dans les calomnies de son premier volume, n'ait voulu lâcher ici toute sa rancune et toute sa bile à mon égard, M. Petrie a cru prouver ainsi la légitimité de son usurpation en entassant calomnies sur calomnies, et je crois difficile de montrer plus d'impudence. En son pays, ce n'est pas chose inouïe, et la très récente histoire apprendra à la postérité quels ont été les procédés des Anglais envers un petit peuple qui avait le grand tort de vouloir défendre son existence.

Qui veut noyer son chien l'accuse de la rage;

il y a déjà longtemps que Molière l'a dit, mais la vérité est toujours nouvelle, parce que l'homme ne change pas. Il n'y a pas une seule des affirmations de M. Petrie qui ne soit une affreuse calomnie.

Tout d'abord les jarres en terre n'ont pas été réduites en pièces, surtout pour la raison qui est donnée de leur destruction. C'est surtout la première année que j'ai trouvé de grandes jarres en terre : toutes celles qui pouvaient être transportées en ma maison le furent; il y en avait environ 150, dont le tiers me fut attribué et les deux autres prirent le chemin du musée de Gizeh. Il y avait un bateau tout entier qui fut envoyé à Balliànah pour les charger, au nom de M. de Morgan. Comme M. de Morgan ne se trouvait pas au musée quand elles y arrivèrent, celui des employés, auquel j'ai fait allusion plus haut, parla de les jeter au Nil, les fit remiser dans un coin des dépendances du musée où l'on remisait les monuments n'ayant presque pas de valeur, et de là elles ont pris le chemin de divers musées en Europe. Je suis certain de ce que j'avance. Parmi les jarres qui défiaient le transport, parce qu'elles étaient déjà brisées, je fis recueillir avec le plus grand soin tous les fragments portant un signe quelconque d'écriture, je les fis transporter en ma maison d'où elles m'ont suivi à Paris, car au musée on m'avait

1. Petrie, *The royal tombs of the first dynasty*, II, p. 2, col. 1 et 2.

signifié qu'on ne voulait pas de fragments : voilà comment la première accusation calomnieuse de M. Petrie est vraie.

La seconde est d'une perfidie digne d'un enfant d'Albion, et à ce propos je demande à mes lecteurs la permission de reproduire la phrase complète dont M. Petrie a détaché les mots qu'il a cités : « Dans toute la couche supérieure de sable, en haut comme en bas, je rencontrai une foule de vases assez grossiers ou même très grossiers, dont quelques-uns seulement accusaient un travail habile; la grande majorité était en albâtre, un dixième seulement en calcaire. A peine creusés, ils affectent toutes les formes allongées et ont toutes les dimensions. J'en ai recueilli environ 700, sans compter ceux qui étaient brisés et que j'ai réduits en miettes afin que les fellahs ne fussent pas tentés de venir les chercher pour les vendre aux touristes[1] ». Il n'est personne qui ne voie la différence : après avoir réuni 700 vases de cette catégorie, je pouvais sans aucun scrupule suivre les instructions qui m'avaient été données, et à bon droit. De ces 700 vases j'en ai apporté environ 200 à Paris; les 500 autres n'ont pas été jugés dignes d'être transportés au Caire; malgré mes observations, ils sont restés à Abydos, dans la maison du réïs du musée, et les deux années suivantes j'en vis faire le commerce : on les avait creusés fort habilement et on leur avait donné la forme de verres à pied. M. Petrie en a peut-être acheté ! Lui et ses compatriotes qui aiment ce commerce peuvent regretter cette manière d'agir, mais réellement ils seront les seuls et quant aux 700 exemplaires d'une même forme de vase qui n'a rien de remarquable, franchement cela peut paraître suffisant. Et remarquez bien que la phrase incriminée était écrite avant l'accusation, qu'elle suffit seule à se défendre, et que le jeu qui consiste à découper des membres de phrase, à les séparer de leur contexte, peut sembler habile à quelques-uns, mais que personne ne pensera que ce soit honnête.

J'arrive aux grandes jarres qui remplissaient le tombeau d'Osiris que M. Petrie appelle tombeau de Zer. Les lecteurs qui auront lu le compte rendu des fouilles de ce tombeau et l'énumération des objets y rencon-

1. Amélineau, *Les nouvelles fouilles d'Abydos*, 1896-1897, p. 33.

trés sauront à quoi s'en tenir. Dans les pages de la brochure que je publiai à la fin de la troisième campagne de fouilles je ne trouve pas un mot qui puisse me rendre responsable du bris de ces jarres. Voici ce que j'en dis : « Toutes les chambres latérales étaient en effet occupées en grande partie par d'énormes jarres ayant environ, coiffées de leurs bouchons, 1^m,30 de hauteur, maintenues devant par le sable qu'on avait amoncelé au pied de chacune d'elles; il n'y avait donc pas grande place pour le dépôt des menus objets, qui composaient en grande partie l'ameublement de la tombe[1] ». Il n'y a rien là qui proclame que j'ai tout brisé. Plus haut j'ai dit encore : « Ainsi les chambres est, à l'exception de la chambre E, n'avaient été incendiées que d'une façon très sommaire, car j'ai retrouvé encore en place les grandes jarres qui les remplissaient, noircies, fêlées par l'incendie, mais toujours debout et quelques-unes coiffées encore de leurs bouchons coniques[2] ». Ces jarres noircies par le feu, fêlées, une fois retirées du sable se sont tout naturellement brisées; quant à leurs bouchons j'ai fait transporter tous ceux qui pouvaient être utilisés et, comme on les a presque tous gardés au musée de Gizeh, ils sont en ce moment au musée du Caire et ceux qui m'ont été attribués sont à Paris. Si M. Petrie en a trouvé de brisés dans les chambres du tombeau, ce qui est possible, ce n'est pas moi qui les ai fait briser : ils l'étaient avant que je n'eusse ouvert le tombeau. Donc encore une accusation purement calomnieuse.

Quant aux jarres qui contenaient des matières grasses, voici ce que dit ma première brochure : « Ces grands vases contenaient les matières les plus diverses, des dattes, des céréales, des fruits de *napeca*, des matières grasses en abondance, de l'encens, etc.; leur contenu s'est à peu près conservé intact et les matières grasses brûlent pendant des journées entières, comme j'en ai fait l'expérience[3] ». Y a-t-il dans cette phrase, je le demande à tous les gens de bonne foi, quelque chose qui ressemble en quoi que ce soit à la proposition générale de M. Petrie : « les jarres à matière grasse (*jars of ointment*) furent brûlées ? » La

1. *Ibid.*, 1897-98, p. 42-43.
2. *Ibid.*, 1897-98, p. 42.
3. E. Amélineau, *Les nouvelles fouilles d'Abydos*, 1895-1897, p. 18.

phrase de M. Petrie donne l'idée d'une destruction générale, tandis que la mienne donne seulement l'idée d'une expérience qui pouvait être faite sans destruction de jarre et seulement pour savoir si le contenu des jarres avait encore conservé sa vertu première, ce qui était fort licite et ce qui était même mon devoir. Voici à quelle occasion cette expérience fut faite : on avait trouvé dans la tombe du roi Serpent un fragment de pierre auquel adhérait encore une certaine quantité de matière que la chaleur du soleil faisait fondre ; un de mes ouvriers, le vieux 'Add-er-Rabou, me dit que, si on l'allumait, cette matière prendrait feu et brûlerait longtemps. Je lui dis : « Allume », et alors il y mit le feu et la matière brûla très lentement, en dégageant une légère fumée, et la combustion ne fut complète qu'au moment de quitter le travail, à 6 heures du soir alors qu'elle avait commencé vers onze heures. Voilà à quoi se réduit l'incendie des jarres à matière grasse.

Ce qui m'est reproché ensuite, c'est la perte des plus intéressantes parties de la tombe det Zer, dite d'Osiris, où une masse de bois longue de 28 pieds anglais, large de 3, aurait été détruite par moi sans aucune pitié scientifique. Il s'agit ici, personne ne s'en douterait, de la châsse d'Osiris, qui avait bien $8^{m},40$ sur $0^{m},90$. Et à ce propos, je me demande comment M. Petrie peut le savoir, si je l'ai fait détruire, comme il le dit. Il cite les mesures que j'ai données, et cependant l'un des arguments mis en avant a été mon inaptitude complète à prendre des mesures exactes ? Je n'ai pas eu besoin de faire détruire le sol de cette châsse qui seul existait pour la bonne raison que la châsse était complètement détruite, et que les planches qui formaient le sol étaient tellement vermoulues qu'elles tombaient en poussière. Il n'y avait en cet endroit nulle trace d'incendie, parce que l'incendie avait été allumé dans les chambres où on l'avait éteint sous le sable, et dans le centre de la grande cour hypètre où il avait flambé et détruit toutes les matières qui l'alimentaient. J'ai fait ramasser soigneusement les restes de planches qui sortaient encore du sol et qui portaient des clous d'attache en cuivre. En quoi l'accusation de M. Petrie pourrait-elle m'atteindre? Elle retombe sur lui comme accusation fausse, comme calomnie froidement voulue.

Ce n'est pas tout, il y a encore les 300 kilos de charbon de bois. Je crois comprendre, d'après le texte assez obscur de M. Petrie, qu'il m'accuse d'avoir fait enlever le charbon. Je l'avoue, je l'ai fait enlever, et même je l'ai employé à faire du feu pour ma cuisine. Quel mal y avait-t-il à cela? Est-ce moi qui avais allumé l'incendie? qui avais réduit les planches du toit et du sol en tout petits morceaux que je faisais recueillir pour alimenter mon combustible? et je prenais soin de vérifier auparavant s'il n'y avait rien qui pût servir à la science. Fallait-il donc laisser le charbon en place afin que M. Petrie pût vérifier qu'il ne contenait rien? Le lecteur qui aura vu les fragments de ce même charbon de bois que j'ai ramassés et que je publie dans le dernier volume de cet ouvrage, sans avoir attendu les accusations de M. Petrie, saura à quoi s'en tenir sur la conscience qui a présidé à mes fouilles. Tout ce qui pouvait intéresser la science à un titre quelconque, je le faisais transporter à ma maison, et j'ai ainsi réuni quantité d'objets que M. Petrie n'a jamais fait ramasser ni publier.

Quant aux tablettes d'ivoire de Narmer et de Ménès que j'aurais fait briser et jeter dans les décombres, cette accusation est si grosssière et si maladroitement fondée, qu'elle ne recevra aucune réponse de ma part; pour la réfuter, il me suffira des expressions de mon critique lui-même. En effet, plus haut il m'accuse d'avoir enlevé tout ce qui avait de la valeur, et présentement il me reproche d'avoir fait briser et jeter des tablettes d'ivoire d'une importance capitale. Comment l'aurais-je fait? moi qui faisais ramasser avec le plus grand soin tout ce qui portait un caractère, qui cette première année ai pris soin de collectionner les plus petits fragments d'ivoire, qui les ai publiés, j'aurais de propos délibéré fait jeter aux décombres, après les avoir brisés, ces monuments d'un prix immense autant pour l'histoire que pour les collections, que je ramassais avec tant d'avidité et tant d'amour du lucre, au dire de M. Petrie! Il aurait fallu être fou pour tenir une semblable conduite. Si je n'avais pas été obligé de me rendre à El-'Amrah pour surveiller les fouilles que j'y faisais faire à la prière de M. de Morgan, j'aurais été averti qu'on trouvait ces fragments précieux d'ivoire, et ils ne seraient pas à présent entre les mains de M. Petrie. Je savais leur existence que j'avais apprise dans ma dernière campagne, et c'était l'une des raisons qui me faisaient former le projet de ressasser les décombres d'Om el-Ga'ab. Et maintenant que reste-t-il des accusations de M. Petrie? Avant tout autre but, j'avais fixé devant mes yeux, le but scientifique, je ne l'ai jamais oublié.

Toutes les phrases de M. Petrie sont autant de calomnies et je les ai réfutées. Il est profondément triste pour quelqu'un qui a travaillé de toute son âme à élargir le domaine de la science, qu'il a élargi en réalité, quoi que puissent en penser mes adversaires, de voir ses intentions travesties, ses actes mal jugés de propos délibéré, et d'être en butte à autant d'injures. Je me suis conduit en homme loyal; j'ai été plus sévère encore pour moi qu'envers les autres; j'ai défendu les droits de ce que je croyais et crois encore la vérité, et tout cela n'a servi qu'à me faire traiter comme jamais encore on n'avait traité un collègue. Non, monsieur Petrie, je n'ai jamais employé ces procédés de Rob-roy, ces calomnies de forban, parce qu'ils ne sont pas dans ma nature. Puisqu'il vous a semblé bon de vous en servir, je vous les laisse : ils vous feront en définitive plus de mal qu'à moi ; vous pouvez triompher au milieu de vos affidés, rire de mon inexpérience et de mon inaptitude aux fouilles, m'accuser des pires choses, on sait trop ce qui vous a blessé : vous êtes orfèvre, monsieur Josse, et la postérité pour laquelle je travaille autant que pour mes contemporains, saura juger le différend qui s'est élevé entre nous.

Cette question personnelle une fois vidée, j'arrive à la question scientifique. M. Petrie, dans ses deux volumes n'a jamais mentionné mon nom que pour dire que je m'étais trompé. Mais cependant, il me semble bien qu'en indiquant les faits qui se sont produits, les monuments qui sont sortis au jour, j'ai quelquefois atteint la vérité. M. Petrie ne s'occupe donc de mes travaux que pour dire qu'ils ont été mauvais ; il a changé complètement la dénomination et la classification des sites, il n'a raisonné que d'après ses propres découvertes. Il en a fait sans doute ; mais celles qui nous sont communes à tous deux, il a oublié de le dire et même de s'en souvenir, ne sont des découvertes qu'autant que je les ai faites, elles ne peuvent aucunement passer à l'actif de

M. Petrie ; car une découverte une fois faite ne peut plus être faite : quand on a mis une fois qu lque chose au jour, ce quelque chose reste toujours en lumière, à moins qu'on ne l'enfouisse de nouveau en terre, ce que je me suis bien gardé de faire. Si M. Petrie considère la science comme une course, il n'y a pas à dire, je suis arrivé avant lui. Je n'en tire pas vanité d'ailleurs ; c'est une pure chance. Mais j'ai eu plus que de la chance : en tombant sur les objets que j'ai découverts, j'ai su en comprendre l'importance, la nature et l'époque. M. Petrie, avec les objets de Neggadeh, s'était trouvé en face d'une époque identique, ou peu s'en faut, il a commis la plus grande erreur qu'il pouvait commettre, en imaginant cette nouvelle race qui avait conquis l'Égypte à la IVe dynastie et qui l'aurait conservée jusqu'à la XVIIIe . Mais alors où donc étaient les Égyptiens ? Aujourd'hui M. Petrie a changé son fusil d'épaule, il est plus royaliste que le roi, il est engagé plus que je ne l'ai été dans la préhistoricité ; il a bâti systèmes sur systèmes, et tout s'est écroulé. Il n'y a pas que moi qui lui adresse des critiques à ce sujet ; nous en aurons bientôt la preuve.

Une chose plus grave encore est produite par cette méthode. M. Petrie ne voulant faire usage que des monuments qu'il a trouvés, même découverts, s'il y tient, se prive forcément de données dont il faut tenir compte dans la solution des problèmes qui sont nés des découvertes d'Om el-Ga'ab. Par conséquent, il ne doit pas s'étonner que les solutions qu'il donne avec une confiance surprenante en son propre mérite, ne puissent être solidement étayées et soient caduques. M. Petrie le verra peut-être quelque jour, mais il ne l'avouera pas. Il n'a jamais avoué dans ses volumes qu'il avait fait fausse route pour sa *nouvelle race* ; il s'est contenté de dire que cette formule de la *nouvelle race* était une formule d'essai, mais il avait fait annoncer par un savant allemand qu'il avait changé d'idée [1]. Il aurait été beaucoup plus noble et plus honnête de le dire soi-même. Ainsi, pour le tombeau qu'il appelle du nom de Zer, il n'a jamais fait mention qu'on y a trouvé le lit d'Osiris, et cependant ce lit avait une raison de se trouver dans ce tombeau. De même, si M. Petrie avait voulu étudier scientifiquement la forme des tombeaux

1. M. Max Müller dans *Orientalische Litteratur-Zeitung*, juni 1898, p. 187, n. 2.

qu'il dit avoir explorés, et il l'aurait pu faire puisque je n'en ai pas détruit la moindre brique, il n'aurait pas manqué de faire connaître les résultats de son étude. Or il ne l'a pas fait; donc il n'a pas voulu le faire, parce que son but était avant tout cette chasse aux antiquités qu'il me reproche avec tant d'acrimonie. Cette chasse, je l'ai faite avec le plus d'ardeur que je pouvais y mettre, mais je la menais de front avec l'étude des monuments scientifiques et je ne l'ai faite que pour aider à la dernière. Dans le tombeau de Set et de Horus (Khasekhemoui) il aurait pu étudier les offrandes qui y furent faites jadis, car dans les chambres de la seconde partie il en est resté des hectolitres et des hectolitres à même dans le sable. M. Petrie n'en a pas dit le moindre mot et par là s'est privé d'une nouvelle accusation à mon adresse. Pour ma part, j'ai essayé de déterminer ces offrandes, tout au moins traditionnellement, j'en ai rapporté de nombreux échantillons que l'on a dédaignés, mais qui ont quand même leur valeur. Encore là, qui s'est le plus préoccupé des intérêts de la science, M. Petrie ou moi? Ce même tombeau offrait à son inspection certains détails dont il aurait pu tout aussi bien profiter que moi et qu'il aurait pu publier avant moi : par exemple la position des chevrons dans les murs ouest de cet immense tombeau, leur largeur inégale, leur distance aussi inégale l'un de l'autre; il avait encore tous les éléments de cette étude à sa disposition, puisque les bouts des chevrons sont restés encastrés dans le mur à l'ouest du corridor est et dans le mur ouest de ce tombeau. Il n'en a pas parlé davantage. Il ne les a donc pas vus. Je pourrais conclure presque avec assurance que M. Petrie n'a pas refouillé ce tombeau, parce qu'il s'est contenté de rechercher les antiquités, que ses ouvriers qui avaient été les miens lui auront dit qu'il n'en trouverait pas, tandis qu'ils avaient pu lui assurer qu'il en trouverait sur le champ de fouilles de la première année. Là encore, qui a pris les intérêts de la science?

Il y a mieux encore. Dans le mur sud de l'une des chambres de la partie sud, comme on avait eu à supporter des descentes terribles de sable et que le mur avait été percé de part en part par les spoliateurs, le sable s'engouffrait dans le trou et mes ouvriers avaient bouché ce trou avec d'énormes morceaux de jarres en onyx : ils y sont restés quoique j'eusse donné l'ordre de les retirer pendant que j'étais occupé ailleurs; M. Petrie aurait pu les rencontrer, et, s'il ne l'a pas fait, c'est qu'il n'a pas cherché à le faire et il a perdu ainsi une excellente occasion de m'accuser de les avoir fait briser. Dans le tombeau d'Osiris, on avait rencontré une sorte de sarcophage en pierre dont je n'ai pas fait mention et qui était brisé en très menus fragments. Ces fragments je les avais fait réunir à l'angle sud-est du tombeau, espérant que peut-être ils arriveraient à se compléter. Comme ils restaient incomplets et que leur décoration était connue par ailleurs et surtout, comme ces fragments avaient été apportés d'ailleurs par les spoliateurs qui s'en étaient servis pour bâtir leurs murs de protection, je les ai laissés sur place. Ils y sont encore. M. Petrie n'en parle pas. Pourquoi? Parce qu'il ne les a pas rencontrés, parce qu'il s'est contenté de faire ouvrir le tombeau d'Osiris pour y chercher des antiquités que je n'y avais pas laissées. Et c'est l'homme désintéressé qui ne travaille que pour la science, quand tous les archéologues savent en Europe que M. Petrie vendait pendant les quinze premières années de ses fouilles les antiquités qu'il rencontrait, ce dont je suis loin de le blâmer d'ailleurs. Je pourrais citer d'autres faits aussi concluants ; je me contenterai d'en citer un dernier pour clore cet alinéa. Dans les tombeaux situés au sud de la tombe osirienne, il y en avait où j'ai trouvé, le lecteur le sait déjà, de pleines caisses d'étoffes noircies et quelque peu brûlées par le natron : j'en ai pris ce que je considérais devoir en prendre, estimant que je ne devais pas m'encombrer d'étoffes toutes les mêmes dans leur diversité, et j'en ai laissé la plus grande partie dans les caisses qui les contenaient, autant que je puis me le rappeler. C'était bien là le lieu de m'accuser sinon d'avoir détruit les objets, du moins de les avoir méprisés dans ma poursuite ardente des antiquités : M. Petrie en parle-t-il? Nullement. Pourquoi? Parce qu'il ne les a pas trouvées, et s'il ne les a pas trouvées, c'est qu'il ne l'a pas voulu, que toute son ardeur était à la recherche des antiquités proprement dites, antiquités qui ont certes une valeur pour l'histoire, mais cela ne saurait empêcher que les étoffes en ont tout autant pour l'histoire de l'industrie humaine. S'il en est ainsi, de quel droit M. Petrie se donne-t-il pour le champion des droits scientifiques? O homme, descendez au fond de votre conscience, interrogez-vous sur le mobile de votre conduite en cette occasion, et n'ayez pas peur d'avouer que les lauriers de Miltiade vous empêchaient — bien à tort — de dormir, quoique vous ne soyez pas Thémistocle.

Ce que je viens de prouver ne fournirait à l'examen que le côté négatif de la tentative faite par M. Petrie pour induire ses lecteurs en erreur; mais à côté du négatif, voici le positif. Ainsi que je l'ai dit plus haut, l'un des motifs mis en avant par M. Petrie est que j'étais totalement incapable de prendre des mesures et de faire un plan. On m'a répété cette chanson sur tous les tons, de vive voix et par écrit, et j'ai déjà dit que je n'avais fait nulle étude d'architecture, que par conséquent je ne serais pas capable de faire le plan de Saint-Pierre de Rome ni sans doute de Saint-Paul de Londres, mais que je ne croyais pas tant de science nécessaire pour prendre les mesures des tombes égyptiennes qui sont de simples maisons rectangulaires. M. Petrie qui, dans sa première année de révision avait fait faire les plans par Mme Petrie, a sans doute senti que le dévouement de Mme Petrie ne donnait pas peut-être le comble de la certitude à ses lecteurs, et, dans la seconde année, il a fait faire le plan du tombeau de Khasekhemoui dans son second volume par M. Mace, qui offre sans doute toutes les garanties désirables. Pour les autres plans, M. Petrie les a sans doute faits lui-même. Nous allons les examiner.

Tout d'abord je vois à la planche LX du second volume des *Tombes royales de la Ire dynastie* le plan des tombes qui se trouvaient sous la grande colline : le lecteur verra facilement en quoi ce plan diffère de celui que j'ai publié dans le IIIe volume. Ce qu'il y a de certain, c'est que j'ai fouillé 43 tombes du côté est, sans compter celles qui avaient été explorées la première année. Ces tombes étaient divisées en trois rangées et les tombes de la troisième rangée étaient au nombre de 14. M. Petrie en donne 17. Mais en me reportant au premier volume, je vois que j'ai signalé cinq tombes du côté est qui, par leurs mesures, appartiennent évidemment à cette troisième rangée, ce qui ferait 19. Mais je n'insiste pas outre mesure sur cette différence, parce que ces tombes ont été trouvées un jour que j'étais à El-'Amrah et que l'on m'a fourni les données que j'ai enregistrées[1]. Mais ce qu'il y a de bien certain, c'est que parmi les tombes de ce côté est, il y en avait de curieusement disposées, notamment le numéro 51, et M. Petrie n'en parle pas. Pourquoi? On pourrait douter avec raison qu'il l'ait vue. De même, pour les tombes situées au sud, M. Petrie en compte vingt; je suis tout à fait certain qu'il n'y en avait que dix-neuf; encore sur ces dix-neuf tombes qui avaient été construites d'après un plan primitif, il y en avait une qui occupait deux appartements funéraires, ainsi que je l'ai fait observer. Voilà donc une inexactitude flagrante.

Il y en a d'autres. Les tombeaux de la rangée est et ceux de la rangée nord étaient distants du tombeau central de 4^{m},70 environ; les mesures de M. Petrie sont trop faibles de 0^{m},70. Une erreur beaucoup plus grande se trouve dans la distance à laquelle il place les tombeaux de la rangée est : ces tombes étaient situées à 9 mètres environ de la tombe centrale : M. Petrie donne à peine 3 mètres. De même pour les tombeaux du sud, il y avait entre le mur est de ces tombes et le mur ouest du grand tombeau, une distance de 6^{m},02 laquelle est donnée exactement par M. Petrie. Mais ce qui est bien plus grave, c'est que à l'ouest — réellement au sud ouest — du grand tombeau, il y avait une sorte d'avenue avec un pavé de terre battue qui occupait une grande partie de l'espace dans lequel on n'avait pas disposé de tombes : M. Petrie ne parle pas de cette avenue et ne la signale pas dans son plan. Pourquoi? parce qu'il ne l'a pas trouvée et parce qu'il ne l'a pas cherchée, parce que ses ouvriers lui ont encore dit qu'il n'y trouverait rien. Une preuve qu'il en est bien ainsi, c'est qu'il ne signale pas, dans ses deux volumes, un seul tesson de poterie avec inscription hiératique ou de ces grands vases qui dataient de la XIXe dynastie : or, il n'est guère admissible que pas un seul de ces fragments n'ait échappé à mes ouvriers qui en ont laissé échapper tant d'autres. Comment se fait-il donc que M. Petrie ait laissé échapper une si belle occasion de me donner une leçon? C'est qu'il poursuivait avant tout les antiquités préhistoriques, sans se douter que ces fragments pouvaient lui donner

1. E. Amélineau : *Les nouvelles fouilles d'Abydos*, compte-rendu *in extenso*, vol. I, 1895-96, p. 136, n. 1-6.

tout au moins le sentiment traditionnel de l'Égypte sur les monuments qu'il fouillait. M. Petrie n'a donc aucun droit à se poser comme le champion de la science.

Mais voici encore une erreur bien plus grave dans les plans de M. Petrie, qu'elle lui soit imputable personnellement ou qu'on doive en faire tomber la responsabilité sur M. Mace. M. Petrie dit qu'il a dirigé personnellement les travaux qu'il a fait faire au tombeau de Kkasekhemoui (Set et Horus) pour la partie sud de cette tombe, et que le reste de l'opération fut confié à M. Mace[1]. Or, en se reportant à la planche LXIII de son second volume, le lecteur trouvera que de la première partie du monument on pénétrait dans la seconde, à l'est et à l'ouest, par deux portes qui faisaient ainsi communiquer les deux parties. Or, ces deux portes n'existent pas, ou du moins n'existaient pas lorsque je déblayai ce tombeau : je me rappelle encore la surprise où je tombai avec tous mes ouvriers, quand nous vîmes que le mur sud de cette partie courait d'est en ouest sans aucune interruption. Il n'y a pas à dire que nous avons pu nous tromper : le crépissage du mur était entier sur la partie conservée, et il n'y a pas besoin d'être un savant architecte pour voir, il suffit de n'être pas aveugle. J'ai bien vu la porte qui coupait le mur du corridor est vers la fin de la tombe : pourquoi et comment n'aurais-je pas vu une porte qui aurait mis les deux parties de la tombe en communication, si elle eût existé? M. Petrie a dû trouver le mur tel que je l'avais laissé : comment l'a-t-il laissé à son tour? C'est une question qu'on est en droit de se poser? D'ailleurs à quoi eût servi la porte ouest, puisque les chambres ouest qui bordaient de ce côté la grande salle étaient murées? Les murs en terre de ces chambres, du côté est, touchaient le mur ouest de la grande salle en pierre; il n'y avait pas le moindre interstice; ces trois chambres étaient ainsi murées, comme dans le tombeau d'Osiris, les chambres A et D. Dès lors qui prend encore ici les intérêts de la science, c'est-à-dire de la vérité objective? qui se soucie de ne pas induire ses lecteurs en erreur? Et ce n'est pas tout; il y a quelque chose de beaucoup plus grave encore.

1. Fl. Petrie : *The royal tombs of the first dynasty*, II, p. 1.

J'avais entendu parler avant de connaître le livre de M. Petrie, de la découverte importante qu'il a faite de bijoux remontant à la plus lointaine époque : la lecture de son livre m'a éclairé sur ce point et je vais citer tout au long le passage où il en est question. « La plus importante découverte de cette année est celle de joyaux dans la tombe du roi Zer (Osiris), lesquels appartenaient à sa reine. Pendant que mes ouvriers nettoyaient la tombe, ils remarquèrent parmi les décombres qu'ils enlevaient un morceau de bras de momie (*a piece of the arm of a mummy*) avec toutes ses enveloppes. Il se trouvait dans un trou brisé (*a broken hole*) dans le mur nord de la tombe — le trou vu au sommet de la chambre près de l'escalier, pl. LVI des vues, n°s 3 et 4. Les quatre ouvriers qui le trouvèrent regardèrent à l'extrémité des linges et virent une large perle d'or, la rosette du second bracelet. Ils ne cédèrent pas au désir naturel de chercher plus avant et de l'enlever ; mais ils laissèrent le bras où ils l'avaient trouvé jusqu'à ce que M. Mace pût venir et le vérifier. Rien, sinon avoir obtenu la confiance complète des ouvriers et le paiement pour tout ce qu'ils trouvaient, n'aurait jamais pu faire qu'ils se comportassent de cette manière prudente en face d'articles de valeur. L'ayant vu, M. Mace dit aux ouvriers de le porter à nos huttes et je le reçus tel qu'il était, sans le moindre dérangement. Le soir, les plus intelligents de la troupe furent appelés pour assister à l'ouverture des linges, afin qu'ils ne pussent avoir le moindre soupçon que je ne m'étais pas conduit convenablement avec eux. Je coupai alors les linges qui servaient de bandages, et, à notre grande surprise, je trouvai les quatre bracelets d'or et de joaillerie (*the four bracelets of gold and jewellery*) dans l'ordre où ils sont représentés sur le bras dans la photographie centrale du frontispice...

« On peut par induction arriver à connaître en quelque sorte l'histoire du bras. Il n'avait certainement été vu par personne depuis le premier spoliateur (*sic*), ou l'or aurait été certainement enlevé. Et les spoliateurs qui brisèrent le corps de la reine doivent être venus plus tard que ceux qui creusèrent les trous dans les murs pour y chercher un trésor. Nous pouvons donc reconstruire l'histoire de cette façon. La toiture de la tombe s'était ruinée et avait laissé le sable passer à travers, sur le corps de la reine, avant que les premiers spoliateurs survinssent pour mettre à sac les trésors du roi. Ils firent des trous dans les murs en se tenant probablement sur un tas de sable, pour chercher les objets de valeur qui étaient cachés. Quand la tombe fut nettoyée, pour bâtir la châsse d'Osiris, au temps d'Aménophis III (car les plus anciennes offrandes sont de son temps, et il n'y en a pas même du temps de Thoutmès III), alors probablement le corps de la reine fut trouvé et brisé. Un ouvrier mit hâtivement cet avant-bras dans le trou fait dans le mur, et alors il eut tant de biens provenant du pillage qu'il s'en alla, ou périt encore dans une querelle. Ce trou semble n'avoir jamais été dérangé (*sic*) lorsqu'on bâtit l'escalier tout auprès ; et pendant plus d'un millier d'années les offrandes continuèrent d'être faites en cet endroit et les visiteurs passèrent à quelques pieds du bras sans le voir. Les Coptes alors détruisirent la châsse et tout ce qu'ils purent trouver, mais sans jamais toucher au bras. La *Mission Amélineau* nettoya la tombe, mais le bras resta toujours dans le trou. Enfin mes hommes virent l'or et le préservèrent avec tout le soin désirable, et ces bracelets seront maintenant conservés au musée du Caire, jusqu'à quelque future convulsion où ils pourront partager le sort qui n'accorde pas plus de quelques siècles d'existence à un trésor une fois connu[1]. »

J'ai voulu citer ce long passage afin que mes lecteurs puissent juger de la méthode de M. Petrie. Si jamais j'avais bâti un tel roman sur une de mes découvertes, on n'aurait pas eu assez de moqueries à déverser sur moi et sur mon œuvre. On aurait eu raison, car le roman imaginé par M. Petrie est de pure imagination et d'une imagination peu cultivée. Je vais le montrer. M. Petrie suppose d'abord que la tombe était couverte d'une toiture. Cela pouvait être jusqu'à un certain point pour les chambres, mais cela n'était certainement pas pour la cour qui était hypèthre, en ce temps-là comme encore de nos jours. Quant aux chambres, qu'elles fussent couvertes rien ne le prouve, car j'ai eu beau porter mon attention sur ce point, je n'ai jamais rien trouvé qui pût me le donner à penser et il n'y a certainement aucun témoignage des objets dans ce sens.

1. Fl. Petrie : *The royal tombs*, etc., II, p. 16-17.

C'est un premier point. En voici un second : comment M. Petrie croit-il donc que les squelettes étaient disposés dans les tombes qui entouraient ce tombeau central? Croirait-il qu'ils étaient déposés à terre, sur le sol nu, ce qui ne manquerait pas de scandaliser les âmes délicates, comme celle de M. Loret? Si le fait était réel, ce serait la première fois qu'on l'eût observé, témoin la quantité très grande de cercueils en bois de cèdre que contenaient ces tombeaux? Et de deux.

Sur ce squelette ainsi déposé à terre, le sable entrant par les trous de la toiture se serait accumulé de telle sorte qu'il l'aurait recouvert et que des spoliateurs, les premiers venus, seraient montés sur le tas de sable qui recouvrait le squelette, sans le briser et se seraient servis de ce piédestal improvisé pour creuser des trous dans le mur afin de rechercher des trésors. Mais alors il fallait que la couche de sable fût très épaisse, puisque les murs sont hauts de 2^m,57, 2^m,40 et de 2^m,56 respectivement. Première invraisemblance. Puis sous Aménophis III, on refait ou on fait l'escalier; comment M. Petrie sait-il que cet escalier date du règne d'Aménophis III ? A-t-il donc trouvé de grosses et larges briques, comme celles employées sous la XVIIIe dynastie et estampillées au nom de ce roi? Il n'y avait pas de briques estampillées; j'ai mesuré toutes les marches très exactement et minutieusement : nulle part je n'ai vu de ces grosses et larges briques, j'ai seulement vu des marches en terre battue où il n'y avait aucun interstice décelant une composition quelconque. Tout en haut de l'escalier il y avait en effet quelques grosses briques : comme je n'ai pas fait démolir l'escalier, je les ai considérées comme venant d'autre part et apportées par les spoliateurs qui en avaient entouré leurs travaux afin de ne pas être dérangés par la chute du sable. M. Petrie a peut-être fait ce que je n'ai pas fait, mais dans le cas le plus favorable à son observation, qui lui assure que ce n'est pas seulement une réparaiion au lieu d'être une construction ? Rien, mais il avait besoin de cette affirmation pour étayer sa théorie que la châsse d'Osiris — car c'est bien une châsse pour lui, et non plus une devanture comme pour M. Loret — a été faite sous Aménophis III, dans une tombe étrangère, comme l'avait dit M. Maspero, avec cette différence que M. Maspero la plaçait dans le tombeau d'Ouénéphès, le roi de la Ire dynastie, et que M. Petrie la place dans la tombe de Zer, qu'il identifie avec l'Athothis de la liste de Manéthon et le Téta de la table d'Abydos, second roi de la Ire dynastie. Mais cette théorie est une pure hypothèse qui ne repose sur aucun fondement, c'est une théorie lancée comme celle de la *nouvelle race* et qui sera ruinée comme la précédente. Et les ouvriers qui construisirent cette châsse, qui durent nettoyer le tombeau du sable qui l'encombrait, nettoyèrent simplement l'espace dont ils avaient besoin, sans s'occuper de nettoyer les chambres voisines où ils auraient trouvé la momie de la reine, femme de Zer, et cela au moment de l'instauration d'un culte qui devait attirer pendant mille ans — M. Petrie aurait pu doubler ce chiffre sans exagération — un si grand concours de fidèles. Seconde invraisemblance, plus grave que la première. Et de trois. D'après les détails que donne M. Petrie et d'après ce qu'il dit, le bras qu'il a trouvé aurait été un bras momifié. Ainsi dès le second roi de la Ire dynastie, on employait la momification. Je le veux bien; mais alors comment se fait-il que de tous les squelettes que j'ai trouvés et que M. Petrie a trouvés aussi ce soit précisément le seul qui ait été momifié et solidement embandeletté, puisqu'on a pu monter dessus sans le briser? Tous étaient en effet dans la position contractée, tous excepté ceux trouvés dans quelques tombeaux de la rangée sud, où l'on avait essayé l'emploi du natron, de telle sorte qu'on peut bien y voir les commencements de la momification, mais nullement un état aussi parfait de momification que l'accuse la découverte de M. Petrie. Or, s'il faut tenir compte des tenants et aboutissants, c'est ici le cas, ou jamais. Alors? Il en faut conclure que le bras de la momie n'appartenait pas à l'époque. Et de quatre. M. Petrie nous renvoie aux photographies qu'il a prises de la chambre et publiées. Je les ai attentivement considérées, et aussi les miennes, car j'en ai fait prendre cette année-là : je n'y vois rien de spécialement intéressant pour le sujet qui m'occupe : rien ne décèle la présence du bras que les ouvriers de M. Petrie y ont rencontré. Mes ouvriers n'étaient pas aussi fidèles que ceux de M. Petrie, je le veux bien croire; mais ils avaient d'aussi bons yeux et ils n'ont rien vu. Pourquoi? Probablement parce qu'il n'y avait rien. En tout cas, M. Petrie a perdu là une fameuse occasion de faire usage de son appareil et de prouver que le bras était bien dans trou : il aurait aussi bien impressionné l'objectif que la rétine des ouvriers. Il ne l'a pas fait : c'est ce que ne peut faire oublier le luxe de précautions prises pour le dépouillement des bijoux. Mais d'où provenait donc ce bras ? Je n'en sais rien; ce que je sais, c'est qu'il n'était pas dans la tombe, car cette chambre a été aussi minutieusement déblayée que les autres, par mes meilleurs ouvriers qui passaient le doigt dans les moindres ouvertures et qui n'ont rien vu. Puisque M. Petrie fait tant d'hypothèses, je peux bien en faire une : ces ouvriers si fidèles auront placé le bras en cet endroit, sûrs que M. Petrie, comme il l'a fait, leur donnerait autant d'or monnayé qu'il en faudrait pour faire le contrepoids. M. Petrie a été trompé, c'est ce qui me paraît le plus vraisemblable. Il l'a bien été d'autres fois et par ces mêmes ouvriers. J'ai entendu raconter par des égyptologues renseignés que M. Petrie avait bâti aussi tout un roman sur la fameuse salle à colonnes qu'aurait construite Aménophis IV à El-Amarna : je n'ai pu malheureusement le vérifier personnellement; si le fait est exact, nous avons ici le pendant à son premier roman. Pourquoi ne désigne-t-il pas aussi le mur dans lequel était le trou dont il parle ? C'est encore là un oubli malheureux. Je ferai observer à mes lecteurs que je ne porte aucune accusation contre M. Petrie, quoiqu'il en ait porté de terribles contre moi et qu'il soit allé jusqu'à me traiter de criminel[1]. Je réfute

1. Il sera bon de mettre sous les yeux des lecteurs la note par laquelle M. Petrie me traite si aimablement. « The last century has seen Napoleon's raids on artistic wealth, thefts from at least three national museums, the attempted burning of one great museum, the destruction of the gold in two provincials museums, and the entire wreck of everything in another important museum, without counting the booting and burning of the Summer palace at Pekin. Such are the chances that valuables suffer when known. The printed description distributed in all the libraries of the world will last for longer than most of objects themselves. *To leave important remains without any diffused record is a crime only exceeded by that of their destruction* ». (*The royal tombs*, II, p. 17, note 1.) Comme j'ai détruit, d'après M. Petrie, les monuments que je n'ai pas emportés et comme je n'ai pas publié, avant la date de ce second volume de l'auteur anglais, les objets que j'avais emportés, de ce double chef je suis criminel. Évidemment le jugement de M. Petrie est radicalement vicié par sa passion. Je porterai gaillardement ce jugement, assuré que les imbéciles seuls croiront un auteur aussi dénué de bonne foi que de politesse envers ses émules. Je n'insisterai donc pas ; mais je ne saurais laisser passer sans les remettre au point les phrases précédentes de M. Petrie. Les *raids* de Napoléon

seulement ces accusations par les meilleurs arguments qui sont en mon pouvoir.

M. Petrie est sujet encore à un autre reproche au sujet des fouilles qu'il a faites à Om el-Ga'ab. N'ayant point vu le site avant les fouilles que j'ai faites, il a cru qu'il lui était licite de donner aux collines diverses qui allaient vers la montagne un nom quelconque, sans faire aucune attention à la désignation par laquelle je les avais distinguées. Cependant, il est assez d'usage, je crois, que le second venu dans les explorations géographiques tienne compte des observations faites en premier lieu, ou tout au moins fasse connaître les raisons pour lesquelles il a cru ne pas pouvoir conserver la dénomination employée par son prédécesseur. Du reste, je n'avais désigné les sites que par deux mots : colline et plateau, ce qui était conforme à la réalité et ce qui ne gênait ou ne pouvait gêner personne. M. Petrie, étant venu en second lieu, ce qu'il ne peut me pardonner, s'est dit qu'il changerait tout cela et il n'a tenu aucun compte de mes dénominations, au risque et sans doute dans le but de tromper ses lecteurs. Je m'explique.

Le lecteur qui voudra se reporter au premier volume de cet ouvrage [1], verra que la nécropole d'Om el-Ga'ab était séparée de toutes les autres nécropoles particulières d'Abydos et notamment de la nécropole qui s'étend à l'ouest de la Schounet ez-Zebîb et de la partie de la nécropole du centre qui s'avance vers la montagne comme un cap et qui se termi-

(M. Petrie pensait sans doute au *Raid* de Jameson) sur la richesse artistique sont cités avec un grand bonheur : l'archéologue anglais aurait pu rappeler les vols de lord Elgin, nom qui doit lui être connu, qui n'avait pas ce qu'on appelle communément les droits de la victoire, mais qui de sang-froid, de propos délibéré enleva aux Grecs et à Athènes les sculptures du Parthénon qu'avaient respectées les Turcs eux-mêmes. Je ne crois pas que ces sculptures aient beaucoup gagné à être transportées, après le beau climat de Grèce, sous le climat humide et brumeux de Londres. L'exemple du Palais d'Été est aussi cité avec beaucoup d'à propos, car tout le monde sait que ce palais fut pillé et incendié par l'armée anglaise, avec le concours, l'excitation et l'exemple de ses chefs. M. Petrie aurait pu ajouter l'exemple récent qu'a donné le contingent anglais lors de la dernière expédition même où soldats et officiers se sont livrés au pillage le plus effréné et le plus honteux pendant que nos soldats veillaient sur les tombes royales pour empêcher toute profanation. En vérité on reste confondu devant tant d'outrecuidance et d'hypocrite pharisaïsme. M. Petrie connaît à ravir la méthode qui consiste à crier : *haro* sur ceux qui le gênent et à se donner à lui-même des lettres de béatification.

1. E. Amélineau : *Les nouvelles fouilles d'Abydos*, tome I, 1895-96; p. 57, seqq.

nait par le tombeau d'Aouapta. Il verra de plus que la nécropole d'Om el-Ga'ab s'annonçait par une première colline que j'ai fait bouleverser de fond en comble et dans laquelle il n'y avait pas un seul tombeau. M. Petrie aurait pu désigner ce premier site, comme je l'ai fait, par le nom de première colline ou butte, ce qui n'était pas compromettant; mais il a cru mieux faire en le désignant sous le nom *Hiqreshu*. Il en donne cette raison : « Quelques mots d'explication au sujet de la colline de Hiqreshu sont nécessaires. Elle est appelée « la première butte » par M. Amélineau; mais elle n'a aucun rapport avec les tombes royales. Les restes les plus anciens qu'on y a trouvés sont des fragments d'une tombe sculptée de la Ve dynastie, d'un homme nommé Emzaza. Après cela, rien n'y est daté avant la XVIIIe dynastie. A cette époque, avec l'intérêt revivant dans les tombes des rois, cette colline devient vénérée. Il est très probable que les ruines de la tombe d'Emzaza furent prises à tort pour une tombe royale[1]. » Il y a là deux erreurs et dont l'une est très malheureuse pour M. Petrie. D'abord, il n'y avait pas de tombe de la Ve dynastie, et s'il y avait les restes d'un monument au nom de celui que M. Petrie appelle Emzaza et qu'il traite dédaigneusement du nom d'homme, ce que je ne sais pas, ces restes se trouvaient là parce qu'on les y avait apportés comme offrande, quand on avait apporté le monument tout entier. Une tombe sculptée, même à la Ve dynastie, est assez volumineuse pour ne pas pouvoir causer de méprise, même à un auteur aussi peu au courant des choses de l'égyptologie que je le puis être aux yeux de M. Petrie. Comme il est vraisemblable qu'ensuite les Égyptiens, non pas le vil peuple, mais les autres, les hauts fonctionnaires, les pharaons eux-mêmes se soient trompés au point de prendre la tombe de l'*homme* Emzaza pour une tombe royale! Évidemment tous ces gens-là ne connaissaient rien à leur propres usages, ne savaient pas lire les inscriptions, ni surtout les comprendre, et il leur eût été nécessaire que M. Petrie se trouvât dès leur temps en Égypte pour leur expliquer tout ce qu'ils ignoraient et ce qu'il sait si bien, lui, quoiqu'il vive au xxe siècle de notre ère. M. Petrie ne pouvait savoir que j'ai trouvé une statuette d'un fonctionnaire d'Ahmès Ier, *Ranebpehti* : ce fonctionnaire exis-

1. Fl. Petrie : *The royal tombs of the first dynasty*, I, p 32;

tait sans doute avant Aménophis III. Cette statuette était dans les décombres au dessus de la tombe d'Osiris. La seconde erreur est un vrai mensonge, au moins objectivement, sinon subjectivement. M. Petrie a pu lire dans mon premier volume, car je le lui ai envoyé sur sa demande, que j'avais trouvé là la table du roi Ousortesen Ier, laquelle est un monument fort précieux pour l'histoire de l'Égypte, car elle permet de conjecturer que le passage de la XIe à la XIIe dynastie se fit pacifiquement ; il a pu de plus voir ce monument qui est de ceux qu'on ne peut s'empêcher de voir à cause de sa taille, et il ne craint pas d'affirmer qu'entre la Ve et la XVIIIe dynastie la première butte ne contenait pas un seul autre monument daté ! Vraiment, c'est se moquer du public et vouloir l'induire en erreur. Le but de M. Petrie en écrivant ces paroles, c'est de faire croire d'abord que le site était occupé par une tombe, celle du dit Emzaza, et ensuite que la tombe d'Emzaza ayant été considérée comme royale, les dévots y ont apporté des offrandes. En cela, M. Petrie montre qu'il ne connaît pas les coutumes égyptiennes : le culte des ancêtres auquel il fait allusion, sans le nommer, parce que c'est une théorie française d'origine, je dois le savoir, le culte des ancêtres, dis-je, était localisé dans chaque famille ; personne n'avait le droit d'y prendre part que les membres de la famille ou du clan. Alors que seraient venues faire les offrandes de Hiqreshu, d'Emzaza, du roi Ousortesen Ier, sans compter nombre d'autres ? Il faut une raison plus large pour rendre compte de ce concours général à Om el-Ga'ab, surtout des offrandes d'Ousortesen : ce concours et ces offrandes, dont ne rendent pas compte les pratiques du culte des ancêtres, annoncent le culte d'une divinité reconnue et aimée de tous, à savoir Osiris.

M. Petrie ne s'est pas même posé le problème qu'il tente cependant de résoudre à sa façon en disant que sous la XVIIIe dynastie il y eût un renouveau de dévotion pour les rois de la Ire dynastie. Où a-t-il vu pareille affirmation ? Je serais curieux de le savoir, ou plutôt je le sais bien : cette affirmation ne s'est fait jour que dans la tête de M. Petrie, et lorsqu'elle s'est casée en son cerveau, il l'a considérée comme irréfutable. M. Petrie prend le bon moyen de se faire une opinion arrêtée sur toutes les questions : il ignore de propos délibéré tout ce qui peut être contraire à son sentiment : on le lui a reproché récemment pour la question de l'écriture primitive [1], et je fais toucher du doigt ici le vice voulu de sa méthode ; vraiment ce n'est pas à son honneur. Comment se serait-il préoccupé en outre de ces milliers, de ces millions de petits vases rouges que M. de Morgan a trouvés à Daschour dans les tombes des rois de la IIIe dynastie ? Ces vases sont trop petits et trop vils pour arrêter un seul moment la pensée d'un homme tel que M. Petrie, surtout quand ils sont défavorable à la thèse qu'il soutient. Il aime beaucoup mieux présenter les hypothèses, fruit de son imagination en travail : cela lui est plus facile et il n'aura pas la peine de réfuter les objections qui s'élèveront d'elles-mêmes contre lui. En vérité, c'est un moyen commode ; mais, je le demande à M. Petrie et à tous nos confrères, est-ce bien un moyen scientifique ?

Cette abstention volontaire et ce cantonnement dans ce qu'il croit avoir découvert ont mené M. Petrie dans d'autres erreurs énormes. Ainsi pour le tombeau de Ménès : ce tombeau a été identifié avec celui que M. de Morgan a découvert à Neggadeh par M. Borchardt et M. Maspero, sur la lecture du signe *men* 𓏠, qu'ils ont lu dans le plan d'une salle, gravé sur une tablette d'ivoire ; depuis, M. Naville dans un article dont j'ai déjà parlé et sur lequel je reviendrai bientôt, a démontré que ce signe 𓏠 s'applique à la salle et ne saurait être le nom d'un roi. C'est aussi ce que montre la tablette d'ivoire complète publiée dans le volume précédent que M. Petrie ne pouvait connaître ; mais il connaissait le travail et la démonstration de M. Naville. Il ne mentionne ni l'un ni l'autre, il saute par-dessus parce que cela pourrait déranger sa petite théorie. Cependant il se trouve embarrassé par la dualité du tombeau de Neggadeh et du tombeau d'Abydos qu'il attribue tous les deux à Ménès, sans avoir l'air de se douter qu'un seul était suffisant. Il dit à ce sujet : « Ici une question se pose : Comment se fait-il que les objets d'Aha soient si abondants en Abydos quand sa tombe a déjà été trouvée à Neggadeh ? Où était sa tombe ? A Neggadeh ou à Abydos ? Mais à Neggadeh on a trouvé plusieurs tablettes d'ivoire de colliers,

1. Weill : *La question de l'écriture linéaire dans la Méditerranée primitive* (*Revue archéologique*, 1903, I, p. 223-224).

mentionnant le nombre des pierres et avec le nom de Neit-hôtep au dos. Ces colliers appartenaient probablement à une reine de Ménès. Et si nous devons décider d'une tombe que c'est celle de Ménès et d'une autre que c'est celle d'une personne en rapport avec Ménès, ce serait à Abydos que serait la tombe d'Ahâ, où se trouvaient plusieurs tablettes mentionnant les offrandes qui lui furent faites; et ce serait la tombe avec les colliers de Neit-hôtep qui serait celle d'une reine. De plus, il est beaucoup plus vraisemblable qu'une tombe dans la grande série des tombes royales puisse être celle du roi, et qu'une tombe séparée dans une autre nécropole ait pu être pour sa reine.

« De là il semble que les faits maintenant connus montreraient que Ahâ-Ménès fut enterré dans la royale série à Abydos, et que la tombe de Neggadeh était celle de sa reine Neit-hôtep enterrée naturellement avec les vases et les objets appartenant au roi ; de plus, il ne semble pas improbable que l'un des sceaux trouvés dans cette tombe doive être lu « l'esprit de Neit-hôtep », *ba Neit-hôtep* et soit le nom propre de la reine »[1].

Il faut avouer que M. Petrie sait tirer un parti fort avantageux des reines qu'il rencontre sur son chemin. Nous avons déjà vu plus haut que l'avant-bras de momie qu'il dit avoir trouvé dans le tombeau d'Osiris a été attribué par lui à la momie de la femme du roi qu'il appelle Zer; ici il connaît par son nom la femme de Ménès et prononce que *probablement* le tombeau de Neggadeh était celui de la reine *Neit-hôtep*. Pourquoi? parce que M. Morgan a trouvé à Neggaddeh de petites plaquettes d'ivoire où d'un côté on lit ces deux mots, et de l'autre des chiffres. Pour lui, sans aucun doute, mais aussi sans aucun fondement, ces deux mots sont le nom de la reine, et les chiffres indiquent le nombre de pierres qu'elle avait à un collier. Rien n'est plus simple, et l'on ne saurait méconnaître que l'imagination de M. Petrie est fertile en expédients. Mais j'ai trouvé aussi à Abydos de semblables plaquettes avec les deux mots *Neit-hôtep* et des chiffres, le lecteur se le rappellera sans doute. Alors? Alors, dirait M. Petrie, ces chiffres signifient que

1. Fl. Petrie : *The royal tombs of the first dynasty*, II, p. 4.

le collier de la reine Neit-hôtep qui était à Neggadeh avait tant de pierres à Abydos ! Mais M. Petrie croirait-il qu'il n'y avait que les reines qui portaient des colliers ? n'aurait-il jamais vu de personnages qui sont chargés de colliers et de bracelets ? Évidemment il les a vus, mais il l'oublie volontairement, parce que ce souvenir le gênerait dans l'exposition de sa théorie. De plus si les deux mots Neit-hôtep sont le nom de la reine, d'où vient que sur tous les exemples de ce nom il n'y ait jamais le déterminatif ? Serait-ce un privilège de cette reine ? Toutes les stèles de femmes que nous connaissons de cette époque ont le déterminatif de la femme. Si ce déterminatif ne se trouve pas après les deux mots Neit-hôtep, c'est sans doute que les deux mots en question ne sont pas le nom de la reine, pas plus que le nom de *double* Ahâ n'est le nom du roi Ménès. Et alors la question de l'attribution des deux tombeaux reste entière.

En effet, selon M. Petrie, le tombeau de Ménès serait le tombeau immédiatement voisin de la grande colline, c'est-à-dire sous la quatrième butte selon ma classification. Il était précédé des tombeaux des deux autres rois Narmer et Sma que M. Petrie place parmi les Préménites. Comme le tombeau de la grande colline est indubitablement celui d'Osiris, il faudrait pour qu'il en fût ainsi que le plus ancien des deux rois Préménites ait placé son tombeau le plus loin du tombeau d'Osiris pour laisser la place à Ménès. Mais j'ai trouvé dans les tombes de ce plateau qui s'étendait entre la première et la seconde butte les monuments d'Ahâ que j'ai publiés dans mon premier volume ; comment serait-ce possible d'après la théorie de M. Petrie ? De plus j'ai trouvé le nom de Narmer près des tombes de Qâ et de l'autre roi enterré à côté de Qâ et que M. Petrie appelle Mersekha. Par conséquent, les uns et les autres étaient bien des tombeaux qui leur sont assignés. Je pourrais apporter ici d'autres arguments, mais ils seront mieux à leur place dans le chapitre où j'examinerai les noms de rois soudainement apparus à la lumière dans et après mes fouilles ; mais dès ce moment il reste prouvé que le tombeau d'Ahâ ne peut être présenté comme se trouvant à la place que lui assigne M. Petrie, et que vraisemblablement les autres tombes ne sont identifiées que d'après son bon plaisir. Il faudrait vraiment quelque chose de plus.

J'arrêterai ici les réflexions que j'ai à faire présentement sur les publications de M. Petrie; je le retrouverai dans le troisième chapitre de ce volume où j'aurai à examiner l'ordre chronologique dans lequel il range les rois découverts, et nous retrouverons encore malheureusement la même méthode et la même assurance. Dès à présent, je dois faire observer que les théories de l'archéologue anglais ne reposent sur rien de solide, que la seule imagination en a fait les frais et qu'il reste à donner les preuves. Avec la méthode qu'il emploie il en doit être ainsi.

M. Naville a publié dans le *Recueil de travaux* que dirige M. Maspero trois articles sur la question qui m'occupe, le premier dans le volume XXI, le second dans le volume XXIV et le troisième dans le volume XXV. Le premier est consacré à réfuter l'attribution de la tablette de Neggadeh à Ménès, comme l'avaient admis M. Borchardt et M. Maspero. J'ai déjà reproduit en partie dans le volume précédent, les principaux arguments de M. Naville et je les ai corroborés par d'autres empruntés à la tablette que j'ai trouvée dans un des tombeaux avoisinant celui d'Osiris. Je trouve que M. Naville a parfaitement raison dans sa thèse relative à la tablette de Neggadeh, mais je ne saurais souscrire à ses arguments et à ses identifications pour quelques-uns des noms royaux, surtout à sa conclusion que ces rois et leurs monuments appartenaient aux trois premières dynasties historiques. Je donnerai plus loin mes raisons dans le troisième chapitre de ce volume.

Le second article de M. Naville est plus spécialement consacré aux rois dont les tombes ont été trouvées à Om el-Ga'ab et il est destiné à réfuter les théories de M. Petrie. M. Naville, après avoir cité le texte de l'inscription dédicatoire du temple d'Abydos donne son opinion arrêtée sur les monuments d'Abydos. « Nous n'hésitons pas à l'affirmer : il n'y a pas de rois antérieurs à Ménès, certainement pas à Abydos[1] ». A preuve, la liste des rois gravée dans un couloir du temple d'Abydos : « Il est peu probable que les scribes qui l'ont composée eussent à leur

1. E. Naville : *Les plus anciens monuments égyptiens*, II, p. 4 du tirage à part.

disposition des annales bien en ordre, pour ces époques reculées auxquelles on faisait remonter les origines de l'Égypte. Les documents auxquels ils auront eu recours, ce sont les vieux sanctuaires et les tombes que le roi faisait restaurer. Ils auront lu sur les tablettes qui s'y trouvaient, sur les vases, et sur un grand nombre d'objets qui ont péri depuis, les noms de ces mêmes rois dont la tradition leur donnait la suite. Dans ces conditions, on se demande quelle raison ces scribes pouvaient avoir pour ne pas commencer par le premier, pour ne pas mettre en tête de leur liste celui qui était considéré comme le plus ancien roi historique. Si des princes précédents avaient eu à Abydos leurs sanctuaires ou leurs tombeaux, on ne saisit pas pour quel motif on les aurait passés sous silence[1] ». Pour M. Naville, les monuments rencontrés à Om el-Ga'ab sont des sanctuaires, et non pas des tombes, aux noms des anciens rois : « M. Amélineau, il est vrai, nous parle de squelettes qu'il y a trouvés ; mais, en regard de tant d'objets de nature variée, lorsque, suivant M. Petrie, on pénètre dans des chambres intactes, comment se fait-il que les débris du mort, les ossements soient en si petite quantité[2] » ?

Il faut espérer que M. Naville, après avoir lu le volume précédent, ne trouvera plus que les ossements étaient en si petite quantité, puisque sur les 81 tombes fouillées en la troisième année et qui environnaient celle d'Osiris, il y avait des ossements ou des cercueils dans presque toutes. Par conséquent, si M. Petrie affirme que les ossements étaient rares, c'est une erreur de sa part, et une preuve qu'il n'a pas fouillé aussi méthodiquement que le croit M. Naville. En outre, M. Naville confond les tombes royales et les tombes particulières : les premières étaient composées d'une série d'appartements divers, de greniers, etc.; les autres ne consistaient qu'en une seule chambre, à peu près comme dans la vie réelle. Or, on ne pouvait évidemment trouver des squelettes dans celles des chambres de la tombe royale qui étaient spécialement consacrées aux approvisionnements royaux. De là vient que pour une tombe royale comprenant plusieurs appartements on ne trouvait d'os-

1. *Ibid.*, p. 4.
2. *Ibid.*, p. 2.

sements que dans une seule, témoin le tombeau de la deuxième année, où il y avait seulement deux squelettes pour un ensemble de plus de 60 chambres dont chacune avait sa destination particulière, comme cela ressort des objets qui y ont été trouvés. Par conséquent, si Séti Ier distingue entre les [hiéroglyphes] et les [hiéroglyphes], ce n'est pas dans le sens que M. Naville attribue à ces expressions; c'est au contraire qu'il y avait deux sortes de monuments funéraires, les simples tombes [hiéroglyphes] et les tombes qui étaient de véritables « châteaux », si on peut employer cette expression en semblable cas, c'est-à-dire des tombes construites avec plus de recherche architecturale, comme la tombe d'Osiris, celle de Set et Horus (Khasekhemoui), celle du roi Serpent, de Den, peut-être de Qâ et de l'autre roi enterré près de lui, et certainement celle de Perabsen. Quant à la question de savoir si les auteurs de la table d'Abydos se sont servis de documents qui leur faisaient connaître la suite des rois égyptiens à partir du premier roi qui monta sur le trône, on peut répondre par la négative tout aussi bien que par l'affirmative, de prime abord. Si l'on prend le papyrus de Turin dans lequel les dynasties sont nettement séparées les unes des autres, les règnes distingués par le nombre des années, des mois et des jours, et cela à partir de Ménès, on est bien obligé de convenir que les Égyptiens avaient de semblables documents à leur disposition, et qu'ils n'ont point dû chercher les noms de ces antiques souverains dans leurs tombes ou sur leurs stèles. D'ailleurs Manéthon travailla sur de semblables documents, et il mentionne expressément qu'il n'a pas eu à se préoccuper des mânes qui régnèrent avant Ménès[1]. Si l'on pouvait rejeter les textes embarrassants sans autre raison, il faudrait rejeter tous les textes en bloc, et il n'y aurait plus aucune certitude en histoire où la certitude objective est déjà si rare. Quand un texte porte en lui-même les traces d'une interpolation, d'une exagération manifeste, on peut et on doit en rejeter le tout ou certaines parties; mais si l'on soumet tous les textes à une hypercritique purement subjective, il

1. Manéthon, éd. Fruin, p. 16 et 18.

ne restera bientôt plus rien. Par conséquent, qui peut affirmer à M. Naville que les auteurs de la liste d'Abydos n'ont pas agi comme devait agir Manéthon? Personne. Par conséquent, quand on trouve de nouveaux noms de rois que l'on ne connaît pas, que l'on ne sait où placer, la peine que l'on prend pour les identifier le montre assez, car cette peine reste sans succès, la première chose que l'on doit faire, ce me semble, est de recourir aux listes officielles, de voir si ces noms se trouvent dans ces listes, et, s'ils ne s'y trouvent pas, on peut bien penser, sans s'attirer les foudres de ceux qui pensent autrement, que ce sont les noms des rois que Manéthon n'a pas crus dignes d'entrer dans son canon. Car enfin, si Ménès est le premier roi historique, il faut bien se dire qu'il y en a eu d'autres avant lui, et si quelqu'un doit connaître l'histoire égyptienne, ce sont les Égyptiens eux-mêmes, bien qu'ils se fissent de l'histoire une autre idée que celle que nous nous en faisons. Enfin l'uniformité des tombes — sont-elles aussi uniformes que M. Naville veut bien le dire? — est une preuve, avec leur simplicité, qu'elles sont anciennes, que la maison humaine à l'époque qu'elles représentent, était aussi simple que possible, quoique celles des riches et des rois se distinguassent déjà par une recherche artistique. L'idée de bâtir sa tombe avant sa mort n'est pas tellement inouïe en Égypte que M. Naville ne puisse la retrouver et, quoique j'aie été peut-être le premier à m'élever contre la généralité absolue du cas il y a eu cependant certaines tombes qui ont été entièrement bâties, ou partiellement, avant la mort de l'occupant[1].

La thèse générale de M. Naville me semble donc mal assise et peu conforme à la réalité. Les tombes d'Abydos étaient bien des tombes royales, appartenant à deux catégories, et non des sanctuaires où l'on rendait hommage à un dieu, ou plutôt elles étaient à la fois l'un et l'autre, et il faut renoncer à l'espoir de retrouver les tombes de ces anciens rois ailleurs qu'à Om el Ga'ab, puisqu'on les a déjà rencontrées. Je passe maintenant aux détails. Je suis tout à fait de l'avis de M. Naville lorsqu'il dit que certains mots gravés sur des vases comme ,

1. E. Amélineau, *Histoire générale de la sépulture et des funérailles en Égypte*, I, p. 50-55 et sqq.

ne doivent pas être pris comme des noms de rois, ou comme des noms de reines, selon le besoin, comme fait M. Petrie : agir ainsi est de la pure fantaisie et non de la science. De même les mots [hiéroglyphes] peuvent bien désigner une offrande liquide, quoique les déterminatifs des deux corbeilles soient un motif suffisant pour penser à autre chose[1]. Aussi si M. Petrie n'a pas de raison plus sérieuses à donner, il faudra bien passer condamnation sur ce roi *Djeser*. J'examinerai cette question au troisième chapitre de cet ouvrage et je puis dire déjà que je suis complètement de l'avis de M. Naville.

M. Naville en veut surtout aux rois que M. Petrie a rangés dans la « dynastie zéro. » Tout d'abord le roi *Ka* [hiéroglyphe]. « Dans tous les exemples cités de ce prétendu roi, il est clair qu'il ne s'agit que de [hiéroglyphe], la maison du *Ka*, et l'on ne soutiendra pas que le signe [hiéroglyphe] ou [hiéroglyphe], qui se trouve si souvent sur des vases de pierre ou de poterie, soit un nom de roi. Écartons donc d'emblée le roi [hiéroglyphe][2]. » M. Naville n'aurait sans doute pas écrit ces lignes, s'il eût eu connaissance du troisième volume de M. Petrie intitulé *Abydos*, car dans les premières planches de ce volume, le nom de ce roi placé dans le rectangle est surmonté de l'épervier. Or, cet épervier surmontant la maison funéraire est le signe qui doit servir de pierre de touche en cette question ; tout nom royal considéré comme placé dans le rectangle, sans être surmonté de l'épervier, doit être rejeté, à moins qu'on ait des exemples ou un exemple que le même nom est surmonté du signe de Horus. M. Petrie l'a oublié bien des fois, mais pour ce cas, il a raison de considérer ce nom comme royal, qu'il doive, ou non, se dire *Ka*.

M. Naville examine ensuite le cas de *Sma* ou *Sam*, et il montre que ce prétendu roi n'a jamais existé, : je suis de son avis. Puis c'est le tour de Narmer qu'il identifie avec le [cartouche] de la liste d'Abydos. Dans le premier de ses articles, il avait déjà indiqué cette identification comme possible ; dans celui-ci, il regarde l'identification comme assu-

1. E. Naville, *Les plus anciens monuments égyptiens*, II, p. 5 du tirage à part.
2. M. Naville écrit 51 et 52 : il y a une faute d'impression qui lui aura échappé.

rée. « Les dernières fouilles de M. Petrie, dit-il, nous ont donné la solution vraie. Les cylindres 91 et 92 (II, pl. XIII) nous ont appris que le nom tel qu'il se rencontre d'ordinaire, composé du poisson et du ciseau, est la réunion de deux noms différents, le nom de double, et le prénom que j'appellerai nom de cartouche, le premier se composant du poisson seul, le second du ciseau seul. Il en est comme du nom que j'ai trouvé à Bubaste , et comme celui de Pépi[1]. Le nom de , c'est le poisson, le nom de , c'est qui, sur les cylindres, est identique ou déterminatif du nom de et à ces instruments plantés dans un morceau de bois qui, dans les textes des pyramides, déterminent le mot . Je ne vois donc aucune raison pour ne pas reconnaître dans le roi le βωηθός de Manéthon, le premier roi de la IIe dynastie[2] ». Il est bien certain que les deux cylindres en question, tels que les a publiés M. Petrie, ne contiennent dans l'intérieur du rectangle que le signe que l'on a lu *nar*, quoiqu'il n'ait pas le moins du monde l'apparence que les Égyptiens donnait au poisson *nar*. Il est non moins certain que dans le rectangle contenant le premier signe, il y a l'autre signe répété trois fois sous la largeur du rectangle, ou tout au moins un signe apparenté. Cela suffit-il pour en tirer les conclusions que M. Naville en tire ? Je ne le crois pas : tout d'abord dans les monuments gravés, où l'on a apporté beaucoup plus de soin à la gravure que sur les cylindres en bois ayant servi à mettre en relief les signes gravés primitivement en creux, le signe est placé entre les deux portes , si bien que j'ai cru longtemps que c'était un troisième signe semblable, équivalant aux trois portes qui sont sur les façades de certains murs dans les tombes de l'Ancien Empire. Ces gravures ont été faites dès les temps les plus anciens et il n'y a aucune raison pour leur assigner une époque postérieure à celle des inscriptions sur les cylindres qui couvraient les jarres. Les signes de plus sont inconnus par ailleurs, sauf le second, s'il est

1. E. Naville, *Bubastis*, pl. XXXII, *D*, et Lepsius : *Königsbüch*, 25 *d*, 25 *g*.
2. E. Naville, *Les plus anciens monuments égyptiens*, II, p. 6 du tirage à part.

identique avec le signe qui termine le nom de [hiéroglyphes], ce qui est loin d'être certain. Serait-il le même, qui peut assurer à M. Naville qu'il faille y voir un nom de royauté, comme il le dit? Rien, ce signe étant évidemment employé ici comme ornement; car, s'il en était autrement, à quoi bon répéter le nom de royauté onze ou douze fois quand le nom de *double* est seulement répété trois fois? M. Naville cite l'exemple qu'il a trouvé à Bubaste : mais, où y a-t-il un nom de *double* suivi du nom de royauté, puisque le nom de cartouche du roi qu'il cite, à savoir Ousortesen III est totalement différent? Le nom de *double* d'Ousortesen III est [hiéroglyphes], et le nom de cartouche est soit [cartouche], soit [cartouche]; je me demande dès lors ce que ces noms ont à faire avec [hiéroglyphes]. Je ne vois nul moyen de les comparer. Par conséquent cet argument *a pari* n'a aucune valeur en l'espèce; par conséquent l'identification proposée par M. Naville ne soutient pas un examen sérieux; par conséquent *Narmer* n'est pas à identifier avec βοηθός, le premier roi de la IIe dynastie manéthonienne. M. Naville est tombé ici sans y prendre garde dans la même erreur qu'il reproche justement à M. Petrie.

Dans le paragraphe qui suit, M. Naville dit : «Dans ses identifications, il est un fait que M. Petrie n'a pas pris en considération : c'est que, si nous passons en revue les noms des rois bien connus, bien établis, que nous avons au complet, nous remarquerons que, jusqu'à Ousortesen II, le nom du double et le nom de [hiéroglyphes] *nebti*, que j'ai appelé ailleurs nom de diadème, sont toujours identiques. Je ne veux pas dire qu'il faille en faire une règle qui ne souffre pas d'exception; mais il serait étrange que tous les rois de l'Ancien Empire, dont les noms et les titres ne font pas question, se fussent conformés à cet usage, s'il n'y avait pas là une tradition bien établie, et, de fait, à Abydos, pour l'un des anciens rois [hiéroglyphes], dont les monuments sont catégoriques, la règle trouve son application. C'est là une des raisons qui m'avaient fait rejeter l'assimilation de [hiéroglyphes] avec le double [hiéroglyphes]. Maintenant encore, je ne crois pas que [hiéroglyphes], dans ce cas, soit le nom de Ménès, qui aurait eu pour double [hiéroglyphes].

« Il est encore un autre fait, qu'il importe de mettre en lumière ; c'est le grand nombre de cas où , surmontant un nom propre, est précédé lui-même de , sans doute pour nous indiquer que le nom en question est bien un nom royal, et non pas un nom propre quelconque, formé avec , comme il y en a un bon nombre. Aussi je n'hésite pas à me ranger à l'idée que que je lis est bien un roi, mais non pas le roi Semempsès. Car est un nom de *nebti* ou de *ka*, ce n'est donc pas celui que nous donne la table d'Abydos. Un fragment de vase publié par M. Sethe, nous indique à quel cartouche il faut le rattacher, c'est celui de , le de la liste. Puisque est un nom de *nebti*, il doit être associé à un nom de , de cartouche, et non à un nom de double, qui serait identique. Aussi le rapprochement de , que M. Petrie lit Shemsu, avec Mersekher me paraît-il erroné[1] ».

Le fait que mentionne M. Naville est vrai pour les rois Ranouter, Snefrou, Khéops, Djeser, Pépi I, Merenra, Pépi II, les Mentouhotep de la XIe dynastie et les trois premiers rois de la XIIe. Le nom de *double* est le même pour le nom de *nebti*, comme dit M. Naville, et encore le nom d'épervier d'or. Ce n'est qu'à partir d'Ousortesen II qu'on rencontre pour les deux derniers des noms différents du premier. Pour les autres, dans l'intervalle de Snefrou à Ousortesen II, si l'on n'a pas encore rencontré le nom de vautour et d'uræus, ou *nebti*, ou le nom d'épervier d'or, il serait puéril, je crois, de nier que sans doute les rois pour lesquels on n'a pas trouvé ces noms avaient suivi l'exemple des rois pour lesquels on l'a trouvé. Nous sommes donc en présence d'un fait grave, que M. Naville a expliqué conformément à sa manière de voir, et, puisqu'on ne saurait le nier, il reste à examiner s'il n'est pas possible d'en donner une explication autre que celle de M. Naville. Je crois que cela est possible. C'est ce que nous allons voir en repassant les rois qui ont ces titres.

Tout d'abord Djeser dont le nom de *double*, de vautour et d'uræus est

1. E. Naville, *Les plus anciens monuments égyptiens*, p. 6-7, du tirage à part.

, sans nom d'épervier d'or ; Snefrou dont le nom de *double*, de vautour et d'uræus est : la manière dont ces titres son arrangés dans son cartouche est suggessive, car ce cartouche les comprend ainsi : , d'où en raisonnant comme ceux dont je combats les théories, on pourrait conclure que les noms de *double*, d'uræus, de vautour et le nom de royauté étaient les mêmes, à savoir *nebmat*, tandis que le nom d'épervier d'or était Snefrou. Khéops a pour nom de *double* , pour nom de royauté, d'uræus et de vautour les mêmes hiéroglyphes et son nom de Khoufou est suivi du groupe hiéroglyphique de deux Horus sur le signe de l'or. Il nous faut maintenant sauter jusqu'au règne de Pepi Ier de la VIe dynastie. Le nom de double de ce roi est ainsi écrit : , puis le reste du protocole donne : . Ainsi dans cet exemple le nom de *double* est Meritaoui; le roi est : Roi de la Haute et Basse Égypte, le vautour de la Haute Égypte, l'uræus de la Basse Égypte *Mer-Khat* Merira ; d'où l'on peut voir que le mot *meri* constitue l'élément principal de tous ces noms que modifient les autres mots ajoutés, mais sur un monument de Hammamât ces noms sont ainsi écrits[2] : d'où l'on peut voir que c'est le Horus Meritaoui nom de *double* qui est appelé fils de Râ qui donne la vie éternellement; que le nom d'épervier d'or, de vautour de la H.-É. et d'uræus de la B.-É. ont la même appellation : *Merikhat*, et sont immédiatement suivis du nom de Pepi qui donne la vie comme Râ ou qui vit comme Râ, et que le nom de royauté vient en dernier lieu. Une autre inscription de la même vallée donne le même ordre[3], et ce n'est pas par erreur comme le

1. J. de Morgan, *Recherches sur les origines de l'Égypte*, I, 235, stèle de l'Oaudy Maghara (Sinaï).
2. *Ibid.* ; cf. J. de Morgan, *Recherches sur les origines de l'Égypte*, II, p. 236.
3. Lepsius, *Denkmäler*, II, 115 c.

prouvent les mots placés après le . Après Pépi Ier, Sokarimsaf Mehtemsaouf. Ce roi emploie le même nom comme nom de *double* et de vautour uræus.

Le nom de *double* est écrit et l'épervier est coiffé des deux couronnes rouge et blanche. Puis vient , et du côté gauche, du côté droit de l'éper vier. Ici le nom de royauté et d'épervier est Merenra et le nom de vautour-uræus Onékh-khâou est immédiatement suivi du nom de royauté, comme le cas avait eu lieu pour Pepi Ier. Après Sokarimsaf vient Pepi II. Dans le Ouady Maghara, au Sinaï, on a gravé en son som une stèle où le nom de *double* est écrit à l'intérieur du rectangle avec le nom de royauté, ainsi qu'il suit : et le nom de royauté est suivi du nom d'épervier d'or ou triomphateur : [1]. Ici encore le nom d'épervier triomphateur est le même que le nom de royauté, et ce nom de royauté est simplement ajouté au nom de *double*. Il nous faut encore faire un saut considérable à travers le temps afin de trouver un nouvel exemple, car nous n'en trouverons un autre qu'à la XIe dynastie. Dans tous les exemples précédents, on peut constater un progrès dans la formation du protocole royal : le nom d'épervier d'or ou d'épervier triomphant est autre que le nom de *double*, que le nom de vautour et d'uræus et que le nom de royauté : seul le nom de vautour et d'uræus, qui est remplacé parfois par la seule mention de est le même que le nom de *double*.

Plusieurs des Mentouhôtep de la XIe dynastie sont dans ce cas; voici les inscriptions qui les regardent : 1° ; 2° ; 3° ;

4° [1]. D'où l'on peut voir que le Horus *Nebtaoui* est le vautour uræus *Nebtaoui*; que l'épervier (ou les dieux) triomphant et le roi se nomment Rânebtaoui, ce qui est à peu de chose près le nom de *double* et de vautour-uræus; pour le second, les noms de *double* et de vautour-uræus sont les mêmes, *Samtaoui*; les noms d'épervier d'or et de royauté sont aussi les mêmes, Ranonebkhe-rou(?) et enfin vient dans les deux exemples le nom de Fils du Soleil, Mentouhôtep; pour le troisième le nom d'épervier et de vautour-uræus sont également les mêmes : *Nouternefer* et le nom de royauté est *Neb hôtep* avec le nom de fils du soleil Mentou hôtep ; pour le quatrième les noms de *double* et de vautour-uræus sont les mêmes, *sonekh-taoui*; les noms d'épervier d'or et de royauté sont également les mêmes *Rasonekhka* et nous savons par ailleurs que roi est un Mentou-hôtep le dernier de ce nom[2]. On voit qu'ici encore les noms de *double* et de vautour-épervier sont les mêmes ; que les noms d'éper-vier d'or et de royauté sont presque identiques aux précédents et qu'ils n'en diffèrent que par l'adjonction d'éléments nouveaux, sauf pour l'exemple second où ces noms sont formés d'éléments différents, et qui montre la tentative première pour sortir de la coutume; au quatrième exemple c'est chose faite et les deux sortes de noms sont bien tranchés.

A la XIIe dynastie nous trouvons que le changement s'accentue et au règne d'Ousortesen II le protocole est complet. Pour les trois premiers rois de cette dynastie nous avons le protocole au complet. Pour Amenem-hât Ier, il est composée de la sorte :

[3]. Pour Ousortesen I : [4]Pour Amen-

1. Lepsius, *Denkmäler*, II, 149-150.
2. E. Amélineau, *Les nouvelles fouilles d'Abydos*, I.
3. Lepsius, *Denkmäler*, II, 118.
4. *Ibid.*, II, 121.

nemhât II avec le protocole suivant : [1]. On voit que pour le premier de ces rois les trois premiers noms de *double*, de vautour-uræus et d'épervier d'or sont les mêmes suivant la tradition presque générale ; le nom de royauté est composé d'éléments tout différents où pas un signe des autres noms ne trouve place; que pour le second, c'est également la même chose; pour le troisième les noms de *double* et de vautour-uræus sont seuls les mêmes, le nom d'épervier d'or est complètement différent ainsi que le nom de royauté. Avec Ousortesen II les quatres noms sont différents et le protocole est complet.

Telles sont les diverses étapes qu'a parcourues la formation du protocole royal égyptien. Qu'en conclure? Que les trois noms de *double*, de vautour-uræus et de royauté étaient d'abord les mêmes; que progressivement on ajouta un quatrième nom, le nom d'épervier d'or ou de Dieu triomphateur, comme il est écrit aussi, et ce quatrième titre est représenté par le même nom, malgré une tentative faite sous l'un des Pépi pour innover; que plus tard, le nom de royauté se sépara des autres, associé parfois avec le nom d'épervier triomphant et qu'enfin les deux seuls noms de *double* et de vautour-uræus restent semblables jusqu'au moment où Ousortesen II donne à chaque titre un nom particulier qui, malgré quelques tentatives des rois de la XIIIe dynastie, autant qu'on en peut juger par des monuments frustes [1], sera employé jusqu'à la fin de l'empire égyptien. Il me semble donc qu'étayer une théorie sur un semblable fait et en tirer des identifications, comme le fait M. Naville, est quelque peu hasardé ; car, de même que les rois historiques de l'Égypte se sont contentés de deux noms d'abord, puis de trois avant d'arriver à quatre, puis à cinq, il se pourrait tout aussi bien qu'il se fussent à l'origine contentés d'un seul nom. Sur un des cylindres qu'a trouvés M. Petrie [2], le roi qu'on a identifié avec Semempsès a son nom précédé seulement de , c'est-à-dire du nom de vautour-

1. Lepsius, *Denkmäler*, II, 124.
2. Flinders Petrie : *The royal tombs of the first dynasty*, I, XXXVIII, 72.

uræus, preuve évidente que même le nom propre de roi pouvait seulement être précédé de ce nom, sans les titre de royauté. Je sais bien que M. Naville dit que le nom est un nom de *nebti* ou d'uræus-vautour parce qu'il vient après les signes [hiéroglyphes] et qu'il trouve le nom de royauté dans les signes précédents, à savoir [hiéroglyphes] qu'il identifie avec Setoui-Ousaphaïs, mais alors comment se fait-il que le nom de royauté précède le nom de vautour-uræus? C'est le contraire qu'il faudrait; d'où nous pouvons conclure que le nom de Sétoui, s'il faut le lire ainsi, ou Septi est différent de Semempsès ou Semenpetah, comme lisent la plupart des égyptologues. La règle posée par M. Naville se retourne donc contre lui-même, quand on examine les divers cas qui témoignent du développement du protocole égyptien.

M. Naville montre ensuite qu'on ne peut suivre M. Petrie dans son identification de [hiéroglyphe], avec le roi [hiéroglyphe] Qebeh; ni prendre [hiéroglyphes] comme un nom de roi; il a certainement raison pour le premier, mais je ne serai pas aussi affirmatif pour le second [1]. Je ne puis non plus le suivre dans l'identification qu'il propose de Merbapen qu'il appelle Merbi avec Khasekhemoui, ni dans le petit roman historique qu'il bâtit à cette occasion. Je ne peux croire non plus que les noms de rois qu'on a trouvés sur des bouchons ou sur des fragments de poterie soient « des noms de dieux ou de doubles royaux faisant telle offrande ou accomplissant telle cérémonie ». Quant au roi Zer, je suis de son avis, je ne le lirais pas Zer. M. Naville conclut ensuite : « Ce qu'on appelle les tombes des rois d'Abydos, ce sont des temples élevés à leur [hiéroglyphe], leur double, ce qu'on est convenu d'appeler des Memnonia, du genre des temples de Deir el-Bahari, de Gournah et du Ramesséum, et de celui de Seti Ier à Abydos. Il n'y a pas à Abydos de rois Pré-Ménites. Les noms qu'on a considérés comme tels ne sont pas des rois; celui qu'on appelait Narmer est le roi Boethos, le premier de la seconde dynastie. Tous appartiennent à la période thinite. Nous n'avons encore pu identifier parmi les lois de la liste d'Aby-

1. Je donnerai mes raisons au chapitre troisième de cet ouvrage en discutant les noms royaux.

dos, que Boethos, Septi Ousaphaïs, dont le nom de double est [hiéroglyphe], et Merbi, Miébidos. Khasekhem et Khasekhemoui sont deux noms du même roi, avant et après sa victoire sur les peuples du Nord. Il est possible que Khasekhemoui soit le roi Miébidos[1]. »

Je considère toutes ces conclusions comme purement fantaisistes : les tombeaux des rois d'Abydos ne sont pas des temples élevés à leurs doubles, il y avait des squelettes, la chose ne peut être mise en doute ; d'ailleurs les temples cités par M. Naville ne sont pas des temples de double, mais des temples de culte pharaonique et, comme tels, destinés à perpétuer le souvenir des actions glorieuses des souverains égyptiens. Parmi les identifications que M. Naville admet, il n'en est pas une seule qui soutienne l'examen, je le montrerai plus loin.

Dans son troisième travail, qui a paru également dans le *Recueil* que dirige M. Maspero[2], M. Naville a étudié la pierre de Palerme, monument dont l'importance avait déjà été signalée par E. de Rougé[3] et qui fut publié l'année même où le public savant apprit les résultats de la première campagne des fouilles nouvelles d'Abydos[4]. Comme ce monument mentionne les rois de la IVe dynastie et des suivantes, en plus d'une série de noms dont on n'a pu encore présenter une identification suffisante, M. Naville y a vu la mention de certains rois ou tout au moins d'un roi qui doit être identifié avec l'un de ceux qui ont été trouvés dans les fouilles d'Abydos. Le roi dont il est fait mention dans ce document est le roi [hiéroglyphe]. C'est le roi dont le nom a été gravé sur l'épaule de la statue n° 1 du musée de Gizeh que M. Naville, après M. Maspero, place dans la IIIe dynastie. Pourquoi? Je n'en sais absolument rien, sinon que ces deux savants ont cédé à la sympathie qui les attirait vers la IIIe dynastie. C'est aussi dans cette même dynastie que M. Naville place le roi qu'il nomme Khasekhemoui, d'après un grand nombre d'égyptologues, ce que je ne peux admettre. Le nom de Khasekhemoui

1. E. Naville, *Les plus anciens monuments égyptiens*, II, p. 10-11.
2. E. Naville, *La pierre de Palerme*. *Recueil de travaux*, vol. XXV.
3. E. de Rougé, *Mémoire sur les monuments qu'on peut attribuer aux six premières dynasties de Manéthon*, p. 12.
4. Pellegrini, *Nota sopra un' iscrizione egizia del Museo di Palermo*. Palerme, 1895.

est écrit à la cinquième série de la face A de la pierre de Palerme et c'est bien le même que j'ai trouvé des centaines de fois sur les bouchons incomplets rencontrés dans le tombeau de la deuxième campagne. La partie de l'inscription qui le concerne , M. Naville la traduit par : Naissance de Khasekhemoui, ne rendant pas les deux signes placés sous , et d'ailleurs je ne les aurais pas rendus plus que lui, puisque je ne sais pas ce qu'ils signifient. Je veux bien croire que le mot signifie naissance, quoique la naissance de Mîn soit citée deux fois et que parmi les naissances diverses qui sont rappelées sur ce monument, toutes divines, on est assez surpris de rencontrer celle de Khasekhemoui, qui se serait d'abord appelé Khasekhem d'après M. Naville et qui n'aurait ajouté la terminaison du duel avec le second sans doute qu'après sa victoire sur les peuples du Nord. Cette circonstance embarrasse quelque peu M. Naville qui écrit : « On fête la naissance de Khasekhemoui comme on fête celle des dieux; cela se comprend, s'il a joué un aussi grand rôle dans l'histoire du pays[1] ». Oui, mais comment se fait-il que si Khasekhemoui désigne un roi terrestre, ayant réellement vécu, sa naissance soit citée à l'égal de celle des dieux? M. Naville en donne une raison de sentiment; mais le sentiment ne saurait ici servir de raison : dans toutes les mentions de naissances contenues dans l'inscription de la pierre de Palerme, il s'agit de naissances de dieux; pourquoi faire une exception pour Khasekhemoui? Il n'y a pas de raison péremptoire qui force à cette conclusion. De plus, comment se fait-il que ce roi Khasekhemoui ait à son nom une terminaison de duel? Si ce nom avait été adopté par lui après tel événement, comme le pense M. Naville, on le comprendrait; mais où est la preuve qu'il en a été ainsi? Si ce nom au contraire avait été donné au roi à son avènement au trône, il aurait fallu que le titulaire de ce nom prévît l'avenir. M. Naville a prévenu cette objection en disant que ce roi s'appelait d'abord Khasekhem; où l'a-t-il vu? De plus, il est indéniable que les mots Khasekhemoui sont inscrits dans le rectangle où

1. E. Naville, *La pierre de Palerme*, p. 12 du tirage à part.

l'on inscrit d'habitude le nom de *double*; que ce nom de *double* s'est trouvé en triple état dans le tombeau que j'ai fouillé la seconde année, et que partout, quel que soit l'état du nom de *double*, il est surmonté des symboles de Set et de Horus; en outre, dans ce tombeau on n'a jamais rencontré d'autre nom que celui du *double*, et il faudra bien admettre tôt ou tard que le nom de *double* était primitivement le seul nom que portait le personnage royal, et nous en trouverons une preuve dans le tombeau de Perabsen.

Il y a, dans le travail de M. Naville, un autre point qui mérite d'attirer l'attention : c'est ce qu'il dit sur les *Schesou-Hor*. Ce qui est caractéristique de ces registres, c'est la fréquente mention du groupe Schesou-Hor qui ne reparaît plus. « Il semble donc, dit-il, à en croire la pierre de Palerme, que les Schesou-Hor s'arrêtent au roi Snefrou. Les *Schesou-Hor*, ou *Hor-Schesou*, sont des êtres qui jouent un rôle dans les inscriptions et que cite le papyrus de Turin. Ce dernier document nous parle des Schesou-Hor à deux reprises[1]. Une fois leur temps doit avoir dépassé 13.420 ans; l'autre chiffre est encore plus élevé. Le temple de Dendérah les mentionne dans une inscription célèbre[2], qui dit que le plan du temple fut trouvé, du temps du roi Pepi, écrit sur une face « en écriture ancienne du temps des Schesou-Hor ». Comme une inscription tout à fait semblable parle aussi du plan découvert cette fois par Thoutmès III, « en écriture du temps de Chéops », plusieurs auteurs[3] en ont conclu que peut-être l'époque de Chéops était comprise dans ce que les Égyptiens appelaient les temps des suivants d'Horus. Nous n'irons pas aussi bas que l'époque de Chéops, mais nous serions enclin à croire que les premières dynasties, jusqu'au roi Snefrou, c'est-à-dire en somme l'époque thinite, appartenaient encore au temps des Schesou-Hor; c'est, comme on le voit, non seulement par les annales de Palerme, mais aussi par les monuments d'Abydos, l'époque où l'on emploie ce groupe comme date, ou comme mesure du temps[4] ».

1. Wiedemann, *Geschichte*, p. 160.
2. Dümichen, *Bauurkunde*, pl. XV, p. 15.
3. Chabas *Zeitschrift*, 1865, p. 93 ; Piehl, *Sphinx*, VI, p. 15.
4. E. Naville, *op. cit.*, 13. M. Naville en écrivant ces lignes a dû sommeiller, car ses

M. Naville dans les lignes que je viens de citer abaisse singulièrement pour le besoin de sa cause l'âge des Schesou-Hor. Jusqu'à l'apparition de son article, on admettait généralement que ces Schesou-Hor avaient précédé le règne de Ménès, et il y a une bonne preuve qu'il en a été ainsi pour les Égyptiens mêmes. En effet le papyrus de Turin contenait avant le règne de Ménès, et les fragments en sont encore là pour le prouver, la mention de personnages ayant joué un rôle considérable pendant l'époque préhistorique en Égypte. Voici ce que dit à ce sujet E. de Rougé dans son mémoire *Sur les monuments qu'on peut attribuer aux six premières dynasties égyptiennes* : « Les lignes 9 et 10 parlent de personnages qui avaient laissé une grande trace dans la tradition :

« Je traduirai ce qui reste de ces deux lignes : ..... (les temps !) des Schesou-Hor, ans 13.420 (plus ?) — les règnes jusqu'aux Schesou-Hor, ans 22.300 (plus ?).....

« La première somme appartenait probablement à ces personnages, et la seconde, étant totalisée avec quelques sommes précédentes, devait, suivant nous, atteindre l'époque de Ménès, dont le cartouche apparaît à la ligne suivante. Il terminait l'énonciation du résumé, car il se retrouve une seconde fois, avec son propre article à la douzième ligne, où commence sa dynastie . *Hor-Schesou*, ou bien plus probablement, par inversion, *Schesou-Hor*, peut se traduire « le serviteur d'Horus » ou « le successeur d'Horus. » Je préfère le premier sens,

notes ne correspondent pas à la réalité. D'abord M. Wiedemann dans son Histoire d'Égypte (*Geschichte von Alt-Ægypten*), ne cite pas le nombre des années des Schesou-Hor ; c'est M. de Rougé qui les cite d'après le papyrus de Turin ; de plus M. Wiedemann parle des Schesou-Hor à la page 39 et non à la page 160 où il est question de Piankhi tandis que c'est à la page 163 que M. de Rougé cite le papyrus de Turin. Enfin M. Naville parle de l'emploi des Schesou-Hor comme mesure de temps et renvoie à Petrie, *Royal tombs*, I, XI ; à cette planche, il n'y a pas de date.

parce que l'absence de cartouche et de tout titre royal fait penser qu'il s'agit d'une désignation traditionnelle des premiers Égyptiens. J'ai déjà attiré[1] l'attention sur ce nom : Schesou-Hor (au singulier déterminé par l'homme et de même sans cartouche), est cité, dans l'inscription de Tombos, sous Thoutmès Ier, comme le type de l'antiquité humaine la plus reculée. Si l'on veut se rappeler que, dans le tableau des races humaines, Horus remplit spécialement le rôle de pasteur des peuples, auprès de la race rouge des *Retou*, on comprendra qu'aucun nom symbolique ne pouvait mieux convenir à l'Adam des Égyptiens. Chacun pourra faire, au reste, ce rapprochement que les Sémites nommaient par excellence leurs ancêtres « les enfants de Dieu », comme les Égyptiens donnaient, de leur côté, à leurs premiers pères, le nom de « serviteurs d'Horus ». Les Schesou-Hor avaient d'ailleurs, aux yeux des Égyptiens un caractère tout à fait analogue à celui des premiers patriarches bibliques; justifiés par Osiris, ils habitent les régions fortunées, destinées aux âmes vertueuses, et le Rituel funéraire nous les montre récoltant les moissons abondantes que produisent les champs célestes d'*Aarou*[2]. Ce renseignement achève de prouver que les *Schesou-Hor* sont de simples humains, mais il nous porte à penser que sous le nom de *dynastie des mânes*, les listes grecques ne nous ont transmis qu'un souvenir des premiers Égyptiens[3].

Je ne saurais mieux m'abriter que sous cette parole du maître, non parce que *Magister dixit*, mais parce que cette parole est appuyée de pensées prudentes, réfléchie et qu'elle ne peut pas être soupçonnée de parti pris quelconque, les controverses n'étant pas encore nées en 1866. Sauf quelques allusions qui ne me paraissent pas aussi solides,

1. *Op. cit.* Note 1, p. 12. Note d'E. de Rougé. — Cette note dit : « Des personnages humains plus anciens que Ménès sont cités dans le fragment du papyrus de Turin qui résume les temps divins. Leur nom se lit : [hiéroglyphes], *Hor-Schesou*. Je le trouve également relaté dans une inscription de Thoutmès Ier comme le terme de la plus haute antiquité connue : [hiéroglyphes], depuis *Hor-Schesou* » (voy. Lepsius, *Denkmäler*, III, 5, *a*.

2. *Todtenbüch*, ch. CLVI, appendice. (*Note d'E. de Rougé.*)

3. E. de Rougé, *Sur les monuments qu'on peut attribuer aux six premières dynasties égyptiennes*, p. 163-165.

car E. de Rougé y avait été emporté par sa foi catholique, les paroles de ce grand savant sont vraies encore à cette heure, et il a fallu tous les nuages amoncelés à plaisir pour en faire douter. D'ailleurs, E. de Rougé n'est pas le seul à penser ainsi, Dümichen, une autre colonne de l'égyptologie, pensait exactement de même ; dans son Histoire de la construction du temple de Dendérah, parue en 1876, il dit expressément en traduisant un texte de ce temple que l'époque des *Schesou-Hor* était employée comme *Die ægyptische Bezeichnung für die præhistorische Zeit*[1]. Il le dit en expliquant les phrases auxquelles M. Naville fait allusion et que voici :

C'est-à-dire : « Fut trouvé le plan du grand (temple) de Dendérah dans un écrit ancien, écrit sur une peau de *khar* (?) au temps des suivants de Horus ; il fut trouvé à l'intérieur d'un mur en briques à l'intérieur du palais royal au temps du Roi de la Haute et Basse Égypte, maître des deux terres, Rameri, fils du Soleil, maître des diadêmes, Pepi, qui donne la vie, la stabilité, la richesse, chaque jour comme Râ éternellement ».

« La fondation du grand (temple) de Dendérah est l'œuvre du roi de la Haute et Basse Égypte, maître des deux terres Ramenkheper, fils du Soleil, maître des diadèmes, Thotmès, ensuite de ce qu'on trouva (le plan) dans un écrit ancien (écrit) au temps du roi de la Haute Égypte Khoufou. »

Cette traduction est celle de Dümichen presque sans aucun change-

1. Dümichen, *Baugeschichte der Denderahtempels*, p. 14 et pl. I.

ment, et, comme le lecteur l'aura vu, les deux textes sont à peu près les mêmes, sauf l'omission de deux ou trois mots qui manquent dans la seconde, soit de la faute du graveur, soit de celle du copiste. Quoi qu'il en soit, les deux inscriptions se comprennent très bien, elles sont faciles à traduire, et telles qu'elles sonnent, il est facile de voir que dans la première la découverte du plan du grand temple de Dendérah est reportée au règne de Pépi Ier d'après la trouvaille qui fut faite dans un mur en briques du palais royal et dont l'écriture remontait aux *Schesou-Hor*, c'est-à-dire aux suivants de Horus. Dans la seconde inscription, la trouvaille est dite avoir été faite dans un écrit ancien remontant au temps de Khoufou, c'est-à-dire à la IVe dynastie. Sans doute l'auteur de ce texte crut avoir assez fait pour montrer l'antiquité du plan de la faire remonter de la XVIIIe à la IVe dynastie ; mais il y a bien loin de cette idée à cette autre que le règne de Khéops pût être cité comme l'équivalent en antiquité du temps des *Schesou-Hor*. Aussi je ne comprends pas très bien comment Chabas, M. Piehl et M. Naville aient pu conclure de ce texte que *peut-être* l'époque des *Schesou-Hor* allait jusqu'à la IVe dynastie. On ne conclut pas à un *peut-être* : la conclusion doit être ferme et contenue dans les prémisses du raisonnement ; ou en ce cas, elle n'est pas ferme et elle n'est pas contenue dans les prémisses.

Comme défenseur de l'antiquité préhistorique, je peux citer encore M. Maspero qui, en 1895, écrivait dans le premier volume de son *Histoire des peuples de l'Orient classique* : « Les suivants d'Horus, c'est-à-dire ceux qui avaient suivi Horus pendant les guerres typhoniennes, étaient mentionnés dans le fragment du Canon royal de Turin où l'auteur résumait la chronologie das temps divins[1]. Comme le règne de Râ, le temps où ils étaient censés avoir vécu formait pour les Égyptiens de l'époque classique le terme extrême au delà duquel l'histoire n'atteignait pas[2]. » Il serait oiseux de présenter maintenant d'autres témoignages. Les paroles que je viens de citer ont été écrites l'année même de ma première campagne de fouilles, avant que les documents que j'ai mis

1. M. Maspero cite Lepsius, *Auswahl der wichtigten Urkunden*, pl. III, fragm. 1, l. p. 10. Je n'ai malheureusement pas cet ouvrage sous la main.

2. Maspero, *Histoire ancienne des peuples de l'Orient classique*, I, p. 182, note 3.

au jour ne parussent à la lumière : je ne pense pas que leur auteur les ait désavouées depuis, quoique j'aie trouvé des rois qui sans doute doivent être rangés parmi ces Schesou-Hor. Il est donc bien certain qu'avant mes découvertes presque tous les égyptologues entendaient par l'époque de Schesou-Hor une époque préhistorique antérieure à Ménès, suivant en cela les indications que leur fournissaient les textes égyptiens. Je ne peux malheureusement pas citer les textes relatifs à ces Schesou-Hor, parce que je n'ai pas sous la main les livres où ils se trouvent; j'en veux cependant citer un qui est connu sous le nom d'inscription de Tombos et qui date du règne de Thoutmès Ier. Ce roi après une campagne en Nubie fit graver sur les rochers qui bordent le Nil en ce lieu-là, une grande inscription pour perpétuer le souvenir des actes qu'il a faits, et dans les dernières lignes il s'exprime ainsi : .... [1];
c'est-à-dire : ..... vu dans les mémoires des ancêtres depuis les Schesou-Hor. » Il est visible que cette phrase correspond à cette autre : Point n'a été vue telle chose depuis le temps de Râ. Par conséquent, on ne peut soutenir que l'époque de Schesou-Hor s'étendait jusqu'au roi Snéfrou qui commence la quatrième dynastie, puisque les Égyptiens eux-mêmes la plaçaient à un temps si reculé qu'ils n'en avaient pas conservé le souvenir, pendant qu'ils connaissaient très bien Ménès, puisqu'ils en ont gravé le nom sur leurs canons royaux. Par conséquent la théorie de M. Naville ne se peut soutenir, et il faut avouer que la mention des Schesou-Hor de la pierre de Palerme est encore inexpliquée.

M. Schäfer de son côté s'est occupé, presque en même temps que M. Naville, mais un peu auparavant, de la pierre de Palerme et en a présenté l'explication; mais je n'ai pu me procurer son ouvrage et je le regrette vivement.

Ce sont là les principaux travaux faits sur les questions qui m'occupent : il y en a eu un certain nombre d'autres articles de revues spé-

1. Lepsius, *Denkmäler abth.* III *Band*, V, pl. 5.

ciales ou générales que je ne m'attacherai pas à faire connaître ici, soit que j'en aie parlé précédemment, soit que je doive en parler dans les chapitres suivants. Je clos donc ici ce premier chapitre déjà si long, et je vais examiner dans un second chapitre l'histoire du culte d'Osiris telle qu'elle nous apparaît sur des monuments découverts à Om el-Ga'ab.

CHAPITRE II

DES MONUMENTS RELATIFS AU CULTE D'OSIRIS A OM EL-GA'AB : HISTORIQUE DE LA DURÉE DE CE CULTE

La découverte du tombeau d'Osiris n'est plus en question puisque nous avons un document égyptien qui nous dit que ce tombeau était situé à l'ouest du temple de Ramsès II et que le site d'Om el-Ga'ab est bien situé à l'ouest de ce temple et qu'on y a trouvé une quantité fabuleuse de monuments et d'objets attestant ce culte. Ce premier point est donc acquis. Mais de quelle époque date ce tombeau et à quelle époque peut-on faire remonter ce culte? ce sont là des questions différentes que je dois discuter et dont je dois essayer de trouver la solution.

Dans la séance du 22 avril 1898, par devant l'Académie des *Inscriptions et Belles-Lettres*, M. Maspero émet le premier l'idée que l'on avait pris à une certaine époque, un des tombeaux d'Om el-Ga'ab pour en faire le centre du culte d'Osiris. « M. Amélineau a découvert un tombeau ou une chapelle funéraire d'Osiris, et la découverte est des plus importantes ; mais j'estime qu'il aurait dû s'en tenir au fait même tel qu'il se présentait, et ne pas y joindre une théorie evhémériste des mieux caractérisées..... Le peu que M. Amélineau nous a dit lui-même de l'apparence montre que le monument appartient, par la construction et par la disposition, aux mêmes temps que les tombeaux environnants. Or ceux-ci ne nous ont rendu jusqu'à présent que des noms de rois appartenant aux trois premières dynasties manéthoniennes..... Peut-être le roi qui l'occupait portait-il un nom qui prêtait au rapprochement avec celui d'Osiris : l'Ouénéphès, Ouénéphrès de la Ire dynastie dont le nom est une transcription fort exacte de celui d'Ouonnofriou, Ouonnofiri, attribué à Osiris roi, pourrait entrer en ligne de compte. Sans insister sur cette conjecture, on agira prudemment si l'on admet que le tombeau d'Osiris des dynasties thébaines a pu être à l'origine le tombeau d'un souverain des dynasties thinites[1] ».

M. Petrie, ayant eu connaissance de la théorie de M. Maspero, ne l'a pas discutée et l'a adoptée du premier coup : il en a trouvé des preuves dans l'examen du tombeau que j'attribue à Osiris et dans les objets rencontrés, soit dans les tombes environnantes, soit dans les décombres de la grande colline. Il s'exprime à ce sujet sans aucune ambiguïté. Voici ses paroles : « Une grande impulsion fut donnée aux offrandes par l'adoption de l'une des tombes royales, celle du roi Zer, comme cénotaphe d'Osiris. Celui en granit placé dans le tombeau le fut probablement sous la XXVIe dynastie, ou même sous une dynastie postérieure ; mais sous la XVIIIe dynastie le site avait été adopté comme le foyer de l'adoration d'Osiris, les premières poteries entassées sur cette tombe étant les jarres peintes en bleu qui furent en usage sous Aménophis II ou Aménophis III. Les offrandes les plus tardives sont dues principalement aux dynasties qui vont de la XXIIe à la XXVe, durant lesquelles un tas énorme de jarres brisées fut accumulé sur cette tombe. Sous la XXVIe dynastie, une chapelle y fut bâtie par Haabra (Apriès), et un montant de porte en fut trouvé dans la tombe de Merneit, jeté au hasard comme les fragments de la bière d'Osiris, que nous trouvâmes, un chez Azab et l'autre un peu plus loin au sud. Sous Amasis le prince Pefzaouneit y fit une construction ; mais l'intérêt qu'on prenait au site s'étiola sous les Perses, et à l'exception de quelques fragments de poterie romaine et de verre, on n'y trouve plus rien après ce temps[2] ». Ces paroles sont tirées du premier volume de M. Petrie sur les tombes royales de la première dynastie ; dans le second M. Petrie n'a pas renié son système, car il écrit : « La tombe du roi Zer-Ta a une impor-

1. Cf. *Compte rendu des séances de l'Académie des Inscriptions et Belles-Lettres*, avril 1898.

2. Fl. Petrie : *The royal tombs of the first dynasty*, part. 1, p. 7. Le lecteur sera sans doute étonné de quelques expressions qui se trouvent dans ma traduction, et cependant j'ai pris garde de n'employer que des termes compréhensibles. M. Petrie n'y attache pas autant d'importance et il a un style extraordinaire : je suis tout à fait de l'avis de M. de Bissing à ce sujet.

tante histoire secondaire, comme étant le site de la châsse d'Osiris; elle fut établie sous la XVIIIe dynastie (car aucune des poteries offertes en ce lieu n'est antérieure à celle d'Aménophis III) et visitée depuis ce temps jusqu'à la XXVIe dynastie, où l'on y plaça quelques sculptures additionnelles. Plus tard elle fut spécialement spoliée par les Coptes pour extirper l'adoration d'Osiris [1]. Mais de cette dernière histoire les restes principaux avaient déjà été recueillis par Amélineau et c'est de l'état primitif du lieu comme étant la tombe du roi Zer que nous avons à faire ici l'étude [2] ».

Je ne sache pas que d'autres auteurs se soient occupés d'assigner une autre époque au culte et à la tombe d'Osiris. Encore M. Maspero est-il loin d'être aussi affirmatif que M. Petrie, car en parlant du lit d'Osiris, il dit : « Le lit qu'il (le tombeau) contient et qui représente Osiris mort est-il ancien ? Tous ceux qui ont pu en juger directement [3], sauf M. Amélineau, pensent qu'il n'est pas antérieur à la XVIIIe dynastie. Après avoir vu les photographies, je me suis demandé s'il n'y avait pas lieu d'en reculer la date jusqu'au Moyen-Empire; c'est là toutefois une question qui ne devra être tranchée qu'après une étude attentive de l'original [4] ». On voit ainsi que les deux auteurs sont loin de s'entendre, l'un attribuant le lit à la XVIIIe dynastie et même à la XIIe ou à la XIIIe, l'autre décidant que la *bière* [5] d'Osiris est de la XXVIe dynastie.

Je prétends au contraire que l'on a des preuves que le culte rendu à Osiris en son tombeau d'Om el-Ga'ab remontait jusqu'à l'Ancien Empire, et même avant : je vais faire connaître mes raisons et les preuves sur lesquelles je m'appuie.

Tout d'abord l'hypothèse que les rois de la XVIIIe dynastie, ou même ceux de la XIIe auraient choisi l'un des tombeaux des rois de la première

1. Le texte contient ces mots : *in erasing the whorsip of Osiris*.

2. Fl. Petrie : *The royal tombs of the first dynasty*, part. II, p. 8. Dans le premier des passages cités, il y a presque autant d'erreurs que de mots, parce que M. Petrie ne tient pas compte des œuvres de ses devanciers.

3. Au moment où M. Maspero prononçait ces paroles, il n'y avait que M. Lemoine et moi qui avions vu le lit en question.

4. Cf. *Compte-rendu des séances de l'Académie des Inscriptions et Belles-Lettres*, avril 1898.

5. Fl. Petrie : *The royal tombs of the first dynasty*, part. I, p. 7.

dynastie pour en faire le foyer du culte d'Osiris, comme dit M. Petrie, est une hypothèse absolument gratuite, créée pour les besoins de la cause et contraire à tout ce que nous savons des mœurs égyptiennes. La même année qui vit le commencement de mes fouilles à Abydos, le mois qui précéda les fouilles initiales, M. Maspero publiait le premier volume de son *Histoire ancienne des peuples de l'Orient classique*, et dans ce volume il admettait que le tombeau d'Osiris se trouvait en Abydos[1]. Lors de la découverte en 1898 et de l'annonce que j'en fis à l'*Académie des Inscriptions et Belles-Lettres*, il admettait encore que j'avais trouvé un tombeau d'Osiris ou une chapelle funéraire en l'honneur de ce dieu — j'ai cité plus haut ses paroles — et, à la fin de sa critique, il avançait l'hypothèse, qui lui était soudainement venue, d'un tombeau que l'on aurait emprunté pour en faire le siège principal du culte d'Osiris. Mais où est un autre exemple d'un fait semblable ? Si l'on en a quelqu'un, on ferait bien de le citer; mais on ne le citera pas, parce qu'il n'y en a pas. Je sais bien que les tombeaux ont souvent été usurpés en Égypte, comme ailleurs, mais cette usurpation était un fait impie au premier chef, fait d'un homme à la recherche d'un tombeau qu'il voulait beau sans avoir le moyen ou le droit de s'en construire un. Si dépouiller les momies de leurs étoffes, enlever les pains qu'on déposait dans le tombeau pour l'approvisionnement du double, était un crime dont on se proclamait pur dans la confession négative que l'âme faisait par devant le tribunal d'Osiris, comme on le peut lire dans le *Livre des Morts*[2], à plus forte raison le vol du tombeau lui-même ou la simple usurpation, ou encore la simple désaffectation du tombeau eût été un crime bien plus considérable. Et comment rendre le culte funéraire au défunt dont on y avait d'abord déposé le cadavre ? Cependant les rois étaient des personnages considérables, leur culte avait été prévu, on y avait pourvu en désignant un prêtre pour leurs *doubles*, comme par exemple Scheri pour Perabsen, et il n'y a nul doute que l'on n'ait pris soin de perpétuer ce culte à travers les âges, à preuve la restauration que Ramsès II fit faire des tombes royales et la spoliation, la dévastation

1. Maspero : *Histoire ancienne des peuples de l'Orient*, 4e éd., p. 21.
2. *Todtenbuch*, ch. CXXV.

et la profanation de ces tombeaux royaux par les Coptes au VIe siècle de notre ère. En outre, quelle idée baroque n'eût-ce pas été de choisir pour siège de ce culte un des tombeaux d'Om el-Ga'ab quand on avait, bien plus près des endroits habités, le temple d'Osiris qui datait de l'Ancien Empire et qui était tout désigné pour être ce foyer !

M. Maspero a même été plus loin, il a désigné le roi Ouénéphès des listes manéthoniennes, que pour le besoin de la cause il a de sa propre autorité appelé Ouenephrès, comme étant celui dont le tombeau aurait été choisi comme rappelant par son nom la transcription grecque du nom d'« Osiris, roi », Ouonnofriou, Ouonnofir. J'ai fait observer ailleurs que ce rapprochement était tout à fait factice et abusif de la part de M. Maspero. Manéthon écrit le nom d'Ouénéphès Οὐενέφης et le nom d'Ounonofer a été transcrit en grec Ὀννοφρις. S'il fallait lire Οὐοννόφρης, je dirais que la terminaison ρης est destinée à transcrire les cartouches se terminant par Râ en égyptien, comme (cartouche) qui est rendu par Νεφερχέρης. Le nom d'Ouénéphès, je rappelle ici ce que j'ai déjà dit dans ma monographie du *Tombeau d'Osiris*, est le quatrième de la liste manéthonienne pour la première dynastie, tandis que dans la table de Séti Ier le quatrième roi se nomme Ata (cartouche). Or, Séti Ier en faisant faire sa table des rois égyptiens, devait connaître les tombeaux des rois enterrés à Om el-Ga'ab, puis que ces tombeaux existaient, étaient en assez mauvais état pour que son fils Ramsès II crût nécessaire de les faire restaurer ; s'il connaissait leurs tombeaux, il devait connaître leurs noms par les stèles qui s'y trouvaient, puisqu'il n'avait qu'à les lire ou les faire lire par ses scribes ; comment expliquer dès lors qu'ayant à choisir un roi dont le nom rappelât le surnom d'Osiris, Ouonnofer, les rois de la XVIIIe dynastie qui étaient encore en meilleure posture que Séti Ier, et à plus forte raison les Pharaons de la XIIe, aient choisi le roi Ata dont le nom rappelle en rien celui d'Ouonnofer ? S'il y avait un endroit en Égypte où l'on dût connaître le nom des rois reposant à Om el-Ga'ab, ce devait bien être Abydos, et le roi Séti Ier eût été bien mal inspiré de faire graver sa table des rois dans le temple d'Abydos et de leur donner des noms qui ne répondaient en rien à ceux des tombes d'Om el-Ga'ab.

J'ai fait observer de plus qu'il était inouï qu'on eût jamais trouvé, dans une tombe qui n'était pas la sienne, un monument quelconque en l'honneur de tel ou tel défunt, que par conséquent la trouvaille du lit d'Osiris dans le tombeau qui m'occupe était un fait suffisant à lui seul pour prouver que le tombeau était bien celui d'Osiris, que cet Osiris eût ou non existé réellement, ce qui est une question tout à fait à part. On n'a pas même essayé de réfuter cette preuve, on s'est borné à dire ou que je raisonnais mal ou que ma monographie du tombeau d'Osiris ne valait rien du tout : c'est commode et expéditif, mais est-ce bien juste? est-ce bien scientifique? ne serait-ce point au contraire un exemple illustre d'illogisme? Ce lit d'Osiris a eu une fortune singulière : après avoir été classé, comme je l'ai dit, parmi les monuments de la XXVIe dynastie au musée de Gizeh, assigné à cette même dynastie par des hommes qui se sont cependant occupés d'archéologie égyptienne, M. Petrie et M. Maspero[1], après avoir été appelé cénotaphe par M. Loret et *bière* ou cercueil par M. Petrie, on revient maintenant au nom que je lui ai donné tout d'abord, à celui de lit dont le monument a la forme, lit de granit sur lequel Osiris est étendu sous forme de momie. Il est évident en effet que ce ne peut être un cénotaphe, puisque le monument est plein et que le propre d'un tombeau, même vide, ou *cénotaphe*, est d'être apte à recevoir un cercueil, c'est-à-dire creux. De même, il est tout aussi abusif de l'appeler *bière* ou cercueil, puisque le propre du cercueil est aussi d'être apte à recevoir un cadavre, c'est-à-dire d'être creux. Ce serait sans doute trop demander à M. Petrie et à M. Loret d'employer des expressions exactes, quoiqu'il semble que dans ce cas la chose eût été si facile; mais un auteur qui se respecte, qui ne vise pas avant tout à rejeter une expression parce qu'elle a été employée avant lui par quelqu'un qu'il regarde comme un adversaire, doit employer des termes qui donnent aussi exactement que possible l'idée du monument ou de la chose dont il s'agit.

Ce lit donc, après avoir été rangé parmi les monuments de la XXVIe dynastie par M. Daressy qui le mit en place au musée de Gizeh,

1. M. Maspero avait dans la séance du 22 avril assigné la XXVIe dynastie, comme celle à laquelle on devait l'attribuer.

par M. Groff qui en fit un monument encore plus tardif et par M. Petrie qui a accepté, sans le nommer selon son habitude, les conclusions de M. Groff, a été étudié postérieurement par M. Daressy lequel est revenu sur son premier sentiment et l'a attribué à la XIIIe dynastie[1], arrivant ainsi à peu près aux mêmes conclusions que la réflexion avait suggérées à M. Maspero. Pour moi, je ne saurais suivre M. Daresssy dans sa palinodie ; j'ai toujours soutenu et je soutiens encore que le monument est d'une époque encore plus reculée, de l'Ancien Empire, et que les hiéroglyphes gravés sur le pourtour sont une inscription du monument par un roi quelconque dont le nom a été soigneusement martelé, mais dont les hiéroglyphes rappellent ceux de la XIIe dynastie. Je crois, comme M. Maspero dont les paroles sont assez obscures, car on ne sait ce qu'il entend par reculer, si ce recul doit s'étendre jusqu'à la XVIIIe dynastie ou jusqu'à la XIIe, je crois, dis-je, qu'on pourrait trouver un point de repère dans la forme du protocole royal qui me semble de la XVIIIe dynastie ; mais je diffère de lui en ce que j'attribue le protocole à un usurpateur, tandis que lui en fait le protocole du dédicateur. Il n'y a qu'à examiner le monument en détail, ce que mes contradicteurs ont tous négligé de faire, pour voir que le style de l'œuvre est un style archaïque, que notamment les deux têtes de lions à l'avant sont traitées de façon primitive, qu'on s'en est tenu à la seule ligne et que cette simple ligne produit un effet superbe de grandeur majestueuse. De plus, l'un des deux insignes que tient d'Osiris, le fouet, est fait d'une manière que l'on ne connaissait pas encore et qui rappelle les fouets en usage sous l'Ancien Empire ; il est même plus primitif encore et vient sans doute d'un modèle qui n'était plus en usage à l'époque des Pyramides. Aussi je regarde comme nulles les objections qui ont été faites de ce chef et je m'en tiens à ma première opinion. Le lecteur va voir d'ailleurs que, contrairement à l'opinion de M. Petrie, les monuments du culte d'Osiris datant d'avant la XVIIIe dynastie ne sont pas si rares qu'il le dit.

Tout d'abord M. Petrie affirme que les jarres peintes en bleu sont les

1. Dans le *Recueil des monuments* de M. Maspero, XXe année, tirage à part.

poteries les plus anciennes que l'on ait trouvées au dessus de la tombe d'Osiris, et que ces poteries datent des règnes des Aménophis II et III; dans son second volume il ne parle plus que d'Aménophis III. Je ne sais pas sur quoi se fonde M. Petrie pour attribuer au règne de l'un ou de l'autre de ces Aménophis les vases en question, comme celui représenté à gauche de la rangée inférieure de la planche II du premier volume de cet ouvrage (celui-ci notamment fut découvert dans l'un des puits qui se trouvent à l'ouest de la *Schounet ez-Zebîb*, et était certainement postérieur à la XVIIIe dynastie), ou comme ceux représentés à la planche XXXIII du troisième volume, numéros 5 et 6, qui furent rencontrés dans les décombres de la grande colline sans aucune inscription permettant de les dater. Mais ce que je sais bien, c'est que M. Petrie a bien vu les petits vases en terre grossière rouge qui étaient par millions en cet endroit et qu'il commet une erreur monstrueuse et voulue en disant qu'ils ne datent pas d'avant la XVIIIe dynastie. Le lecteur les trouvera représentés à la planche XII du premier volume à la rangée supérieure — ce sont les cinq premiers à gauche — et à la planche XXXII du troisième volume, numéros 5 et 8. Ces vases étaient déjà en usage sous la IIIe dynastie et M. de Morgan en a trouvé des milliers d'exemplaires dans des tombeaux datant du règne de Snéfrou. M. de Morgan en donne des dessins dans ses *Fouilles à Daschour*[1] et j'en ai vu moi-même des milliers épars sur le sol dans cette partie de la nécropole de Daschour. Est-ce que M. Petrie ne les connaîtrait pas ? Il a alors perdu une belle occasion de s'instruire. On voit dès lors quelle confiance on peut accorder aux assertions d'un auteur qui se refuse à prendre en considération les travaux et les trouvailles de ses émules, qui ne veut connaître que les monuments qu'il a découverts personnellement et qui ne connaît l'histoire d'Égypte que d'après ses propres ouvrages. Puisque M. Petrie a parlé de crimes que j'ai commis, en voilà bien un qui est autrement répréhensible et odieux que celui dont il m'accuse : de propos délibéré, il induit sciemment ses lecteurs en erreur, lorsqu'il lui serait si facile de leur donner des notions justes en se reportant aux ouvrages des

1. De Morgan : *Fouilles à Dahschour*, 1894, p. 13-14.

autres égyptologues, car M. Petrie aura beau faire, il ne saurait empêcher qu'il y ait eu d'autres égyptologues que lui, sachant les hiéroglyphes et leur valeur, ayant rendu à la science des services éminents. Les petites poteries qui se trouvent encore au-dessus des tombeaux de Daschour et celles qui encombraient la grande colline d'Om el-Ga'ab sont exactement de même forme, de même facture et de même terre. M. de Morgan m'a dit en avoir trouvé de semblables à Saqqarah, mais je n'en ai pas vu. Voilà donc une série immense de monuments qui sont antérieurs à la XVIIIe dynastie. Je ne dis pas que cette forme de poteries soit exclusivement propre à la IIIe dynastie, ou même à l'Ancien Empire ; je crois au contraire à la persistance des formes ou des idées en Égypte, une fois qu'elles ont été inventées ; mais aussi l'on ne peut nier, et M. Petrie moins que personne, que ces poteries étaient d'une époque antérieure à la XVIIIe, à la XIIe et même à la IVe dynastie, car trop souvent M. Petrie a jugé de l'âge d'un tombeau par des monuments qui pouvaient seulement provenir du culte des Ancêtres et par conséquent qui étaient postérieurs au temps où le bénéficiaire avait vécu. Cette observation me suffit pour l'instant et je vais montrer à présent que les monuments du culte d'Osiris s'échelonnent depuis la IIIe dynastie jusqu'à et y compris l'époque chrétienne ; je retrouverai ensuite les objections de M. Petrie et montrerai leur inanité.

Je dois constater auparavant un fait que M. Petrie a remarqué, car il aurait fallu être aveugle pour ne pas le voir, c'est qu'indubitablement les monuments de ce culte sont bien plus nombreux à partir de la XVIIIe dynastie qu'auparavant, mais il y en a assez aux époques antérieures, pour montrer que le culte d'Osiris à Om el-Ga'ab existait déjà.

L'Ancien Empire est représenté à Om el-Ga'ab par peu de monuments datés ou quasi datés : il peut y en avoir en un certain nombre d'autres, mais où est le moyen de les reconnaître quand ils ne portent pas d'inscription ? Les poteries à part, et sur elles je viens de m'expliquer, il y a cependant quelques monuments *quasi* datés de l'Ancien Empire. Tout d'abord le lecteur se rappellera l'inscription trouvée parmi les décombres de la grande colline ; cette inscription est la suivante : et . Elle se trouvait sur une table d'offrande qui avait été brisée et qui contenait sur les petits côtés une inscription verticale, à savoir la première partie des signes transcrits dont l'on ne peut rien tirer, et une inscription horizontale, à savoir la seconde partie dont le titre [hiéroglyphe] accuse l'Ancien Empire ou au plus tôt le Moyen Empire, car on ne le trouve plus à partir de la XIIIe dynastie. Parmi toutes les inscriptions du Moyen Empire, on ne le rencontre guère que dans la tombe de Thot-hôtep à Berscheh, tandis que dans les tombes de l'Ancien Empire, on le trouve à chaque instant. Si donc on s'en rapporte à la vraisemblance, le monument que je viens de citer appartient à l'Ancien Empire, quoiqu'on puisse à la rigueur en reculer la date jusqu'à la XIIe dynastie.

Ce n'est pas du reste le seul monument de cette époque portant inscription. S'il faut en croire M. Petrie, il aurait trouvé dans la première butte un tombeau qui remonterait jusqu'à l'Ancien Empire, étant de la Ve dynastie. Et à ce propos, il me faut entrer dans quelques détails et citer les paroles de M. Petrie : « Les retranchements (*sic*) sont vus former une longue masse uniforme, avec un court sommet plus près et un petit à gauche. La longue masse couvre le royal cimetière, et le monceau à gauche est l'élévation marquée comme étant celle de Heqreshu sur le plan. Cette élévation est ainsi nommée d'après les Ouschabtis d'un noble personnage de la XVIIIe dynastie, nommé Heqreshu, qui furent trouvés en cet endroit. Ce sol était une place favorite pour les grands personnages de ce temps qui y enterraient leurs ouschabtis, afin qu'ils fussent proches d'Osiris et prêts au travail en son royaume. Aucune tombe n'y fut trouvée ; on rencontra seulement les ouschabtis d'une demi douzaine de personnes, et à peu près le même nombre fut trouvé par la mission Amélineau[1] ». Ces paroles se trouvent au pre-

1. Fl. Petrie : *The royal tombs of the first dynasty*, part. I, p. 3. Afin que mes lecteurs ne puissent m'accuser d'avoir mal traduit ces paroles, je leur mets le texte sous les yeux. « The mounds are seen to be a one long uniform mass, with a short ridge nearer and a little to the left. The long mass covers the royal cemetery ; and the heap to the left is the rise marked as Heqreshu on the plan. This rise is so called as the ushabtis of a noble of the XVIIIth Dynasty, named Heqreshu were found here. This ground was a favourite place for high people of that age to have their ushabtis buried in, so as to be near Osiris, and ready to work in his kingdom. No human burials were found; but

mier chapitre de l'ouvrage de M. Petrie ; celles que je vais citer sont au dernier chapitre, tout à la fin : « Quelques paroles d'explication sont nécessaires pour la colline de Heqreshu. Elle est appelée la première butte par M. Amélineau, mais elle n'a aucun rapport avec les tombes royales. Les restes les plus anciens qui y ont été trouvés appartiennent à une tombe sculptée, de la Ve dynastie, celle d'un individu nommé Emzaza. Rien ne peut être daté ensuite jusqu'à la XVIIIe dynastie. En ce temps, par suite de l'intérêt renouvelé pour les tombes royales, cette élévation devint vénérée : peut être les ruines du mastaba d'Emzaza furent-ils pris à tort pour une tombe royale. C'était la coutume pour les personnes enterrées ailleurs — probablement à Thèbes — d'envoyer un très bel ouschabti pour y être enterré, en compagnie souvent de modèles en bronze de jougs, de couffes et de houes, car l'ouschabti devait travailler dans le royaume d'Osiris. Les plus beaux de ces ouschabtis étaient trois ouschabtis de Heqreshu dont nous avons donné le nom à la colline[1] ».

Ce qu'il y a à retenir pour le moment de ces citations, c'est que M. Petrie dit avoir trouvé des restes sculptés d'une tombe qu'il attribue

ushabtis of some half dozen persons were found here and about the same number were found by the Mission Amélineau. »

1. *Ibid.*, p. 32. « A few wards of explanation of Heqreshu hill are needed. It is called the first butte by M. Amélineau, but it has no connection with the royal tombs. The oldest remains found there are pieces of a sculptured tomb of the Vth Dynasty, of a man named Emzaza. Nothing can be there after that until the XVIIIth Dynasty. At that time with the revived interess in the kings' tombs, this rise became venerated : very possibly the ruins of the mastaba of Emzaza were mistaken for a royal tomb. It was the custom for persons buried elsewhere — probably at Thebes — to send down a very fine ushabti to be buried here, often accompanied by bronze models of yokes and baskets and hoes, for the ushabti to work with in the kingdom of Osiris. The finest of these ushabtis were three of Heqreshu, from whom we named the hill ». J'ai cité le texte de ces deux passages afin de montrer quel est le style de M. Petrie : il serait difficile d'en trouver un plus impropre et plus incorrect. L'obscurité y est extrême et il faut trop souvent deviner ce qu'il a voulu dire et ne pas s'en tenir à ce qu'il a dit. C'est sans doute lui faire des conditions trop douces, mais il vaut mieux pécher par excès dans ce sens que par défaut. Si l'on voulait relever tous les non-sens qui émaillent son ouvrage, on aurait fort à faire. Que le lecteur observe seulement la phrase : « C'était la coutume pour les personnes enterrées ailleurs d'envoyer, etc. » Comment des personnes déjà enterrées peuvent-elles envoyer des ouschabtis à Abydos ? Ce que voulait dire M. Petrie se comprend, mais ce qu'il dit !!

à la Ve dynastie dans cette colline, la première de toutes celles qui s'échelonnaient vers la tombe centrale de la grande colline. Si cette tombe appartenait à la Ve dynastie, si elle était placée dans cette colline où plus tard on enfouit des objets que l'on voulait sinon offrir à Osiris, du moins placer tout près d'Osiris, — M. Petrie l'avoue lui-même, — c'est sans doute que le propriétaire de la tombe voulait avoir son tombeau près d'Osiris, car ce n'est pas là l'emplacement des tombes de l'Ancien Empire dans la nécropole d'Abydos. Si l'on avait cette idée à Abydos dès la Ve dynastie, c'est donc que l'on rendait déjà un culte à Osiris et que son tombeau était dès lors honoré, qu'il était reconnu comme étant à Om el-Ga'ab.

Mais y avait-il bien une tombe en cet endroit? Dans le premier passage que j'ai cité, M. Petrie a affirmé qu'on n'a trouvé en cet endroit aucune sépulture humaine; comment peut-il donc à la fin de son volume écrire qu'on y a rencontré des restes du mastaba appartenant à un individu appelé Emzaza? Le fait est qu'il n'y avait aucune tombe en cette première butte. S'il eût existé un mastaba, le plus petit des mastabas sculptés, comme dit M. Petrie, ces restes auraient été visibles et je les eusse découverts parce qu'ils n'auraient pas pu m'échapper : ils eussent en effet occupé un espace qui n'aurait pas été moindre que trois ou quatre mètres, et comme je fis fouiller de fond en comble cette première butte, que j'en fis ramasser soigneusement tous les objets qu'on y trouva, il aurait été complètement impossible qu'un tombeau de cette grandeur, de la moindre qu'on puisse imaginer, m'échappât. Par conséquent, c'est la première phrase de M. Petrie qui répond à la réalité. Et puis quelle vraisemblance que les Égyptiens de la XVIIIe dynastie prissent la tombe de l'*individu* Emzaza pour une tombe royale? Il aurait fallu qu'ils fussent aussi aveugles qu'inintelligents, qu'ils ne connussent ni leur histoire, ni leurs coutumes, ni leur écriture, car les hiéroglyphes de la Ve dynastie ne ressemblent guère aux hiéroglyphes trouvés sur les stèles des tombes royales d'Abydos. Il est vrai que M. Petrie est là qui voit les erreurs des Égyptiens de la XIXe dynastie et qui les corrige, et c'est fort heureux pour l'histoire telle qu'il la comprend, car il est entendu que les Égyptiens ont commis des bévues et que l'archéologue anglais a su les remettre à leur place en montrant combien sa science est supérieure à la leur.

Et maintenant quelle confiance accorder à M. Petrie, quand il déclare formellement qu'entre la Ve et la XVIIIe dynastie, il n'y avait dans la colline de Heqreschou aucun monument? M. Petrie a su que j'avais découvert les statuettes d'environ une demi douzaine de personnes et il n'a pas su que j'avais aussi découvert la grande table d'offrandes en syénite au nom du roi Ousortesen Ier dans cette même butte! Est-ce que M. Petrie se serait contenté de parcourir les planches du volume où les inscriptions de cette table sont publiées et n'aurait pas daigné parcourir le texte de ce volume? ou bien est-ce que M. Petrie qui a su voir autre chose que les planches de ce volume quand il croyait que le texte contenait des choses blâmables ou qui lui semblaient blâmables, aurait, de propos délibéré, ignoré les pages dans lesquelles il était question d'un monument qui détruit de fond en comble sa théorie? Car enfin, s'il y a des monuments qui remontent à l'Ancien Empire, comme le fait est certain, il y a aussi des monuments qui sont du Moyen Empire, et en premier lieu la table d'offrandes en question, table d'autant plus précieuse pour les historiens qu'elle contient la preuve indiscutable que la XIIe dynastie succéda à la XIe sans aucune de ces guerres qu'on s'est complu à mentionner, et qu'au contraire la succession eut lieu pacifiquement par le fait que le premier roi de la XIIe dynastie épousa la fille du dernier roi de la XIe et que le fils d'Amenemhâit, à savoir Ousortesen appelle Mentouhotep Sônekhkarâ son père. Comment se fait-il donc que M. Petrie ne parle pas de cette table?

De plus, je voudrais bien savoir comment il est parvenu à la connaissance de M. Petrie que les gens « qui étaient enterrés ailleurs » étaient probablement des gens de Thèbes. Le fait a pu se produire, mais la déposition de statuettes par les Égyptiens dans la première butte d'Om el-Ga'ab ne devait pas être le monopole des Thébains plus que des habitants d'aucune autre grande ville d'Égypte.

La conclusion de tout ce qui précède, c'est que M. Petrie s'est contredit lui-même, qu'il a avancé des choses matériellement fausses, que pour soutenir une théorie manifestement contraire à la réalité il a eu recours à sa méthode ordinaire qui est d'ignorer ce qui est en opposition avec ses idées et de déclarer péremptoirement que telle chose est comme il l'a dit, parce qu'il veut qu'elle soit ainsi. Cette méthode a pu jeter de la poudre aux yeux, d'autant plus que M. Petrie n'a presque jamais rencontré de contradicteurs sérieux qui examinassent ses théories comme ils devaient les examiner, mais qui s'empressaient d'admettre ses opinions les plus risquées, comme celle sur la *Nouvelle Race*, sauf à lui montrer sur des points de détail qu'ils en savaient plus que lui, quand ils en savaient tout aussi peu et qu'ils se trompaient tout comme il se trompait, avec la même assurance[1].

La destination de la première butte était donc celle que j'ai indiquée dans mon premier volume, à savoir un lieu où les fidèles pieux venaient déposer en l'honneur d'Osiris des objets de dévotion qui témoignaient de leur piété envers le dieu. Tant que les buttes ou les plateaux environnant la grande colline avaient pu suffire, on n'avait pas été chercher ailleurs ; quand elles furent insuffisantes, on déposa les offrandes dans la première butte, celle que M. Petrie a dénommée colline de Heqreschou par pur besoin d'appeler d'un nom nouveau un lieu qui avait déjà reçu une première dénomination dont le vague était autrement juste que la dénomination précise qu'il lui a plu de lui donner, car, en bonne logique, s'il avait fallu donner à cette butte un nom d'après l'un des noms des déposants, c'était celui de butte d'Emzaza qu'il aurait fallu lui donner, puisque cet « individu » était là bien longtemps avant la XVIIIe dynastie.

Si de l'Ancien Empire je passe au Moyen Empire, je trouve tout d'abord la table d'offrandes déposée dans la première butte par Ousortesen Ier en son nom et au nom de son grand-père Mentouhôtep, le dernier roi de la XIe dynastie. Cette table d'offrandes que j'ai laissée au

1. Je pourrais aussi demander à M. Petrie comment il sait que l'individu (a man) Emzaza était moins noble que Heqreschou ? quelqu'un qui à la Ve dynastie aurait eu un tombeau sculpté devait avoir tout autant de noblesse qu'un homme de la XVIIIe dynastie qui a fait déposer à la première butte d'Om el-Ga'ab une belle statuette funéraire. En outre où M. Petrie a-t-il vu que cette colline devint *vénérée* à partir de la XVIIIe dynastie ? Où sont les preuves de cette vénération ? Il n'y a pas une seule des phrases de M. Petrie qui ne renferme une erreur matérielle ou une supposition sortie tout entière de son cerveau qui est tout le contraire d'un cerveau méthodique.

musée de Gizeh et qui est maintenant au musée du Caire a bien été trouvée dans la première butte et, comme M. Petrie admet que cette première butte qui n'avait aucun rapport avec les tombes royales en avait au contraire avec le culte d'Osiris, il est bien certain que ce culte était connu dès le commencement de la XIIe dynastie et que par conséquent on n'a pas eu besoin d'attendre la XVIIIe dynastie. Il serait complètement inutile d'objecter que cette table d'offrande avait été déposée d'abord au temple d'Osiris, à Kom es-Soultan, et qu'on l'a ensuite transportée à Om el-Ga'ab : les stèles que Mariette a trouvées en place protestent contre cette objection, car pourquoi eût-on déplacé la table quand on n'a pas déplacé les stèles ?

Cette table d'offrandes n'est pas le seul monument royal trouvé à Om el-Ga'ab : dans les décombres de la grande colline on trouva la première année une sorte de bas-relief brisé sur lequel on lisait clairement dans une inscription en partie double et affrontée [hiéroglyphes] et de l'autre côté on ne voyait que les signes [hiéroglyphes]. C'est cette inscription fragmentaire qui servit de prétexte à M. Maspero pour dire à l'Académie des Inscriptions et Belles-Lettres que les monuments trouvés pendant la première campagne de fouilles appartenaient à la XIIe dynastie. Je ne sais de quoi faisait partie ce fragment de bas-relief, mais quand on le pose en face d'autres bas-reliefs consacrés par les rois d'Égypte, soit à la XXIIe, soit à la XXVIe dynastie en ce même lieu, on est tout naturellement porté à croire que c'était pour le même usage et pour la même raison. Ce roi, dont le prénom seul est contenu dans le fragment, était le roi Amenemhat II, le successeur d'Ousortesen Ier, d'où il suit que le culte d'Osiris pratiqué par le père le fut aussi par le fils, et qu'il y eut continuité de la part de ces deux rois.

Cette continuité se trouve interrompue tout à coup et il nous faut sauter jusqu'à la XVIIIe dynastie pour trouver un nouvel exemple du culte rendu à Osiris. Est-ce à dire qu'il n'y en eut pas dans l'intervalle ? Il serait bien osé de prétendre le contraire. Je suis persuadé que certains des monuments trouvés appartiennent à cet intervalle, comme les objets votifs trouvés dans la première butte, couffes, houes, briches, petits vases votifs trouvés en si grand nombre dans cette butte et quelques-unes des statuettes de bois enfermés ou non dans un cercueil, devaient appartenir à la XIIe dynastie et à celles qui suivirent; mais comme je n'ai aucune preuve à donner de la réalité de mon opinion, je m'abstiens.

Dès le milieu de la XVIIIe dynastie nous trouvons le grand épervier qui fut fait sous le règne d'Aménophis II et qui fut consacré par le prêtre Ahmesou au culte d'Osiris, en attendant que son petit-fils Iouiou le fît dorer et le déposât parmi les autres monuments du culte qui furent recouverts par la grande colline de débris au jour de la spoliation. Près de cet épervier qui est une pièce démontrant l'habileté rare des sculpteurs égyptiens était la statuette en granit gris du même Iouiou[1]. Je rappelle ici qu'à la dynastie suivante, le successeur de Ramsès II trouva ce monument tellement de son goût qu'il se l'appropria en faisant graver ses cartouches sur le corps de l'oiseau. Les statuettes que j'ai publiées dans mon premier volume et certaines de celles qui ont été trouvées par M. Petrie sont de cette même dynastie, ainsi qu'un grand nombre d'autres monuments comme le modèle de petit sarcophage que j'ai trouvé la première année, le grand naos de cette même année sur le côté duquel étaient représentés Isis et Horus, etc. Parmi les monuments royaux de cette dynastie, je ne dois pas oublier le coffret doré que le roi Toutônekh Amen fit déposer brisé dans un vase en poterie qui fut hermétiquement bouché avec de la chaux et que j'ai retrouvé tel qu'on l'y avait enfermé, ainsi que je l'ai dit dans le volume précédent.

A la XIXe dynastie, il faut aller jusqu'au règne de Séti Ier et de Ramsès II pour trouver des monuments datés du culte d'Osiris. Sous le règne de Ramsès II, les monuments abondent : il y a tout d'abord les poteries de forme antique qui portent gravées sur leur panse des formules funéraires et qui sont datées du règne de *Raousormasotep en ra* ou de *Ramessou meriamen*. A côté de ces poteries je dois ranger toutes celles de même forme qui, au lieu de textes funéraires, contiennent des scènes d'hommage à Osiris rendu par des prêtres d'Osiris, soit que ces vases

1. Cf. É. Amélineau : *Les nouvelles fouilles d'Abydos*, I, p. 171 et seqq.

soient contemporains de la XIXe dynastie, soit qu'on les doive reporter à la XVIIIe comme je serais enclin à le croire. Puis viennent les grandes amphores avec inscription hiératique, relatant des apports de vin en l'honneur d'Osiris pour sa maison d'Om el-Ga'ab. En outre, par ce que j'ai dit précédemment à propos de l'épervier offert par le prêtre Ahmès, on sait que le successeur de Ramsès II, à savoir *Méneptah hotep hi mâ*, fit acte de dévotion à Osiris en faisant graver son nom sur l'épervier, acte qui ne dut pas lui coûter cher. Le règne de Séti Ier n'est représenté que par un cartouche sur une brique cuite au soleil. C'est tout ce que les monuments rencontrés me permettent d'écrire ; mais il est plus que vraisemblable que les rois non représentés par les monuments ne restèrent pas étrangers au culte d'Osiris, notamment Séti Ier qui fit élever ce magnifique temple d'Abydos en l'honneur de ses ancêtres, Amon de Thèbes, Horemakhouti d'Edfou, Petah de Memphis, à la famille d'Osiris et à son propre double, tout en prenant soin de ne pas oublier les autres dieux funéraires, comme Sokar et un grand nombre d'autres dont la légende s'était fondue avec la légende osiriaque.

Il faut encore sauter par dessus la XXe et la XXIe dynastie et à la XXIIe dynastie nous trouvons un grand prêtre d'Amon ra, roi des dieux, qui s'appelle Scheschonq, sans doute celui qui est mentionné au livre des Rois comme étant le fils d'Osorkon Ier, second roi de cette dynastie[1]. Puis le roi Osorkon II dont le nom se retrouve sur plusieurs des monuments rendus à la lumière. Aucun monument royal de la XXIIIe, de la XXIVe et de la XXVe dynastie n'a été trouvé parmi les décombres des buttes d'Om el-Ga'ab. Sous la XXVIe dynastie au contraire les monuments apparaissent de nouveau avec Psammetik Ier, Apriès et Amasis qui fit plusieurs offrandes assez riches à Osiris.

Je ne dois pas oublier ici un monument assez grand qui fut découvert par Mariette dans la vallée creusée par les eaux venant de la montagne, environ 500 mètres avant les collines d'Om el-Ga'ab. Mariette l'appelle le *Petit temple de l'Ouest*[2] et dit qu'il fut construit à une époque s'étendant de Ramsès III à Nectanébo, c'est-à-dire de la XXe à la

1. *Livre des Rois*, éd. Brugsch et Bouriant, no 609.
2. Mariette : *Abydos*, II p. 36-37.

XXXe dynastie. Ce qu'il dit de ce petit temple de l'Ouest n'est pas très long et il sera intéressant de le citer ici : « Le petit temple de l'Ouest est à Abydos ce que le petit temple d'Aménophis III est à El-Kab, ce que le petit temple de Deïr el-Medineh est à Thèbes. Il est situé, comme les édifices que nous venons de citer, non seulement loin de la ville, mais loin de la nécropole, c'est-à-dire tout à fait dans le désert. C'est à 300 mètres environ au sud-ouest de la Schounet ez-Zebîb qu'on en rencontre les ruines. Quoiqu'il fût connu des habitants des villages voisins, le petit temple de l'Ouest avait échappé à nos premières investigations. Aussi ne figure-t-il pas sur le plan topographique des ruines d'Abydos publié dans notre premier volume.

« Le petit temple de l'Ouest est rasé jusqu'au niveau du sol. Il est seul, au milieu d'une longue plaine de sable, sans voisinage d'aucune sorte. Rien ne le signale à l'attention qu'un bloc de granit gris, provenant d'une chapelle démolie que de loin on prend facilement pour un rocher de la montagne.

« Au dire des fellahs, le petit temple de l'Ouest a été exploité, il y a une quarantaine d'années [1], par les agents des consuls européens qui, à cette époque, ont fait d'Abydos le centre de leurs travaux. Autant que nous avons pu le comprendre, des stèles, de belles statues dans lesquelles nous avons cru reconnaître les statues de *Iouiou* et d'*Ouonofer*, aujourd'hui au Louvre, ont été alors découvertes et enlevées.

« L'état des ruines du temple, son peu d'importance comme dimension, les fouilles dont il a déjà été l'objet, ont enlevé à nos propres recherches tout leur intérêt. Une seule stèle, très remarquable à la vérité [2], a été recueillie couchée dans le sable qui l'avait dérobée aux investigations de nos devanciers. Parmi les monuments plus ou moins mutilés qui sont venus avec la stèle jusqu'à nous [3], nous citerons le naos de Nectanébo, la statue de Ramsès III, et quelques bonnes inscriptions,

1. Ces paroles ont été écrites vers 1860; il faut donc présentement compter environs 80 ans (j'ai écrit ceci en 1900).

2. *Abydos*, II, pl. 41. (Note de Mariette.)

3. On trouvera la liste de tous ces objets dans notre *Catalogue général*, n°s 354 et 1420. (Note de Mariette.)

que l'effritement de la pierre sur laquelle elles sont gravées nous a malheureusement empêché de transporter jusqu'à Boulaq.

« Les textes provenant des ruines du petit temple de l'Ouest ne sont ni assez nombreux, ni assez précis pour nous permettre d'y retrouver le nom de la divinité à laquelle il était consacré. On peut hésiter entre Onouris, dieu du nome d'Abydos, et Osiris, dieu de la nécropole.

« On aura les mêmes doutes sur l'époque de la fondation du temple et sa durée. A ne consulter que les documents retrouvés pendant les fouilles, le temple ne serait pas antérieur à la XIXe dynastie, et il existait encore sous la XXXe. Le petit temple de l'Ouest s'éloigne ainsi, comme caractère général, des temples de Séti et de Ramsès, qui n'appartiennent, comme nous avons déjà eu tant d'occasions de le dire, qu'à Séti et à Ramsès; il se rapproche du temple d'Osiris, monument important de la piété des rois qui l'ont successivement embelli. Dans les uns, le souvenir du roi fondateur occupe la place principale; cette place principale est occupée dans les autres par le nom du dieu adoré[1] ».

La stèle dont parle Mariette est instructive à un haut degré : elle fut dédiée en l'an 42 du règne de Ramsès II pour le *double* du grand-prêtre d'Osiris Ouonnofer, — peut-être le même que celui qui fit déposer sur le tombeau d'Osiris les poteries à type archaïque dont j'ai parlé dans le volume précédent, — par ses deux fils, dont l'un était nomarque et comte et s'appelait Parâhotep, et l'autre était grand-prêtre d'Anhour, et se nommait Mesmin, le même dont j'ai découvert la tombe dans les fouilles préliminaires de la première année[2]. Le défunt, ayant derrière lui sa femme, recouvert de la peau de panthère, symbole de sa dignité, est debout, faisant acte d'adoration, c'est-à-dire levant les deux mains à la hauteur du visage devant un édicule placé entre les deux montagnes séparées par une vallée 𓈌; derrière l'édicule qui est placé lui-même sur un fauteuil exhaussé sur un piédestal en avant duquel est une uræus et qui semble destiné à être porté en procession, car on voit amorcés les bâtons qui servaient au transport — l'édicule est surmonté d'une sorte de tabernacle recouvert d'une tenture — derrière cet édicule, dis-

1. Mariette : *Abydos* II p. 36-37.

2. Amélineau : *Les nouvelles fouilles d'Abydos*, I, p. 39 et seqq.

je, est une femme assise sur ses talons et tenant le symbole hiéroglyphique du nome d'Abydos, c'est-à-dire la châsse d'Osiris surmontée de la double plume, telle qu'elle est représentée sur les bas-reliefs de la chambre annexe de la travée d'Osiris dans le temple de Séti Ier. Au-dessus de la femme est un épervier qui semble vouloir entourer de ses ailes la châsse d'Osiris ; le tout est enfermé dans un cadre au-dessus duquel est placé l'épervier ordinaire qui est appelé ici épervier du Sud. Si nous voulons savoir maintenant quels sont ces personnages, nous n'avons qu'à interroger le tableau supérieur de la stèle où nous voyons le roi Ramsès II en personne faire l'offrande de l'encens et du vin, par devant une table chargée d'offrandes, à Osiris monté sur un escabeau lequel est gardé par deux uræus, avec une table placée par devant Osiris et sur laquelle sont debout les quatre génies funéraires : Osiris a par derrière Isis et Horus hiéracocéphale avec la légende Horus fils d'Osiris. Et maintenant si nous nous retournons vers le tableau inférieur, nous voyons que le dieu Osiris est remplacé par la châsse où est gardée sa tête, que cette châsse est tenue par Isis et que l'épervier, c'est-à-dire Horus la protège de ses ailes. L'inscription de cette stèle nous instruira encore plus. La première partie de cette inscription, verticale et comprenant trois lignes, est une adoration à « Osiris, mon Seigneur », afin qu'il accorde au défunt d'être « comme les âmes parfaites qui voient toutes ses transformations ». La seconde partie dit : « Je suis un prophète dans sa charge de gardien en chef de la châsse , j'accompagne le dieu pour qu'il aille, en son jour, vers Horus du Midi, je fais qu'acclament les gens du nome Thinite : c'est son jour de juger les paroles, pour le *double* du premier prophète d'Osiris Ouonnofer »[1]. Ainsi d'après cette stèle telle que je la comprends, Ouon-

1. Mariette : *Abydos* II, pl. 41. — Cf. *Catalogue général des monuments d'Abydos*, p. 417. Je n'ai pas cru devoir adopter la traduction de Mariette. Tout d'abord j'ai fait de l'expression un nom, *le il garde*, d'après d'autres exemples analogues. Ce mot est déterminé par et l'expression entière par . La préposition indique le

nofer était gardien en chef de la châsse d'Osiris, il la suivait au jour de son exode vers Horus du Midi et il savait préparer les acclamations du nome Thinite en ces jours de fête. Or à quoi bon déposer une stèle de cette sorte dens le petit temple de l'Ouest, pour parler comme Mariette, si ce petit temple n'avait eu aucune relation avec le culte d'Osiris ? L'attribution de ce petit temple est encore plus clairement dévoilée par une statue « représentant Ramsès III debout, tenant devant lui un naos dans lequel est renfermée une statue d'Osiris... On a profité du socle très épais de la statue pour y graver, après coup, une sorte de proscynème. Isis, Nephthys, Nout, Tafné, Héqet, reçoivent les adorations d'un personnage agenouillé devant elles[1] ». C'est Osiris qui est la principale divinité et qui réunit autour de lui les déesses de sa famille ou celles qui ont joué un rôle dans la fondation d'Abydos. A la XXXe dynastie, le roi Nectanébo II fit construire un naos qui est encore en place dans la nécropole d'Abydos et dans les inscriptions duquel Osiris joue encore le premier rôle[2]. Plusieurs autres stèles découvertes en cet endroit ne contiennent malheureusement pas de détails se rattachant au culte d'Osiris[3]. Cependant ceux que je viens de rappeler ou de faire connaître suffisent pour montrer que « ce petit temple de l'Ouest » était en rapport intime avec le culte d'Osiris.

Il n'était pas situé en plein désert, comme le dit Mariette : quand on regarde la montagne, il avait à droite les nombreux puits funéraires qui s'étendent à partir de la Schounet ez-Zebib vers la montagne et qui la dépassent; à gauche, il avait la nécropole du centre dont les derniers tombeaux le dépassent encore, et presque à la même hauteur était le

complément, parce que le verbe est à l'état complet. Tout ce texte me semble incorrect ou incorrectement copié et publié. De même l'expression [hieroglyphes] dont je fais une seule expression jusqu'aux deux derniers signes et je traduis le dernier dans le sens métonymique de *Gens du nome de Thinite*.

1. Mariette : *Catalogue général des monuments d'Abydos*, n° 354.

2. Mariette : *Abydos*, II, pl. 42. — *Catalogue général des monuments d'Abydos*, n° 1424. Mariette dans la note que j'ai citée plus haut (p. 627), indique faussement le n° 1420; c'est 1424 qu'il a voulu dire, ou bien il y a faute d'impression.

3. Cf. les n°s 1053, 1129, etc.

tombeau de ce Mesmîn, premier prophète d'Anhour, apparenté avec les premiers prophètes d'Osiris et qui vivait aussi sous le règne de Ramsès II. En avant, c'est-à-dire à l'ouest, il avait toute la nécropole d'Om el-Ga'ab, et en arrière toute la nécropole de l'Ancien Empire et du Moyen Empire, sans compter les temps extrêmes d'Abydos. Il était placé un peu sur la gauche du chemin que se frayaient les eaux, lorsque de la montagne elles se précipitaient vers la plaine, et c'est pourquoi ce chemin large de soixante à quatre vingts mètres, et de plus dans certains endroits, ne contient pas une seule tombe, lorsqu'il aurait pu en contenir tout comme les terrains environnants qui sont surélevés au-dessus de son niveau. Par conséquent les eaux torrentielles ne pouvaient nuire à ce monument qui n'était autre qu'une chapelle de station au milieu de la nécropole d'Abydos, tout comme dans nos cimetières chrétiens il y a souvent une chapelle pour faire station dans les processions au cimetière, et les Égyptiens stationnaient un moment « au petit temple de l'Ouest », quand ils faisaient une procession vers le tombeau d'Osiris.

Nous avons donc des monuments attestant que le culte d'Osiris se rendait en la nécropole d'Om el-Ga'ab depuis la Ve dynastie jusqu'à la XXXe, c'est-à-dire à la veille de l'asservissement de l'Égypte par les Perses. Il y d'autres monuments royaux que je n'ai pu classer parce que les rois qui portaient les noms rencontrés ne sont pas compris dans le Livre des Rois, ainsi celui qui avait le cartouche prénom quoiqu'il doive probablement appartenir à la XVIIIe dynastie, car il a été trouvé sur les poteries ayant scène et inscription ; ainsi le roi qui avait pour cartouche nom et pour cartouche nom que je chercherais plutôt après la XXIIe, sinon dans cette XXIIe dynastie. Pendant la période de l'occupation persane, il ne s'est trouvé aucun monument attestant cette occupation ; mais la récolte recommence sous les Ptolémées quoiqu'il n'y ait pas, je crois, d'inscription royale ; mais certains monuments, comme les fragments de terre cuite représentant le Dieu Bès, sont évidemment de cette époque, car s'ils sont égyptiens on y sent l'influence d'un art étranger à l'Égypte. Plus encore, la petite lampe qui porte à sa partie postérieure la lettre A nettement tracée accuse une époque grecque encore plus tardive, sinon l'occupation romaine. Nous sommes ainsi conduits jusqu'à notre ère et jusques à la veille de la spoliation.

Il n'est pas possible de descendre plus bas que le dernier terme; mais ne peut-on monter plus haut? Au jugement d'un certain nombre de mes confrères, je ferais plus sagement de m'arrêter à ces deux termes; cependant, comme je crois fermement que mon sentiment s'appuie sur des réalités, je ne peux m'empêcher de dire ce que je pense et tout ce que je pense, malgré les avis qui m'ont déjà été donnés. Pour moi, toute cette nécropole d'Om el-Ga'ab a été construite pour jouir de l'inappréciable faveur — je parle au point de vue égyptien — d'être enterré près d'Osiris ou du tombeau d'Osiris. Il n'est personne, je crois, qui, après les preuves que j'ai données plus haut, soit en ce volume, soit dans le précédent, veuille soutenir que le tombeau d'Osiris n'était pas à Om el-Ga'ab; que le culte d'Osiris ne fut pratiqué à Om el-Ga'ab qu'à la XVIIIe dynastie, comme l'a soutenu si légèrement et si naïvement M. Petrie : ce culte, d'après cet auteur lui-même, remonte au moins à la Ve dynastie. D'ailleurs le tombeau qu'on lui a attribué est entièrement construit comme les tombes environnantes qu'on attribue à la Ire dynastie ou même avant. Il n'est pas facile de voir d'après quelle raison auraient agi les rois de la XVIIIe dynastie en attribuant à Osiris le tombeau de l'un des rois d'Om el-Ga'ab, si primitif et si peu honorable pour Osiris, lorsqu'on lui avait fait bâtir un temple magnifique et qu'on creusait aux alentours des tombes autrement grandioses pour de simples officiers du Pharaon : il y aurait eu là une recherche du vraisemblable dans la tromperie qui ne s'est pas rencontrée jusqu'ici dans l'histoire d'Égypte, sans compter que les habitants d'Abydos, les principaux adorateurs d'Osiris, devaient savoir le fin mot de l'affaire et n'auraient pas été dupes, parce qu'ils savaient leur propre histoire aussi bien que nous, pour le moins. Il faut donc écarter cette hypothèse née et grandie en des jours de discussion chaude où l'on faisait flèche de tout bois.

Le tombeau d'Osiris fut donc construit le premier, au centre de la partie de la nécropole recouverte par la grande colline : les tombeaux subséquents se rangèrent autour, dans le quadrilatère irrégulier qui subsiste encore. Puis, l'espace étant aussi considéré comme plein, les hommes ou les rois postérieurs à Osiris, se construisirent des tombes à l'ouest ou à l'est de la grande colline, sur les deux plateaux dont l'un précédait et l'autre suivait la grande colline. Les tombes royales se trouvaient surtout à l'ouest de la tombe d'Osiris; à l'est, il n'est pas certain qu'il y eût une seule tombe royale, malgré les affirmations de M. Petrie. Au nord et au sud, il y avait des tombes royales, mais séparées du groupement habituel, et celle de Perabsen n'avait pas la série de tombes familiales ou de grands officiers dont toute tombe royale était accompagnée en Égypte. Quand cet espace fut encore rempli, on utilisa la première butte pour y enfouir les objets que l'on destinait au culte d'Osiris, et c'est là que je les ai trouvés et que M. Petrie en a trouvé d'autres après moi. Cette explication rend compte de tout, des moindres détails comme des constructions importantes d'Om el-Ga'ab; on s'explique ainsi comment des objets de toutes les époques ont été mélangés ensemble, parce qu'à toutes les époques les dévots d'Osiris ont eu à témoigner de leur piété, et cela avec tant d'abondance que l'on a amoncelé des millions de témoignages aux alentours de la tombe du dieu, et que les offrandes ont débordé hors de la nécropole quand il s'est agi de gros monuments qui ne pouvaient trouver place dans la nécropole proprement dite.

Ainsi les tombes royales, les tombes du premier plateau, comme celles construites dans le quadrilatère environnant la tombe principale, tout avait été construit en vue de se réserver la meilleure place près du tombeau d'Osiris, et j'établirai la chronologie générale des tombes de la nécropole d'Om el-Ga'ab de la manière suivante : 1° la tombe d'Osiris, c'est-à-dire la tombe centrale de la grande colline, avec les tombeaux de l'est, du nord, de l'ouest et du sud, environnant ce monument; 2° les tombes royales soit des buttes intermédiaires entre le premier plateau et la grande colline, soit du second plateau, à l'ouest de la rangée occidentale de tombeaux; 3° les tombes du premier plateau, avant les buttes qui s'élevaient entre ce plateau et la grande colline. Quant aux tombes qui se trouvaient à l'écart de cette nécropole, comme celle de Perabsen au nord et celle de Set et Horus à l'ouest, on avait dû ne pas les ranger près des autres de propos délibéré. Je réserve pour le chapitre suivant l'examen des différentes solutions qui ont été faites à propos de la chronologie des rois découverts dans la nécropole d'Om el-Ga'ab.

CHAPITRE III

CHRONOLOGIE DES ROIS DONT LES NOMS ONT ÉTÉ RENCONTRÉS DANS LA NÉCROPOLE D'OM EL-GA'AB

Peut-on établir la suite chronologique des rois antérieurs soit à l'époque historique, soit aux trois premières dynasties, dont les noms sont sortis des fouilles d'Om el-Ga'ab? peut-on les identifier avec d'autres rois des trois premières dynasties, comme on l'a fait? ou faut-il abandonner cette possibilité pour les rois autres que ceux dont le nom est semblable aux noms de la table d'Abydos? C'est à l'examen et à la solution, si possible, de ces diverses questions qu'est consacré le présent chapitre.

Mais avant de traiter les questions que je viens d'énumérer, il sera bon sans doute de rappeler quelques principes dont on ne se préoccupe guère et dont on s'éloigne de gaieté de cœur à la poursuite de certaines hypothèses que l'on croit brillantes, mais qui n'ont d'éclat que dans le cerveau de celui qui les a conçues, ce qui en vérité n'est pas tout ce que l'on peut désirer de mieux. Il faudrait en outre que ces hypothèses, pour être viables, répondissent aux nécessités logiques et ne fussent pas de simples convenances ou de simples raisons de sentiment. Le sentiment, certes, est quelque chose qui a son prix, mais non dans la science.

Tout d'abord, quand on fait des fouilles, il faudrait avoir soin de se rendre compte autant que possible de l'état dans lequel se trouvent les sépultures que l'on fouille, se demander si elles n'ont pas été violées autrefois, spoliées jadis et si on ne les a pas fouillées récemment. Si elles ont été violées autrefois, il faut tâcher d'établir si la violation a été complète, si elle a porté sur tous les objets renfermés dans la tombe, si ces objets ont été brisés, changés de place, emportés au loin ou auprès, ou si l'on n'en a pas laissé quelques-uns sur les lieux. Il faut de plus, en présence des objets qui remplissent une tombe, se demander si tous ces objets sont bien contemporains du cadavre ou du squelette déposé dans la tombe, ou bien s'ils n'ont pas été apportés dans le tombeau par la piété des survivants, soit que ces survivants aient été les membres de la même famille, comme c'était le cas pour la sépulture des hommes riches ou pauvres, soit que tous les hommes pieux aient été autorisés à témoigner de leur piété envers certains personnages après leur mort. Il est évident, en effet, que d'après les observations faites en tel ou tel sens, l'âge ou la signification des monuments trouvés seront différents, que l'on ne pourra pas tirer les mêmes conclusions de ceux-ci que de ceux-là, parce que les prémisses seront différentes et conduiront à d'autres conclusions. Il me semble que jusqu'à présent l'on n'a pas, dans les conclusions tirées des fouilles, attaché assez d'importance au *culte des ancêtres*, qui se pratiquait en Égypte dès les temps les plus anciens, comme il se pratique de nos jours, et qui est la pierre angulaire de tout l'édifice religieux en Égypte, comme il l'a été dans bien d'autres pays. Il est aussi évident que si les sépultures fouillées ont été violées, spoliées, on doit en tenir grand compte dans l'appréciation historique, que la certitude diminue en raison directe de l'intensité de la violation et de la spoliation, que l'on doit autant que possible se proposer de rétablir la tombe dans son état primitif, avant que de hasarder un jugement. Jusqu'à présent les fouilleurs ont eu beau jeu; on acceptait sans mot dire toutes leurs conclusions et l'on ne recherchait pas s'ils avaient eu raison de les tirer. Il a fallu les fouilles de ces dix dernières années et leur importance extraordinaire pour faire sortir les égyptologues de l'ornière de l'habitude; il est vrai qu'ils en sont sortis pour nier ou pour amoindrir l'importance de découvertes qui les gênaient. En outre, si les sépultures que l'on fouille ont été déplacées quelques années seulement auparavant, il est tout aussi évident que l'on doit se préoccuper de l'état dans lequel elles ont été trouvées par le premier explorateur, qu'on doit recourir à la description qui en a été faite, qu'on en doit tenir le plus grand compte, à moins que l'on n'ait des raisons péremptoires de douter de sa bonne foi et de sa capacité de description, et le cas échéant il faut renoncer à faire ce tableau, puisque le terrain, le sable, les objets, tout l'intérieur d'un tombeau a été changé, jeté dans une autre tombe. L'auteur qui n'en tient pas compte discrédite lui-même son propre ouvrage et fait preuve d'une méthode anti-scientifique. Pour la question qui m'occupe, je puis bien avoir laissé échapper un trop grand nombre d'objets pendant les fouilles de la première année, et quelques-uns pendant celles des deux années suivantes; mais j'estime que personne ne peut m'accuser de mauvaise foi, même d'incapacité intellectuelle et par conséquent c'est à ma relation qu'il faut ajouter foi, parce que j'ai vu le premier et que je pense avoir bien vu. Par conséquent aussi, un auteur qui, comme M. Petrie, fait fi de l'examen de ses devanciers, de leurs découvertes et de leurs conclusions, est en dehors de la méthode scientifique. Ce n'est pas que je dénie à M. Petrie le droit et le devoir de contredire mes allégations; mais il n'a ce droit et ce devoir que si, par des raisons péremptoires, il montre que je me suis trompé et grossièrement. Or ce que je lui reproche, ce n'est pas d'avoir contredit mes allégations, c'est de les avoir tenues pour nulles et non avenues, sans les discuter, ou pour mieux dire de les avoir ignorées de propos délibéré pour imaginer des hypothèses que les faits contredisent.

Enfin, il y a un autre principe qui me semble tout aussi important et que l'on ne doit pas négliger. Quand on veut établir la chronologie des rois découverts à Om el-Ga'ab, il faut avant tout tenir compte du lieu où ces noms ont été rencontrés. Si quelqu'un de ces noms a été rencontré dans le tombeau d'un autre roi, gravé sur des monuments, il faut bien admettre, bon gré, mal gré, que le nom de ce roi trouvé dans le tombeau d'un autre roi sur un monument témoignant que le second a reçu l'hommage funéraire du premier, il faut bien, dis-je, admettre que ce premier roi a vécu après le second, car jusqu'à présent ce n'est pas la coutume que le prédécesseur rende hommage au successeur, mais bien que le successeur fasse le culte funéraire au prédécesseur. Enfin, il ne suffit pas qu'on trouve un nom de roi dans un tombeau pour être certain que ce tombeau était celui de ce roi, surtout quand la nécropole tout entière a été violée : il faut examiner tout d'abord si certaines parties du tombeau sont à peu près restées intactes et si c'est dans ces parties presque intactes que le nom du roi a été rencontré : si ces conditions n'ont pas été remplies, l'on ne peut ajouter aucune confiance à un auteur qui affirme que le tombeau est celui du roi dont le nom a été rencontré. Nous allons voir maintenant que tous ces principes ont été violés par M. Petrie dans sa chronologie des rois découverts à Om el-Ga'ab, et cela parce qu'il ne s'en est pas préoccupé le moins du monde, estimant que son seul sentiment tiendrait lieu de raison à tout le public savant.

Avant de dresser la liste des rois trouvées au cours de ces dernières années, il est utile de se demander comment on peut arriver à connaître quels sont les rois, et sur quels indices on s'appuie. Tout d'abord pour certains de ces rois, on trouve les titres de et de devant les noms propres royaux, aussi bien devant ceux que l'on connaissait déjà que devant ceux que l'on ne connaissait pas. Pour les noms qui rentrent dans cette catégorie, il n'y a aucun doute à entretenir : ce sont bien des rois.

Mais il y en a d'autres dont les noms sont répétés sur des centaines de monuments et pour lesquels on n'a pas rencontré une seule fois les titres de *Roi du Midi et du Nord* ou de *Vautour de la Haute Égypte* et d'*Uræus de la Basse Égypte*. Cependant on a pour ceux-ci un criterium infaillible, c'est la présence devant le nom du titre d'*épervier*, Horus, soit que cet épervier s'élève au-dessus de la maison du *double*, comme c'est le cas de beaucoup le plus général, presque universel, soit au contraire qu'on le trouve devant le nom exprimé simplement, sans être renfermé dans le rectangle qui lui est consacré dans la maison du *double*. Cette maison du *double* est faite d'ordinaire tout uniment sur les stèles ou les sceaux gravés sur les bouchons en terre ; mais encore assez fréquemment il se trouve que, sur les inscriptions que l'on peut lire sur les panses de certaines grandes jarres en terre, cette maison surmontée de l'épervier est entourée de traits qui forment comme une enceinte à angles rentrants et sortants, laquelle entoure la maison. Il arrive parfois que le rectangle qui contient le nom du *double* est entouré de cette enceinte, sans que le signe de l'épervier surmonte la maison. Je crois qu'en ce cas le nom contenu dans le rectangle est bien le nom d'épervier ou de double, quoique le symbole soit absent. J'en ai pour preuve un fragment de poterie sur lequel la maison contenant le nom de double est entourée de l'enceinte sans être surmontée de l'épervier, et un autre fragment qui contient l'épervier, la maison avec l'enceinte avec le nom de *double* qui est le même dans les deux exemples. Ce nom de *double* me servira de *criterium* pour distinguer les noms royaux : jusqu'ici il n'y a point d'exemple que de pareils noms aient été portés par d'autres que par des rois ou des personnages dont les fils sont devenus rois et auxquels on a attribué l'épervier pour faire plaisir au roi régnant, comme les premiers Entef de la XIe dynastie, car si le fils entrait dans la famille d'Osiris ou était identifié avec Horus fils d'Osiris, comment aurait-il été possible que le père réel du roi n'eût pas appartenu aussi à la famille dont son fils faisait partie ? Je ne compterai donc parmi les rois qui sont venus tout récemment au jour de l'histoire, que ceux dont le nom aura été surmonté de l'épervier royal, faisant toutefois une exception pour le *Merneit* dont il sera parlé plus loin, et cela parce que c'est un de ceux que je n'ai pas trouvés.

Il s'agit maintenant d'établir la liste des rois telle que le hasard des fouilles l'a mise au jour, en laissant de côté toutefois les noms d'Osiris, de Set et de Horus, ou comme on dit de Khasekhemoui. Je mettrai à côté de chaque nom l'année de la découverte, le nom de celui qui l'a faite et l'endroit où a été faite pour la première fois, la trouvaille.

1° , Ahâ ; découvert le premier en 1896, mars, par moi-même, à la fin du premier plateau allant vers les collines d'Om el-Ga'ab ; M. de Morgan en 1897 le trouva aussi dans les fouilles qu'il fit à Neggadeh ; depuis M. Petrie l'a également trouvé parmi les objets qu'il a rencontrés dans les travaux exécutés par lui à Om el-Ga'ab, après s'être fait indûment concéder ce qui m'appartenait encore.

2°, Narmer? La lecture est plus que douteuse pour la bonne raison qu'on ne connaît pas les signes et que le poisson *narou* en particulier est fait d'une manière qui diffère du tout au tout des signes employés ici, d'après les traits caractéristiques et spécifiques des deux poissons. M. Spiegelberg l'a lu de son côté *nar menh*, et d'autres autrement. Il a été trouvé pour la première fois entre les dernières tombes du premier plateau et la seconde butte pendant mes fouilles, au mois de mars 1896. L'année suivante, M. Quibell le trouva à El-Kab, et M. Petrie l'a rencontré aussi dans ses travaux d'Om el-Ga'ab.

3°, celui que j'ai appelé le roi Serpent, que d'autres ont appelé Dja, ou même Djet, sans réfléchir que ce serpent a plusieurs lectures, étant polyphone, et que par conséquent nous ne pouvons savoir avant d'avoir trouvé le nom vocalisé, de quelle manière on le prononçait. Trouvé par moi en mars 1896 dans sa propre tombe, puis par M. Petrie.

4°, Ad....., celui qu'on a lu Azab, mais le dernier signe ne me paraît pas être le cœur qui se fait autrement à l'époque historique. M. Naville a lu *adarp*, et sa lecture me paraît plus vraisemblable que la précédente. Trouvé dans une tombe du second plateau dans mes fouilles de la première année, mars 1896; puis dans le tombeau de Set et de Horus en 1897; il a été trouvé encore depuis dans les décombres par M. Petrie.

5°, Dén. Trouvé dans les fouilles de la première année en son tombeau, sur le second plateau, en mars 1896; retrouvé par M. Petrie.

6°, Qâ. Trouvé la première année de mes fouilles, en mars 1896, dans son tombeau et en dehors. M. Petrie l'a retrouvé depuis.

7°, Qu'on a lu Mersekha, pour en donner une lecture quelconque, sans vouloir avouer qu'on ne connaît pas encore les signes qui composent ce nom écrit. Il fut trouvé la première année, en mars 1896, dans son tombeau qui se trouvait à côté de celui de Qâ, un peu en dehors, au sud du second plateau. M. Petrie l'a également retrouvé.

8° [hiéroglyphes], Sbat, lecture incertaine. Trouvé sur une stèle dans un tombeau de grande dimension qui était situé parmi les tombes qui avoisinaient celle de Den, au sud, entre cette dernière et les deux tombeaux de Mersekha et de Qâ, la première année de fouilles, au mois de mars 1896. Jusqu'ici personne n'a compris ce nom parmi les rois trouvés à Abydos, mais ce nom est précédé de l'épervier [hiéroglyphe], qui est jusqu'à présent le signe distinctif des rois de ce temps. Il n'est pas enfermé dans le rectangle.

9° [hiéroglyphes] ..... lecture inconnue. Trouvé la première année de mes fouilles, mars 1896, écrit sur un fragment de grande jarre aux environs de la tombe de Den.

10° [hiéroglyphes], Hasa. Trouvé la première année de mes fouilles, en mars 1896, écrit sur un fragment de grande pierre qui fut rencontré aux environs du tombeau de Den.

11° [hiéroglyphes] ..... lecture inconnue. Trouvé la première année de mes fouilles, mars 1896, écrit sur un fragment de grande pierre qui fut rencontré aux environs du tombeau de Den.

12° [hiéroglyphes] ..... lecture inconnue. Trouvé à la même époque et au même endroit que les précédents.

13° ...[hiéroglyphes] ..... incomplet et lecture incertaine. Trouvé à la même époque et dans les mêmes circonstances; trouvé par la suite pendant les travaux de M. Petrie.

14° [hiéroglyphes] ..... lecture inconnue; mêmes observations que pour les précédents.

15° [hiéroglyphes] qu'on a identifié avec Hesepti, puis qu'on a lu Setoui, puis qu'on a encore identifié avec Qenqenès. Trouvé la première année de mes fouilles, en mars 1896, sur le second plateau d'Om el-Ga'ab. Retrouvé par M. Petrie au même endroit.

16° [hiéroglyphes] Merbapen, le roi de la première dynastie, le VIe de la liste d'Abydos. Trouvé la première année de mes fouilles sur le plateau qui suivait la grande colline. Retrouvé par M. Petrie.

17° [hiéroglyphe], qu'on a identifié avec Semenpetah, le septième roi de la Table d'Abydos. Trouvé dans les mêmes circonstances, et à la même époque. Retrouvé par M. Petrie au même endroit.

18° [hiéroglyphe], lecture inconnue. Trouvé dans la couche supérieure des débris qui remplissaient le tombeau de Set et de Horus, ou Khasekhemoui; gravé le premier sur l'épaule de la statue n° 1 du musée de Gizeh avant qu'il fût transporté au Caire; retrouvé par M. Petrie.

19° [hiéroglyphe], *Neter*..., sans doute Nouteren : trouvé sur un fragment de vase dans le tombeau de Set et de Horus, ou Khasekhemoui ; c'est le troisième des noms gravés sur l'épaule de la statue n° 1 du musée de Gizeh; retrouvé par M. Petrie dans le tombeau de Perabsen, à ce qu'il dit.

20° [hiéroglyphe], *Raneb*, le deuxième roi dont le nom est gravé sur l'épaule de la statue n° 1 du musée de Gizeh; trouvé la seconde année des fouilles dans les décombres surmontant le tombeau de Khasekhemoui, ou de Set et de Horus. Retrouvé par M. Petrie dans le tombeau de Perabsen (!) également.

21° [hiéroglyphe] ..... Lecture inconnue, celui qu'on a lu Zerta. Trouvé la troisième année de fouilles dans le tombeau central de la grande colline ou tombeau d'Osiris, janvier 1898. Retrouvé par M. Petrie.

22° [hiéroglyphe] ..... Lecture inconnue; peut-être *Ne*, peut-être *Mou*, selon que le signe est employé idéographiquement ou syllabiquement. Trouvé en janvier 1878 dans le tombeau d'Osiris.

23° [hiéroglyphe], *De*; trouvée dans le tombeau d'Osiris la troisième année et aussi sur une stèle qui a été laissée au musée de Gizeh la première année, et dont je n'avais pas remarqué qu'elle portait une inscription sur la partie postérieure.

24° [hiéroglyphes], *Perabsen*; trouvé dans son tombeau, la troisième année de mes fouilles, février 1898. Retrouvé par M. Petrie.

25° [hiéroglyphes], *Sekhemab*; trouvé dans le tombeau de Perabsen, à la même date que le précédent. Retrouvé par M. Petrie.

26° [hiéroglyphes], *Horhotep*... Il n'est pas certain que ce soit un roi, car l'épervier manque au-dessus de son nom. Trouvé dans le tombeau de Perabsen à la même époque de mes fouilles.

27° [hiéroglyphes], *Merneith*, comme on l'a lu. Trouvé pendant la première campagne de M. Petrie à Abydos : l'épervier ne surmonte pas ces mots et il n'est pas certain que ce soit un roi : ce peut être tout aussi bien une reine.

28° [hiéroglyphe], *Ka*; trouvé par M. Petrie la seconde année de ses fouilles à Abydos.

Ce sont là, je crois, tous les rois trouvés à Abydos, car je laisse de côté ceux que M. Quibell a trouvés à El-Kab, parce que je ne les regarde pas comme ayant un rapport certain ou même quelconque avec les rois d'Abydos. On voit que sur les 28, j'en ai trouvé 26 pour ma part, et il n'y a pas à dire que je ne les ai pas découverts, car c'est bien moi, et je n'en ai tiré aucune vanité, qui les ai mis au jour le premier: je tiens seulement à rétablir ma part dans cette découverte, parce qu'on me semble trop porté à l'oublier puisqu'on ne parle plus même de mes travaux dans certains ouvrages.

Je ne crois pas que la critique se soit beaucoup exercée sur les noms de ces rois, sur leur place dans l'histoire égyptienne et sur le temps où ils ont régné en Égypte. On a placé tous ceux qu'on ne savait où placer dans la IIe et la IIIe dynastie, au petit bonheur, et cela par pur sentiment ou vraisemblance. M. Petrie seul a cru pouvoir les ranger chronologiquement: il l'a fait avec son assurance ordinaire, ce qui ne l'a pas empêché de changer à chaque fois sa chronologie, faisant disparaître des rois qu'il avait d'abord admis, et cela sans donner aucune raison de sa manière d'agir, et sans faire connaître les motifs qui lui faisaient bouleverser l'ordre qu'il avait admis d'abord. Je vais faire connaître sa triple liste et l'examiner à la lumière de mes propres découvertes.

Dans le premier volume de ses *Tombes royales de la première dynastie*, titre tout à fait impropre puisque l'auteur parle autant des rois de la IIe dynastie que de ceux de la Ire et surtout que dans le second volume il aura plus à faire avec ceux qu'il range avant la Ire dynastie et dans la seconde qu'avec ceux de la première, M. Petrie range ainsi les rois qu'il a découverts en y comprenant aussi ceux que j'ai produits à la lumière de l'histoire. En tête de son volume, M. Petrie écrit les noms des rois mentionnés dans ce volume.

Ire dynastie

Selon Manéthon	Table d'Abydos		Inscriptions / Tombes	
			D	Ordre inconnu; probablement avant Ménès
			Zeser	
			Narmer	
1 Ménès	Mena	=	Aha-Men	Ordre probable
2 Athothis	Teta		Zer	
3 Kenkenès	Ateth		Zet	
4 Uenefès	Ata		Merneit	
5 Usafaïs	Hesepti	=	Den-Setoui	Ordre certain
6 Miebis	Merbap	=	Azab-Merbapa	
7 Semempsès	Semenptah	=	Mersekha-Samenptah	
8 Bienekhès	Kebh	=	Qa-Sen	

A la page 5 de son volume, il revient encore sur le même sujet et il dit : « Ainsi nous sommes amené à la chronologie suivante pour les rois » de la Ire dynastie :

D'après les tombes	D'après la Table d'Abydos	D'après Manéthon
Aha	Mena	Menès
Zer	Teta	Atothis
Zet	Atot	Kenkenès
Merneit	Ata	Uenenfès[1]
Den-Setoui	Hesepti	Usafais
Azab-Merbapa	Merbap	Miébis
Mersekha	....ptah?	Semempsès
Qa-Sen	Qebh	Bienekhès

1. Je me permettrai de faire observer la différence de transcription à quelques pages de distance; d'abord Ateth, puis Atot; puis Ouenefès et Ouenenfès. Je crois que ces négligences ne sont pas un mérite.

Si l'on veut connaître les raisons qui ont conduit M. Petrie à l'adoption de cet ordre, les voici : il admet d'abord l'identification de Hesepti, Merbapen et Semenpetah avec les rois dont les noms ont été lus par M. Sethe : Hesepti, Merbap, et il les identifie de son côté avec Den, Azab et Mersekha, et ce premier pas fait, il ajoute : « Outre l'identification absolue de trois de ces rois avec ceux nommés dans la liste d'Abydos, nons pouvons ajouter plusieurs preuves de l'ordre relatif d'après les inscriptions des vases qui ont été trouvés appropriés par des rois venus plus tard. Ainsi dans cet ordre d'idées un vase de Narmer a été trouvé dans la tombe de Zet, et un autre effacé (*sic*) dans la tombe de Den. Un vase de Den-Setoui a été trouvé regravé par Azab. Plusieurs vases d'Azab ont été trouvés effacés et réemployés par Mersekha.

« Donc nous pouvons, d'après l'évidence que seules fournissent les inscriptions des tombes, restaurer l'ordre des rois ainsi qu'il suit : Narmer, Zet, Den=Setoui, Azab=Merbapa, Mersekha, Semempsès. De là, l'ordre de Manéthon est confirmé pour trois des rois qui sont identifiés.

« Si maintenant nous nous tournons vers le plan, comme nous pouvons être certains que l'ordre de la construction est Den, Azab et Mersekha, il suffit seulement d'un peu d'attention pour voir que Qâ suit naturellement ce groupe. D'entre les premières tombes il semble probable que Merneit est avant Den, Zet encore avant, et Zer (ou Khent) avant tous ceux-là : la position graduelle des tombes l'une derrière l'autre étant assez claire, nous devons donc regarder les tombes les plus orientales comme étant les premières, et cela est confirmé par les tombes particulières à l'est de celle de Zer, qui contiennent un sceau de jarre et un bracelet de coquillages du roi Aha; que cet Aha doit venir à l'un des premiers rangs dans la première dynastie, c'est déjà assez clair, le sigle de son œuvre est certainement plus rude qu'aucun autre de la dynastie, et la forme de l'épervier sur ses vases ressemble de très près à celui de Narmer, qui vient avant Zer et Den. Ainsi Aha doit, d'après l'évidence du style et la position de ces objets, se placer à un règne de distance de Mena; et il n'y a pas de raison pour ne pas accepter son identification avec Mena surtout maintenant qu'il est démontré que c'était l'habitude pour le nom royal d'être écrit simplement dans le groupe du vautour et de l'uræus[1] ».

Si je passe maintenant au second volume des *Tombes royales de la première dynastie*, je trouve en tête de ce volume la liste suivante qui s'est singulièrement allongée :

1re dynastie Manéthon	Liste de Seti	Tombes
1 Menès	Mena	= Aha-Men
2 Athothis	Teta	= Zer-Ta
3 Kenkenès	Ateth	= Zet-Ath
4 Uenefès	Ata	= Den-Merneit
5 Usafaïs	Hesepti	= Den-Setoui
6 Miebis	Merbap	= Azab-Merbapa
7 Semempsès	Semenptah	= Mersekha-Shemsou
8 Bienekhès	Qebeh	= Qa-Sen
2e dynastie		
1 Boéthos	Bozau	Hotep-ahaoui
2 Kaiekhos	Kakau	Raneb
3 Binothris	Baneteren	= Neteren
4 Tlas	Ouaznès	Sekhemab, Perabsen
5 Sethenes	Senda	Kha sekhem
6 Khaires	....	Kara
7 Neferkherès	Zaza	Kha sekhemoui.

En avant de tous ces noms et en dehors de la première dynastie sont placés : Ka, Zeser, Narmer et Sma.

Si l'on veut maintenant connaître les raisons qui ont conduit M. Petrie à l'adoption de cet ordre chronologique les voici, et pour les donner je suis obligé de citer tout le premier chapitre de son second volume, chapitre intitulé : *Le site des tombes royales*.

« Les périodes générales des différents groupes de tombes peuvent être facilement distinguées par le changement opéré dans le caractère des objets qu'on y a trouvés. Dans les seconds, par exemple, il y a toute une série de sceaux à figures d'animaux qui sont de très près semblables aux derniers ouvrages préhistoriques : ce sont ceux qui ont seulement été trouvés en assez grand nombre dans le groupe B des tombes[2], quelques-

1. Fl. Petrie ; *The royal tombs of the first dynasty*, I, p. 5-6.

2. Pour l'intelligence de ce qui va suivre, je dois dire que M. Petrie a désigné par B ce que j'appelle le premier plateau et les buttes qui précèdent la grande colline; par O

uns dans la tombe de Zer, encore moins dans celle de Zet. D'un autre côté les sceaux de Perabsen et de Khasekhemoui ressemblent encore de plus près à ceux de la IVe dynastie : et ceux de Perabsen sont intermédiaires entre le style des plus anciens et celui de Khasekhemoui. Par conséquent de l'examen de ces seuls objets, on voit clairement quelles sont les tombes les plus anciennes et quelles sont les tombes les plus récentes, pendant que leur position relative sur le terrain montre dans la plupart des cas l'ordre dans ces limites. Il est évident que les premières tombes royales sont celles qui sont situées le plus à l'est des plus grandes tombes, et qu'on alla progressivement vers l'ouest, en plaçant les tombeaux alternativement au nord et au sud de la ligne du milieu.

« Si nous examinons les détails, l'ordre relatif est encore fixé d'une manière plus étroite par la présence des vases d'un roi, qui furent réemployés dans la tombe d'un roi postérieur. Si bien que si nous ignorions toutes les listes historiques, nous pourrions rétablir l'ordre des tombes de la manière suivante, en recourant aux lettres du plan :

B, O, Z } par le style des sceaux — ordre B, Z } par le réemploi de vases
Y par les sceaux entre Z et T.
Q, X, U } par le réemploi de vases.
Q par position après U,
Ra Neb, Neteren, P Perabsen } par le réemploi des vases.
V, le dernier, par les sceaux.

Ainsi, l'ordre des tombes est dans une ligne qui va vers le sud de B à Y; alors alternent de chaque côté de Y, T, X et U. T est placé plus loin

le tombeau d'Osiris qu'il appelle celui de Zer-ta ; par P celui de Perabsen, par Q celui de Qâ, par T celui de Den; par X celui d'Azab; par Z celui du roi Serpent, Djet; par U celui de *Mersekha*, placé près de la tombe de *Qâ*; par Y celui de Merneit; par V celui de Khasekhemoui ou de Set et de Horus; par W la partie du second plateau qui était au nord de la tombe de Djet.

à l'ouest de U; et alors, après une pause, revient P du côté opposé et alors V qui est de nouveau opposé à P.

« Dans cet ordre, nous n'avons pas fixé la place des rois distincts du groupe B, ni celle de Hotepahaoui qui est à peu de distance en avant de Perabsen. Mais jusqu'ici nous avons été indépendant des listes historiques.

« Dans le premier volume des *Tombes royales* nous avons déjà montré comment cet ordre des tombes concorde avec (l'ordre de ceux) qui ont pu être identifiés dans les listes[1]. On peut ajouter maintenant deux nouvelles identifications; car sur le sceau 109, nous lisons Zer-ta, et semblablement sur le sceau 2 du premier volume, nous lisons Zet-Ath, qui correspondent ainsi aux Teta et Ateth de la liste de Séti. Donc des tombes placées dans l'ordre ci-dessus nous pouvons identifier :

O Zer-ta = Teta, deuxième roi
Z Zet-Ath = Ateth, troisième
Y
T Den-Setoui = Hesepti, cinquième
X Azab-Merbapa = Merbap, sixième
V Mersekha-Shemsou = Semempsès, septième.

et j'ai montré comment la forme primitive du second nom de Qa-Sen avait été prise à tort pour Qebh (vol. I, p. 23) et placée ainsi dans la liste de Séti.

« Il est donc évident que cinq ou six des huit rois nommés dans la Ire dynastie sont identifiés ici dans l'ordre réel des tombes. Donc c'est dans le groupe des tombes marqué B que nous devons regarder pour Ména et ses prédécesseurs, et c'est dans ce groupe que des objets abondants du roi Aha ont été trouvés. Donc Aha doit être à une distance d'un règne ou deux de Ména. Si l'on regarde les sceaux, il est clair que les sceaux d'Aha sont plus semblables à ceux de Zer que ne le sont les autres sceaux les plus anciens. Donc on pourrait identifier Aha

1. Cette phrase monumentale dont voici le texte : we have already shown how this order of the tombs agrees with those wich can be identified in the lists » veut dire que l'ordre des tombes considéré comme le fait M. Petrie concorde avec l'ordre des rois qui ont pu être identifiés d'après la liste de Séti Ier.

avec Ména, entièrement en dehors de l'évidence de la tablette d'ivoire de Neggadeh, sur laquelle cette identification s'est jusqu'ici appuyée.

« Ici une question se pose : Comment se fait-il que les objets d'Aha soient si abondants à Abydos, quand sa tombe a déjà été trouvée à Neggadeh? Où était sa tombe? à Neggadeh ou à Abydos? Mais on a trouvé à Neggadeh beaucoup de tablettes d'ivoire, de colliers, mentionnant le nombre des pierres, avec le nom de Neit-hotep au dos. Elles appartenaient probablement à une reine de Ména. Et si nous devons fixer une tombe comme celle d'Aha, et une comme celle de son épouse, ce serait la tombe d'Abydos qui serait celle d'Aha, car plusieurs tablettes d'ivoire mentionnent des offrandes qui lui ont été faites; et ce serait la tombe aux colliers de Neit-hotep qui serait celle d'une reine. Du reste il serait bien plus vraisemblable qu'une tombe dans la grande série des tombes royales serait celle du roi, et qu'une tombe à part dans un autre cimetière serait celle de sa reine.

« Donc il semble que les faits maintenant connus peuvent montrer qu'Aha-Ména était enterré dans la royale série d'Abydos (!!); et que la tombe de Neggadeh était celle de sa reine Neit-hotep, naturellement enterrée avec les vases et les objets appartenant au roi. De plus il ne semble pas improbable que l'un des sceaux qui furent trouvés doive être lu « l'esprit de Neit-hotep », *ba Neit-hotep* (voir de Morgan *Recherches*, II, fig. 559) et que c'était le sceau propre de la reine.

« Nous pouvons maintenant examiner le groupe B plus en détail. Nous connaissons de cet âge plusieurs rois dont les ouvrages sont plus rudes que ceux de Ména, et qui par conséquent doivent être présumés l'avoir précédé dans cette civilisation qui montait rapidement. Mais par malheur les contenus de ces tombes B ont été si confondus par les fouilles récentes que la chance de retrouver leur histoire est presque perdue[1]. La liste des objets marqués d'un nom (et) associés avec certaines tombes est la suivante :

Ka,	poterie	B 7, 11, 15
Narmer,	pierre	6

1. C'est de moi qu'il s'agit dans cette phrase.

Narmer,	sceau	17, 18
—	tablette	18
Sma,	environ (?)	15-19
Sha,	vase	17
—	tablette	18
—	tablette	19
—	feuille d'or	15
—	objets de *Bener-ab*	14
—	sceaux.	16

« Il y a aussi le roi Zeser (*Royal tombs* I, IV, 3) dont le simple titre de *Neboui* le met en connexion avec le roi Sma et les vases de Zet (pl. V, 13, 14) et qui par conséquent peut être placé parmi les dernières.

« La position du roi Sma est indiquée d'une autre manière. Plusieurs objets de toilette avec le nom de Neit-hotep furent trouvés dans les tombes de domestiques femelles autour de Zer; mais aucune des 70 stèles ne porte ce nom. Il semble donc probable que c'étaient des objets de toilette hors d'usage appartenant à Neit-hotep, la reine de Ména, ces objets ayant été laissés par elle à ses servantes, qui moururent dans le règne suivant, celui de Zer, et qui firent enterrer les objets avec elles. Maintenant sur l'un de ces objets de Neit-hotep (pl. II, 11) il y a apparemment *Neboui Sma*, et comme Sma ne peut pas avoir été le mari ou le fils de Neit-hotep, il était probablement son père. Donc, nous sommes conduit à placer Sma comme le prédécesseur immédiat de Ména, qui épousa sa fille Neit-hotep. L'extrême rudesse des inscriptions des sceaux et des poteries de Ka montre certainement qu'il précéda Narmer. Ainsi nous avons la série : Ka, Narmer, Sma, Ména, avec Zeser probablement avant Ména et cependant après Ka. Comment et jusqu'à quel point les tombes peuvent-elles être idenfiées avec ces rois? (*sic*). L'ordre général est d'est en ouest. De là, B 19 est probablemeut la tombe de Ména; et c'est au numéro 19 et dans les tombes voisines (15, 17 et 18) que les objets de Ména sont trouvés (*sic*). Et ces objets ont été sans le moindre doute dispersés en jetant les contenus du numéro 19 dans les tombes déjà ouvertes.

« Les objets de Sma ont été trouvés avec B 15, mais à la surface, si bien que leur place n'est pas certaine. Ainsi il n'y aurait rien contre l'identification de la tombe Sma avec B 15, la voisine de Ména (!!).

« Les objets de Narmer ont été trouvés en B 16, 17, 18. La grande jarre en B 6, n'a pas dû vraisemblablement être jetée bien loin et pourrait avoir été jetée en B 10 en rejetant les débris. Un si grand roi n'a pas dû probablement avoir une aussi petite tombe que B 17 ou B 19, où l'on ne trouve que de petits objets. Ainsi B 10 a un droit meilleur que tout autre à être la tombe de Narmer.

« La tombe de Ka est certaine, car elle était encore remplie de jarres cylindriques, dont plusieurs portaient son nom ; et les seules autres choses qui lui appartenaient furent trouvées de chaque côté, en 11 et en 15.

« Et comme Zeser était probablement après Ka, il est plus vraisemblable qu'invraisemblable que B 9 était sa tombe ; le seul objet daté que l'on y rencontra était un sceau de Narmer, qui fut probablement son successeur.

« Les trois rangées de tombes particulières à l'est de ces grandes tombes ne contenaient pas d'autres noms sur les sceaux que celui d'Aha-Ména ; et ainsi elles semblent avoir été ajoutées en son règne comme tombes de ses domestiques.

« De plus, des objets de Ménès étaient en B 14, y compris trois objets avec (*sic*) *Bener-ab* « la de douce cœur » probablement une reine ou une fille de Ména ; et d'autres pièces avec le même nom étaient auprès.

« Le résultat entier de cette recherche, en ramassant tout ce que nous pouvons, de l'ordre des rois et des lieux où les objets avaient été jetés, est le suivant :

B 7 Ka
B 9 Zeser
B 10 Narmer
B 15 Sma
B 19 Ména
B 14 Dener-ab
B 16 Domestiques de Ména.

« Les deux tombes non numérotées au nord de B 14 furent fouillées l'année dernière par M. Mac-Iver qui y trouva des poteries avec des dessins grossiers d'un épervier comme celui du sceau 96, et un morceau de bracelet avec quelque chose de grossièrement sculpté, sans doute le nom d'Aha. C'était probablement les fils ou les frères de Ména.

« Nous avons ainsi reconstruit la liste des rois Thinites avant Ménès autant que les faits nous le permettent et sans doute aussi loin que nous pourrons jamais les certifier. Le cas aurait été très différent si ces tombes n'avaient pas été mises en pareille confusion par le travail qui fut fait précédemment.

« Les faits se rapportant à la seconde dynastie, les rois après Qà doivent être maintenant étudiés (*sic*). Dans la tombe de Perabsen nous trouvons qu'on avait enterré avec lui des vases de trois autres rois qui — c'est une règle fixe — sont par conséquent ses prédécesseurs. Leurs noms sont Hotepahaoui, Raneb et Neteren; et il est certain que Raneb précéda Neteren, car ce dernier a usurpé et réemployé un vase du premier. Comme d'après la statue n° 1 du musée du Caire, ces trois rois sont dans l'ordre ci-dessus et que la succession de deux d'entre eux est maintenant prouvée, il n'est pas irraisonnable de les accepter dans cet ordre. Le seul lien qui les rattache à la liste de Séti Ier est que, si ce sont les successeurs immédiats du roi Qa qui clôt la Ire dynastie, alors Neteren est le roi Baneteren de cette liste. Et comme il n'y a pas de fait contraire, cela peut être accepté.

« Après ce roi vient Perabsen, et en conséquence il serait l'Ouaznès de la liste de Séti Ier.

« Avant Khasekhemoui doit être probablement placé Khasekhem dont les statues et les vases ont été trouvés à Hiéraconpolis; s'il en est ainsi, ce serait le Senda de la liste, le Sethenès de Manéthon.

« Alors il ne reste plus qu'un nom dans cette dynastie, Zaza, suivant la liste de Séti Ier, pour être celui de Kasekhemoui. Il semble maintenant qu'il y ait quelque raison pour que ce roi ait été le dernier des dynasties thinites, car il n'y a pas à Abydos de royale tombe connue qui soit postérieure à la sienne. De plus nous rencontrons dans sa tombe « la *mère* » *portant le roi* (*sic*) Hapenmaat. Elle semble avoir été adorée pendant la IIIe dynastie, et nous apparaît aussi comme l'ancêtre déifiée de cette dynastie.

« Un sceau de Perabsen fut aussi trouvé dans la tombe du roi Neterkhet, ouverte par M. Garstang, travaillant pour l'*Egypt Research Account*; et ce roi est le même que Zeser sur la stèle de Sehel, le second roi de la IIIe dynastie, si l'on s'en rapporte à Séti. Cela montre qu'il n'y pas grand intervalle entre Perabsen et la IIIe dynastie.

« La durée de la IIe dynastie chez les copistes de Manéthon serait à première vue plus longue. Mais dans la version de l'Africain, qui est d'ordinaire la meilleure, le Syncelle, son copiste, introduit deux rois de plus d'après Eusèbe; et nous voyons maintenant que c'est probablement une correction erronée. Il y a cependant un roi Khaires qui pourrait bien être le roi Kara dont le cylindre a été trouvée par M. Quibell à El-Kab.

« De tous ces faits utiles il semble que nous devions restaurer la dynastie ainsi qu'il suit :

Tombes	Séti	Manéthon
Hotep-ahaoui	Bazaou	Boéthos
Ra-neb	Kakaou	Kaiekhos
Neteren	Baneteren	Binothris
Perabsen	Uaznes	Tlas
(Khasekhem)	Senda	Séthénès
(Kara)	....	Khairès
Khasekhemoui	Zaza	Neferkherès

« Nous devons noter que Perabsen ne peut pas être le même que Send, car il y avait des sacerdoces divers de ces deux rois. Il y a cependant des difficultés avec la liste de Saqqara, et nous avons à choisir entre cette version, comme contredisant la liste de Séti, et la présomption que Khasekhemoui était le dernier de la dynastie. La liste ci-dessus est tout ce qui semble authentique de tous côtés; mais elle peut avoir à s'étendre par des découvertes postérieures [1]. »

Malgré toutes les évidences qui avaient fait adopter à M. Petrie l'ordre chronologique ci-dessus, il a cependant éprouvé le besoin de le modifier dans un autre de ses ouvrages qu'il a intitulé *Abydos* et qui rend

1. Fl. Petrie : *The royal tombs of the first dynasty*, II, p. 3-6.

compte des opérations préliminaires qu'il a conduites à Kom es-Soultan sur l'emplacement de l'ancien temple d'Osiris. M. Petrie introduit entre Ka et Zeser un nouveau roi, Ra, ce qui porte à cinq les noms de ceux qu'il place dans une dynastie antérieure à Ménès. Pour ce qui est du roi Ka, les exemples qu'il avait fournis des sceaux de ce roi dans son second volume des *Tombes royales de la Ire dynastie* ne comportaient pas le signe de l'épervier; dans le premier volume sur Abydos, il cite des exemples avec l'épervier perché sur le rectangle de la maison. Mais alors ce rectangle ne contient pas, le signe ⊔ seulement, mais un autre signe qui comporte deux traits verticaux unis par un trait horizontal, puis vient le signe Ka ⊔; le premier de ces signes, dit M. Petrie, peut avoir de deux, cinq à treize traits verticaux. Il y aurait ainsi inversion dans le nom de double et il l'explique : « Cette inversion de la forme du nom de Horus ou de Ka, est étrange. Dans les exemples cités, que les traits au dessus des bras représentent une surface à compartiments comme celui qui est placé sous le nom dans tous les exemples postérieurs, c'est ce qui semble prouvé par leur grande variété, puisqu'ils comportent tous les nombres de traits depuis 2 ou 5, jusqu'à 13, de raies sur les poteries. D'après des exemples postérieurs, cette surface est certainement copiée de la façade d'un édifice, tombe ou palais; ainsi nous devons le regarder comme tel, et l'espace en dessous, lequel contient le signe, comme l'équivalent de la porte de l'édifice[1] ». Ce n'est pas plus malaisé que cela et, si l'on ne se rend pas à de telles raisons, c'est qu'on est vraiment difficile. Je laisse de côté l'histoire proprement dite de ces rois, les révolutions politiques accomplies et dont M. Petrie a le secret : il a vraiment beaucoup d'ingéniosité, et il en faut pour être certain que les événements se sont passés comme il le dit, que tel ou tel roi a eu telle femme, qu'il était le frère, le beau-frère, le fils ou le petit-fils de tel autre roi, et même pour élever à la dignité royale tel ou tel personnage qui a trouvé grâce aux yeux de M. Petrie : il est malheureux que cette ingéniosité si grande n'ait pour fondement que l'imagination de M. Petrie; mais de l'imagination, on ne peut nier qu'il n'en ait, et beaucoup.

1. Fl. Petrie : *Abydos*, I, p. 3 et 4.

Au fond la méthode de M. Petrie n'est pas nouvelle et ne lui est pas propre : elle consiste dans l'accumulation des *peut-être*, *probablement*, *il semble*, *il paraît* dans les prémisses de son raisonnement, puis à conclure avec des *il est certain*, *il est évident*. Ce n'est pas avec une méthode semblable qu'on force les adhésions.

Il est parti d'un point départ faux, et il a suivi le chemin qu'il s'était tracé malgré quelques anicroches. Ce point de départ est que les tombes allaient d'est en ouest : elles n'allaient pas d'est en ouest, elles rayonnaient autour de la tombe centrale de la grande colline, laquelle n'était pas celle de Zer-ta, comme le dit M. Petrie, mais celle d'Osiris. Il n'y a plus moyen de le contester à l'heure actuelle après les preuves que j'en ai fournies. Et cette tombe existait non seulement depuis la XVIIIe dynastie, mais depuis la XIIe, mais depuis la Ve, mais depuis les dynasties les plus anciennement connues, puisque les poteries les plus anciennes se sont trouvées à Om el-Ga'ab, comme au-dessus des tombes des officiers de Snefrou à Dahchour, et que d'autres ont fait leur apparition qu'on ne connaissait pas encore. Il est vrai que M. Petrie nomme ces poteries égéennes et mycéniennes; mais ce ne sont là que des mots qui n'ont d'autre valeur que celle de servir à M. Petrie pour exprimer ce genre de poteries, car elles ne répondent à aucun des faits qu'il voudrait en établir. M. Petrie a pris ses précautions en niant que la première butte, celle qu'il appelle *colline de Heqreschou* eût aucun rapport avec la nécropole royale ; elle n'en avait pas en effet avec la nécropole royale qui n'existait pas comme telle, mais elle en avait, et fort étroitement, avec la nécropole divine, ou d'Osiris, et elle n'était pas le dernier terme du culte rendu à Osiris, témoin le petit temple de l'Ouest pour employer les expressions de Mariette. Il n'est donc pas étonnant que ce faux point de départ ait mené M. Petrie dans une voie tout opposée à celle de la réalité. Si, en effet, les tombes royales, car il y en a, rayonnaient autour de la tombe d'Osiris, il faut croire, au contraire de M. Petrie, que les plus rapprochées de la tombe d'Osiris étaient celles des rois les plus anciens, il faut changer la manière de supputer l'ancienneté des rois ; à l'est de la tombe centrale, il faut juger de cette ancienneté en sens inverse de la position des tombes, et du côté ouest il faut suivre l'ordre de position. Par conséquent, du côté ouest ce serait le roi Djet (le roi Serpent) qui serait le plus ancien, puis le roi Den et les autres; du côté est ce serait, suivant M. Petrie, Aha, Narmer, Ka et Djeser. Quant à l'ordre, qui pourrait affirmer l'antériorité d'un côté plutôt que de l'autre? Il me semble plus probable que le côté ouest dépasse en ancienneté le côté est, parce que le cimetière en ouest était complet, et qu'au contraire en est il est resté incomplet, le premier plateau entre la butte initiale, ou colline de Heqreschou de M. Petrie, et la seconde butte n'ayant pas été complètement couverte de tombes, il s'en faut au contraire de beaucoup. Et si l'on interroge les objets trouvés dans les tombes, si l'on regarde leur degré de finesse dans le travail, on arrive aux mêmes conclusions, car c'est dans la tombe n° 6 des dix-huit tombes de ce premier plateau, qu'il me restait à explorer au commencement de la IIIe année qu'ont été trouvés les beaux silex que j'ai mentionnés en leur lieu et que j'ai publiés dans mon troisième volume. Il n'y a personne qui puisse nier que le silex n° 20 accuse avec une évidence inéluctable une plus grande habileté à tailler le silex que les couteaux trouvés dans le tombeau de Set et de Horus ou Khasekhemoui. De même les pointes de flèches trouvées la première année l'ont été dans le tombeau qui était caché sous la butte numéro 3 et sont d'une facture déjà merveilleuse, mais, il me semble, bien inférieure à celle du couteau que je viens de mentionner. Cela semblerait donc prouver l'ancienneté à l'inverse de celle qu'a voulu établir M. Petrie; mais je ne dois pas oublier que certaines pointes de flèches ou de fers de lances, en silex comme en cristal de roche, ont été trouvées dans une couche de cendres qui précédait le tombeau d'Osiris ou dans cette tombe elle-même. Cette dernière particularité montre qu'il faut bien se garder de tenir le fait de la trouvaille comme une base solide, car la plupart des objets trouvés dans les tombes proviennent de l'exercice du culte funéraire et peuvent ne pas être contemporains des morts enterrés dans la tombe, ce qui ne veut pas dire qu'ils ne soient pas antiques ou préhistoriques. Ce dont il aurait fallu avant tout se rendre compte, c'est si la tombe a été, ou non, violée. Or, c'est ce qu'il était à peu près impossible de faire pour la grande généralité des tombes à cause de la spoliation du VIe siècle, excepté pour les tombes considérées comme les plus pauvres et placées le plus loin de celle d'Osiris : ce qui est le cas pour la tombe qui renfermait le beau couteau de silex que j'ai mentionné. Les conclusions à tirer de ce chef sont donc encore diamétralement opposées à celles de M. Petrie. Ici encore sa méthode générale lui a fait prendre le chemin de l'erreur : avant de s'en tenir à ses propres découvertes, il aurait dû s'inquiéter des découvertes d'autrui. Et je n'écris pas ces paroles pour faire valoir mes propres travaux, mais parce que je cherche, tout autant et plus peut-être que M. Petrie, la vérité scientifique et que si j'étais arrivé après M. Petrie sur le site d'Abydos, j'aurais cherché à me rendre compte de ses travaux tout comme je tâcherai de m'aider de tout ce qui peut concourir à la solution du problème que je traite.

Ainsi d'après ces considérations générales, l'ordre chronologique dans lequel M. Petrie a rangé les rois d'Om el-Ga'ab ne répond pas aux faits tels que je les ai constatés et démontrés. Si je recours maintenant aux particularités, nous verrons les mêmes résultats.

Je prends d'abord le roi Ka « dont la tombe est la plus ancienne qui puisse être assignée d'une manière précise[1] »; je vois que les murs de cette tombe n'ont que l'épaisseur d'une brique, placée en long, quand il est de règle générale dans la nécropole d'Om el-Ga'ab que les tombes royales ont des murs démesurément épais. Avec la tombe de Djeser, ce seraient les seules exceptions. La seule raison que M. Petrie donne de l'attribution de cette première tombe au roi Ka, c'est que l'on y a trouvé des fragments de grandes jarres avec l'inscription *Ka* dans le rectangle, et si l'on recourt aux planches de son volume on voit que ce rectangle n'est pas surmonté de l'épervier. Il est vrai que M. Petrie dit avoir trouvé depuis le nom de ce roi renfermé dans un rectangle et surmonté de l'épervier ; la chose sera vraie lorsque M. Petrie aura prouvé qu'il s'agit bien d'un personnage ayant le même nom et qu'il aura rendu compte de la présence du second signe, ce qu'il n'a pas fait encore, ainsi que je l'ai dit plus haut. Les fragments de grandes jarres y auront été jetés par mes ouvriers qui n'en connaissaient pas le prix, et

1. Fl. Petrie : *The royal tombs of the first dynasty*, II, p. 7, n° 9.

cela malgré mes recommandations répétées de ramasser tout ce qui portait une trace quelconque d'écriture : si M. Petrie les a trouvés en cet endroit, ce n'est pas une raison pour attribuer cette tombe à ce roi, car la tombe n'a nullement l'apparence d'une tombe royale. Par conséquent on ne peut se servir ni de l'aspect extérieur ni des inscriptions trouvées pour écrire que c'était la tombe du roi Ka et que c'est la tombe la plus ancienne de la nécropole.

De même pour celui que M. Petrie appelle le roi Djeser ou Zeser. Le nom de ce prétendu roi n'a été trouvé que sur un seul document, sur un objet dont la gravure est, à première vue, des plus anciennes si bien qu'on peut à bon droit regarder ce monument comme appartenant aux plus anciennes époques. Il a été rencontré dans le tombeau de Zet, comme dit M. Petrie, c'est-à-dire du roi Serpent, ainsi que je l'avais nommé[1]. Est-ce un nom de roi? rien ne le prouve. Le signe est précédé de deux signes qui ont apparemment la forme de deux corbeilles avec les fils tressés. M. Petrie les prend pour les deux corbeilles qui se trouvent sous l'épervier d'Hiéraconpolis et sous l'uræus qu'on adore à Bouto; c'est une affaire de sentiment, ou de croyance personnelle, et c'est un exemple qui n'a pas de second, pour parler comme les Égyptiens, sinon l'exemple du roi *O* abandonné par M. Petrie. Il n'y a donc à l'appui de l'affirmation que Djeser était un roi, aucune preuve, aucun semblant de preuve, et si l'on réfléchit maintenant que le nom de ce roi prétendu a été trouvé dans la tombe du roi Serpent, on aurait quelque droit de s'étonner que le monument unique d'un règne incertain se soit trouvé dans une tombe située à l'ouest de la grande colline sous laquelle était le tombeau d'Osiris, laquelle colline était précédée de trois autres buttes de moindre importance, au nord-est desquelles était la tombe du prétendu Djeser, c'est-à-dire à au moins 150 mètres de cette tombe, laquelle « est peut être celle du roi Djeser qui était probablement après le roi Ka ». Il faut avouer que M. Petrie se contente de peu pour en tirer de si grosses conséquences.

Je prends encore la tombe du roi Azab, comme le nomme M. Petrie,

1. Fl. Petrie : *The royal tombs of the first dynasty*, IV, pl. IV, n° 3.

ou du roi Adarep, comme je le nommerais avec infiniment plus de raison logique avec M. Naville; je vois que d'après la position de la tombe telle que l'indique M. Petrie, le roi Adarep avait son tombeau au nord-ouest du tombeau de Den dont elle était séparée par la tombe de Merneit, pendant que du côté sud les tombes de Mersekha et de Qâ étaient beaucoup moins éloignées. Comme la ligne centrale dont a parlé plus haut M. Petrie, passait aussi bien par le tombeau de Den que par celui de Merneit, car la perpendiculaire abaissée de la montagne sur le tombeau central d'Osiris, ou de *Zerta*, tombe entre le tombeau de Den et celui de Merneit, tandis que la perpendiculaire abaissée sur les trois premières buttes passe en dehors de la nécropole, comment peut-il affirmer que le site de la tombe du roi Adarep montre que ce roi a précédé Mersekha et Qâ? Si on a construit également de chaque côté de la ligne susdite, à supposer qu'il faille prendre à droite plutôt qu'à gauche, comme les deux tombes précédentes sont situées au premier degré au sud de la ligne, pourquoi mettre Adarep, dont la tombe n'est qu'au second degré avant Mersekha et Qâ? M. Petrie dit encore au sujet de cette tombe : « Les funérailles du roi Azab semblent avoir été conduites avec moins de soin que celles des autres rois de cette nécropole; seulement un fragment de vase avec inscription était dans sa tombe, contre huit des vases lui appartenant qui furent trouvés dans la tombe de son successeur, et plusieurs autres vases martelés par son successeur. Ainsi sa propriété en son palais semble avoir été gardée pour l'usage de son successeur, et non enterrée avec Azab lui-même[1] ». Comme le successeur d'Azab, d'après M. Petrie est Mersekha, il s'ensuivrait que la tombe de Mersekha contenait plus de vases au nom d'Azab que celle de ce roi et si je cherche la preuve de cette hypothèse dans les planches où M. Petrie a publié les monuments qu'il a trouvés, je n'en trouve qu'un seul. C'est quelque chose d'étonnant, mais c'est la réalité.

Ces simples réflexions montreront en gros quelle confiance on peut avoir dans les affirmations de M. Petrie. Si je passe maintenant au détail de chacun des rois qui se trouvent dans la liste dressée plus haut, les

1. *Id.*, I, p. 12.

observations contredisant les affirmations de M. Petrie se presseront en foule sous ma plume.

I. Tout d'abord le roi *Ahâ*. Ce roi a été identifié avec Ménès, d'après la plaquette d'ivoire trouvée par M. de Morgan dans le tombeau qu'il a exploré, à Neggadeh : presque tous les égyptologues ont adopté cette identification proposée, comme je l'ai déjà dit par M. Borchardt, puis par M. Maspero : M. Naville seul avec moi n'a pas adopté cette identification, et je crois avoir démontré dans le troisième volume, d'après la tablette d'ivoire que j'ai publiée, qui est complète et qui correspond partie par partie à la tablette de Neggadeh, que ce qu'on a pris pour le nom du roi est le nom de la salle du vautour de la Haute Égypte et de l'uræus de la Basse-Égypte, la Stable. Il ne s'agit donc pas de Ménès dont le nom est encore à trouver. La tombe du roi Ahâ était certainement à Neggadeh, et non pas à Abydos, malgré l'hypothèse de M. Petrie qui fait de celle-là le tombeau de la femme de Ménès. Il y a contre cette hypothèse le fait que la tombe de la reine aurait été beaucoup plus monumentale que celle de Ménès, et cet autre fait que presque toutes les offrandes royales étaient marquées au nom d'Ahâ. En outre, la position sociale de la femme à cette époque de la civilisation égyptienne n'était sans doute pas celle qu'il aurait fallu pour justifier un pareil déplacement de luxe funéraire. M. Petrie a cru que les signes [hiéroglyphes] qui se voient fréquemment sur les vases en ivoire formaient le nom de la reine : j'en ai trouvé de semblables sur les mêmes vases en ivoire dans les tombeaux adjacents à la tombe d'Osiris : toutes les reines se seraient-elles nommées Neit-hôtep? De plus, on a trouvé certainement des noms de femmes sur les stèles qui ont été mises au jour : ces noms ont tous un déterminatif, celui de la femme : pourquoi le nom de la reine n'en aurait-il pas eu un? Ne serait-il pas plus probable que le nom du contenu ait été gravé sur le vase, d'autant mieux que ce nom est presque toujours le même à Neggadeh comme à Om el-Ga'ab? Si les monuments d'Ahâ se sont trouvés à Om el-Ga'ab pendant que sa tombe est à Neggadeh, il n'y a qu'une manière d'expliquer leur présence dans la nécropole d'Abydos : c'est qu'ils s'y trouvaient par suite des actes du culte funénaire accomplis par ce roi Ahâ, en souvenir des rois ses prédécesseurs. La multiplicité des objets à son nom prouve sa piété funéraire; mais cette multiplicité est bien loin de répondre au nombre si considérable des objets qui remplissaient son tombeau et que M. de Morgan a mis au jour.

II. Le roi Narmer (?), pour lui donner le nom qu'on lui donne plus généralement. M. Naville l'a identifié avec le roi Boéthos de la IIe dynastie parce que le second signe qui entre dans ce nom ressemble à celui qui détermine dans la table de Séti Ier. Je ne peux souscrire à cette identification, d'abord parce que la ressemblance est loin d'être frappante; puis, parce que nous ne pouvons sans doute pas comparer entre eux un signe primitif qui affecte une forme particulière avec un autre signe qui a été stéréotypé à l'époque historique après un laps de quatre ou cinq mille ans. Il faudrait pour adopter cette dégradation d'un signe que nous ayons, sinon tous les intermédiaires, du moins les principales formes par lesquelles il a passé, et c'est précisément ce qui nous manque, car les signes des textes des pyramides dont parle M. Naville ne sont pas d'une manière certaine le ciseau ou le coin de bois qu'il croit y retrouver. M. Petrie a raison, à mon avis, de faire de ce roi l'un des plus anciens que nous ayons trouvés : les monuments de ce roi portent l'épervier au-dessus du rectangle, et cet épervier est fait d'une manière archaïque au suprême degré, bien plus que les éperviers des stèles de Qâ, de Den et des autres rois de cette époque. La facture de cet épervier est l'un des éléments essentiels du problème à résoudre. Quant à la question de savoir quel rang il occupait dans la liste des rois préhistoriques de l'Égypte, je ne puis aucunement, la résoudre parce que les bases de cette liste manquent présentement. Sa tombe était-elle à Abydos ? Je n'en sais rien non plus, et je serait plutôt porté à répondre négativement, car les objets à son nom sont très peu nombreux, et je pense encore que ces objets proviennent du culte funéraire qu'il a rendu à ses prédécesseurs.

III. Le roi *Serpent* ou le roi . La tombe de ce roi était située à l'ouest de la grande colline, presque perpendiculairement au tombeau d'Osiris et en première ligne. Si l'observation que j'ai faite plus haut sur la position des tombes est juste, et tout concourt à prouver qu'elle l'est, ce roi doit avoir vécu des premiers après Osiris, puisque sa tombe touchait presque à la grande colline. S'il en est ainsi, comment se fait-il que la stèle que j'ai trouvée dans sa tombe est d'un art déjà si parfait et si maître de ses moyens? La sculpture de l'épervier est quelque chose de splendide, cela ne fait pas le moindre doute, de même la tête de statuette féminine en ébène que j'ai trouvée dans cette même tombe; mais d'autres stèles et d'autres monuments au nom de ce roi ont été mis au jour par M. Petrie, et ils sont loin d'accuser la même habileté. Cela montre qu'il y a eu apport successif d'offrandes dans le tombeau, et que c'est dans les apports, les derniers en date, qu'il faut faire entrer la belle stèle que j'ai publiée. Il est vrai qu'on peut dire que les divers objets trouvés dans la tombe du roi Serpent ne sont pas tous du même facteur, que les divers artistes qui les ont faits avaient une habileté différente et qu'on ne saurait avec certitude dater un objet d'après sa facture. J'en tombe d'accord, et je dis simplement qu'il est probable que cette magnifique stèle n'est pas de la même époque que d'autres monuments trouvés dans la tombe, quoique cette époque me semble encore prodigieusement ancienne. Maintenant quelle place ce roi doit-il occuper dans la liste des rois d'Om el-Ga'ab ? M. Petrie en fait le troisième roi de la Ire dynastie; cette classification n'était que probable dans son premier volume; dans le second, la probabilité a disparu pour faire sans doute place à la certitude, et la raison est que M. Petrie sur un cylindre au nom de ce roi a trouvé les signes 𓇋𓍿 *ath*, et que ces deux signes sont les lettres initiales du nom qui occupe le troisième rang dans la liste de Séti Ier, avec cette orthographe 𓇋𓏏𓍿. Or, le nom du prédécesseur de 𓇋𓏏𓍿, a nom 𓇋𓏏𓏏, toujours d'après la liste d'Abydos, et ce nom sur la stèle 421 du Louvre s'écrit 𓍿𓏏𓏏 [1], d'où l'on tire l'égalité de 𓏏=𓍿, ce qui ne surprendra personne. Cette constatation une fois faite,

1. Je cite, d'après le *Livre des Rois* de M. E. Brugsch et de Bouriant, presque honteux d'avoir à m'en rapporter à un pareil ouvrage.

si je parcours les sceaux que M. Petrie a publiés d'une manière beaucoup plus détaillée que je n'ai pu le faire, je trouve un sceau au nom du roi Zer-ta avec les signes [hiéroglyphes], occupant précisément la même place que le sceau unique du roi Serpent[1]. Les signes dans le bouchon du roi Serpent sont ainsi disposés : [hiéroglyphes] ; dans le sceau du roi Zer-ta de M. Petrie, ils le sont ainsi : [hiéroglyphes] il y a donc similitude complète. Si dans le premier exemple les signes [hiéroglyphes] sont le nom du roi, dans le second les signes [hiéroglyphes] doivent également donner le nom du roi; mais M. Petrie[2] qui appelle ce second roi Zer-ta — nous verrons plus loin pour quelles raisons — néglige absolument cette considération et la rejette avec dédain. Si je voulais chercher plus loin et admettre un moment que les signes [hiéroglyphe], [hiéroglyphe] et [hiéroglyphe] sont semblables à cette époque, je trouverais d'autres exemples, particulièrement dans les sceaux du roi Den, qui me fourniraient la même conclusion, à savoir que ces signes ne donnent aucunement le nom du roi. Mais que donnent-ils donc ? Un bouchon de Den va nous renseigner, car il contient les signes suivants disposés semblablement à ceux des autres bouchons que je viens de citer : [hiéroglyphes] et comme le mot [hiéroglyphes] est parfaitement connu, qu'il n'y a pas possibilité d'erreur, cela signifie : Huile pour l'épervier Den. Les mots [hiéroglyphes] et [hiéroglyphes] sont donc le nom de la substance renfermée dans les jarres ayant cette inscription; par conséquent il ne saurait s'agir de nom de roi, par conséquent l'identification du roi Serpent avec le roi Ateta, le troisième de la première dynastie, tombe d'elle-même et la classification probable, puis certaine de M. Petrie est à vau-l'eau. Quant à dire moi-même quelle place ce roi occupe, c'est une autre question, et je dis simplement que je n'en sais rien.

IV. Le roi *Azab*, ou plutôt *Adarep*. Le nom de ce roi a été trouvé d'abord sur le second plateau, qui suit la grande colline, à l'ouest; puis

1. Fl. Petrie : *The royal of the tombs first dynasty*, I, pl. XVIII, nos 2 et 3 ; II, pl. XV no 109.

2. Fl. Petrie : *The royal tombs of the first dynasty*, p. 2, no 6.

dans le tombeau de *Khasekhemoui* ou de Set et de Horus au fond de la chambre 37, sur une assiette en terre schisteuse ardoisière brisée en un nombre incalculable de morceaux, mais contenant encore l'offrande qui y avait été déposée[1]. M. Petrie en a fait le 6e roi de la Ire dynastie et il l'a identifié avec Merbapen. Comme il fait du roi Khasekhemoui — j'admets pour un moment cette identification — un roi qu'il place dans la IIe dynastie, au dernier rang, je lui demanderai comment il a pu se faire qu'un vase au nom d'un roi de la Ire dynastie se soit trouvé au fond d'une chambre du tombeau royal d'un pharaon de la IIe dynastie? Il est bien évident que c'est le contraire qui eût dû avoir lieu, et cette évidence n'est pas une évidence de mot, comme celle de M. Petrie, mais une évidence de fait. La particularité que la mention du roi *Adarep* a été trouvée sur l'extérieur d'une assiette au fond d'une chambre où le mobilier était en place et complet montre bien qu'il y a eu en cette occasion acte de culte funéraire accompli par ce roi en l'honneur de son prédécesseur Khasekhemoui ou mieux de ses prédécesseur Set et Horus. En conséquence, ce Khasekhemoui aurait dû être placé par M. Petrie avant le roi *Azab*, et non relégué à la fin de la IIe dynastie, parce qu'il ne savait pas et ne voulait pas le placer ailleurs.

Il me faut maintenant rechercher pourquoi M. Petrie a identifié le roi *Azab* avec Merbapen, identification qui a été adoptée par M. Maspero qui a cru pouvoir écrire ces mots : « M. Petrie vidant les tombeaux d'Abydos explorés déjà par M. Amélineau, y a retiré des rebuts une grande quantité de monuments, parmi lesquels plusieurs portaient, réunis par le même protocole, un des noms d'*épervier* nouveux et un des *noms solaires* connus par la table de Séti Ier ; il résulte de cette découverte que les rois dont les noms d'épervier se lisent provisoirement Den, Az-âbou, Mer-sekh, sont Ousaphaïs, Miébaïs, Sémenpsès, et je ne serais pas étonné pour ma part si l'on apprenait bientôt que le roi *Serpent* de M. Amélineau n'est autre que le troisième prince de la table de Séti Ier, Ati, un des Athôthis de Manéthon[2] ». C'est en lisant l'ar-

1. E. Amélineau : *Les nouvelles fouilles d'Aydos* II, p. 171.

2. G. Maspero : *Les premières dynasties égyptiennes d'après les dernières découvertes*. dans la *Revue encyclopédique de Larousse*, 21 avril 1900, p. 805.

ticle où M. Maspero a fait connaître ces identifications que j'appris pour la première fois que ma concession m'avait été enlevée ; j'en écrivis de suite à M. Petrie et je lui demandai ce qu'il fallait penser de ce qu'avait dit M. Maspero. Il me répondit que « les monuments étaient conclusifs (*sic*) », voulant dire concluants. Voici celui qui a rapport au roi Adarep : il se trouve sur des cylindres en terre servant à boucher les grandes jarres, et le lecteur trouvera à la pl. LI les dessins qui ont été photographiés sur ceux de M. Petrie[1]. Le premier contient alternativement : l'épervier *Adarep*, le roi de la Haute et de la Basse Égypte, Merbapen. Si le second terme était une simple apposition au premier, il serait indéniable que l'épervier *Adarep* dût être identifié avec le roi Merbapen ; mais nous avons vu plus haut que les relations grammaticales n'étaient pas indiquées dans ces inscriptions et que pour dire : Huile pour l'épervier Den, on disait simplement : Épervier Den, huile. Si nous appliquons ici cette même règle, nous traduirons : A l'épervier *Adarep*, le roi de la Haute et Basse Égypte Merbapen ou Merbapa, et nous n'y verrons de nouveau que la mention d'un acte du culte funéraire rendu par le roi Merbapa à son prédécesseur. Les trois numéros suivants doivent s'expliquer par la même règle. Nous y voyons que le nom du roi Merbapa est inscrit dans un rectangle à porte, soit avant, soit après ; dans les deux premiers cas, les titres et le nom du roi Merbapa précèdent le rectangle à porte, mais dans le troisième ces titres et ce nom sont inscrits dans le rectangle avant les trois signes que je viens de transcrire. Dans le premier cas, sous le rectangle on lit , c'est-à-dire le nom de l'offrande ; dans le second cas, cette partie de l'inscription n'a pas été imprimée sur la terre du bouchon ; dans le troisième cas, les noms de l'offrande ont été inscrits dans un rectangle sans porte dans le premier exemple, avec porte dans le second exemple, pendant que le second rectangle qui contient le nom du roi n'a pas de porte. En appliquant à ces divers cas la règle que j'ai suivie précédemment, on traduit tout simplement : Chambre du roi de la

1. Fl. Petrie : *The royal tombs of the first dynasty*, I, pl. XXVI, nos 57, 58, 59 et 60.

Haute et de la Basse Égypte Merbapa, contenant les offrandes telle et telle offertes à l'épervier [hiéroglyphe]. L'explication est toute simple, elle s'appuie sur des faits à observer en dehors des exemples cités dans ce numéro : par conséquent je ne saurais accepter l'identification proposée comme « *conclusive* », c'est-à-dire concluante par M. Petrie, et le roi *Adarep* demeure pour moi distinct de Merbapa qui, lui, a seulement fait acte de culte funéraire, et sa place est encore à chercher.

V. Le roi *Den.* M. Petrie a identifié ce roi avec Ousaphaïs le Ve roi de la première dynastie selon Manéthon et la table de Séti Ier. Il est très probable que le nom de ce roi a été trouvé dès la première année des fouilles gravé sur un fragment de vase sous la forme de [hiéroglyphe], qui a pu être abrégée en [hiéroglyphe]; mais l'a-t-elle été véritablement comme on l'a dit et comme on le croit généralement, la chose n'est pas aussi certaine qu'on le croit, car il reste toujours incertain que le scribe nouveau ait cru pouvoir transcrire [hiéroglyphe] par [hiéroglyphe], qu'un second a abrégé Hesepti en [hiéroglyphe]. M. Petrie n'a pas cru pouvoir admettre la légitimité de cette transcription en partie double, et il a appelé ce roi Setoui au lieu de Hesepti ou Ousaphaïs. Mais, quoique je sois loin de nier la possibilité de cette double erreur, est-il vraisemblable, je le demande, que les scribes égyptiens si au courant des choses intéressant leur pays, aient pu se tromper aussi grossièrement sur le nom d'un de leurs premiers rois, au point d'orthographier son nom d'une manière si différente et de changer [hiéroglyphe] en [hiéroglyphe]? Cependant il y a un argument qui est en faveur de l'identification proposée par M. Sethe, c'est que le nom de ce roi a été trouvé sur un fragment de vase en pierre dure avec le nom d'un autre roi, lequel est écrit par un simple signe, à savoir un homme portant quelque chose devant lui et que c'est probablement le même signe rectifié qui sert à écrire le nom du roi Semenptah dans la liste de Séti Ier. Aussi j'admets provisoirement qu'il s'agit bien des deux rois nommés Hesepti et Semenptah par la liste de Séti Ier, malgré l'intervalle qui existe entre ces deux rois et qui est comblé par le règne de Merbapa. La présence de ces deux noms sur le même fragment montre bien, à mon sens, que tous les deux ont accompli un acte du culte funéraire, non pas sans doute personnellement, mais par l'intermédiaire d'un officier quelconque lequel aura gravé ou fait graver l'inscription du vase offert[1]. L'explication qu'a proposée M. Petrie de ce fait, à savoir que le roi Semenptah avait usurpé, comme on dit, un monument de Hesepti, tombe devant ce simple fait, à savoir que la gravure est de la même main, comme on pourra facilement s'en convaincre en se reportant soit au monument lui-même, soit à la phototypie que j'en ai publiée. Ce n'est pas d'ailleurs la seule fois que ce culte funéraire a été pratiqué : toutes les jarres provenant des tombes royales ont été ainsi déposées dans les tombes par des officiers spéciaux revêtus quelquefois de charges élevées, et je citerai simplement le nom de Hemaka qui se retrouve à satiété sur les bouchons des jarres offertes à Den. D'autres rois prirent part aux actes de ce culte, comme je l'ai déjà fait observer pour les numéros 9, 10, 11, 12, 13 et 14 de la liste des rois, dont les noms ont été trouvés aux environs de la tombe de Den, sans qu'il y ait eu de tombe royale, puisque je n'en ai pas trouvé, ni M. Petrie non plus. Ces observations une fois faites, si je recherche les raisons qui ont conduit M. Petrie à identifier le roi Den avec Hesepti, Ousaphaïs ou, comme il le nomme, Setoui, je trouve seulement un argument, à savoir la présence sur une tablette fragmentaire en bois au nom de Den, des deux signes [hiéroglyphes], et le lecteur trouvera pl. LI, le fragment de cette tablette qui contient les signes. Le lecteur observera que les signes sont tournés vers la droite, que par conséquent ils doivent se lire de droite à gauche et qu'en aucune façon le signe qui suit les deux montagnes ne saurait être pris pour l'abeille et que le roseau [hiéroglyphe] n'est pas suivi du [hiéroglyphe]. Par conséquent un monument fruste, qui signifie tout autre chose que ce qu'on lui a fait signifier, ne saurait, à cause de la présence du signe de la double montagne, suffire à faire identifier le roi Setoui avec le roi Den, parce que ce double signe se trouve sur une tablette consacrée à Den. Si l'on me faisait remarquer que les signes [hiéroglyphes] se trouvent sur deux

1. E. Amélineau : *Les nouvelles fouilles d'Abydos*, I, pl. XLII.

autres fragments[1] écrits comme sur le fragment de pierre dure que j'ai cité plus haut, je ne le nierais pas le moins du monde et je dirais que je suis persuadé qu'il s'agit du roi Hesepti dont l'image est gravée à la suite; mais j'ajouterais que c'est encore là un souvenir des actes du culte funéraire perpétué par l'oblation de tablettes au nom de l'oblateur et que ces tablettes devaient se trouver selon toute probabilité, dans la tombe de celui auquel on les avait offertes. Et maintenant, je le demande à mes lecteurs, que reste-t-il de l'identification proposée par M. Petrie, et donnée par lui avec un tel air d'infaillibilité?

VI. Le roi *Qâ*. Ce roi a été identifié par M. Petrie avec le roi Qebeh de la liste de Séti Ier, le Biénékhès de Manéthon, c'est-à-dire le dernier roi de la première dynastie, non pas pour des raisons semblables à celles des deux rois précédents, mais sur la position de la tombe et sur le remploi des vases. J'ai déjà montré que la position des tombes était autre que celle adoptée par M. Petrie; d'ailleurs il y a là un vice de raisonnement; ce n'est pas après avoir rangé les tombes dans l'ordre que l'on a voulu leur donner qu'il faudrait dire : l'ordre des tombes est d'est en ouest; il faudrait d'abord prouver que cet ordre va bien d'est en ouest, et confirmer cet ordre par la position des tombes. Or, c'est ce que M. Petrie ne pourra jamais faire, pas plus qu'un autre, à cause de la spoliation ancienne et, s'il le veut, de la spoliation récente que j'ai dirigée. En outre, le remploi des vases gravés au nom d'un roi par usurpation d'un autre roi est l'une de ces imaginations écloses dans le cerveau de M. Petrie, et que l'examen minutieux et sérieux du fragment où se trouvent les noms de Hesepti et de Semenptah suffit pour juger, puisque la gravure est la même et que l'origine est un acte du culte des ancêtres. M. Petrie a donné à ce roi le nom de Sen et c'est par suite de ce nom qu'il a cru devoir l'identifier avec le roi Qebeh et le placer à la fin de la première dynastie. Il a en effet trouvé, selon ses propres paroles, « un fragment d'une mince tablette d'ivoire à l'est de la tombe de Qâ. Elle semble donner un nom royal inconnu, Sen... sans le vautour et l'uræus. Comme Qâ succéda à Mersekha, nous nous serions

1. Fl. Petrie : *The royal tombs of the first dynasty*, I, pl. XIV, n°s 9 et 12 *a*.

attendu à trouver le nom de Qebh. Il semble possible qu'un signe *sen* avec une très petite base (comme sur une stèle, pl. XXXIV, 13) aurait été pris par un scribe postérieur pour le vase *kebh*, et le *n* en dessous pour le déterminatif de l'eau. Quand on a vu Setoui changé en Hesepti, Merbapa en Merbap et la figure du numéro 26 de la planche XVII changée en une statue de Ptah, nous pouvons bien croire à une confusion possible de la forme primitive de *sen* avec *kebh*[1] ». Ainsi M. Petrie n'hésite pas sur une simple possibilité, car tout est possible, à donner le septième rang dans la première dynastie à un roi dont il lit le nom Sen et à l'identifier avec le roi Qebh, dont le nom s'écrit sur la table d'Abydos, et , tandis que selon lui le nom de ce roi s'écrivit primitivement . Évidemment M. Petrie a cru que le nom de ce roi s'est écrit primitivement et c'est ce seul signe qui aurait remplacé le groupe , le signe ayant été pris pour et le signe ayant été regardé comme le déterminatif de l'eau. Or, jamais à ma connaissance le signe n'est déterminé par un simple, mais toujours par trois signes , et de plus jamais le signe seul n'a signifié *eau*, mais ce sont les trois signes qui signifie eau : il est presque puéril de le rappeler, mais il le faut bien quand on l'oublie volontairement. De plus, si nous examinons le monument que je reproduis ici, nous voyons d'abord que la tablette est incomplète et qu'il en manque un bon tiers, sinon la moitié, ce qu'on voit en la comparant avec d'autres, comme le numéro 26 de la même planche, car toutes ces tablettes se ressemblent et sont gravées d'après les mêmes idées et les mêmes principes; puis nous voyons que les signes sont tournés vers la droite, sauf les deux groupes qui commencent la seconde ligne verticale, qui sont affrontés avec le signe perché sur le rectangle, comme

1. Fl. Petrie : *The royal tombs of the first dynasty*, II, p. 23, n° 29.

pour montrer qu'ils sont en rapport avec le nom d'épervier, et qui précèdent peut-être les autres signes simplement par une inversion de majesté, comme [hiéroglyphes], qui se lit *Sennouter*; de plus à cette époque en admettant que le signe soit bien le [hiéroglyphe], les compléments phonétiques ne s'ajoutent guère à un signe, et il faut songer à un autre emploi du signe [hiéroglyphe] dont le complément phonétique est bien le [hiéroglyphe]. Par conséquent il n'y a aucune raison d'identifier le roi Qâ avec le dernier roi de la Ire dynastie Biénékhès ou Qébeh.

VII. Le roi *Mersekha* (?). Ce roi est identifié par M. Petrie avec Semenptah ou Sémempsès, le septième roi de la première dynastie, d'après les mêmes motifs que le roi Qâ, car les monuments écrits n'en fournissent aucune occasion ou aucun motif. Les raisons que j'ai fait valoir pour le roi Qâ sont valables pour ce roi. Je dois dire cependant que la position du tombeau place ce roi avant celui dont j'ai traité au numéro précédent, parce que le tombeau du premier est placé à l'est du second. Quant à l'identification de Mersekha avec Sémemptah, les monuments n'ont pas fourni la plus petite raison qui puisse la justifier : elle est tout entière de l'invention de M. Petrie.

VIII. Le roi *Sbat* (?). Ce roi a été omis par M. Petrie, et moi-même je ne l'avais pas pris d'abord pour un nom de roi, ce que je fis par la suite en réfléchissant que la stèle où il est gravé a été rencontrée dans le grand tombeau qui se trouvait au sud-est de celui de Den, entre ce tombeau et ceux de Mersekha (?) et de Qâ. Je n'avais pas présenté le nom de ce roi dans le catalogue des rois trouvés lors de la première année de fouilles[1], mais après avoir bien réfléchi, je crois que l'on doit ranger l'individu qui se nommait [hiéroglyphes] parmi les noms royaux à cause de la présence initiale du signe [hiéroglyphe]. Si l'on pouvait songer à lui donner une place, il faudrait, d'après la position de l'endroit où a été rencontrée cette stèle, le placer entre le roi Den et les rois Mersekha et Qâ ; mais je ne peux accorder qu'une confiance très limitée par suite du pillage à la raison

1. E. Amélineau : *Les nouvelles fouilles d'Abydos*, I, p. 247.

tirée du site de la tombe : ce qu'il y a de certain, c'est que cette stèle, si elle n'est pas aussi grande que les stèles royales que j'ai rencontrées, est bien plus grande que les stèles des simples particuliers, et d'une épaisseur qui prime l'épaisseur de toutes les autres stèles, royales ou privées : tous éléments qu'il ne faut pas négliger.

IX-XIII. Vient ensuite une série de rois que M. Petrie a complètement négligés, quoiqu'ils soient tous contenus dans le rectangle surmonté de l'épervier, signes indubitables qu'il s'agit d'un roi d'Égypte, à quelque époque qu'il les faille attribuer[1]. Pourquoi cette négligence? D'abord, parce qu'il ne les a pas trouvés, et qu'au contraire je les ai trouvés et même publiés, ce que M. Petrie ne pouvait ignorer puisque je lui ai envoyé le premier volume de cet ouvrage où ils se trouvent : encore ici M. Petrie a été trop fidèle à sa méthode : il a voulu négliger expressément mes travaux en tout ce qui gênait son système, et par là il s'est privé des matériaux nécessaires à la solution du problème qu'il cherchait à résourdre. Il a cru obtenir ainsi un succès : ce succès sera éphémère, et la bonne foi scientifique en aura bientôt fait justice. Ces cinq rois auraient en effet singulièrement gêné M. Petrie, car il lui aurait fallu leur attribuer une place, et, d'après son système, comme ils ont été trouvés dans les chambres entourant le tombeau de Den, il lui aurait bien fallu les ranger dans la première dynastie, puisqu'il s'est enlevé tout moyen de retraite en n'admettant pas le culte des ancêtres. Ainsi M. Petrie a supprimé de sa propre autorité cinq rois qui le gênaient dans ses mouvements. Et qu'on ne dise pas ici qu'il n'a pas ajouté foi aux inscriptions des poteries, car il n'a aucun autre fondement pour étayer l'existence de son roi Ka. Voilà quelle a été la conduite d'un homme qui prétend incarner en sa personne les droits de la science !

XV-XVII. Le roi *Hesepti* (?), le roi *Merbapa* et le roi *Semenptah*. Ces rois sont très connus, ils occupent les cinquième, sixième et septième places dans la liste des rois de la première dynastie, à la fois dans la table de Séti Ier et dans Manéthon. Ce que j'ai dit à propos de l'identifi-

1. E. Amélineau : *Les nouvelles fouilles d'Abydos*, I, p. 198, 252 et pl. XXXVIII-XXXIX.

cation de ces rois tentée par M. Petrie suffira, j'espère, et je n'ajouterai rien ici.

XVIII. Le roi *Hôtep*..... que M. Petrie appelle *Hôtep ahaoui* est le premier des noms royaux qui se trouvent sur l'épaule de la statue nº 1 du musée autrefois de Gizeh, maintenant du Caire si l'on a gardé la même numérotation. Le nom de ce roi a été trouvé par moi-même sur un fragment de vase en cristal de roche dans les décombres, à peu près à la profondeur du milieu, qui remplissaient les chambres du grand tombeau de Set et de Horus, ou Khasekhemoui, et M. Petrie dit aussi l'avoir trouvé dans la tombe de Perabsen. Il ne fait aucune mention de ma trouvaille et tire de la sienne la conclusion assez inattendue que ce roi, ainsi que deux autres qui sont dans le même cas, ont précédé Perabsen « comme c'est la règle sans exception », dit-il[1]. C'est une nouvelle manière de considérer la chose : un roi meurt, ses survivants lui rendent les offices du culte funéraire ; parmi les preuves de ce culte se trouvent des vases marqués au nom d'un roi qui n'est pas celui auquel appartient la tombe ; conclusion : ces rois ont précédé dans la vie et dans la mort celui dans le tombeau duquel on a trouvé ces preuves de leur piété. Pourquoi en est-il ainsi ? M. Petrie, se basant sans doute sur la prétendue usurpation de certains vases dont il a été question précédemment, répond : C'est la règle invariable. Mais je vous ai démontré que les vases n'ont pas été usurpés, que la gravure sur ces vases est la même sur le vase soit pour le dédicateur, soit pour l'usurpateur ! — n'importe, c'est une règle invariable. — Il y a bien ici une règle invariable, mais elle est précisément le contraire de celle que présente M. Petrie avec tant d'assurance : les objets trouvés dans la tombe d'un roi sont ou contemporains ou postérieurs à ce roi. Qu'on prenne toutes les tombes que l'on voudra, on n'y trouvera pas une seule exception. Mais il est assez inutile de s'appesantir sur un pareil manque de logique. Je reviens au nom de ce roi que M. Petrie lit , ce qui semble un peu étonner l'un de ses acolytes[2] ; mais

1. Fl. Petrie : *The royal tombs of the first dynasty*, II, p. 5, nº 6 « *by the unbroken law here* ».

2. Fl. Petrie, *The royal tombs of the first dynasty*, II, p. 51, nº 8.

si le lecteur veut bien se reporter à la planche XXI du second volume de cet ouvrage, n° 6, il y trouvera le monument trouvé dans la tombe de Set et de Horus, et il verra que les deux signes placés sous [hiéroglyphe] ne sont pas semblables l'un à l'autre, que le premier ne ressemble ni à [hiéroglyphe][1] ni à [hiéroglyphe], et que le second est entièrement fermé par le haut. Si dans les fragments trouvés par M Petrie, les signes se ressemblent et semblent ouverts par le haut, c'est que la gravure a été faite rapidement et que le graveur ne s'est pas attaché aux détails et a voulu en finir vite, ce qui n'était pas possible sur du cristal de roche matière beaucoup plus dure, et où il a plus soigné son travail, la matière ayant plus de prise. La preuve qu'il en a été ainsi se trouve sur la statue de Gizeh ou du Caire : la gravure de cette statue donne les mêmes signes que le fragment de cristal de roche, comme on pourra s'en convaincre se reportant à la page 254 du premier volume de cet ouvrage. Par conséquent le nom de ce roi n'est pas tel que l'a lu M. Petrie, et la place qu'il lui assigne dans la liste des rois égyptiens n'a aucun autre fondement plus solide que la fantaisie de M. Petrie : il n'y a qu'une chose de certaine, c'est que ce roi a précédé les deux suivants.

XIX. Le roi *Râneb.* C'est le second des rois dont les noms ont été gravés sur l'épaule de la statue du musée de Gizeh dont il vient d'être question. Dans le fragment que j'ai trouvé parmi les décombres du tombeau de Set et de Horus, le nom de ce roi est écrit [hiéroglyphes], et de même dans le fragment publié par M. Petrie; mais dans le premier cas, il est suivi de [hiéroglyphes] et dans le second de [hiéroglyphe]... avec une lacune. Est-ce que tous ces signes constituaient le nom du roi? ou bien les deux derniers signes forment-ils un nouveau membre de l'inscription, contenant peut-être le nom de l'oblateur? C'est ce que je ne suis pas en état de décider. D'après la statue de Gizeh, il suivit immédiatement le roi précédent; je ne peux rien dire de plus.

1. Ce signe [hiéroglyphe] se trouve sans doute à cette époque fait ainsi [hiéroglyphe] : voir le n° 4 de la pl. XXI du deuxième volume de cet ouvrage. M. Griffith a lu les deux signes en litige Sekhemoui, hypnotisé sans doute par les deux sceaux fort différents de Set et de Horus.

XX. Le roi *Nouteren.* C'est le troisième roi dont le nom nous a été conservé par la statue dont il vient d'être question. Sur l'un des fragments cités pour M. Petrie, l'inscription donne, comme sur le mien, ; M. Petrie en conclut que c'est le roi Nouteren qui a usurpé le vase au nom de Râneb et il est suivi dans sa conclusion par celui auquel il confie le soin de traduire les monuments qu'il découvre. Décidément il fait école, mais ce n'est pas école de logique. Là encore la gravure est bien la même œuvre du même ouvrier : le roi Nouteren est mentionné le premier, et le roi Râneb le second : c'est une preuve aux yeux de ces Messieurs que c'est Nouteren qui a usurpé le vase au nom de Râneb. Mais la présence des titres royaux devant le nom de Nouteren seulement montre que Nouteren était fils de Râneb, et que la filiation s'exprimait alors comme elle devait s'exprimer en mettant le nom du fils devant le nom du père de même qu'on fait encore aujourd'hui. Ibrahim Mahmoud veut dire Ibrahim fils de Mahmoud? Si l'on objecte que sur le monument de M. Petrie, il y a le nom de la tombe de ce roi, comme il le dit, et que ce nom est gravé à droite, à une distance assez grande du reste de l'inscription qui est à gauche, je répondrai que cet écartement est précisément en faveur de la thèse que je soutiens, et que d'ailleurs la disposition des hiéroglyphes tournés vers la droite dans l'inscription de gauche, et vers la gauche dans l'inscription de droite est encore en faveur de mon opinion. Il est facile de comprendre que l'usurpateur, s'il y a eu usurpation, trouvant le nom du roi Nouteren avec ses titres ait fait graver son nom après celui -ci, sans le faire précéder des tires royaux, et qu'il ait fait en face graver le nom de la salle de ses offrandes, ou de son habitation, ou de sa tombe, ou encore d'un lieu autre, tandis qu'il ne serait que fort difficilement compréhensible que le roi Râneb eût fait graver son nom sans titres, loin du nom de sa tombe, pour parler comme M. Petrie, et que le roi Nouteren eût fait graver le sien, avec ses titres, avant le nom de Râneb et entre les deux inscriptions. Mais s'il en est ainsi, les deux monuments dont je parle sont en contradiction avec l'ordre de la statue de Gizeh? Évidemment : il y a là un problème historique à résoudre, qui ne sera probablement jamais résolu, mais que, s'il faut s'en rapporter à la majorité, nous devons résoudre en faveur de l'ordre inverse de la statue de Gizeh, en plaçant d'abord Nouteren, puis Râneb. S'il en est ainsi que deviennent les identifications, proposées et adoptées, par M. Petrie, de Râneb avec Kakaou et de Nouteren avec Banouteren? Il faudrait avoir une certaine et forte dose d'audace pour prétendre retrouver Kakaou dans Râneb ; aussi M. Petrie n'y a-t-il point songé, et il ne place Râneb au second rang de la IIe dynastie que parce qu'il a placé Hotep-âhâoui au premier, quoique la liste de Séti Ier mette Boudjaou, et que parce qu'il identifie Nouteren avec Binothris ou Bannouter, laquelle identification est tout ce qu'il y a de plus fantaisiste et de moins fondé. Tout d'abord l'élément n'existe pas dans le nom du roi de la statue de Gizeh et des monuments récemment découverts, et de plus dans le nom de la liste de Séti , que la liste de Saqqarah écrit , ce qui arrive au même, le qui suit est placé après par la raison de majesté ou de dignité, c'est une véritable préposition servant à unir deux noms, tandis que l'on se demandrait ce que ferait la préposition dans le nom ? Par conséquent Nouteren ne peut pas être identifié avec Binôthris ; par conséquent les deux autres rois ne sont pas à leur place : il a fallu toute la légèreté de M. Petrie unie à toute sa confiance en lui-même pour oser présenter de pareilles identifications. Mais nous ne sommes pas au bout.

XXI. Le roi , nommé par M. Petrie *Zerta*. M. Petrie, ainsi que je l'ai dit au cours du dernier volume, a reçu de M. Quibell, la lecture Zer pour le signe que le lecteur trouvera à la planche XV, n° 8 ; je ne peux pas savoir d'après quelles considérations M. Quibell a été conduit à la lecture Zer, car il y a un monde entre le signe par lequel s'écrit le nom de ce roi et le signe , *djer*[1]. Dans l'intervalle de temps qui a séparé la publication de son premier volume et celle du second, il a ajouté à ce premier nom la syllabe *ta*, *Zerta*, et comme la syllabe *ta* finit aussi

1. J'ai cru d'abord que ce signe pouvait être lu Khenti, mais ma croyance n'a pas duré longtemps, et je préfère avouer maintenant que je ne connais pas ce signe : je serai en cela en bonne compagnie.

le nom du second roi de la Ire dynastie Teta, il en a conclu que le roi Zerta devait être identifié avec Teta, et l'incertitude qui régnait dans son esprit, quand il écrivit et publia son premier volume, avait complètement disparu, quand il écrivit et publia le second. Examinons attentivement et sérieusement quelles ont été les raisons qui ont conduit M. Petrie à cette identification aventureuse. M. Petrie a trouvé un assez grand nombre de cylindres au nom de ce roi, comme j'en avais trouvé de mon côté. Sur quelques-uns de ces cylindres le premier signe ayant toujours la même forme est suivi de deux traits horizontaux, tandis que dans la plupart il n'y a qu'un seul trait horizontal pour annoncer la partie supérieure de l'habitation et la séparer du nom, ainsi que le lecteur le verra à la pl. LI. C'est le premier de ces deux traits que M. Petrie lit *ta* ; mais si ce premier trait formait un signe séparé, il resterait dans la largeur du champ occupé par le premier signe et n'irait pas rejoindre les deux grands côtés du rectangle, comme il le fait. Il y a donc là une première raison grave tendant à prouver que ces deux lignes ═ ne doivent pas être séparées du rectangle. Mais il y en a d'autres beaucoup plus fortes encore, c'est tout d'abord que sur la généralité des cylindres ces deux lignes parallèles n'existent pas; puis, sur d'autres monuments où se trouve ce nom, soit enfermé, soit non enfermé dans le rectangle, ces deux lignes n'existent pas davantage, en particulier sur un plateau d'ivoire où la gravure est très nette et très soignée[1]. M. Petrie est donc encore pris sur le fait; sur le moindre signe qui peut être ou ne pas être expliqué conformément à ses théories risquées et ruineuses, il s'appuie comme sur un mur ayant des fondements solides, et ne daignerait pas une minute s'attarder aux observations de quelque confrère qui lui semble bien au-dessous de lui. La conséquence en est que le roi *Zerta* ne s'appelait pas ainsi, mais Zer (?), en admettant pour un moment cette lecture, qu'il n'y a aucune raison de l'identifier avec le second roi Teta, de la Ire dynastie.

XXII. Le roi 𓈖, *Ne* ou *Nou*, ou peut-être encore toute autre lecture. Le nom de ce roi, le lecteur se le rappellera sans doute, a été

1. Pl. XV, nº 8.

trouvé sur la planchette de bois que j'ai décrite au cours du volume précédent et sur le cylindre où six rois sont rangés chronologiquement. On ne peut donc douter qu'il ait une place à part et cette place doit se trouver après le roi Aha. C'est ici le lieu de ranger chronologiquement les trois noms qui, seuls, peuvent encore être lus sur ce cylindre, à savoir Zer (?) Aha et Nou.

XXIII. Le roi *De* ou toute autre lecture que comporte le signe . Ce nom de roi n'est pas précédé de l'épervier, mais il est précédé des signes qui ne prouvent pas nécessairement qu'il s'agisse d'un roi, mais qui peuvent s'entendre tout aussi bien d'une offrande.

XXIV. Le roi *Perabsen*. Les sceaux de ce roi présentent une particularité remarquable, à savoir que l'épervier qui surmonte d'ordinaire le rectangle enfermant le nom, est ici remplacé par l'animal typhonien. C'est d'un semblable fait le seul exemple qui nous soit parvenu : on a l'exemple fameux désormais des deux symboles, épervier et animal typhonien, affrontés ou se suivant sur le haut du rectangle ; mais c'est bien le seul exemple de l'animal typhonien surmontant seul le rectangle. On a placé ce roi qui était inconnu dans les listes officielles, après un autre pharaon à la fois mentionné par la table d'Abydos et celle de Saqqarah, *Send,* parce que, sur une stèle du musée de Boulaq se trouvait la mention d'un prêtre à la fois chargé du culte de Send et de Perabsen. Sur cette stèle, le nom de Perabsen qui est ici un nom de double d'après les cylindres à ce nom, est enfermé dans un cartouche, comme le lecteur pourra le voir. En faut-il davantage pour en conclure que le nom de *double* était alors le nom véritablement porté par le roi, et qu'à cette dénomination qui présente une idée funéraire on ferait bien de substituer l'appellation de nom d'épervier, comme l'ont déjà fait plusieurs savants? M. Petrie en déterminant la place de Perabsen a changé l'ordre de succession, quoiqu'il ait placé Perabsen dans la seconde dynastie; mais au lieu d'en faire le successeur, il en fait le prédécesseur de Send ou Séthénès de Manéthon. La raison qu'il donne de cette place est que Perabsen vient après les trois rois dont les noms sont gravés sur la statue du musée du Caire, sans doute parce que les noms de ces rois ont été trouvés dans la tombe de Perabsen, ce qui devrait le conduire à une conclusion entièrement différente. Peu lui importe que le nom du roi qui occupe cette place dans la liste de Séti Ier soit , l'Ouadjnès qui répond au Tlas de Manéthon, et que ce nom soit difficilement réductible à la forme Perabsen, il ne lui en octroie pas moins la quatrième place dans la IIe dynastie. Cependant ici encore, entre l'opinion des Égyptiens sur la place des rois qui les ont gouvernés et celle de M. Petrie sur ces mêmes rois à une distance de soixante siècles environ, il semble bien qu'un esprit sensé ne doive pas choisir le système de M. Petrie. Il est vrai que ce système est fondé sur les monuments, mais il faut ajouter que c'est sur les monuments interprétés par M. Petrie, ce qui enlève toute valeur à son interprétation et à son classement. Avant d'achever ce que j'ai à dire sur ce roi, il me faut parler du suivant que M. Petrie identifie avec ce même Perabsen.

XXV. Le roi *Sekhemab.* M. Petrie dit à ce propos : « Les sceaux de la tombe de Perabsen nomment en plusieurs cas un roi Sekhemab, et cela aurait pu conduire à des difficultés, n'eût été un sceau unique (F. P. collection) qui fut trouvé en un certain site inconnu, il y a quelques années, avec la forme Sekhemperabsen, montrant les deux noms combinés [1]. » Comme le rectangle qui contient le nom de Sekhemab est toujours surmonté par l'épervier, tandis que celui qui renferme le nom de Perabsen porte toujours l'animal typhonien, M. Petrie en conclut que le premier est le nom de Horus et le second le nom de Set du roi Perabsen [2]. Je suis loin de nier l'existence du sceau dont parle M. Petrie, mais, puisque ce sceau se trouve dans sa collection, si j'interprète bien les deux initiales F. P., on doit avouer qu'il a perdu une bonne occasion de le publier et que pour un homme qui tient à tout publier et qui s'entoure de tous (!!) les moyen d'arriver à la vérité, il s'est donné volontairement le plaisir de manquer superbement à sa méthode. En acceptant toutefois ses données, j'observe qu'il a encore outrepassé les droits que lui donnait ce sceau, car l'identité qu'il préconise est celle d'un roi Sekhem-Perabsen, et non celle d'un roi Sekhemab-Perabsen,

1. F. Petrie, *The royal tombs of the first dynasty*, II, p. 31.
2. *Ibid.*, p. 31.

comme il le faudrait ici. De plus la stèle de Schiri nous a conservé le nom de Perabsen renfermé dans un cartouche. En outre il y a plusieurs rois dont les noms contiennent l'élément Sekhem, d'abord le Kha-sekhem de M. Quibell dont il sera question plus loin; ensuite le Kha-sekhemoui que je crois désigner Set et Horus; en troisième lieu le Sekhem-ab dont il est ici question, et enfin le Sekhem-perabsen du sceau de M. Petrie. Il semble bien plus probable d'après cette énumération que le roi Sekhemab est différent de Sekhem-perabsen, que celui-ci diffère de Perabsen, comme Khasekem diffère de Kasekhemoui. Quant à la place que doit occuper Sekhemab, comme son nom a été trouvé dans le tombeau et qu'il n'a été trouvé que là, il est plus que probable qu'il lui a été postérieur, d'après ce principe que c'est le nom du successeur qui se trouve dans un tombeau royal en même temps que le nom du possesseur, et non pas le nom du prédécesseur. Par conséquent, jusqu'à nouvel ordre, Perabsen doit être considéré comme différent de Sekhemab et celui-ci doit être placé après Perabsen.

Pour en finir avec Perabsen, je ne dois pas oublier que ce nom semble à M. Maspero avoir été le nom d'épervier du roi Send [1] : je ne peux partager cette opinion pour les mêmes raisons qui s'opposent à l'adoption des théories de M. Petrie. Schiri est dit prêtre de Send et prêtre de Perabsen, et nulle part sur les si nombreux cylindres qui proviennent du tombeau de ce dernier roi on ne trouve le plus petit prétexte qui puisse porter à supposer que Perabsen soit le nom d'épervier du roi Send; même on peut conclure que le dit Perabsen n'avait pas un nom d'épervier mais un nom d'animal typhonien, car c'est toujours, sans exception, le symbole de Set qui surmonte le rectangle où se trouve le nom.

XXVI. Le roi *Horhôtep*. L'absence de l'épervier sur le rectangle et la cassure de la pierre dans la partie où devaient se trouver les derniers signes du nom, rendent incertaine la question de savoir s'il s'agissait d'un roi ou simplement de la tombe d'un roi, car le rectangle aurait pu avoir une porte, et alors nous aurions le signe 𓉐 au lieu du rectangle. Cependant je dois noter qu'il serait étrange que nous eussions en pre-

1. Maspero, *Les premières dynasties égyptiennes, d'après les dernières découvertes*, dans la *Revue encyclopédique Larousse*, 21 avril 1900, p. 306.

mière ligne le nom de la tombe d'un roi sans avoir son nom, et il reste encore plus probable que nous avons le nom d'un roi, quoique non surmonté de l'épervier.

XXVII. Le roi *Merneith* d'après M. Petrie. L'absence de l'épervier sur la grande stèle de Merneith rend plus que douteuse la qualification de roi donnée à ce personnage ; de plus, la présence du nom de cette forme sur des vases en tout genre trouvés soit à Neggadeh, soit dans la nécropole d'Abydos, montre cependant qu'il s'agit d'un personnage considérable ; l'hypothèse d'une reine, nommée Neithôtep, qui aurait été l'épouse du roi Âhâ, pourrait ici trouver son application, et la tombe de Merneith, au sujet de laquelle M. Petrie a triomphé si bruyamment, ne serait que celle d'une reine, épouse sans doute du roi Adarep, près duquel on lui avait creusé une tombe. Au sujet de ce prétendu roi Merneith, M. Petrie a commis l'une de ces bévues affirmatives auxquelles sa méthode le conduit fatalement. Dans la tombe de cette reine, il a trouvé des cylindres au nom du roi Den, cylindres qui y avaient été jetés sans doute à l'heure de la spoliation, car les deux tombes étaient très rapprochées, et il en conclut que le roi Merneith s'appelait Den, à savoir Den-Merneith comme il appelle le cinquième roi de la première dynastie Den-Setoui. Mais si ce roi était une reine, la question change et il n'y avait pas besoin de deux noms. En outre, M. Petrie fait de ce roi Merneith le quatrième roi de la Ire dynastie, et il l'identifie avec le roi Ata de la liste de Séti Ier et avec l'Ouénéfès de Manéthon. Mais sur aucun des cylindres qu'il attribue à Merneith quoiqu'ils portent le nom de Den, il n'y a quoi que ce soit qui autorise une pareille attribution : l'imagination et la méthode de M. Petrie sont seules responsables. Maintenant on peut rechercher pour quelles raisons M. Petrie a donné à son roi la quatrième place dans la première dynastie ; on les trouvera facilement. Il l'a placé dans la première parce que la tombe dans laquelle a été trouvée la stèle était sur le plateau où il a cru découvrir les tombes de la première dynastie, et il l'a placée au quatrième rang, parce que sur certains bouchons il a trouvé le mot [hiéroglyphes] qui se rapproche de [hiéroglyphes], le nom du roi dans la liste de Séti Ier ; or ce mot est un nom d'offrande, sans doute une sorte de gâteau. Voilà les raisons péremptoires pour lesquelles M. Petrie a placé un roi qui n'existe peut-être pas à la quatrième place de la 1re dynastie, car ce roi n'a aucun des titres qui marquent la royauté et vraisemblablement c'est une femme.

XXVIII. Le roi *Ka...* Ce roi dont le nom a été trouvé avec ou sans épervier est bien un roi qu'il faut sans doute ranger parmi les anciens rois de l'Égypte, mais non parmi les plus anciens, car son tombeau se trouvait d'après M. Petrie dans le premier plateau à l'est des collines d'Om el Ga'ab.

Si de ces vingt-huit rois on retranche les trois rois qui sont très probablement tous les trois de la première dynastie, Hesepti, Merbapa et Sememptah, plus le roi incertain Horhôtep, plus le roi prétendu que M. Petrie appelle Merneith et qui était vraisemblablement une reine, on voit qu'il en reste 23, dont un seul est à l'actif de M. Petrie, et encore je ne compte pas le roi qu'on a appelé Khasekhemoui. De ces 23 rois, 14 avaient été découverts la première année de mes fouilles et publiés dans le premier volume de cet ouvrage, sans compter que la plupart avaient été signalés dans le premier volume des *Recherches* de M. de Morgan sur *les Origines de l'Égypte*. Or, je ne puis le dire qu'avec un grand serrement de cœur, quand des égyptologues français ont eu à parler de ces divers rois parus tout à coup à la lumière, on a renvoyé aux ouvrages de M. Petrie qui n'en a découvert qu'un seul, sans mentionner l'ouvrage où je montrais que 14 étaient venus à la lumière par suite de mes fouilles. Et non seulement cela, mais on a adopté sans examen, on a loué l'ordre dans lequel M. Petrie a rangé ces souverains primitifs de la vallée du Nil sans se donner la peine d'examiner si ses théories répondaient à la réalité : je n'ai eu pour moi qu'un silence dédaigneux, injuste au premier chef, ou des accusations injurieuses provenant des calomnies anglaises.

Maintenant dans quel ordre doit-on ranger ces rois! J'ai déjà dit quel était mon sentiment sur la position successive des tombes et je crois qu'il ne peut à présent rester aucun doute sur la question de savoir si Osiris occupait la tombe centrale de la grande colline. Il n'y avait pas de tombe royale sous la grande colline. Le bouchon trouvé dans le tombeau d'Osiris contenant mention de six rois rangés chronologiquement, dont seulement trois sont lisibles, placent les rois [hiéroglyphe], Ahâ et Mou à la suite les uns des autres, mais deux noms précédaient ces trois, et un sixième suivait. Le fait que la plupart des bouchons de [hiéroglyphe] ont été trouvés dans le tombeau d'Osiris montre que le culte de ce dieu-roi était pratiqué dès les plus anciennes époques. De même le fait que dans le tombeau de Set et de Horus on a trouvé les rois Adarep, Hotep....., Nouteren et Râneb, montre que ces rois ont vécu après les Khasekhemoui, et je ne serais pas étonné qu'il fallût aussi placer avant les trois derniers rois le Perabsen dans la tombe duquel ces noms ont été trouvés, si M. Petrie les a réellement rencontrés là, ce dont je ne peux avoir la certitude absolue. Voilà donc huit rois dont on sait quels sont ceux qui ont précédé les autres, et cela d'après les monuments égyptiens. D'après les circonstances de la découverte, je suis porté à placer le roi qu'on appelle Narmer près du premier groupe, de même que les rois dont les tombes se trouvaient sous les premières buttes, estimant — c'est mon avis personnel — que les rois du second plateau le roi Serpent, Den, Azab, Qâ et celui qu'on appelle Mersekha sont postérieurs. Je rangerais ensuite les rois dont on a trouvé les noms sur des bouchons rencontrés dans les tombes ou autour des tombes susdites. Je ne peux préciser davantage, car les éléments d'une classification certaine, même probable, font complètement défaut, et je ne voudrais en aucune façon augmenter la liste des hypothèses mortes en naissant.

Jusqu'ici il n'a été question que des rois qui ont existé à une certaine époque de l'histoire égyptienne, époque très ancienne, et qui ont gouverné ce pays au sud et au nord, c'est-à-dire déjà entièrement peuplé, puisque le roi était aussi bien appelé Vautour de la Haute-Égypte, et proprement d'El-Kab, qu'uræus de la Basse-Égypte, et proprement de Bouto. Il me reste maintenant à parler de trois autres personnages qu'on s'est habitué à regarder comme purement mythiques, sans se demander si le mythe ne recouvrait pas l'histoire, comme un vêtement recouvre un corps humain. Ces trois personnages sont Osiris, Set et Horus. La seule idée que l'on pourrait soutenir que ces trois personnages ont réellement vécu a suffi pour soulever dans le petit monde de l'égyptologie et dans le monde officiel de l'histoire des religions une réprobation quasi universelle. Cependant je n'ai été ni le premier, ni par conséquent le seul à jeter cette idée dans la circulation, du moins pour Osiris, car j'ai lu dans le Bädeker allemand traduit en français que l'existence d'Osiris était certaine, certaine tout au moins aux yeux de l'auteur[1]. Il est vrai que cette opinion particulière n'avait soulevé aucune objection, peut-être parce qu'on n'y a accordé aucune attention, car les gens du métier se donnent bien garde de lire les guides que font leurs confrères, mais vraisemblablement parce qu'elle n'était étayée d'aucune preuve; lorsqu'au contraire j'ai décrit que j'avais trouvé le tombeau d'Osiris, et même la châsse dans laquelle était conservé le chef d'Osiris, alors on s'est ému de tous les côtés, on s'est évertué à me prouver que le prétendu tombeau d'Osiris n'était qu'une usurpation faite, selon l'un de mes adversaires, sous l'Ancien Empire, selon un autre, devant être retardée jusqu'à la XVIIIe dynastie; que la châsse d'Osiris n'était qu'une devanture fermant les chambres devant lesquelles elle se trouvait, et que le crâne rencontré, quand même il aurait été celui d'un homme, n'aurait pu être qu'une fausse relique que les prêtres égyptiens avaient proposée à l'adoration des fidèles crédules. Si l'on adoptait en effet mes idées, c'était une révolution dans la manière de comprendre la genèse de la religion et des Dieux, et cependant des auteurs célèbres comme Herbert Spencer, avaient soutenu la même opinion, à savoir que les Dieux primitivement et en partie avaient dû leur déification à la reconnaissance de leurs descendants, et que c'est dans le culte des ancêtres qu'il fallait chercher l'origine du panthéon. Sans avoir malheureusement jamais lu les ouvrages de Herbert Spencer, j'ai soutenu une opinion identique pour l'Égypte et son panthéon, car j'ai observé que le culte des ancêtres était le seul pratiqué en Égypte comme il l'est en Chine encore actuellement. On n'a pas manqué de crier à l'evhémérisme et au scandale, à déplorer qu'à la fin du XIXe siècle un esprit fût assez attardé pour en rester encore aux idées des pères de l'Église.

1. C'est, je crois, M Steindorf, qui a fait cette édition du *Guide Bädeker*.

J'aurais pu répondre que la doctrine d'Évhémère fut à son heure acceptée comme faisant faire un grand progrès aux idées philosophiques, qu'elle fut acceptée plus tard par les pères de l'Église comme une arme de combat qui les servait prodigieusement dans leurs controverses; qu'ainsi il ne pouvait y avoir nul scandale à me servir d'une idée jadis émise par un de ces philosophes grecs qu'on porte aux nues, — sans doute parce que parmi d'innombrables erreurs ils ont dit quelques vérités utilisées par d'autres qui n'étaient guère philosophes, mais qui se sont servis d'une idée qui leur était secourable, — à l'expliquer, à la limiter, et à l'appliquer à un cas bien déterminé, alors qu'elle se trouvait entièrement changée et que je lui avais retiré son universalité, ce qu'ont d'ailleurs fait les philosophes célèbres et contemporains qui ont admis que le culte des ancêtres avait joué un rôle fort important dans la genèse des dieux. Donc, philosophiquement parlant, il ne pouvait y avoir scandale de ma part à me mettre en si bonne compagnie.

Si je me retourne maintenant vers les monuments et les textes égyptiens, je trouve que l'idée d'ancêtres élevés à la dignité de dieux était une idée parfaitement connue et admise par les Égyptiens; mais avant de citer les textes, je dois dire que le grand obstacle à faire admettre cette idée, c'est le sens parfaitement délimité, surnaturalisé, que nous appliquons au mot Dieu. Or, ce sens spécial, surnaturel, ne s'appliquait pas en Égypte avant le Nouvel Empire thébain, et il ne s'est jamais appliqué, sauf pour de rares penseurs qui étaient arrivés à se figurer Dieu dépouillé de tous les attributs matériels, ou finis, pour le revêtir d'attributs infinis, ce qui n'avait exigé d'autres efforts que de mettre une négation devant l'attribu fini. Sous le Moyen Empire, sous l'Ancien Empire et surtout aux époques précédentes, cette idée d'un Dieu infini n'était jamais entrée dans le cerveau d'un Égyptien. On peut l'assurer sans crainte d'erreur. Quant à le prouver, c'est autre chose. Le mot *dieu* en égyptien se dit *nouter*, s'écrit par la hache 𓊹 ou par un épervier juché sur un support 𓅆; en copte, c'est-à-dire dans l'égyptien employé par les chrétiens, le mot n'a pas changé, quoiqu'il ait perdu la dernière lettre ⲛⲟⲩⲧⲉ au lieu de *nouter*. Ce mot est un nom commun, nullement un nom qui ne peut s'appliquer qu'à un seul individu, il a un pluriel et prend l'article défini, il a même un duel quand il s'agit de deux êtres à qui l'on applique ce nom. En copte au contraire il ne s'applique jamais qu'à un seul être parce que le copte est la langue des chrétiens d'Égypte et que la religion chrétienne n'admet pas théoriquement la pluralité des dieux, quoique pratiquement elle enseigne la Trinité, c'est-à-dire la triade égyptienne : Père, Mère, Fils, car tous ceux qui s'occupent tant soit peu des théories réligieuses savent que le πνεῦμα ἅγιον, c'est-à-dire le Saint-Esprit, n'est entré dans la Trinité chrétienne que par suite de la traduction grecque qui a rendu par un nom neutre le nom du principe passif qui est du féminin dans la langue hébraïque : *rouah*. Il semblerait donc ainsi que nous n'eussions à attendre aucun secours de la langue copte pour prouver que le mot ⲛⲟⲩⲧⲉ s'appliquait primitivement à toute une classe d'individus, et cependant cette langue christianisée nous fournit un argument péremptoire qui montre bien que les chrétiens d'Égypte ne surent jamais se défaire des idées héréditaires dans leur pays; cet argument est celui-ci : jamais le mot ⲛⲟⲩⲧⲉ n'est employé sans l'article, soit défini soit indéfini. Comment cela pourrait-il avoir lieu dans une religion qui ne reconnaissait qu'un seul Dieu, sinon que langue des chrétiens d'Égypte est restée après l'introduction du christianisme ce qu'elle était auparavant, une langue qui avait à désigner d'innombrables dieux et qui par suite employait les articles devant le nom qui les exprimait.

On verrait la chose avec une clarté invincible, si nous pouvions atteindre le sens premier du mot 𓊹 ou ⲛⲟⲩⲧⲉ. Malheureusement la chose est presque imposible, parce que le mot ⲛⲟⲩⲧⲉ a d'abord été traduit par *dieu*, au lieu qu'il aurait fallu traduire ⲡⲛⲟⲩⲧⲉ par *le dieu* ; qu'on a ensuite appliqué cette traduction au mot 𓊹 avec toutes les idées que le mot comporte actuellement pour nous. Cependant dans certaines expressions il a bien fallu chercher une autre idée parce que l'idée dérivée de Dieu ne convenait pas. E. de Rougé avait proposé, pour la racine 𓊹, le sens de *devenir*, *se renouveler*, et il traduisait l'expression 𓊹𓀭𓊹𓂋𓀭[1]

1. E. de Rougé : *Chrestomathie*, III, p. 25. Cf. surtout la note 4 de cette page.

par *Dieu devenant Dieu*, ce qui n'offre pas précisément beaucoup de sens. Depuis E. de Rougé, Lepage Renouf dans ses *Hibbert-Lectures* a essayé non sans succès, de déterminer le sens de ; il lui attribue la valeur de *force, fortifiée, fort*, selon les différentes acceptions et les divers emplois du mot, comme nom, verbe ou qualificatif. Ainsi, dit-il, il y a des pierres qui sont qualifiées de ; les murs, les cryptes de Dendérah ont cette épithète ; un talisman est dit ; le roi Séti Ier au nombre de ses titres met celui de , ce qui évidemment ne peut se traduire par *image divine* de Khepra, puisque Khepra est un dieu et que Séti Ier, quoique roi, n'est qu'un homme. Dans le décret de Canope l'expression hiéroglyphique est rendue en démotique par et ce mot *Khou* signifie, dit Lepage-Renouf, fortifier, *protéger*, *rendre vigoureux*. De même dans la phrase doit se traduire par : *il protége ta ville contre la destruction*, et l'on ne peut un seul instant songer à traduire : il divinise, ou il renouvelle ta ville contre la destruction. Il en est de même pour un nombre considérable d'autres exemples que cite Lepage-Renouf[1]. Je ne peux m'empêcher de croire que cet auteur a raison, non que le sens de *fort*, puisse rendre compte partout de l'emploi du mot , mais si l'on joint à cette idée de *force* celle de *protection*, de *défense*, je suis persuadé que nous atteignons ainsi le sens premier du mot . Le à l'époque primitive de l'histoire égyptienne était le *fort*, le *protecteur* qui défendait la famille ou le village ou peut-être encore la ville contre leurs ennemis, et ces ennemis étaient d'autres d'une autre famille, tribu, d'un autre village ou d'une autre ville. Mais, me dira-t-on, comment pouvez-vous savoir qu'il en était ainsi ? Je le sais d'abord parce qu'il en est resté des preuves éparses à travers le panthéon égyptien comme pour les esprits de Pou, les âmes d'Héliopolis et les huit dieux de Hermopolis Magna, et sans

1. Lepage-Renouf : *Hibbert-Lectures*, p. 96-98.

doute encore d'autres dont l'existence n'a pas encore été étudiée dans ses manifestations, comme ceux de Khera et de Khennou que cite l'hymne de Boulaq[1].

En toute ville, on rendait un culte spécial aux divinités poliades, c'est-à-dire au dieu qui protégeait la ville, qui l'avait fondée après avoir rempli les rites. Au dessus de la ville étaient les nomes. Je n'ai pas besoin de citer ici les divers dieux des nomes et les diverses divinités locales pour prouver qu'il en était ainsi : ce sont choses connues de tous les égyptologues sérieux. Donc l'Égypte était loin d'ignorer les dieux qui avaient été des hommes déifiés après leur mort : à quoi bon s'étonner et crier au scandale quand je dis qu'il en avait été ainsi d'Osiris ? La chose valait au moins la peine d'être examinée, quoiqu'il soit plus facile de la rejeter sans examen.

D'ailleurs ce n'était pas seulement en Égypte qu'il en a été ainsi. En Grèce, à Rome, dans l'Inde, dans la Chine, il en était de même dès la plus haute antiquité, et il en est encore ainsi dans l'Inde, dans la Chine, dans l'Afrique centrale, comme encore en Égypte dans les idées du peuple. On enterrait les morts primitivement sous le foyer familial dans la maison, comme la chose s'est continuée en Égypte jusqu'au temps de Diodore de Sicile qui la mentionne[2] et jusqu'au temps des martyrs chrétiens, comme je l'ai démontré[3]. Maintenant encore en Égypte on réunit dans la mort en la même partie de la nécropole de chaque village ceux qui avaient été réunis pendant leur vie dans le même quartier. Le culte des morts qui n'est autre chose que le culte des ancêtres est pratiqué encore aujourd'hui en Égypte comme il était pratiqué dans l'Égypte ancienne, à Rome, en Grèce, dans l'Inde, et comme il s'est maintenu dans ce dernier pays et dans la Chine. Dans la pensée de ces peuples, chaque mort devenait un dieu, dieu bon ou dieu méchant selon que l'homme avait été vertueux ou malfaisant pendant sa vie terrestre. Je ne saurais mieux faire ici que de citer les paroles de Fustel de Coulanges dans sa *Cité antique* : « Les morts passaient pour des êtres sacrés. Les anciens

1. Grébaut : *Hymne à Amon-Râ*, p. 26.
2. Diodore de Sicile, livre I, ch. xci et xcii.
3. E. Amélineau, *Les martyrs de l'Église copte*, p. 107 et 113.

leur donnaient les épithètes les plus respectueuses qu'ils pussent trouver ; ils les appelaient bons, saints, bienheureux. Ils avaient pour eux toute la vénération que l'homme peut avoir pour la divinité qu'il aime ou qu'il redoute. Dans leur pensée chaque mort était un dieu. Cette sorte d'apothéose n'était pas le privilège des grands hommes ; on ne faisait pas de distinction entre les morts. Cicéron dit : « Nos ancêtres ont voulu que les hommes qui ont quitté cette vie fussent comptés au nombre des dieux. Il n'était pas même nécessaire d'avoir été un homme vertueux : le méchant devenait dieu tout autant que l'homme de bien; seulement il avait dans cette seconde existence tous les mauvais penchants qu'il avait eus dans la première[1] ». Ce ne sont pas là des idées et des sentiments particuliers à Rome et à la Grèce, mais communs à toute l'humanité primitive, comme le montre la subsistance du culte des ancêtres jusqu'à nos jours. De là vient qu'en Égypte, en certains jours néfastes , la vallée du Nil était livrée aux esprits malfaisants que l'on devait éviter en restant tranquillement chez soi. En Grèce les morts étaient nommés θεοῖ, à Rome *Di Manes* ;.en Égypte, ils étaient identifiés avec tous les dieux et principalement à Osiris, car tout mort, aussi loin que l'on peut atteindre par les textes portait le nom d'Osiris, et l'on disait *cet Osiris* pour ce mort. Il y avait sans doute d'autres noms pour désigner les morts, mais nous ne pouvons savoir clairement et indubitablement quelles nuances de sens ils comportaient. Ce qu'il y a de certain, c'est qu'on les désignait d'un nom que Manéthon a traduit en grec par ἥρως ou νέκυς, si bien que lorsque nous parlons des dynasties des héros ou des mânes, comme nous traduisons νέκυες, cela veut dire en grec et en latin *les dynasties de dieux* et l'égyptien comportait la même nuance de dieux ayant réellement existé et qui avaient été déifiés après leur mort. Les textes que j'ai cités rendent cette assertion indubitable.

Comment s'étonner dès lors qu'Osiris ait pu exister et ensuite être déifié par la reconnaissance des hommes qui vécurent après lui ? Et il n'y a pas à dire qu'on ne le connaissait pas aux plus anciennes époques :

1. Fustel de Coulanges, *La cité antique*, p. 16. On trouvera les preuves de ce qu'il avance dans la riche collection de textes et de notes qu'il a mise en bas de ses pages.

outre les mentions qui en sont faites dans les plus anciens tombeaux, même en dehors du nome où il était le dieu-chef, les textes des pyramides font des allusions aux diverses parties de sa légende, ils le mettent en rapport avec le nome Thinite, parlent de son tombeau, des rites que l'on y observait et le décrivent de telle manière qu'on ne peut le méconnaître. Dans la pyramide de Téti, il est parlé de la partie la plus incroyable de la légende osirienne, celle où la déesse Isis est dite s'être fait féconder par son mari déjà mort : ; c'est-à-dire : « Ta sœur Isis est venue à toi avec tes membres, tu as cohabité avec elle, tu l'as fécondée et enchargée comme Sothis[1] ». Les textes de la pyramide de Pépi Ier ne sont pas moins catégoriques en rapportant d'autres faits de la même légende; tout d'abord le nome Thinite est mis en rapport avec Osiris : , c'est-à-dire : « Il vient ce lumineux qui habite Nidit, ce maître qui habite le nome Thinite; car Isis t'a appelé et Nephthys interpellé[2] »; mots qui s'adressent au roi Pépi Ier mort et qui représente Osiris avec lequel il est identifié. Dans un autre passage, non seulement le nome Thinite est mis en rapport avec Osiris mais encore la ville d'Abydos : , c'est-à-dire : « tu remontes vers le nom Thinite, tu traverses Abydos en barque[3] ». Un troisième passage de la même pyramide dit que le nom d'Osiris est florissant dans le nome Thinite[4]. Poussant encore plus loin dans les faits de la légende, ces mêmes textes nous disent que les restes d'Osiris furent enterrés en Abydos par Horus et Anubis : ; c'est-à-dire : « c'est

1. *Pyramide de Téti*, l. 275-276 ; la traduction est de M. Maspero.
2. *Pyramide de Pépi I*[er], l. 7-8.
3. *Ibid.*, l. 74.
4. *Pyramide de Pépi II*, l. 673.

Anubis qui mène cette procession que fait Hor en Abydos lors de l'ensevelissement d'Osiris[1]. » Il n'y a plus qu'un pas à faire, c'est de décrire l'endroit où a été placée la tombe d'Osiris, et c'est ce que décrivent les textes de la même pyramide en ces termes :

c'est-à-dire : « Ils sont au ciel parmi les étoiles et les Indestructibles, et sa sœur Sothis, son guide l'étoile du matin le dirigent vers le *Champ de l'Offrande* et il s'y assied sur son divan de fer dont les têtes sont de lion et les pieds les sabots du taureau Sema-Oïr[2]. » C'est dire que, si l'on veut réduire ces paroles en langage ordinaire, les étoiles, Sirius, et l'étoile du matin guident Osiris vers le *Champ de l'Offrande*, c'est-à-dire vers la nécropole ancienne, vers Om el-Ga'ab en l'espèce, où le dieu se couche sur un lit ou siège qui a des têtes de lion à son avant et des pieds de taureau à sa partie inférieure, ce qui est justement le cas pour le lit d'Osiris et pour les lits ordinaires qui étaient soutenus par des pieds de taureau en ivoire, de sorte que l'auteur de ces textes aurait dépeint, non le lit de granit d'Osiris, mais le lit ancien sur lequel il aurait été couché et qui avait à sa partie antérieure supérieure des têtes de lion, et à sa partie inférieure des pieds de taureau, et cette dernière partie a été vérifiée complètement par la trouvaille des pieds en ivoire représentant des pieds de taureau pendant que la première l'a été également par les têtes de lion qui se trouvaient en la partie antérieure du lit de granit d'Osiris.

Ainsi donc, dès la VIe dynastie, les textes des pyramides contiennent non seulement des allusions à la légende d'Osiris, mais encore des descriptions détaillées de l'emplacement et du mobilier du tombeau osi-

1. *Pyramide de Pépi I*[er], l. 307-308 ; la traduction est celle de M. Maspero que j'emprunterai dans toutes mes citations.

2. *Pyramide de Pépi I*[er], l. 308-311.

rien en Abydos. Ils savent que les dieux ne sont autres que des hommes déifiés après leur mort et la chose est dite spécialement d'Osiris qui est gardé en la ville de Saout par les préservatifs qui lui appartiennent en son nom de , c'est-à-dire de préservateur ou protecteur. On ne peut rien désirer de plus clair. Et ce n'est pas seulement à la VIe dynastie que l'on pensait ainsi, c'est bien longtemps auparavant, car la date de ces textes se perd dans la nuit des temps. Ainsi donc, aux yeux des Égyptiens Osiris avait bien vécu, il avait été enterré à Abydos par Horus et Anubis, et c'est précisément en Abydos, que j'ai rencontré son tombeau où était conservé le chef du dieu. La question me semble donc réglée pour Osiris qui a été, je le dis sans ambages, un roi d'Égypte comme un autre de ses prédécesseurs ou de ses successeurs.

Et maintenant que faut-il penser de Set et de Horus ou de Khasekhemoui? A propos de ce nom, il y a actuellement deux opinions fort distinctes, l'une qui fait d'un seul personnage, appelé Khasekhemoui, un roi, et l'autre qui en fait deux dieux, à savoir Set et Horus : la première est celle de tous les égyptologues, sauf un seul; la seconde m'est personnelle et j'ai été le seul à la défendre. A ma connaissance deux auteurs seulement ont essayé de déterminer la place de ce Kkasekhemoui dans la liste des rois d'Égypte, M. Petrie et M. Naville. Mais ces deux auteurs sont loin de s'accorder ensemble, et la cause de leur divergence d'opinions, c'est que M. Quibell, dans ses heureuses fouilles d'El-Kab, a trouvé un roi dont le nom est le même que Khasekhemoui, sauf qu'il n'a pas la terminaison du duel, s'appelant Khasekhem. M. Naville en fait un seul et unique roi avec Khasekhemoui, en disant que le roi Khasekhem rendit de grands services à la cause de l'Égypte par ses exploits et ses conquêtes sur les peuples du Nord et que peut-être Khasekhemoui est le roi Merbapa ou Miébidos[1]. M. Petrie au contraire avec aussi peu de fondement que M. Naville en fait deux rois distincts qu'il place tous deux dans la seconde dynastie, l'un à la cinquième place, l'autre à la septième. Si à ces deux auteurs j'ajoute M. Maspero qui se dit avoir été conduit par plusieurs indices à penser que Perabsen est le nom de

1. Ed. Naville, *Les plus anciens monuments égyptiens*, II, p. 11 du tirage à part.

double du roi Senda ou Sondou [1], il sera visible que le désaccord est profond entre ces trois auteurs, l'un M. Naville, plaçant Khasekhemoui au sixième rang de la Ire dynastie; le second, M. Petrie le dédoublant et en faisant le cinquième et le septième rois de la IIe dynastie; enfin le troisième identifiant Perabsen avec Send, quand M. Petrie identifie ce roi avec Khasekhem. Je dois dire tout d'abord que le fait d'avoir trouvé un vase au nom d'Adarep au fond de l'une des chambre de la tombe de Khasekhemoui [2] s'oppose à ce que l'on range ce roi dans la IIe dynastie, mais demande au contraire qu'on le place avant Adarep, qu'on a identifié avec ce même Miébidos, ou Miébis [3] que M. Naville veut identifier avec Khasekhemoui. L'une et l'autre tentative sont impossibles, il me semble, et si l'une des deux était possible, ce serait celle de M. Naville, car j'ai déjà démontré que nulle identification n'était possible entre Miébis et Adarep. D'un autre côté, je ne peux admettre que les deux rois Khasekhem et Khasekhemoui ne fussent qu'un même personnage, portant à la fois leur nom à forme singulière et à forme duelle, parce que ces deux formes ont été trouvées à la fois dans les dépôts de fondation ou dans l'intérieur du même temple, selon toute probabilité, le trou dans lequel on avait jeté les restes d'un ancien temple au moment où l'on aurait bâti un second temple sous le règne de Khasekhemoui [4]. Mais quelle apparence y a-t-il que Khasekhemoui bâtissant un second temple aurait fait mettre au rebut deux de ses statues, inscrites à son premier nom, Khasekhem, parce qu'elles auraient été dans un état de dégradation avancée? Il faut donc admettre que Khasekhem et Kasekhemoui représentent des êtres différents, et par conséquent rejeter la théorie de M. Naville, quoique défendue avec ingéniosité, trop même d'ingéniosité.

Il y a donc eu un roi qui s'est appelé Khasekhem. Y en a-t-il eu un

1. Maspero, *Les premières dynasties égyptiennes d'après les dernières découvertes*, *loc. cit.*, p. 306.

2. E. Amélineau, *Les nouvelles fouilles d'Abydos*, II, p. 171 et 297.

3. Je dis Miébidos parce que M. Naville l'a dit; mais la forme Μιεϐιδος me semble une forme de génitif dont Μιεϐις serait le no minatif; d'ailleurs dans le nom égyptien on ne trouve pas l'élément.

4. Quibell, *Hiéraconpolis*, II, ch. XI-XII. Par un singulier manque d'attention dans la correction des épreuves, du ch. X on passe au ch. XII, pendant que la table des matières contient un ch. X et un ch. XI.

autre qui a été nommé Khasekhemoui ? Le fait que M. Quibell a trouvé deux blocs de granit avec le nom de Khasekhemoui et un troisième bloc avec des noms de divisions territoriales, à ce qu'il dit, car la planche de son deuxième volume ne permet pas de porter un jugement motivé, ce fait, dis-je, peut-il s'expliquer autrement que par un nom de roi ? Peut-être. Rien n'indique qu'il s'agisse ici d'un roi : il peut tout aussi bien s'agir de deux divinités auxquelles le temple aurait été dédié, car les deux premiers blocs pourraient se comparer aux petits blocs rectangulaires qui se trouvent en avant du temple de Séti Ier à Abydos, à l'extrémité de la salle hypèthre et en avant de la première salle hypostyle, ou encore comme la porte de la salle B dans le temple de Ramsès II encore à Abydos, gisant maintenant à terre au milieu du temple, et sur lesquels sont représentés des tableaux dont les deux premiers sont des scènes d'offrandes à la divinité du temple, c'est-à-dire à Osiris [1]. De même les noms des deux divinités auraient été écrits sur les deux blocs, car à cette époque on ne faisait pas encore des représentations de scènes religieuses, et le troisième bloc avec les divisions territoriales rappellerait la liste des nomes qui se trouve dans ces deux temples et dans d'autres. S'étonnerait-on qu'on eût dédié un temple à ces deux dieux, je rappellerais que M. Quibell a trouvé l'épervier de Hor à ce même endroit, qu'El-Kab ou Hiéraconpolis ne sont pas fort éloignés d'Edfou, et qu'à Edfou les Ptolémées firent construire un temple encore debout, dédié tout entier à Horus et à ses combats avec Set ; comment pourrait-il donc être étonnant que, dans le même nome, on eût bâti à El-Kâb un temple aux deux grands adversaires et cela en un temps où ils étaient honorés et appelés les *deux dieux*, lorsque plus de cinquante siècles plus tard, alors que les légendes d'autrefois se sont tassées, codifiées et stéréotypées en quelque sorte, qu'on a fait le partage entre le vainqueur et le vaincu, le bien et le mal dans les idées populaires, on en ait construit un au seul Horus, vainqueur de Set ? Et ce temple aurait été bâti, non à l'époque préhistorique, mais pendant les deux premières dynasties historiques [2].

Un fait vient confirmer cette manière de voir : je le trouve dans la

1. Mariette, *Abydos*, II, pl. 11.
2. C'est aussi le sentiment de M. Quibell.

pierre de Palerme. Cette pierre qui a été appelée, depuis les dernières découvertes, à jouer un rôle si important pour la question qui m'occupe, mentionne entre autres choses la naissance de certains dieux. Elle a été expliquée d'une manière très précise par M. Naville, que je ne puis suivre cependant dans toutes ses conclusions. Voici les noms des différents dieux dont elle mentionne la naissance : Anubis, les deux Rekhti, Ouast, Mîn et Anubis, pour la seconde fois, Seschait et Mafet, Khasekhemoui et Mîn pour la seconde fois[1]. La double mention d'Anubis et de Mîn ne laisse pas que d'être assez embarrassante, car enfin s'ils étaient nés en un premier jour, ils ne pouvaient plus naître en un second ; cependant j'admets pour prouvé que le mot égyptien 𓄟 veuille dire naissance dans les passages de la pierre de Palerme où il se trouve. Nous sommes donc en présence de neuf naissances divines, dont deux sont répétées, ce qui les réduit à sept. Sur ces sept, six sont sans le moindre doute des naissances de dieux et de déesses du panthéon égyptien ; comment dès lors peut-on conclure que le septième nom est un nom de roi ayant rendu de grands service à l'Égypte, comme le fait M. Naville ? N'est-il pas au contraire plus logique et plus vraisemblable de conclure aussi que la naissance de Khasekhemoui est une naissance divine au même titre que celles qui précèdent ? Mais, dira-t-on, comment Set et Horus ont-ils pu naître en un même jour ? D'abord ils ont pu naître le même jour en des années différentes ; de plus, c'est ici que l'arrangement pourrait avoir eu lieu, arrangement systématique et religieux, et de plus il se pourrait très bien que le mot 𓄟 désignât ici le jour où les divers personnages dont il s'agit sont nés, non de leur naissance sur la terre, mais de leur naissance dans le panthéon égyptien, c'est-à dire ont été mis au nombre des dieux protecteurs et ancestraux.

Les textes de la pyramide de Téti m'offrent une phrase qui ne peut s'entendre que dans ce sens de protecteur que j'attribue au mot 𓊹 ;

1. Naville, *La Pierre de Palerme*, p. 15-16 du tirage à part. Malgré les efforts de M. Naville, bien des points restent encore obscurs ; mais c'est plus la faute d'un texte rempli d'obscurités que celle de M. Naville.

cette phrase dit : ; ce que M. Maspero traduit ainsi : « Isis et Nephthys, t'ont gardé dans Saout (la ville gardienne) de leur maître qui est en toi, [en] ton [nom] de MAITRE DE SAOUT (la ville gardienne) de leur Maître qui est en toi, et en ton nom de Dieu[1] ». Il n'est personne qui ne voie du premier coup combien cette phrase est extraordinaire, et même en admettant qu'il y ait des calembours, comme le dit M. Maspero dans la note que j'ai citée, ce texte demeure malgré tout extraordinaire à cause de la répétition de la même partie de phrase ; je serais fortement tenté de regarder ces mots comme une erreur de copiste qui aurait dû écrire après le premier [2] de suite ce qui donnerait comme sens : « Isis et Nephthys t'ont gardé dans Saout de leur maître qui est en toi en ton nom de dieu », c'est-à-dire de protecteur ou de gardien. Si d'ailleurs il faut regarder le texte comme non fautif, ce sera exactement le même sens et *en ton nom de dieu*, c'est-à-dire de protecteur, doit être regardé comme une apposition des mots qui précèdent, et il ne faut pas mettre la conjonction *et* avant ce membre de phrase puisqu'elle n'existe pas dans le texte. Et de plus je sais que les Égyptiens parlaient d'un temps où il n'y avait eu ni vivant, ni mort, ni Dieu, ni homme, parce que rien n'était vivant; c'est du moins ce qui se trouve dans un texte gravé dans la pyramide de Pépi Ier. Le voici : : « alors qu'il n'y avait pas de ciel, alors qu'il n'y avait pas de

1. *Pyramide de Teti*, l. 276-277.

2. Le texte contient au lieu que donne le membre de phrase précédent. M. Maspero met en note : « La phrase ne peut se comprendre qu'à condition qu'on donne au nom de ville *Saout* le sens qu'il aurait, s'il était nom commun : Isis et Nephthys l'ont sauvé dans la ville de Saout par les actes préservateurs de ton maître Osiris qui est en toi. »

terre, alors qu'il n'y avait pas d'hommes, alors que n'étaient pas nés les dieux, alors que n'était pas la mort[1] ». Si je voulais m'appuyer sur ce texte, il me serait sans doute facile de montrer que dans l'esprit de l'auteur de ces paroles, il fallait un ciel pour qu'il y eût une terre; une terre pour qu'il y eût des hommes; des hommes pour que naquissent des *dieux* qui ne pouvaient le devenir qu'après la mort. Si je raisonnais ainsi, je ne vois pas trop ce qu'on pourrait avoir à reprendre dans mon raisonnement; mais je ne suis pas obligé de tirer ces déductions les unes des autres parce que l'auteur de ces textes s'est chargé de le dire lui-même. En effet, dans un autre passage des textes contenus dans cette pyramide, il est expressément question de dieux qui ont été déifiés. Déifiés par qui? Apparemment par les hommes et par les hommes qui leur avaient survécu dans la vie. Voici le second texte : [hiéroglyphes], c'est-à-dire, selon la traduction de M. Maspero et le texte est si clair qu'il ne permet pas d'aller à côté : « Ton fils Horus, celui auquel tu as donné naissance, ne place pas ce Pépi parmi les morts, il le place parmi les dieux divinisés[2] ». Les Égyptiens connaissaient donc des dieux qui étaient devenus dieux, et ces dieux l'étaient devenus après la mort parce qu'ils avaient rempli de hautes fonctions sur la terre qui les prédisposaient à être les protecteurs de l'Égypte à un titre quelconque. Mais nous n'avons ici que le plus haut rang de ces protecteurs célestes, il y en avait d'autres pour chaque division de l'Égypte, pour chaque ville, pour chaque village du nome, pour chaque famille. Chaque famille rendait un culte à celui qui l'avait fondée et à chacun de ceux qui, l'ayant propagée, s'étaient endormis dans la mort apparente; chaque village honorait spécialement son fondateur et les hauts personnages de ce petit milieu qui l'avaient fait subsister : ces personnages emportaient dans

1. Pyramide de Pépi Ier, l. 664. Cf. dépi II, l. 1229 et seqq.

2. *Ibid.*, l. 190-191. Le texte ajoute : Ils le voient puissant dans l'acte de dominer : [hiéroglyphes]; c'est à cause de cette puissance qu'ils ne lui résistent pas, mais se soumettent, ce qui implique bien l'idée de résistance dont j'ai parlé.

la mort les inimitiés ou les affections qu'ils avaient nourries pendant leur vie ; de là vient que maintenant encore les rancunes d'autrefois subsistent de village à village en Égypte, que chaque village est considéré comme un petit état à part et que ce qui n'est pas licite dans tel village est fort permis à l'égard des autres villages environnants.

Mais j'avoue que c'est là raisonner sur des possibilités ou des probabilités, et que je dois fournir la preuve que ces dieux Sekhemoui ont pu représenter Set et Horus. Cette preuve, les textes des pyramides vont encore nous la fournir. Elle se trouve répétée plusieurs fois, peut-être même beaucoup plus souvent qu'il ne m'a été donné de l'observer, car bien souvent lorsque les deux signes se trouvent dans le texte et qu'on les traduit par *sceptres*, la phrase n'est pas compréhensible. Je citerai d'abord tout au long un texte dont j'ai déjà cité une partie plus haut : , c'est-à-dire : « Après que tu as ouvert les deux portes du double horizon, après que tu as ouvert les deux portes de Sîb à la voix d'Anubis qui remplit le rite pour toi comme Thot, tu annonces aux dieux que tu as pour frontières les fossés (?) qui sont entre les deux grandes formes, selon ce rite qu'a ordonné Anubis pour toi ; tu vas et Hor va, tu parles et Sît parle, tu passes au lac (d'Occident), tu remontes vers le nome Thinite, tu traverses Abydos en barque, tu ouvres la porte du ciel vers l'horizon, et les dieux jubilent de ton arrivée à leur rencontre, ils t'attirent au ciel et ton âme est fortifiée en eux[1] ». Quelles sont ces deux grandes formes dont le texte parle, c'est-à-dire ces deux Sekhem ou ces Sekhemoui ? L'éditeur-traducteur de ces textes va nous répondre ; après avoir expliqué dans une note ce que l'on peut entendre par *tu annonces aux dieux que tu as pour frontières les fossés* (?), il ajoute : « Ce qui suit sur Hor et sur Sît prouve que les deux Sekhem sont ces deux dieux[2] ». Et en effet, ces deux grandes formes sont déterminées ensuite quand Pépi Ier, le mort, est assimilé à Horus dans sa marche et à Set dans ses paroles. Ainsi il est donc bien établi que les *Sekhemoui* désignent Set et Horus. Ce n'est pas moi qui l'assure, ce sont les textes égyptiens qui le proclament et c'est M. Maspero qui le reconnaît.

Et ce n'est pas tout. Dans un second passage de la même pyramide, dans un chapitre destiné tout entier à identifier le défunt avec les divinités du cycle d'Osiris, et par delà jusqu'aux dieux de la première Ennéade divine, celle de Râ, il est dit : « Hor a pris son œil, il l'a donné à ce Pépi, et l'odeur de ce Pépi est l'odeur de dieu, l'odeur de l'œil de Hor (qui se propage) à la chair de ce Pépi ; ce Pépi se glisse sous l'œil et ce Pépi s'asseoit sur le grand siège des dieux et Pépi s'élève jusqu'à Toum entre les deux sceptres , car c'est Pépi ce (corps) malade des dieux dans les bras de l'œil de Hor ; l'œil a cherché Pépi dans Pou, il a trouvé Pépi dans On, il a jeté Pépi sur Sît en cette place où ils se battent[3] ». A l'endroit où il est question des deux sceptres, le texte donne : , c'est-à-dire, non pas comme l'a cru M. Maspero « entre les deux sceptres », mais « par la force des Sekhemoui, « ou même » entre les Sekhemoui ». Le contexte montre en effet que le défunt passe de dieu en dieu et arrive jusqu'à Toum ; que lui feraient ici les deux sceptres ? c'est ce qu'on ne comprend pas très bien, tandis qu'on sait très bien que Horus et Set lui seront d'un grand secours, puisqu'on a eu soin de l'assimiler à ces deux

1. *Pyramide de Pépi Ier*, l. 72-75.
2. *Recueil de mon. relatifs à la ling. et à l'arch. égypt. et assyr.*, V, p. 168, note I.
3. *Pyramide de Pépi*, *Ier*, l. 458.

dieux, comme le contexte le montre. Donc là encore les *Sekhemoui* sont Set et Horus. Dès lors, quelle difficulté y a-t-il à admettre que les Sekhemoui dont la pierre de Palerne mentionne la naissance sont Set et Horus? Aucune. Quelle difficulté y a-t-il encore à admettre que les Sekhemoui dont j'ai trouvé le tombeau pendant les fouilles de ma seconde campagne sont encore Set et Horus, surtout si l'on veut bien se rappeler que j'ai trouvé dans ce tombeau deux squelettes et deux sque lettes d'hommes? Je n'en vois aucune, et je vois au contraire que d'autres découvertes et d'autres monuments sont venus confirmer mon sentiment. Ce n'est donc pas le moment de l'abandonner.

D'ailleurs le seul ne veut pas dire les *deux formes* comme on l'a traduit, mais les *deux maîtres*, et je citerai à ce propos la phrase de Teti où il est dit que Horus a donné à Teti les dieux pour qu'ils le suivent et qu'il soit le maître parmi eux [1]. Je pourrais de même citer de nombreux exemples pris de ces textes prouvant ce sens de maître et d'après ce sens on verrait que l'expression *Sekhemoui* est synonyme, ou à peu près, de l'expression *Neboui* [2].

Il faut donc conclure des textes qui précèdent et qui nous font connaître les idées traditionnelles de l'Égypte que les deux *Maîtres*, ceux qu'on appelle aussi les deux dieux, non pas des dieux sans *substratum* physique, mais deux protecteurs, deux héros, étaient fort connus en Égypte, que dès la plus haute antiquité on leur avait élevé des temples, et que longtemps auparavant on les avait enterrés à Abydos où j'ai retrouvé leurs deux squelettes. La question est trop importante pour que les arguments que je viens de faire passer sous les yeux de mes lecteurs soient rejetés avec pitié ou avec dédain : ceux qui agiraient ou pense-

1. *Pyramide de Téti*, l. 270.

2. C'est une question de savoir si le mot déterminé par la momie, au lieu de signifier *forme divine*, ne signifie pas tout simplement maître, ou ancêtre, sens qu'il est fort facile de tirer du premier, puisque l'ancêtre était le protecteur, le défenseur, le maître du foyer.

raient ainsi ne montreraient pas le souci de chercher la vérité. Qu'est-ce que peut me faire au début du xxe siècle l'existence d'Osiris, de Set et de Horus qui ont disparu de la terre des vivants depuis une dizaine de mille ans environ? Absolument rien; ils ne m'occasionneront ni richesse, ni gloire, ni même une célébrité que je ne recherche pas; si je soutiens qu'ils ont existé, c'est que je crois avoir eu des preuves de leur existence, et que cette existence a une importance d'autant plus importante qu'elle nous est une preuve de plus que l'origine de la religion doit être recherchée en très grande partie dans le culte des ancêtres et non dans des spéculations transcendantes qui peuvent bien plaire à nos idées actuelles parce qu'elles témoignent que les hommes sont fort ingénieux à trouver des explications plausibles à propos de choses qui n'ont jamais existé, mais qui n'ont d'autre réalité que d'avoir été imaginées par des esprits avisés. Je n'ai pas la prétention d'avoir fait cette découverte : d'autres, et de plus célèbres, qui méritent plus de créance, l'ont dit avant moi, d'autres le diront encore après moi.

Si de cette question je passe maintenant à une question voisine, le nom de Perabsen trouvé seul dans le rectangle qui représente le palais du *double*, pendant que sur la stèle de Schiri ce même nom est placé dans un cartouche, et que j'en cherche la solution, une seule me paraît probable, à savoir que le nom de *double*, pour employer ici cette dénomination qui ne tardera pas à être reconnue abusive et qui se démodera, était le même que celui du roi, parce que, à cette lointaine époque, on ne portait encore qu'un seul nom, même quand on était roi de l'Égypte inférieure comme de l'Égypte supérieure. Plus tard on en ajouta un second, et plus tard encore un troisième. S'il en est ainsi, la chose est grosse de conséquences, car la première conclusion à en tirer serait que tous les noms de rois trouvés seulement dans la maison rectangulaire, avec l'épervier ou l'animal typhonien, sont des noms de rois préhistoriques, tandis que les noms des rois de la première dynastie et des dynasties suivantes sont écrits simplement comme des noms ordinaires, et ne sont point entourés d'un cartouche. La seule difficulté qu'il y aurait à adopter cette hypothèse, c'est la présence du nom de Merbapen dans un rectangle avec un nom de *double* qui ne serait pas le sien; mais j'ai déjà répondu à cette objection en disant que l'explication donnée par M. Petrie n'était pas la seule possible, et que l'on pouvait tout aussi naturellement comprendre que le roi Merbapen avait entassé ses offrandes au roi *Adab* ou *Adarep* dans une chambre spéciale adjacente au tombeau de ce roi. Quant à la présence de l'animal typhonien sur ce rectangle de Perabsen, ou de l'épervier sur les autres, je pourrais dès ce jour donner une explication qui aurait tout au moins l'attrait de la nouveauté; mais pour rendre cette explication compréhensible en tous ses détails, il me faudrait entrer dans des développements qui ne seraient pas de mise en ce compte-rendu. Je les donnerai bientôt, j'espère, dans un autre ouvrage qui suivra celui-ci, que je n'aurais pas pu écrire sans celui-ci et dans lequel je pourrai tout au long donner mes idées sur l'évolution de l'idée religieuse en Égypte.

J'aurais pu ajouter d'autres conclusions ayant rapport à l'histoire de l'art, de l'industrie, et par conséquent de la civilisation humaine; mais je crois en avoir assez dit au cours de mes trois *comptes-rendus* pour ne pas avoir besoin de le répéter ici. Le lecteur qui m'aura suivi jusqu'au bout de ce long ouvrage aura sans doute observé bien des défaillances, mais il aura, je crois, remarqué aussi que ces défaillances, je les ai réparées autant qu'il m'a été possible, que je me suis affermi à mesure que l'expérience des fouilles m'est venue, que mes idées se sont précisées, et surtout que, dans tout cet ouvrage, ma bonne foi a été entière et n'a jamais varié. Il trouvera aussi dans les pages qui vont suivre et qui sont sorties de la plume de savants autorisés ayant bien voulu se faire mes collaborateurs, les conséquences purement physico-scientifiques ressortant de l'examen de plusieurs séries d'objets que je ne pouvais prétendre à expliquer. Je regrette seulement que cette collaboration ne soit pas venue plus tôt, surtout de n'avoir pas eu le bonheur de connaître dès la première année M. le Dr Capitan dont l'autorité est universellement reconnue et qui a bien voulu me trouver les deux autres collaborateurs qu'il s'est adjoints. Je dois l'en remercier ici et aussi remercier M. Cayeux et M. Papillaud de leur précieux concours.

J'écris ces pages avant de savoir quelles seront les conclusions de leurs études respectives : si par hasard elles sont contraires aux idées que j'ai soutenues ici, leur étude n'en sera pas moins imprimée dans ce rapport et ces Messieurs n'en auront pas moins droit à toute ma reconnaissance.

Châteaudun, 23 décembre 1903.

NOTE ADDITIONNELLE

Je ne sais comment une telle inadvertance a pu avoir lieu de ma part, mais en consultant, ou lisant le premier volume de M. Petrie sur les *Tombes royales d'Abydos*, je n'avais pas vu qu'il cite un second cylindre venant à l'appui de celui dont il s'est servi pour proclamer l'identité de *Merbapen* avec le roi *Ad-Arep*. Ce second cylindre existe cependant à la planche XXVIII, n° 72, de son premier volume, ainsi que cela m'a frappé tout à coup en parcourant à nouveau les planches de ce volume. Je tiens donc à corriger moi-même l'erreur dans laquelle je suis tombé matériellement en écrivant que l'identification de *Semenptah* avec *Den* ne reposait que sur les fragments d'ivoire qu'il a publiés à la planche XXV du premier volume de son ouvrage. Cette rectification une fois faite, elle n'emporte nullement mon acquiescement à l'identification proposée par M. Petrie, car ce second cylindre s'explique tout naturellement comme celui de Merbapen. En voici la description : au milieu est l'hiéroglyphe ▭ contenant le mot [hiéroglyphe], c'est-à-dire : *maison royale* et en avant se trouve la lettre [hiéroglyphe] avec les grains qui tombent d'un boisseau [hiéroglyphe], ce qui donne dans l'ensemble : *Grains pour la maison royale*. Ce premier groupe est suivi de la maison du *double* surmontée de l'épervier et contenant le nom du roi qu'on lit *Mer-sekha*. Par conséquent l'inscription seule veut dire jusqu'ici : Grains pour la maison royale de l'épervier *Mer-sekha*. Il n'y a rien que de très compréhensible. Ces deux groupes d'habitations sont suivis d'un troisième qui nous donne [hiéroglyphes] : c'est-à-dire : *chambre* ou *château des offrandes de l'Épervier vautour de la Haute-Égypte uræus de la Basse-Égypte Semenpetah*. Par conséquent nous avons ici un bouchon analogue à celui de Merbapen pour *Ad Arep* et ce nouvel exemple contient précisément ce qu'il doit contenir. Et maintenant si l'on observe que le troisième groupe d'habitations contient le nom d'épervier qui est le même que celui de vautour et d'Uræus, on verra facilement qu'il ne peut s'appliquer à *Mer-sekha* dont le nom d'épervier, de vautour et d'uræus différait du tout au tout. Par conséquent l'identification proposée par M. Petrie est à rejeter, par conséquent le roi Mer-sekha n'est pas le même que Semenpetah, et il ne faut pas le ranger dans la première dynastie, mais avant, ce qu'il fallait démontrer.

Je ne dois pas oublier en outre un fait dont je me suis aperçu en parcourant le *Dendérah* de Mariette, à savoir que les inscriptions de Dendérah disent fort bien que la *tête* d'Osiris était bien conservée à Abydos. En effet à la planche 69 du vol. IV, on lit ce qui suit : et j'ai retrouvé ensuite ce même texte corrigé ainsi dans un mémoire de M. Lefébure : [1], c'est-à-dire : *La châsse vénérable protège la tête divine dans Abydos.* J'espère qu'on ne demandera rien de plus et quand j'écrivis dans mon mémoire sur le *Tombeau d'Osiris*, que les textes de Dendérah affirmaient que la tête du dieu était conservée à Abydos, je ne me trompais pas; je me trompai seulement en citant M. Loret qui évidemment ne le savait pas.

1. Lefébure : Osiris à Byblos dans le *Sphinx*, vol. V, p. 218.

ÉTUDE DES SILEX RECUEILLIS PAR M. AMÉLINEAU

DANS LES TOMBEAUX ARCHAIQUES D'ABYDOS[1]

Parmi les innombrables objets du plus grand intérêt que M. Amélineau a découverts dans ses fouilles des tombeaux archaïques d'Abydos durant trois années consécutives, il y avait une nombreuse collection de silex : 7 à 800 éclats et lames, une cinquantaine de couteaux et 364 pointes de flèches.

Les pointes de flèches proviennent toutes d'un tombeau sans nom qui précédait la grande colline de débris sous laquelle était enfoui le tombeau d'Osiris. Quant aux couteaux, aux éclats et lames de silex, ils proviennent du tombeau que M. Amélineau a dénommé de Set et Horus et que d'autres égyptologues appellent tombeau de Kha-Sekhemoui.

La plupart des grands couteaux et des éclats ont été trouvés partie dans la couche supérieure des décombres, partie dans la couche inférieure remplissant les chambres du tombeau Mais la plus grande quantité de ces silex a été trouvée sur le sol de deux chambres sépulcrales que, pour cette raison, M. Amélineau a dénommées chambres aux silex.

M. Amélineau a bien voulu me confier l'étude de ces curieuses séries et c'est le résultat des observations ainsi faites durant une étude minutieuse de ces pièces que je voudrais consigner ici[2].

Pointes de flèches.

Les charmantes pointes de flèches dont la photogravure de la planche I (voir planche à la fin de ce mémoire) peut donner une bonne idée, étaient toutes d'un travail admirable. Il n'est pas possible de voir des retouches plus fines, plus délicates et plus habiles La maestria des Égyptiens pour la taille du silex dépassait celle de tous les peuples

1. Reproduit de la *Revue de l'École d'Anthropologie de Paris*, mars 1904.

2. M. Amélineau m'a confié également divers types de fins instruments en silex, de très belles pointes de flèches en quartz et d'autres en ivoire et en bois, souvent encore emmanchées.

connus. Les Danois ont fait des pièces plus grandes, merveilleusement retouchées, mais ils n'ont jamais atteint la finesse et la délicatesse des Égyptiens.

Les 138 pièces que j'ai étudiées une à une peuvent se grouper en quelques types passant du reste souvent insensiblement de l'un à l'autre. Le type à pédoncule avec ou sans ailerons est le plus fréquent. On peut suivre toute sa filiation : c'est d'abord la petite pièce ovale munie de deux minuscules encoches à la base et de chaque côté qu'on peut voir figurée sur la planche (seconde image de la 2e ligne) les encoches ne sont d'ailleurs guère marquées.

Puis les encoches se creusent peu à peu et on arrive ainsi au type ovale muni d'un pédoncule sans ailerons dont on peut voir sur la même ligne de très bons spécimens de formes et dimensions relatives variées.

Ce type passe insensiblement à la forme avec pédoncule et ailerons. Là encore il y a une extrême variabilité dans les détails ; formes et proportions de ces deux éléments, dimensions relatives du corps de la flèche, du pédoncule et des ailerons. Cependant il faut noter qu'on ne trouve jamais dans cette série de ces ailerons extraordinairement allongés comme en façonnaient les tailleurs de silex du Fayoum. Ils sont toujours à peine marqués.

La forme générale de la flèche varie aussi beaucoup comme on peut le voir sur la planche. Parfois elle est élargie et rappelle absolument nos types européens. D'autres fois elle est étroite, allongée, à bords tantôt rectilignes, tantôt taillés en scie, plus rarement décrivant de gracieuses courbes donnant à la pièce une largeur plus grande vers la pointe avec un rétrécissement au-dessous et un nouvel élargissement vers la partie inférieure, au niveau environ des ailerons. Le pédoncule a une forme ovale très gracieuse (V. les deux premières et la dernière figure de la première ligne de la planche I).

Ce charmant type paraît spécial à l'Égypte.

Cette forme en losange du pédoncule se retrouve d'ailleurs sur toute une série de pointes de flèches (V. planche I).

D'autres pointes de flèches sont étroites et à pointe acérée. Nous avons reproduit la plus grande qui est aussi une des mieux taillées (V. 1re figure de la 1re ligne).

Notons enfin un type qui n'était représenté que par deux spécimens. Il a la forme d'un petit cylindre apointé et soigneusement taillé sur toute surface (V. 1re figure de la 2e ligne de la planche).

La délicatesse du travail de toutes ces pièces est étonnante. Elles sont le plus souvent d'une extrême minceur sur toute leur surface et on se demande comment ont pu être enlevées les petites esquilles constituant les retouches. Parfois, au contraire, ce qui est une difficulté particulière de taille, le centre de la pièce est assez épais, tandis que les bords sont extrêmement minces.

Les matières employées sont variées ; tantôt c'est un silex noirâtre ou brunâtre, quelquefois rougeâtre, presque jaspoïde, d'autres fois gris mat ou au contraire calcédonieux blanc ou rosé et translucide.

Cet ensemble est aujourd'hui dispersé. Cependant le musée de Saint-Germain en possède une bonne série.

Couteaux.

Les couteaux dont M. Amélineau a pu recueillir ou reconstituer une cinquantaine au moyen de fragments brisés dans la grande violation du tombeau au VIe siècle de notre ère, sont tous du même type d'ailleurs très spécial à l'Égypte, c'est-à-dire lame large, plate, terminée à la partie supérieure par une extrémité arrondie et se continuant inférieurement par une sorte de manche ou véritable soie soigneusement retouchée.

Ces pièces sont admirablement bien taillées, les bords sont rigoureusement rectilignes sur les deux faces, la taille à assez larges écailles est parfaitement régulière.

Il y a dans la forme générale de ces couteaux quelques variations dont les cinq remarquables types que j'ai choisis parmi toute la série et fait reproduire peuvent donner une excellente idée,

Comme on peut le voir sur les planches II et III à la fin de ce mémoire, ils varient un peu de forme, depuis le couteau droit jusqu'au spécimen tout à fait courbe.

Toutes ces pièces sont taillées de la même façon, suivant le mode de nos pièces solutréennes, par retouches assez larges et très plates à la surface de la pièce et beaucoup plus fines sur les bords.

Elles sont en général fort peu épaisses, un centimètre en moyenne, quelquefois beaucoup moins comme la très remarquable première pièce de la planche II. Les deux faces sont également bien retouchées.

Sauf la lame la plus courbe, toutes ces pièces sont en silex couleur jaune brun pâle, à cassure terne, renfermant de la craie et qui devait être difficile à tailler.

Il y a lieu d'accorder une mention toute spéciale à la remarquable pièce courbe de la planche II. En silex gris jaunâtre, notablement plus siliceux que celui des autres pièces, elle est d'une telle minceur qu'elle est presque complètement translucide.

Les retouches du corps de la pièce sont larges et absolument plates. Vers les bords une partie de ces retouches a été enlevée par d'autres plus fines et remarquablement plates aussi. Enfin, de nouvelles retouches beaucoup plus fines ont façonné les bords qui, en outre, ont été régularisés en quelques points par un léger polissage.

La taille d'une pareille pièce dénote une habileté prodigieuse. Une seule face ainsi retouchée sur une pièce ayant une certaine épaisseur serait déjà fort remarquable, mais la taille de la face opposée est tout aussi fine, aussi régulière, et pourtant la pièce ne mesure que un à trois millimètres d'épaisseur. C'est un véritable tour de force dont seuls ont été capables les Égyptiens préhistoriques.

Cette belle pièce tranche nettement la question d'usage qu'on pourrait soulever, non pas pour elle, mais pour ses similaires plus robustes figurées sur nos deux planches.

En effet la belle pièce dont nous venons de parler n'aurait absolument pu servir à rien, au plus, à remuer une substance molle. Au moindre choc ou au moindre effort, elle se serait brisée.

Ce ne pouvait être qu'une pièce votive. Il en est probablement de même des autres beaux couteaux. Ils sont évidemment plus robustes, notablement plus épais, mais encore bien fragiles et surtout la soie, beaucoup trop courte par rapport au reste de la pièce pour constituer une emmanchure solide. La chose est très nette par exemple sur la dernière pièce de la planche III. Il serait également tout aussi impossible de tenir dans la main un pareil manche.

On pourrait pourtant, en faveur de l'utilisation possible de ces pièces, invoquer l'exemple des superbes couteaux mexicains taillés sur les deux faces suivant le type solutréen et qui étaient très minces aussi. Il est vrai que nous savons par quelques pièces (celle par exemple que le Smithsonian avait envoyée à l'Exposition de 1889) que ces beaux couteaux étaient emmanchés jusqu'au milieu de leur longueur. On peut aussi s'en assurer en examinant les figures des Codex mexicains où le couteau ainsi emmanché figure un cycle de cinq années. Tel ne semble pas avoir été le cas pour les beaux couteaux égyptiens.

Il semble donc qu'on peut les considérer comme étant simplement votifs. D'ailleurs ils ne portent pas de traces d'usage et, comme nous allons le voir, nous pouvons affirmer qu'ils étaient fabriqués sur place.

En effet, en examinant les centaines d'éclats et de débris de silex que M. Amélineau avait soigneusement recueillis, j'ai pu facilement retrouver une nombreuse série de pièces marquant de la façon la plus nette les divers stades de la fabrication des couteaux.

Ce sont tout d'abord des éclats larges, très minces, de formes irrégulières et portant sur une de leurs faces le cortex. Sans aucune hésitation, ce sont des éclats de débitage ou de dégrossissage. De nombreux fragments plus ou moins larges de plaquettes mesurant environ deux à trois centimètres d'épaisseur et encore recouvertes de leur cortex de chaque côté, constituaient la matière première sur laquelle avaient été

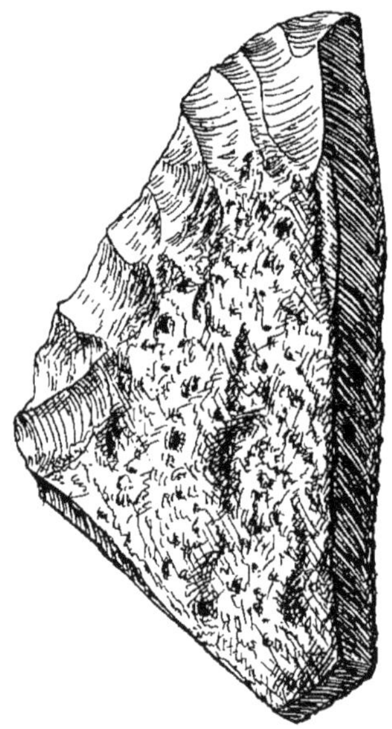

Fig. 17. — Plaquette de silex commençant à être retaillée. (2/3 gr. nat.).

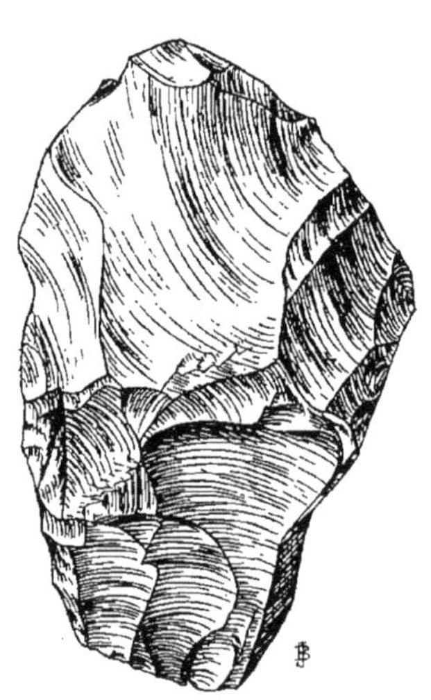

Fig. 18. — Fragment d'une ébauche grossière de grand couteau. (2/3 gr. nat.).

enlevés ces éclats et d'où les antiques tailleurs de silex égyptiens faisaient sortir ces beaux couteaux.

En effet et comme on peut s'en rendre compte sur les croquis ci-joints — que M. Bouyssonnie a bien voulu m'aider à exécuter pour cette note d'après quelques pièces choisies dans un très grand nombre de ces rebuts de fabrication, — on peut suivre toutes les phases de cette fabrication des couteaux.

Ainsi sur la pièce de la figure 17, on voit la plaquette cassée et montrant ainsi son épaisseur. Elle commence à être façonnée sur l'autre bord par quelques retouches qui ont enlevé une partie du cortex. La face opposée est encore complètement recouverte de cortex.

La figure 18 montre une plaquette de silex ayant été façonnée à grands coups assez réguliers. C'est un fragment d'une ébauche grossière de grand couteau.

La fignre 19 montre un stade un peu plus avancé. Le travail de façonnement a enlevé tout le cortex sur une face, partiellement sur l'autre,

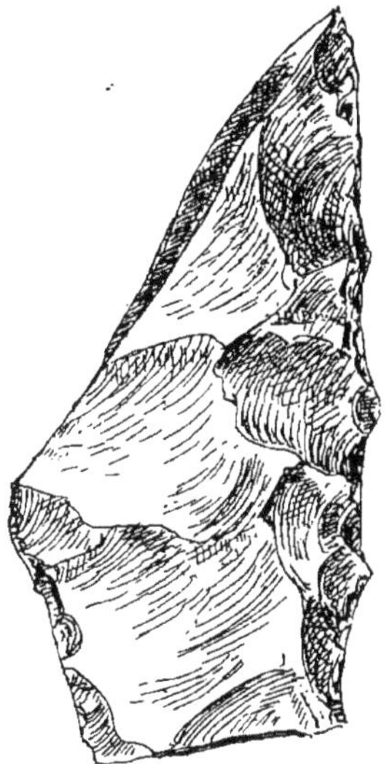

Fig. 19. — Fragment d'ébauche de couteau un peu plus avancée. (2/3 gr. nat.)

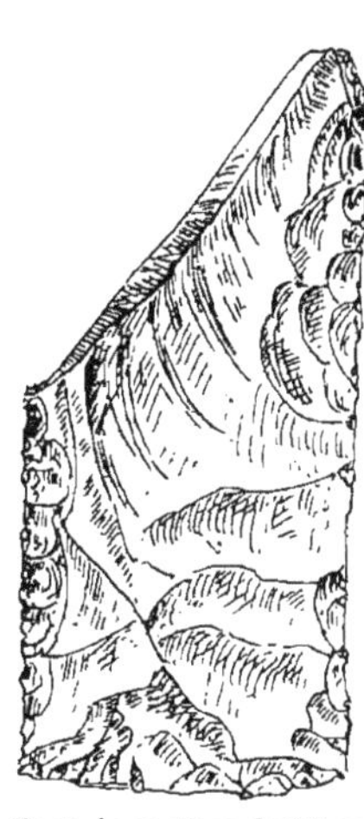

Fig. 20. — Base de couteau brisé vers la fin de sa fabrication. (Gr. nat.)

au moyen de larges éclats très plats; d'autres éclats sur les bords ont régularisé la pièce. Une cassure l'a brisée et dès lors elle a été abandonnée.

Sur une pièce le travail est plus avancé, au moins sur une des faces, car l'autre est encore complètement recouverte par le cortex. Sur la face retouchée la pièce est presque complètement terminée, et a l'aspect des autres couteaux mais avec une plus grande largeur. La pièce a été brisée à sa partie inférieure et par suite rejetée avant que l'autre face ait pu être façonnée. Cette fort intéressante pièce montre bien le mode de procéder des tailleurs de silex égyptiens, au moins dans quelques cas.

Ils façonnaient d'abord une face à peu près complètement, puis passaient alors à l'autre face restée brute et qu'ils retouchaient ensuite en partant même du cortex. Ceci cadre bien avec ce fait que m'a rapporté M. Amélineau. Il put un jour reconnaître, sur la face d'un bloc assez volumineux de silex, un grand couteau qui y avait été taillé soigneusement.

Il aurait suffi pour l'avoir de détacher cette surface ainsi bien retouchée. C'est évidemment ce que se proposaient de faire les tailleurs de silex égyptiens après avoir employé pour cette taille un procédé différent de celui indiqué ci-dessus, dans lequel la matière première n'était pas un bloc comme dans ce cas, mais une plaquette. M. Amélineau ne put pas emporter ce bloc à cause de son trop gros volume.

C'est en somme le même procédé que celui mis en œuvre pour la fabrication des belles lames néolithiques qu'on trouve dans les mobiliers dolméniques et dont le dos était retouché sur le nucléus avant que la lame en fût détachée d'un seul coup.

Enfin sur la figure 20, on peut voir une portion de couteau, la base probablement, presque complètement terminée avec les larges retouches du milieu de la pièce et celles beaucoup plus fines des bords ; un coup malheureux a dû briser la pièce. En haut et à gauche de la figure, sur le bord, on peut voir les retouches multiples qui ont dû être le point de départ de l'accident.

Les spécimens du genre de ceux dont je viens de parler sont nombreux et rendent la démonstration très nette. Il est évident que ces beaux couteaux étaient fabriqués sur place, probablement à côté et en dehors du tombeau et ensuite déposés dans les salles funéraires. (Dans une seule salle, M. Amélineau a recueilli 550 silex ou éclats.)

Mais comme le tombeau a été violé et bouleversé de fond en comble par les moines coptes du VIe siècle, il n'est pas étonnant que les débris de silex, les déchets et rebuts de fabrication provenant de la taille des couteaux, aient pu être apportés du voisinage du tombeau où ils se trouvaient précédemment ou encore précipités avec des décombres de tous genres dans le tombeau au moment où, après l'avoir violé, les dévastateurs remblayaient les cavités qu'ils avaient dû creuser. C'est en effet le seul moyen d'expliquer la présence simultanée dans les salles funéraires des beaux couteaux et des pointes de flèches, véritables œuvres d'art et en même temps de ces informes débris de taille. Ces belles pièces étaient donc fabriquées dans le voisinage des tombeaux, puis apportées pour y être déposées comme pièces votives.

Parmi les débris de silex, il existe quelques pièces qui méritent d'être signalées. Certaines (v. fig. 21) sont des lames enlevées sur l'angle du nucléus façonné avant que la lame soit détachée. C'est un type très caractéristique de l'outillage magdalénien d'Europe, parfois dénommé lame à dos retouché et que reconnaîtront facilement toutes les personnes habituées aux recherches préhistoriques. Il est intéressant de le signaler en Égypte où il paraît avoir passé inaperçu.

Accompagnant ces lames, il en est une série d'autres qui ne sont pas moins typiques. Plusieurs, en effet, souvent avec une partie du cortex,

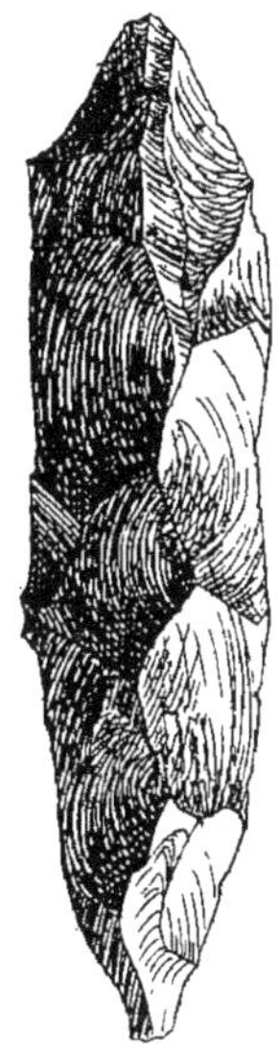

Fig. 21. — Lame d'angle du nucléus. (2/3 gr. nat.)

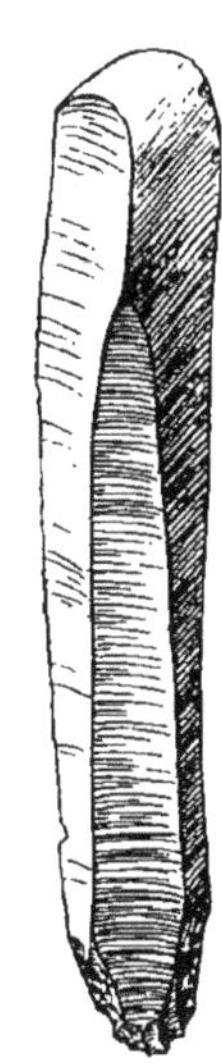

Fig. 22. — Lame simple, de forme magdalénienne. (1/3 gr. nat.)

ont la finesse des plus jolies lames magdaléniennes avec le même bulbe de percussion extrêmement petit qui est si caractéristique de cette industrie. Elles ne sont pas retouchées mais telles qu'elles ont été détachées du nucléus par ces incomparables tailleurs de silex (v. fig. 22).

Parfois elles portent toute une série de retouches du type grattoir qui ont façonné une sorte de pointe latérale donnant de la solidité à l'extrémité du tranchant de la lame ainsi terminée en pointe (v. fig. 23). C'est une adaptation d'usage qui donne un instrument tranchant ainsi, comme certaines lames d'acier des couteaux de poche modernes. C'est aussi, la forme de certaines pièces magdaléniennes d'Occident.

L'extrémité inférieure de ces pièces est retouchée de chaque côté pour obtenir une forme en pointe. On retrouve d'ailleurs ce dispositif sur des silex égyptiens d'autres provenances dont je m'occuperai prochainement.

Plusieurs de ces jolies lames sont retouchées à une des extrémités en forme de grattoir et ont également, absolument un aspect de pièces magdaléniennes. Parfois, sur un des bords, on peut en même temps observer une encoche profondément retouchée. Quelquefois le grattoir

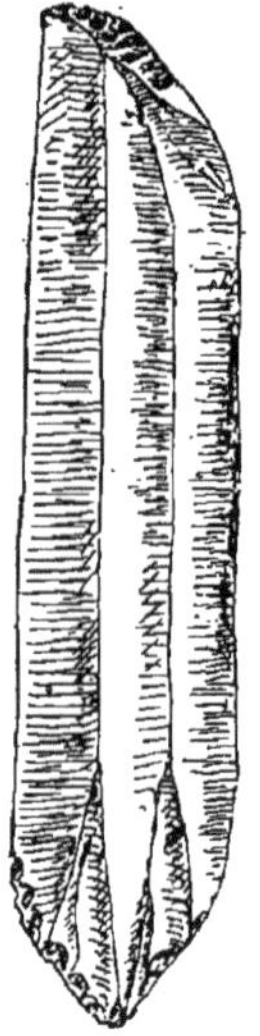

Fig. 23. — Lame retouchée en couteau à pointe latérale. (3/4 gr. nat.)

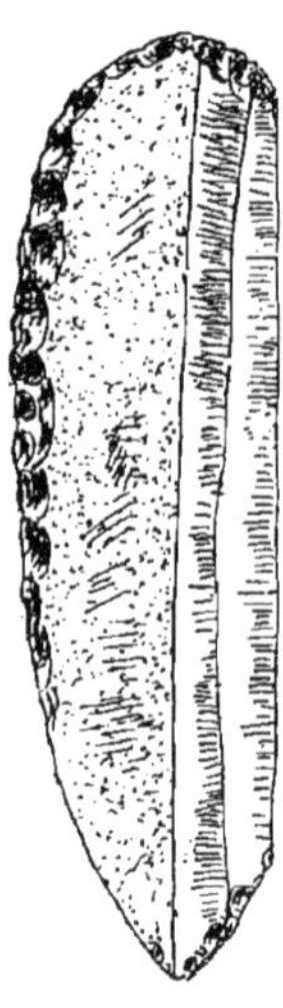

Fig. 24. — Grattoir à bord retouché. (3/4 gr. nat.)

Fig. 25. — Lame retouchée en grattoir carré. (3/4 gr. nat.)

aménagé à l'extrémité de la pièce est rectiligne au lieu de décrire une convexité régulière. D'autres fois enfin le grattoir est également soigneusement retouché sur un des bords (v. fig. 24) et la pièce a absolument l'aspect de certains grattoirs qu'on rencontre en France dans les milieux d'industrie solutréenne.

Enfin le grattoir peut manquer à l'extrémité de la pièce et il n'y a plus qu'une lame dont un des bords est soigneusement retouché et souvent très usagé, constituant une scie réelle.

Deux pièces sont également à signaler : l'une est un large éclat plat, irrégulier, dont une des extrémités a été taillée en pointe mousse mais chacun des bords ainsi retouchés et dont la rencontre constitue la pointe est retaillé inversement, celui de gauche de dessous en dessus, et celui de droite de dessus en dessous. C'est encore là un type intéressant qu'on retrouve en France dès les époques les plus anciennes.

Enfin une jolie pointe fabriquée avec un éclat plat et assez irrégulier a ses bords façonnés de même par des retouches inverses. Elle rappelle absolument certaines pièces solutréennes ou éburnéennes.

Il est enfin une dernière forme d'instrument représentée par de nombreux spécimens dans les silex recueillis par M. Amélineau. La figure 25 montre très nettement leur aspect. Ils sont constitués par une partie de lame brisée à chaque extrémité qui est soigneusement retouchée en grattoir rectiligne. C'est en somme l'aspect et le mode de retouche de certaines pierres à fusil dites « de rempart », la taille en est pourtant beaucoup plus habile. C'est aussi exactement l'aspect des grattoirs carrés que Breuil a décrits et qui sont si fréquents dans certaines de nos stations magdaléniennes [1].

Ici se pose une question. Commment pouvaient servir de pareilles pièces? S'agissait-il de grattoirs ou de vrais ciseaux? Les retouches très fines de certaines pièces, les ébréchures d'autres dont une surtout paraît avoir été éclatée par l'usage, peuvent permettre de supposer qu'il en est bien ainsi. D'ailleurs, l'emploi comme ciseaux de ces pièces qui auraient été fixées dans un manche en bois amovible paraît fort rationnel.

Mais, d'autre part, les ébréchures d'un des bords latéraux de certaines pièces, ébréchures qui sur deux spécimens sont disposées assez régulièrement, de façon à former une sorte de scie, donnent à penser qu'il pourrait aussi s'agir de pièces d'armature de faucilles en bois disposées verticalement et travaillant par un de leurs bords, tous ces bords l'un à la suite de l'autre dans la concavité de la faucille ainsi encastrés dans une sorte de mâchoire constituant le tranchant de cette faucille. On sait que cette singulière disposition a été constatée sur des faucilles en bois égyptiennes [2]. Cependant en général les pièces d'armature de faucilles jusqu'ici signalées sont beaucoup plus petites que celles-ci et leur bord est bien plus taillé en scie. Il y a donc là encore un curieux problème bien difficile à résoudre définitivement.

Quant à l'interprétation des autres silex de cette série, il paraît évi-

1. Cf. Breuil, *Bulletin archéologique*, 1902, p. 11, et *Revue de l'École d'anthropologie*, 1903.

2. Cf. Fl. Petrie, *Illahun, Kakun and Gurob*, pl. VII, fig. 27. — De Morgan, *Recherches sur les origines de l'Égypte, Ethnographie préhistorique*, p. 95.

dent qu'il s'agit de pièces d'usage et non plus de pièces votives. Elles sont, comme nous l'avons vu, identiques à celles de nos stations paléolithiques. C'est là un rapprochement qui avait d'ailleurs été déjà fait. Sont-elles de la même époque que les beaux couteaux et les pointes de flèche? Sont-elles les outils communs, tandis que les couteaux n'auraient été que des pièces de luxe fabriquées uniquement dans un but religieux? Tout cela nous l'ignorons. Cependant on peut faire remarquer que la matière première est la même pour les pièces et les couteaux (les pointes de flèches sont en matières bien plus siliceuses, le silex argileux des autres pièces n'aurait pu être retouché aussi finement). Le mode de travail est aussi habile et aussi fin pour les pièces d'usage que pour les grands couteaux. Rien n'empêche donc de les considérer comme étant de même époque, sans toutefois pouvoir l'affirmer.

En somme, ainsi qu'on vient de le voir, l'étude systématique et minutieuse des belles séries de silex recueillies par M. Amélineau peut fournir d'intéressants renseignements. Je suis heureux d'avoir pu l'entreprendre grâce à l'amabilité de M. Amélineau, qui a bien voulu me confier ces précieuses pièces et me les laisser tout le temps nécessaire, grâce aussi au talent de mon ami Frémont, qui a bien voulu photographier pour moi ces belles pièces en surmontant les très grosses difficultés que présentaient leurs reproductions, enfin grâce aussi au soin qu'a mis M. Ruckert à faire les clichés typographiques, soigneusement tirés ensuite par M. Brodard.

Grâce à cet ensemble d'efforts, nous avons pu présenter aux lecteurs de la *Revue* de l'École d'anthropologie ces belles pièces avant leur dispersion déjà réalisée pour les pointes de flèche et qui le sera bientôt pour les autres spécimens. Leur image est au moins fixée avec les quelques observations qu'elles ont pu me suggérer.

L. Capitan.

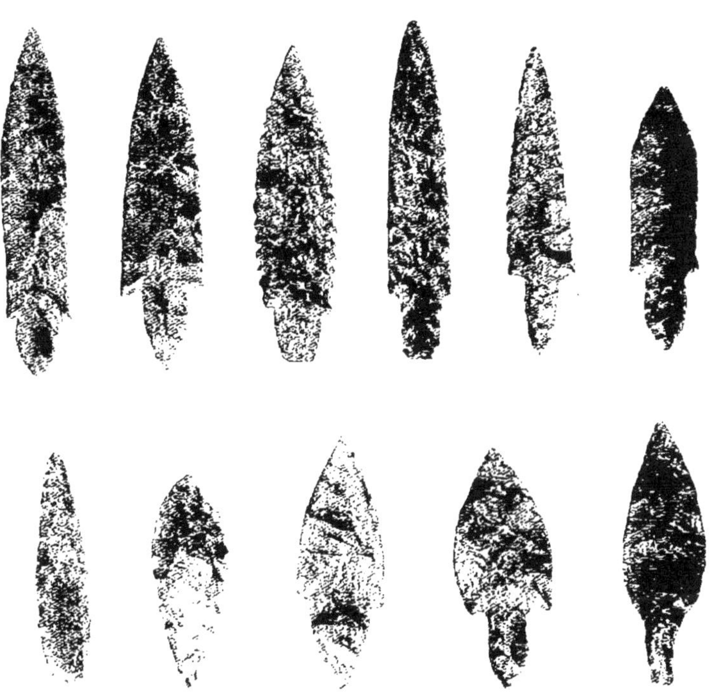

Pointes de flèches en silex trouvées par M. Amélineau dans les tombeaux archaïques d'Abydos (Égypte). — Légèrement agrandies (d'un sixième).

PL. II.

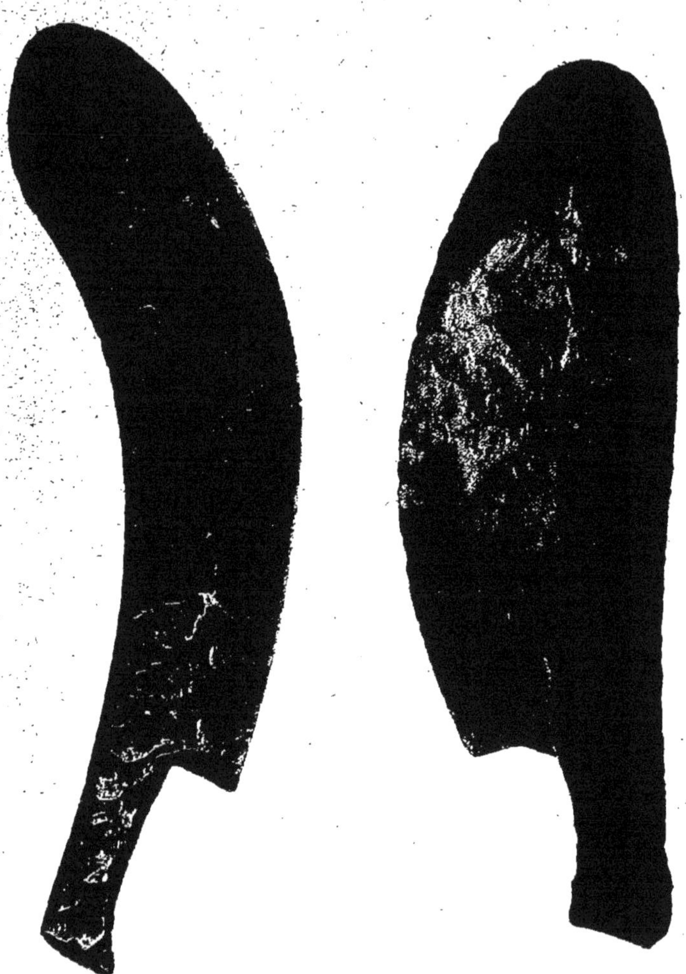

Couteaux en silex trouvés par M. Amélineau dans les tombeaux archaïques d'Abydos (Égypte). — (3/5 gr. nat.)

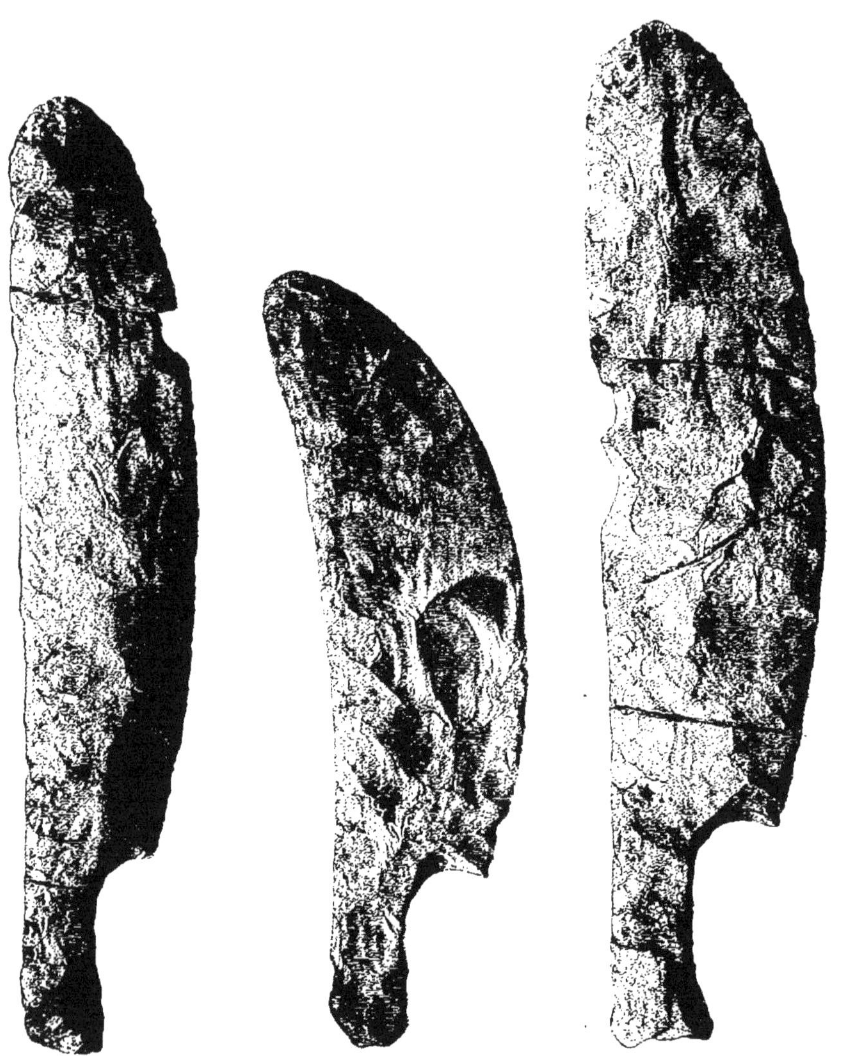

Couteaux en silex trouvés par M. Amélineau dans les tombeaux archaïques d'Abydos (Égypte).
(3/5 gr. nat.)

Étude pétrographique des matières employées pour la fabrication des vases en pierre préhistoriques égyptiens,

PAR le Dr CAPITAN

Avec la collaboration technique de M. CAYEUX, *professeur à l'École des Mines.*

On sait que les Égyptiens préhistoriques ont façonné de très remarquables vases dans des pierres fort dures. Ils étaient arrivés à une habileté incomparable dans ce genre de travail. Ces vases, souvent d'assez grande taille (par exemple coupes de 0m,35 de diamètre), ont une surface très régulière ordinairement bien polie. Ils sont souvent aussi assez minces (3 à 4 millimètres seulement d'épaisseur). Ils ont été évidemment *tournés* au moyen de procédés encore mal connus qui ont permis également aux artistes préhistoriques de façonner et de creuser des vases parfois à cavité intérieure assez large et à goulot assez étroit. Toutes ces particularités de technique sont d'autant plus intéressantes qu'il s'agit de pierres dures rayant l'acier.

Il y avait donc un réel intérêt à étudier ces roches au moyen de la technique actuelle (examen microscopique en lumière polarisée) de plaques minces, d'un deux centième de millimètre. C'est le seul procédé permettant de déterminer exactement les roches.

Cette analyse n'a été tenté à notre connaissance, pour les roches ayant servi aux Égyptiens préhistoriques à fabriquer leurs vases en pierre dure que sur quelques rares spécimens que de Morgan, alors qu'il était en Égypte, avait communiqués au professeur Fouqué.

Ayant pu, grâce à l'amabilité de M. Amélineau, examiner un grand nombre de fragments de vases en pierres dures qu'il avait recueillis dans ses fouilles d'Abydos, j'en ai formé une petite série systématique.

J'ai d'abord éliminé les fragments en albâtre faciles à reconnaître microscopiquement. Il y avait là, d'ailleurs, des jolies variétés blanc, blanc jaunâtre, blanc rose, avec veines rouges ou grisâtres ou même translucides blanches ou violacées (calcite). Quelques beaux spécimens se rapportent facilement à des brèches grises ou rouges d'aspect, varié, toutes calcaires. J'ai également mis de côté les fragments de vases en quartz hyalin ou en quartz plus ou moins laiteux facilement reconnaissables et d'un travail d'ailleurs admirable : régularité, polissage parfait et souvent assez grande minceur.

Il m'est resté ainsi quinze types de roches *dures* (toutes sauf une rayant l'acier) et ayant des aspects différents. Il y a là évidemment un spécimen de la plupart des roches employées pour la confection des vases préhistoriques. Mais tous n'y sont pas représentés. Il y avait à la première vente de la collection Amélineau de forts jolis vases entiers dont lamatière première ne se rapprochait de celle d'aucun de ceux-ci : soit brun rouge, soit verdâtre, soit translucides. Mais comme il n'y avait pas de fragments de ces vases, il a été impossible d'en faire faire des coupes.

Ces 15 coupes ont été examinées par M. Cayeux, l'éminent pétrographe de l'École des Mines, qui a bien voulu me remettre une liste de ses diagnoses que je reproduis textuellement.

Pour que ces déterminations puissent être utilisées, je ferai précéder chacune d'elles d'une courte description macroscopique du fragment de vase. Les roches sont rangées dans un ordre logique.

N° I. *Syénite à amphibole.* — Cette roche renferme très peu d'amphibole. Elle est presque uniquement constituée de feldspath. Elle est très répandue en Crète et dans la Méditerranée orientale.

Les syénites sont des roches granitoïdes composées surtout d'orthose (feldspath potassique) et d'amphibole hornblende.

Les fragments de vases façonnés dans cette belle roche sont translucides, blanc grisâtre ou verdâtre par places avec piqueté ou traînées noires disséminées dans la pâte. De nombreux vases, souvent minces (3 à 4 millimètres d'épaisseur par places), ont été fabriqués avec cette roche parfaitement taillée et polie.

N° II. *Roche très altérée* probablement *pegmato-syénite.* — La pegmatite est composée de divers feldspaths (orthose et microcline) et de quartz. La roche ici indiquée est intermédiaire entre la syénite et la pegmatite.

Macroscopiquement, c'est une roche blanche opaque, avec marbrures vert foncé et taches noires et fines, traînées vert pâle dans la pâte blanche.

N° III. *Diorite typique* (roche très répandue en Crète et dans la Méditerranée orientale). — La diorite est composée d'amphibole hornblende et d'oligoclose (feldspath calcosodique) souvent en quantités à peu près égales.

La roche examinée sur les fragments de vases bien polis montre une pâte blanc grisâtre légèrement translucide sur les bords et remplie d'un piqueté de petits points noirs verdâtres soit isolés, soit réunis en amas.

Ils sont très nombreux, si bien que ces éléments foncés occupent à peu près la même surface que la pâte blanc gris de la roche qui apparaît entre eux.

N° IV. *Diorite quartzifère* (très répandue en Crète et dans la Méditerranée orientale). — Même composition que la précédente, mais les grains de quartz qu'elle renferme donnent un aspect plus grenu à la roche.

La surface des fragments de vases est donc notablement moins lisse que dans les autres échantillons. Quant à l'aspect il est analogue à celui de l'échantillon précédent, sauf que les cristaux noirs d'hornblende sont beaucoup plus rares et que par suite la pâte blanc verdâtre apparaît sur de bien plus grands espaces; on peut, à l'œil nu, y distinguer les cristaux de quartz et ceux de feldspath.

V. *Diorite quartzifère très altérée* (commun en Crète et Méditerranée orientale). — Même composition que la précédente. Macroscopiquement cette roche est pourtant plus fine que la précédente, elle a pu se polir fort bien. Son aspect est moins grenu, on peut distinguer des amas noirs d'amphibole, les espaces clairs intermédiaires à quartz translucides et à feldspath blanc laiteux. En outre toute la roche est parsemée de petits grains blancs se détachant sur le fond blanchâtre ou noir verdâtre.

N° VI. *Diorite ophitique* (répandue en Crète et dans la Méditerranée orientale). — L'amphibole devient prédominante et sert de ciment aux feldspaths.

A l'examen macroscopique la pâte de la roche est en effet noire et les feldspaths apparaissent comme des taches assez larges, irrégulières, blanc verdâtre, disséminées dans cette pâte.

N° VII. *Gabbro passant à la diorite* (répandu en Crète et dans la Méditerranée orientale). — Les gabbros sont des roches granitoïdes composées de feldspaths calcosodiques et de pyroxène (surtout de la variété diallage).

L'aspect rappelle celui de la roche précédente. C'est une pâte noire de pyroxène et hornblende sur laquelle tranchent des masses blanches (quartz et feldspath) plus ou moins larges à contours rectilignes et enveloppant souvent un amas noir plus ou moins rectangulaire.

N° VIII. *Gabbro* (très répandu en Crète et dans la Méditerranée orientale). — Composition : feldspaths calcosodiques et pyroxène diallage.

Sur la surface polie d'un fragment de grande coupe fabriquée avec cette roche, on voit de nombreux amas blanc verdâtre irréguliers, alternant avec des espaces noirs sensiblement de même dimension et de même nombre que les parties blanches. La roche a ainsi un aspect tigré assez régulier qui ne se retrouve pas identique dans les roches précédentes.

N° IX. *Épidiorite* (diabase ophitique ouralitisée) très répandue en Crète et dans la Méditerranée orientale. — Roche grenue formée de feldspaths alcalino-terreux, de pyroxène augite et de magnétite puis amphibole prédominante avec ouralitisation (c'est-à-dire transformation partielle du pyroxène en amphibole).

Cette roche si compliquée micrographiquement est en effet d'aspect grenu et constituée par un piqueté de très petits éléments gros en moyenne comme des têtes de petites épingles; les uns blancs, les autres noirs.

N° X. *Granite typique.* — Le granite est un agrégat de cristaux de feldspath (surtout de l'orthose) avec quartz en grains informes et mica en lamelles souvent hexagonales blanches ou noires.

Sur la surface du fragment de vase on voit de nombreux cristaux d'orthose parfois très grands, çà et là entre eux ou associés à eux des masses de quartz plus ou moins arrondies. Enfin tous ces éléments sont séparés par des parties noires souvent altérées (mica). Par places taches ferrugineuses.

N° XI. *Granite à mica noir.* — Même composition que le précédent.

L'aspect de cette roche est absolument différent de celui de la précédente. Les éléments de la roche sont extrêmement petits. Le quartz est abondant, on perçoit donc un nombre considérable de très petits points irréguliers tantôt noirs, tantôt blancs, serrés les uns contre les autres. Ce n'est qu'à la loupe qu'on peut même distinguer les grains blancs de feldspath de ceux constitués par le quartz; les points noirs formés de mica sont souvent altérés, corrodés.

N° XII. *Roche très altérée, probablement pegmatite.* (Les feldspaths malgré leurs clivages sont très altérés.) — C'est un assemblage de feldspaths lamellaires (surtout orthose et microcline) et de quartz diversement cristallisé.

L'aspect de cette roche est fort joli. Le fragment de vase qui a fourni l'échantillon avec lequel la coupe a été faite est parfaitement poli. La couleur générale est blanc rosé (feldspath en grands cristaux) avec des taches un peu plus grisâtres (quartz) et par places quelques petits pointillés très fins noir verdâtre.

N° XIII. *Porphyrite amygdalaire* très altérée (se retrouve souvent en Crète et dans la Méditerranée orientale). — Formée de petits cristaux de feldspaths variés, d'amphibole et de pyroxène.

L'aspect de cette roche est assez particulier : on constate une pâte brun grisâtre renfermant de petits amas noirs. Puis, noyés dans cette masse, de grands cristaux blancs à bords ordinairement rectilignes.

N° XIV. *Leptynite très grenatifère.* — C'est une sorte de gneiss, à grains très fins, finement rubanée, pauvre en mica, riche en grenats souvent disposés en rangées parallèles alternant avec des grains de quartz. On sait que le gneiss est composé, comme le granite de feldspath, quartz et mica affectant une disposition schisteuse.

Le morceau de grand vase d'où provient le fragment examiné présente une cassure cristalline et grasse. Il est tout à fait translucide sur les bords. La surface est très fine et a pu être très bien polie. La coloration générale est variable suivant des zones rubanées larges de plusieurs centimètres, tantôt gris vert assez foncé, puis gris, tantôt franchement blanc grisâtre et enfin rosé. C'est une fort belle matière.

N° XV. *Serpentine.* — Matières verdâtres ou jaunâtres, à cassure esquilleuse, éclat terne : ce sont des produits d'altération de silicates magnésiens anhydres, particulièrement du péridot.

L'échantillon de vase en cette matière est notablement moins dur que les autres. Tandis que ceux-ci rayent l'acier, cette serpentine est rayée par l'acier. Aussi est-elle bien moins bien polie que les autres échantillons. Elle présente un aspect noirâtre avec petites taches blanches disséminées. Par place, il y a une contexture schisteuse ; en d'autres points il existe des traînées noirâtres. Enfin une partie du bord de vase étudié ici est blanchâtre et un peu plus loin brun pâle rougeâtre.

Ces courtes descriptions permettent de constater tout d'abord que pour plusieurs spécimens il aurait été impossible de dénommer exactement la roche *de visu* : tel est le cas, par exemple, pour les numéros 2, 12 et 14. Seul, l'examen microscopique en lumière polarisée a permis de les déterminer comme pegmato-syénite, pegmatite et leptynite.

Ce n'est que par ce moyen aussi qu'il est possible de différencier certaines roches d'aspects très analogues et qui sont néanmoins fort différentes les unes des autres. Telles le n° 14 (leptynite) et le n° 1 (syénite) qui macroscopiquement se ressemblent beaucoup.

Il en est de même pour le n° 10 (granite à gros éléments), le n° 13 (porphyrite amygdalaire) et le n° 7 (gabbro passant à la dronte) qui ont une assez grande analogie macroscopique et qui pourtant sont des roches différentes.

D'autre part ce n'est que par l'examen microscopique qu'on peut rapprocher et ranger dans la même catégorie des roches d'aspect totalement différents. Tel est le cas pour le n° 10 (granite à volumineux cristaux de feldspath) et le n° 11 (granite à très petits éléments) qui ne ressemble en rien au type de granite à gros cristaux.

On voit donc que l'étude microscopique des roches en plaques minces est aujourd'hui le complément indispensable de maintes recherches archéologiques. Elle seule permet de dénommer correctement les roches. C'est un nouvel et intéressant exemple d'un point sur lequel avec Gentil, nous avions déjà insisté au Congrès international d'Archéologie et d'Anthropologie préhistoriques en 1900, à propos de l'étude des roches ayant servi aux néolithiques à fabriquer des haches polies.

On voit que l'application à l'étude des vases en pierre fabriqués par les Égyptiens préhistoriques n'est pas moins intéressante et qu'elle fournit d'utiles, on peut même dire d'indispensables renseignements sur la nature réelle des roches ainsi employées.

La présente étude a également un intérêt pratique : la comparaison soign use de ces fragments de vases en pierre — recueillis par M. Amélineau dans ses fouilles d'Abydos et ainsi déterminés par l'examen microscopique —, avec les vases entiers conservés dans diverses collections et dont il n'est pas possible de détacher des fragments pourra, dans un certain nombre de cas, permettre de déterminer la nature des roches dont sont faits ces vases entiers avec une approximation qui pourra être très rapprochée de la vérité.

Il y a là une méthode qui, généralisée et portant sur de nombreux spécimens, fournira d'intéressants résultats. Nous souhaitons que notre modeste tentative, en ce sens, trouve de nombreux imitateurs.

Étude d'une série de pièces recueillies par M. Amélineau dans les tombeaux très archaïques d'Abydos,

Par le Dr Capitan.

Parmi les très remarquables objets préhistoriques recueillis à Abydos dans ses fouilles par M. Amélineau et dont il a bien voulu me confier l'étude, il y a toute une série de pièces dont je voudrais dire quelques mots.

J'ai déjà longuement étudié les merveilleux couteaux recueillis par M. Amélineau dans les tombeaux qui avoisinaient celui d'Osiris et montré qu'ils avaient probablement dû être fabriqués sur place [1].

Les autres pièces peuvent se diviser en plusieurs catégories. Il y a d'abord une série de fort jolies pièces en silex gris rosé très bien retouchées parmi lesquelles il y a lieu de noter un fort joli couteau courbe, étroit, mince, d'une vingtaine de centimètres de longueur et admirablement retouché. Un fragment est particulièrement intéressant, c'est la base d'un assez grand couteau terminée carrément, et présentant sur un des côtés une sorte de prolongement ovale, plat, aussi bien retouché que le reste de la pièce.

Quelques pointes de flèche sont des types ordinaires. Il en est une particulièrement curieuse ; c'est une sorte de fantaisie d'un très habile tailleur de silex. La forme générale est celle d'une pointe de flèche allongée avec pédoncule à la base qui au lieu de se terminer en pointe affecte à sa partie supérieure une forme rectangulaire avec angles saillants et aigus. Cette curieuse forme a d'ailleurs été également signalée et figurée par Flinders Petrie.

Deux types qui se répètent plusieurs fois sont particulièrement intéressants, surtout parce qu'ils reproduisent exactement certaines de nos formes magdaléniennes anciennes. L'un est un grattoir double, admirablement retouché, fabriqué avec un segment de lame à 3 facettes et dont l'aspect est exactement celui de nos grattoirs paléolithiques. Quelques-unes de ces pièces sont petites, d'autres ont les dimensions moyennes de nos grattoirs de cette forme.

1. *Revue de l'École d'anthropologie*, mars 1904.

Le second type est constitué par de minces et délicats petits couteaux avec deux arêtes longitudinales, plus étroits du côté du bulbe et légèrement élargis à l'autre extrémité qui est finement retouchée en pointe. C'est un type que nous trouvons aussi dans nos stations à industrie solutréenne.

M. Amélineau a également recueilli une série de superbes pièces en quartz hyalin d'un travail absolument extraordinaire, étant donné surtout l'extrême difficulté de la taille et surtout de la retouche sur le quartz hyalin. A noter d'abord l'extrémité d'un grand couteau large de 35 millimètres et qui par conséquent devait mesurer une vingtaine de centimètres de longueur au moins, presque aussi finement travaillée que les couteaux en silex et presque aussi mince. Si ce couteau a jamais existé tout entier, c'était là le maximum de la perfection de la taille de la pierre.

Dans la même série figurent seize pointes de flèches en quartz hyalin également fines, allongées, avec pédoncule à la base mesurant de 35 à 75 millimètres de longueur. Le travail en est également particulièrement fin et délicat, d'autant plus que ces pièces ont une assez grande épaisseur, leur section est en effet presque ovulaire. Il y a là, comme on le sait, une difficulté de retouche toute spéciale. Elles rappellent certaines pièces rarissimes de l'Amérique du Nord, également en quartz.

M. Amélineau a aussi recueilli 35 bracelets plus ou moins complets en pierre et la plupart en pierres dures (schiste, albâtre, cornaline, jaspe rouge, silex gris) ; quelques-uns plats mesurent 1 à 2 centimètres de hauteur mais la plupart très minces n'ont guère plus de 5 millimètres d'épaisseur. Ils ont une section circulaire ou ovale. Le travail de ces bracelets est tout à fait remarquable, ils sont soigneusement polis et d'une grande finesse. Ce sont de fort curieuses pièces et bien spéciales à l'Égypte, au moins pour ce qui est des bracelets très minces en pierres dures.

Un lot bien curieux aussi, également recueilli à Abydos dans le même gisement par M. Amélineau, est constitué par la série des flèches en bois avec armatures en bois, os et ivoire. La flèche tout entière mesure 45 centimètres de longueur avec encoche à la base. L'armature a ordinairement une forme allongée, toujours terminée en cylindre à la base. Cette base pénètre dans le bois de la flèche et y est parfois fixée avec une sorte de bitume encore apparent.

Ces diverses armatures sont au nombre de 34, en os ou en ivoire, et de 25 en bois. Elles sont tantôt cylindriques, renflées vers la pointe,

D'autres en bois sont beaucoup plus plates et minces. Il en est encore en os ou ivoire assez plates aussi et présentant de chaque côté deux faces séparées par une arête médiane.

Un autre type plat aussi et de forme générale ovale allongée présente un bord aminci, comme s'il s'agissait de l'imitation en os d'une pièce en métal martelée sur le bord. Enfin une dernière forme est particulièrement à noter : l'armature en os se termine à son extrémité pointue par une pointe quadrangulaire dont chaque arête présente une sorte de crête.

Il s'agit là d'une disposition qu'on trouve sur certaines flèches empoisonnées africaines actuelles. Elle indique peut-être que ces flèches étaient empoisonnées par les Égyptiens préhistoriques.

Telle est cette curieuse série de pièces préhistoriques recueillies par M. Amélineau dans les tombeaux préhistoriques d'Abydos que j'ai tenu à signaler avec quelques courtes explications. Ces renseignements compléteront ceux que j'ai déjà donnés dans la *Revue de l'École d'anthropologie* (juillet 1904) sur les merveilleux silex, pointes de flèches et couteaux également trouvés par M. Amélineau dans ses fouilles mémorables. Il y a là un ensemble des plus curieux qu'il y avait certes intérêt à décrire avant sa dispersion complète dans diverses collections.

Crânes d'Abydos.

Étude anthropologique, par le Dr G. PAPILLAULT.

Les ossements que M. Amélineau a bien voulu m'apporter présentent un intérêt scientifique considérable malgré la faiblesse des séries que j'ai pu former avec les crânes. Leur antiquité a rendu, en effet, leur tissu tellement friable que plusieurs me sont arrivés dans un état qui rendait impossibles ou incertaines les mensurations. Douze d'entre eux seulement étaient suffisamment intacts pour être bien observés; encore ai-je dû mettre hors série un sujet atteint de nanisme. L'ensemble des caractères offerts par ce dernier crâne ne laisse aucun doute sur leur nature pathologique. Le front bombé a des bosses très saillantes; les os du nez sont atrophiés et aplatis, le nasion est rentré; la région sous-nasale déformée et atrophiée détermine artificiellement un prognathisme sous-nasal considérable. La voûte palatine est profonde, ogivale, la base du crâne, très infléchie sur elle-même, au niveau de la selle turique, est très atrophiée dans son ensemble, puisque la longueur naso-basilaire n'a que 81 millimètres au lieu de 99,5 moyenne des 7 crânes normaux; mais c'est surtout sa partie postérieure, comprise entre le trou occipital et le vomer, qui a subi le plus grand arrêt de développement, car elle n'a que 19 millimètres au lieu de 28^{mm},4. L'occipital, trop faible pour supporter le cerveau, s'est affaissé autour des condyles, qui ne se détachent plus des parties environnantes et ne font aucune saillie.

A eux seuls ces caractères sont assez significatifs, mais l'examen des os longs lèvera tous les doutes. Le tibia, aux faces irrégulières, tourmentées, a son plateau articulaire très infléchi en arrière, en rétroversion, et ne mesure que 21^{cm},5 de long. Le fémur de 26^{cm},3 de long, n'est pas moins pathologique; son col est presque nul et porte une tête aplatie et déformée.

Le diagnostic est donc certain; une achondroplasie profonde avait frappé cet individu pendant sa croissance, et sa morphologie échappe à toute classification ethnique.

Les 11 crânes qui restent se divisent, selon toutes les probabilités, en 7 masculins et 4 féminins. Ce nombre est tout à fait insuffisant pour donner une moyenne représentant le type de la population, d'autant plus que l'on trouve des écarts considérables entre les individus. Cependant il ne paraîtra pas inutile de les comparer à 2 séries de crânes très anciens étudiés déjà par des auteurs dont la technique est la mienne : les crânes de Sakkarah mesurés par Broca, et ceux d'El Khozam observés dernièrement par M. Chantre[1]. J'emprunte à ce dernier les chiffres que je transcris à côté des miens dans les tableaux I et II.

On peut constater au premier coup d'œil une certaine ressemblance entre les chiffres des trois séries, surtout si on laisse de côté les femmes dont les séries sont plus faibles et par suite, les moyennes moins stables. Les 3 indices crâniens ne montrent pas, dans le sexe masculin, des écarts dépassant trois unités, mais la face nous révèle des oscillations beaucoup plus fortes. L'indice nasal varie de la leptorhinie de Sakkarah

TABLEAU I

	El Khozam		Sakkarah		Abydos	
	H.	F.	H.	F.	H.	F.
Nombre	**24**	**11**	**31**	**20**	**7**	**4**
I. Diamètre antéro-post. max.	cm 18,2	cm 17,8	cm 18,5	cm 17,4	cm 18,4	cm 17,1
II. — transvers. max.	13,3	13,3	14,1	13,6	13,8	13,4
III. — basilo-bregmatique	13,0	12,8	13,7	13,9	13,2	12,2
IV. — frontal minimum	9,2	9,1	9,5	9,2	9,3	9,2
V. — bizygomatique	12,1	11,7	13,1	12,2	12,9	12,1
VI. Hauteur naso-alvéolaire	»	»	»	»	7,3	6,9
VII. — naso-spinale	4,8	4,8	5,2	4,9	5,2	4,7
VIII. Largeur du nez	2,5	2,4	2,4	2,4	2,5	2,4
IX. — biorbitaire interne	2,4	2,4	2,4	2,2	2,4	2,2
X. Orbite : largeur	3,8	3,7	3,8	3,6	3,8	3,5
XI. — hauteur	3,2	3,3	3,3	3,2	3,5	3,5

(46,1) à la mésorhinie d'El Khozam. La forme de l'orbite est encore plus variable, elle est mésosème à El Khozam avec un indice de 84, et mégasème à Abydos où elle atteint 93.

Ces variations nous prouvent que les habitants de la vieille Égypte

1. *Recherches anthropologiques en Égypte*, par E. Chantre, Lyon, 1904, p. 57.

ne constituaient pas une race pure. On peut fort bien admettre que ces chiffres tendraient à converger si les séries devenaient plus nombreuses, mais, cette hypothèse, en se réalisant, prouverait simplement que les éléments ethniques étaient à peu près uniformément répartis à El-Khozam, à Sakkarah, à Abydos. Ces moyennes seraient la synthèse artificielle de plusieurs groupes, elles ne seraient pas l'expression numérique d'une race fortement unifiée par la parenté et les croisements pendant une très longue suite de générations.

TABLEAU II

INDICES	EL KHOZAM		SAKKARAH		ABYDOS	
	H.	F.	H.	F.	H.	F.
Céphalique II/I . . .	73	74,7	76,2	78,1	75	78,8
Hauteur largeur III/II .	97,7	96,2	97.2	102,2	95,6	91
Hauteur longueur III/I.	71,4	71,9	74,0	79,9	71,7	71,3
Fascial VI/V.	»	»	»	»	56,65	56,6
Nasal VIII/VII	52,9	50,0	46,1	48,9	48,5	50
Orbitaire XI/X. . . .	84,2	89,2	86,8	88,9	93	100

L'observation des cas individuels va confirmer cette première impression. Le tableau III nous révèle que l'indice céphalique va de la dolichocéphalie extrême jusqu'à la sous-brachycéphalie. Les autres indices, aussi bien du crâne que de la face, varient dans des proportions aussi fortes et nous placent devant le dilemne suivant : ou les mensurations n'ont plus aucune signification, ou il faut bien admettre que le peuple égyptien a été formé par des races différentes.

Il ne suffit pas de prouver qu'il y a plusieurs éléments ethniques en présence dans la composition de l'Égypte ancienne, car ce premier résultat ne peut qu'exciter notre curiosité. Quelles sont ces races, d'où venaient-elles, dans quelle proportion se trouvaient-elles sur les bords du Nil, quel rôle a joué chacune d'elles dans la création de cette civilisation si ancienne et si brillante? Autant de questions qui resteront sans réponse tant que nous n'aurons pas à notre disposition un très grand nombre d'ossements. J'ai essayé cependant de classer mes crânes d'après l'ensemble des caractères morphologiques que l'œil peut saisir, et j'ai pu ainsi facilement former trois groupes assez nettement diffé-

TABLEAU III. — **Indices sériés par ordre de croissance.**

CÉPHALIQUE	HAUTEUR / LARGEUR	HAUTEUR / LONGUEUR	ORBITAIRE	NASAL	PROGNATHISME[1]
66	84	68	89	44	77
73	92	68	90	44	87
74	92	69	92	45	87
75	92	72	94	48	87
76	93	72	97	48	88
78	93	73	100	48	88
78	93	73	100	49	92
79	94	74	100	50	93
80	101	74	108	50	94
80	108	76	125	56	96
81			129	61	96

renciés pour que plusieurs épreuves, faites à des époques éloignées, aient toujours été concordantes. Ces trois types répondent assez bien à ceux que décrit le Dr Verneau[2]. Le premier a une forme pentagonale très marquée, due à une saillie considérable des bosses pariétales et du sus-occipital arrondi et globuleux. Ce sont les crânes marqués de la lettre P dans le tableau IV. C'est un type très particulier et qui se distingue facilement des races méditerranéennes que je connais. Je n'en dirai pas autant du deuxième groupe dont les bosses pariétales et frontales sont effacées, la courbe antéro-postérieure régulière (crânes E du même tableau).

Enfin un seul crâne, peut-être deux, restaient à part (F, tab. IV). Les bosses frontales et pariétales sont complètement effacées, le frontal est large, les apophyses zygomatiques beaucoup plus arquées que chez les autres, la mâchoire est forte, la voûte palatine très peu profonde. On le mêlerait à des mésaticéphales français (son indice est de 78) que je ne me chargerais sûrement pas de le retrouver.

Avons-nous affaire à de véritables groupes ethniques, ou à des varia-

1. Le prognathisme est calculé en prenant comme point de départ l'union du vomer avec l'apophyse basilaire et en comparant entre elles les distances qui le séparent du nasion et du point alvéolaire.

2. *Bulletin de la Société d'Anthropol.*, Paris, 1898, p. 614.

tions individuelles ? je ne saurais le dire catégoriquement. J'ai cependant essayé par des ordinations variées de découvrir quelques rapports entre ces groupes et des mesures craniologiques. Or le tableau IV me paraît

TABLEAU IV. — **Crânes ordonnés suivant leur diamètre frontal.**

	DIAM. FRONTAL MINIMUM	DIAM. TRANSV.	DIAM. BIMASTOÏDIEN	LARGEUR BIALVÉOLAIRE	INDICES		
					HAUTEUR LONGUEUR	PROGNAT.	CÉPHAL.
	cm	cm	cm				
♂ F. .	10,0	14,1	12,3	55	73	88	78,9
♂ P. .	9,9	14,4	12,0	53	68	96	74
♂ P? .	9,8	14,5	13,0	56	73	87	79
♀ P. .	9,5	13,2	11,5	50	»	93	76
♂ P. .	9,3	14,8	12,0	53	74	94	81
♀ P. .	9,2	13,6	12,3	52	72	88	78
♀ P. .	9,2	13,5	11,0	51	76	87	80
♀ E? .	9,0	13,6	11,6	50	68	87	80
♂ E. .	8,9	13,6	12,0	52	69	96	75
♂ E. .	8,7	12,8	11,8	51	74	77	73
♂ E. .	8,4	12,6	12,3	56	72	92	66

prouver que ces rapports existent, et que de grandes séries les mettraient facilement en évidence. Les crânes ordonnés suivant la valeur décroissante du diamètre frontal minimum, se séparent nettement en trois groupes, répondant à ceux que je viens de décrire. Le crâne F est seul en tête, et le douteux est au troisième rang. Puis viennent les crânes pentagonaux, puis les crânes elliptiques dont le frontal est le plus étroit. Le diamètre transverse diminue aussi d'une façon générale, bien qu'il ne faille pas s'attendre à une régularité qu'on ne rencontre jamais dans les variations. Cependant on peut dire que les crânes elliptiques sont plus étroits dans leur ensemble que les autres.

Il est à remarquer que la base du crâne est très indépendante de la voûte. Le diamètre bimastoïdien ne diminue guère, surtout si on laisse de côté les crânes féminins, et le diamètre transverse du maxillaire supérieur, pris au niveau du bord alvéolaire, paraît être également assez indifférent. Les indices hauteur-longueur et prognathisme, que je donne à la suite à titre d'exemple, n'ont pas avec cette classification des rapports assez étroits pour être démontrés par la petite série que nous possédons. De grands nombres pourraient seuls nous révéler les constances que nous cherchons.

Tels qu'ils sont nos chiffres montrent : 1° que nous avons pu retrouver les trois types que M. Verneau avait définis il y a quelques années; 2° que ces types ne sont pas une simple apparence, mais ont des rapports qui ne paraissent pas niables avec certaines dimensions du crâne.

Les origines de ces variétés ethniques me sont parfaitement inconnues.

Crâne dit « d'Osiris ».

M. Amélineau m'a remis ce crâne dont il décrit ailleurs la découverte pour que je l'étudie tout particulièrement, et surtout que je fasse le diagnostic du sexe auquel il appartient. C'est là une tâche assez délicate : il est généralement facile de déterminer le sexe *probable* d'un crâne; il est extrêmement ardu de faire un diagnostic *certain*. La description qui va suivre en sera la démonstration.

Ce crâne est très détérioré et réduit à sa voûte. Il a en outre subi une déformation posthume qui diminue légèrement ses dimensions transversales; je les donne cependant dans le tableau V car elles sont suffisamment exactes pour la comparaison que je veux établir entre elles et les moyennes obtenues plus haut.

TABLEAU V

		DIAMÈTRES				INDICE CÉPHALIQUE
		ANTÉRO-POSTÉRIEUR	TRANSVERSE MAX.	FRONTAL MINIMUM	BI-MASTOÏDIEN	
Crâne « d'Osiris ». . .		176	129	86	102	73
Moyennes	Femmes .	171	134	92	116	78
	Hommes .	184	138	93	122	75

On voit de suite que ce crâne est très petit. A part son diamètre antéro-postérieur, qui dépasse un peu la moyenne des femmes, mais reste beaucoup inférieur à celle des hommes, toutes les autres dimensions sont beaucoup plus petites que chez les femmes.

Ce crâne très petit n'était pas celui d'un enfant : la forme générale n'a aucun caractère infantile; les os sont complètement développés; à la face interne du crâne la suture coronale commence même à à se souder, sans que rien puisse faire soupçonner que cette synostose ait été prématurée. Cependant je dois signaler une épaisseur des os du crâne nettement supérieure à la moyenne. Ce crâne très petit a donc appartenu à un adulte.

Ce premier point établi, il nous reste encore plusieurs problèmes à résoudre. Trois types d'individus peuvent avoir un crâne petit : des hommes de taille normale, mais microcéphales, des hommes très petits et des femmes. Ce crâne a, il est vrai, le frontal très étroit et les bosses frontales très rapprochées. Cependant il n'a pas appartenu à un microcéphale de taille normale, car les insertions musculaires sont très faibles, les apophyses mastoïdes très petites, les apophyses frontales externes très grêles, et le rebord orbitaire mince et fragile.

Reste le dernier problème que nous avons posé : est-ce une femme ou un homme très petit, très faible, au cerveau peu volumineux, en un mot un nain à peu près bien proportionné? Il me paraît impossible de lui donner actuellement une solution catégorique, mais si la certitude absolue est rare en science, il est permis de rechercher les opinions les plus probables. Or dans l'alternative qui se présente à nous il y a un cas rare, c'est celui d'un nain bien constitué, ne portant aucune trace pathologique sur sa voûte crânienne. Nous avons vu que tel est bien le cas du crâne d'Osiris : il a les bosses pariétales un peu saillantes, mais c'est manifestement un caractère de race qui le rapproche du groupe des crânes pentagonaux et l'épaississement que j'ai signalé plus haut n'est pas assez considérable pour prendre un caractère pathologique. Il se présente d'ailleurs plus souvent chez la femme que chez l'homme. Nous sommes donc en droit d'émettre la conclusion suivante : Le crâne « d'Osiris » a très probablement appartenu à une femme.

Nota. — J'accepte en toute confiance le verdict de M. le Dr Papillault. Je me permettrai seulement de faire observer que j'avais constaté moi-même la petitesse du crâne et sa dépression aux tempes : le type ordinaire d'Osiris dans les statues soignées est conforme à ces observations, et on le peut observer surtout dans la tête de la statue étendue sur le lit funèbre d'Osiris. J'avais demandé au Musée du Caire de m'envoyer une photographie de la tête d'Osiris faisant valoir ce détail; on me l'a promise, mais on s'en est tenu à la promesse, car, depuis deux ans environ qu'a eu lieu ma demande, je n'ai reçu aucune photographie, et cependant il serait bien intéressant de constater ce point particulier.

E. A.

TABLE DES PLANCHES

nos 7-10 de 36,7 à 2,7; nos 11-14, de 53,05 à 3,25; nos 21-24 de 55,5 à 3,8. Les autres sont au Caire.

Pl. XIX. — Vases de matières et de formes diverses; réductions diverses : nos 1-4, au sixième environ, 11 à 1,8; nos 4-6, au cinquième environ, 18,7 à 3,7; nos 7-9 au tiers environ, 12,6 à 4; je n'ai pas la proportion des 9 autres; nos 12-16, de 8,5 à 1,7; nos 17 à 20, au onzième environ 5,8 à 0,5.

Pl. XX. — Sceaux, vases et fragments; stèle de Scheri; réductions diverses : le no 1 est un agrandissement du 4; nos 2-4 au cinquième environ, de 26,9 à 5,4; le no 5 au quart environ, de 18,5 à 2,7; le 6 à moins de moitié, 8,4 à 5,5; nos 7-9 à plus du cinquième, de 21,5 à 4,15.

Pl. XXI. — Vases complets et fragments ouvragés. Réductions diverses : nos 1-2 au Caire; nos 3-9, presque au tiers, de 8,01 à 3,01; nos 10-11 au Caire; no 12, à presque la moitié, de 12 à 6,3; nos 13-22 à plus du quart, de 8,2 à 2; nos 23-26, de 4,05 à 1,15; nos 27-29, presque au sixième, de 11,65 à 2.

Pl. XXII. — Fragments de vases en pierre dure (et tendre). Réductions diverses : nos 1-7 à moins du tiers, 6,05 à 2,5; nos 8-13, à plus du tiers, 6,45 à 1,9; nos 17-20, au tiers environ, 9,3 à 3,3; nos 12-15; de 9,2 à 3,3; nos 15-32, de 7,25 à 2,3.

Pl. XXIII. — Fragments de vases ouvragés (ou inscrits). Réductions diverses : nos 1-4, au tiers environ, 8,05 à 2,95; nos 5-8, à plus du tiers, 7,2 à 2,3; nos 12-15, de 4,5 à 1,17; nos 16-19 de 5,15 à 1,75; nos 20-30 de 8,1 à 3,3.

Pl. XXIV. — Vases en pierre et fragments de poterie avec inscriptions. Réductions diverses : nos 7,8 de 19,5 à 3,75; les 10-16, de 19,5 à 3,75; nos 9, 17 à 19 au tiers, de 1,28 à 0,43.

Pl. XXV. — Cylindres en bois, perles, verre et fragments en schiste ardoisier. Réductions diverses : nos 1-3, de 5-4 à 1,6; nos 14-21, de 7,1 à 2,55; nos 7-10 de 15,1 à 4,65; nos 22-32 d'un peu plus de moitié, de 8 à 3,6.

Pl. XXVI. — Cuivres. Réductions diverses : nos 1-7, de 3,5 à 1; nos 9-13, de 5,15 à 1,45; nos 14-20, du sixième, 22,25 à 3,7; le no 16 est réduit de 13,35 à 8,4.

Pl. XXVII. — Cylindres ou bouchons en terre. Réductions diverses : no 1, de presque moitié, 14 à 7,8, nos 2-3 de plus de moitié, 7.5 à 3,2; no 4 de 8,1 à 7,7; nos 5-6, de plus de moitié, 10,6 à 4,2; nos 6-9, de 3,65 à 2,45; nos 10-14, de moitié environ, 6,4 à 3,1; no 15 de moins de moitié, 10,5 à 6.

Pl. XXVII. — Crânes.

Pl. XXIX. — Palettes, tables d'offraudes et massue. Réductions diverses : nos 1-16, au tiers, 15,8 à 5,3; nos 12-17, de 11,25 à 2,1; nos 18-22, de 10 à 3,1.

Pl. XXX. — Objets votifs. Réductions diverses : nos 1-4, de 8,5 à 2,75; no 5 resté au Caire; no 6, de 78 à 6,85; no 7, de 33 à 6,9; nos 8-12, de 7 à 2,35; nos 13-15 de 15,5 à 4,55; nos 17-20, de 5,65 à 1,5.

Pl. XXXI. — Tables d'offrandes en pierre schisteuse, statuettes et terres cuites. Réductions diverses : nos 1-3, au tiers, de 15,5 à 5,25; nos 6-7, de 9,4 à 2,2; nos 8-9, au tiers environ, 19,65 à 5,95.

Pl. XXXII. — Poteries. Réductions diverses : nos 1-2, de 39,5 à 5,85; no 3, de 48 à 7,3; nos 4-7 de 7,2 à 1,45; nos 5, 8 et 9, de 1 à 1,65; nos 10-12, de 18 à 3,4; nos 13-15, de 19,2 à 3,8; nos 16-18, de 11,4 à 2.

Pl. XXXIII. — Poteries. Réductions diverses : nos 1, de 50 à 8 ; nos 2-4, de 30 à 6,2 ; nos 5-6, de 35 à 4,6 ; nos 7-9, de 23,5 à 4,5 ; no 10, de 60 à 8,2 ; nos 11-13, d. 23,5 à 4,65.

Pl. XXXIV. — Poteries. Réductions diverses : nos 1-5, de 4,55 à 0,95 ; no 6, de 49 à 6,2 ; nos 7 à 9, de 12. à 1,9 ; nos 10 à 12, de 10.4 à 2 ; nos 13-15, de 10,5 à 1,75 ; nos 16-18, au quart environ ; nos 19 et 26, de 31,2 à 4,7 ; nos 20-22, de 10,8 à 2,6 ; nos 23-25, de 14 à 2,1 ; nos 27-29, au tiers.

Pl. XXXV. — Poteries avec inscriptions. Réductions diverses : no 1, de 19,2 à 2 ; no 4, de 18.1 à 3,45 ; no 6, de 8,5 à 1,7.

Pl. XXXVI. — Poteries avec scènes et inscriptions. Réductions diverses : no 3, de 17,2 à 4,05 ; no 4, de 11,5 à 3,8 ; no 5, de 12,7 à 3,2.

Pl. XXXVII. — Poteries avec scènes et inscriptions ; planchette avec double inscription. Réductions diverses : no 1, de 17 à 2,8 ; no 2, de 13,5 à 3,15 ; no 4, de 39,5 à 8,85 ; la planchette est à peu près de grandeur naturelle.

Pl. XXXVIII. — Poteries avec inscriptions hiératiques.

Pl. XXXIX. — Poteries avec inscriptions hiératiques.

Pl. XL. — Poteries avec inscriptions hiératiques.

Pl. XLI. — Fragments de poteries avec inscriptions (hiéroglyphiques et hiératiques).

Pl. XLII. — Fragments de poteries avec inscriptions hiératiques.

Pl. XLIII. — Étoffes et ors du coffret de Tout-ônekh-Amen.

Pl. XLIV. — Objets votifs en calcaire. Réductions diverses d'un peu plus de moitié.

Pl. XLV. — Fragments de poteries avec inscriptions et barque votive.

Pl. XLVI. — Poteries avec dessins et autres avec dessins et inscriptions coptes. Réductions diverses, au quart pour les petits fragments et à la moitié pour les grands.

Pl. XLVII. — Grès émaillé (tombeau de Perabsen). Réductions diverses : nos 1, 8-9, de 7,5 à 1,7 ; nos 2-4, de 15,6 à 2,25 ; nos 5-7, de 7 5 à 1,3 ; nos 10 et 11, de 20,3 à 4,5.

Pl. XLVIII. — Vases en cuivre et en pierre du tombeau de Perabsen. Réductions diverses : nos 1-2, de 24,6 à 4,7 ; no 4, de 11,2 à 3,5 ; nos 5-7 de 15 à 2,5.

Pl. XLIX. — Vases du tombeau de Perabsen. Réductions diverses : nos 1-2, de 29 à 4,15 ; nos 5 à 9, de 11, 6 à 2,2 ; nos 10-11, de 27-95 à 4 ; no 14, de 23,05, à 7,85.

Pl. L. — Vases du tombeau de Perabsen. Réductions diverses : nos 1-2, de 5 à 2,2 ; nos 3 et 4, de 16 à 4,4 ; nos 5-6, de 39,5 à 11,1.

Pl. LI. — Sceaux d'après l'ouvrage de M. Petrie : *Royal tombs of the first dynasty*.

Pl. LII. — Marques de poteries (dessins de M. A. Lemoine).

N. B. Les numéros qui n'ont pas de chiffre de réduction sont au Caire où je n'ai pu les prendre. Les inscriptions n'ont pas de chiffre. Quelques vases et quelques inscriptions sont sens dessus dessous : le lecteur les remarquera de lui-même.

TABLE DES MATIÈRES

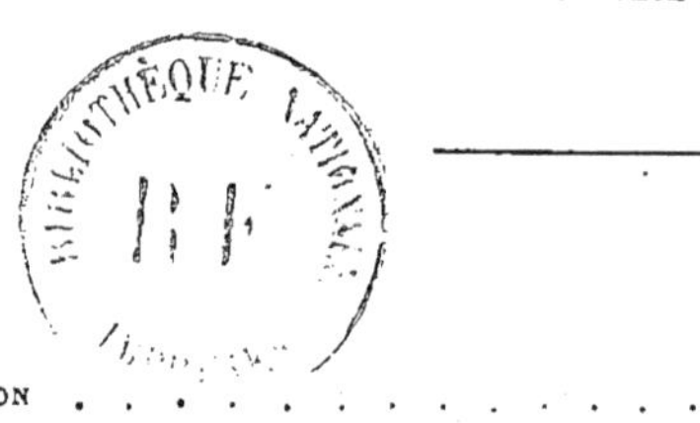

TROISIÈME PARTIE

Conclusions

ANGERS. — IMPRIMERIE ORIENTALE DE A. BURDIN ET Cie, RUE GARNIER, 4.

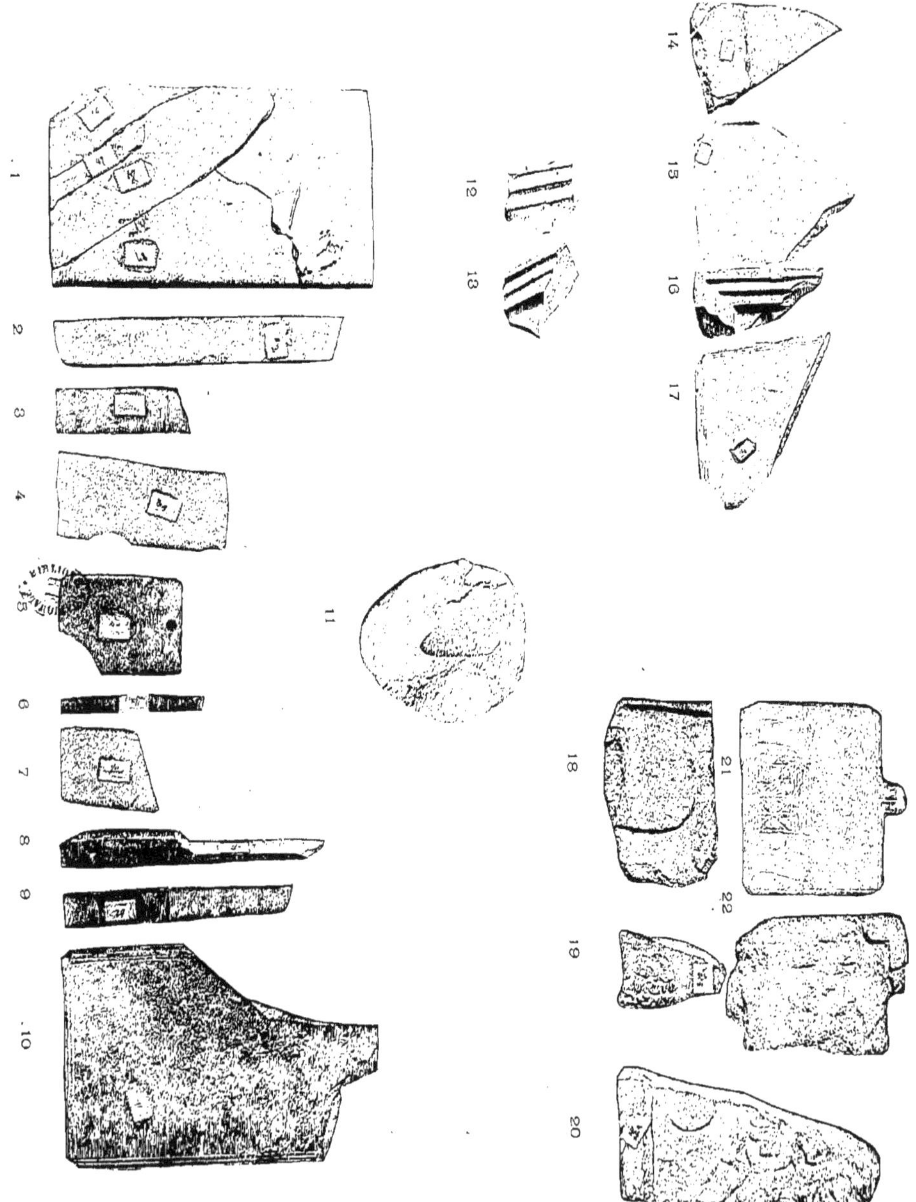

16

17 18 19 20

13 14 15

8 9 10 11 12

1 2 3 4 5 6 7

Objets Votifs

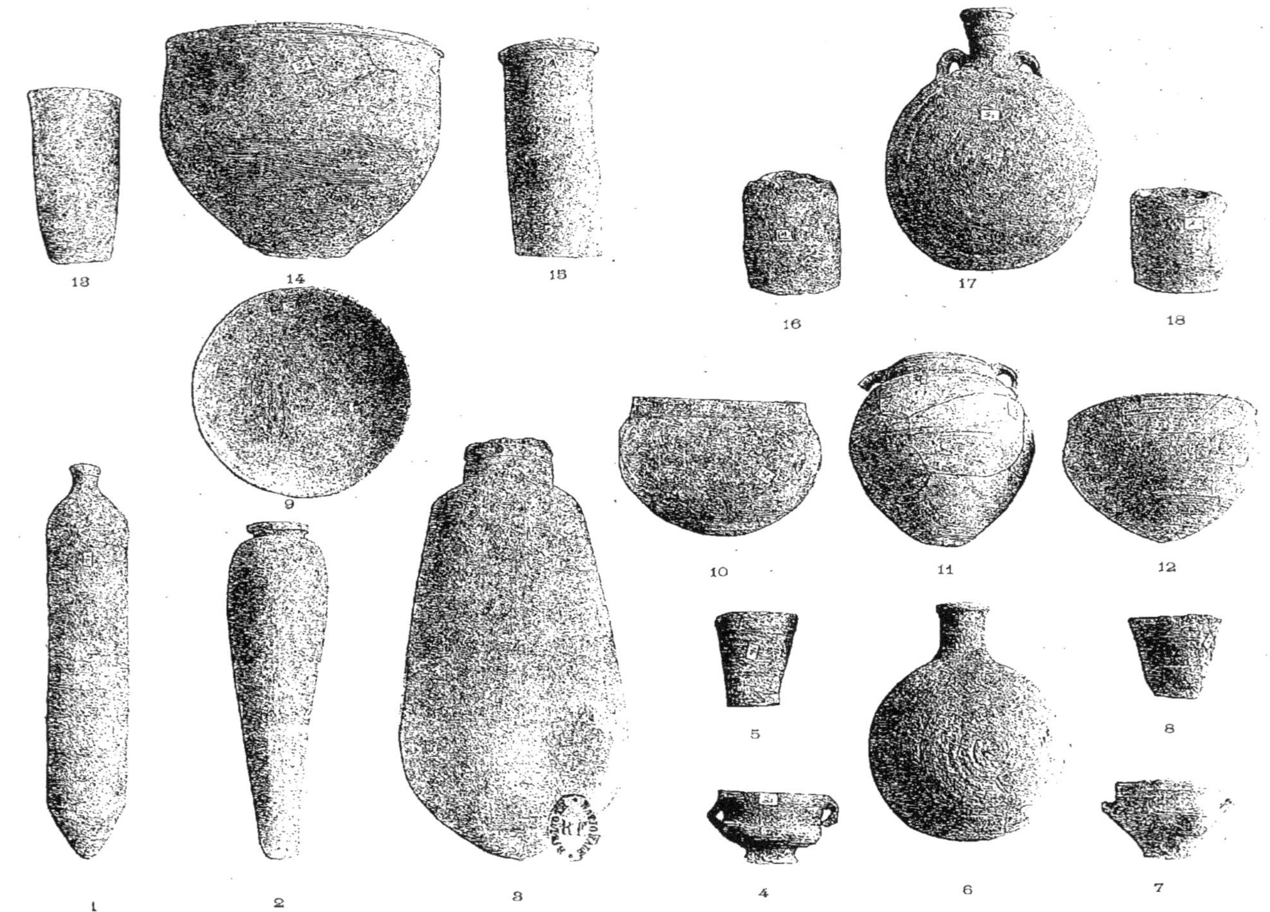

Poteries.

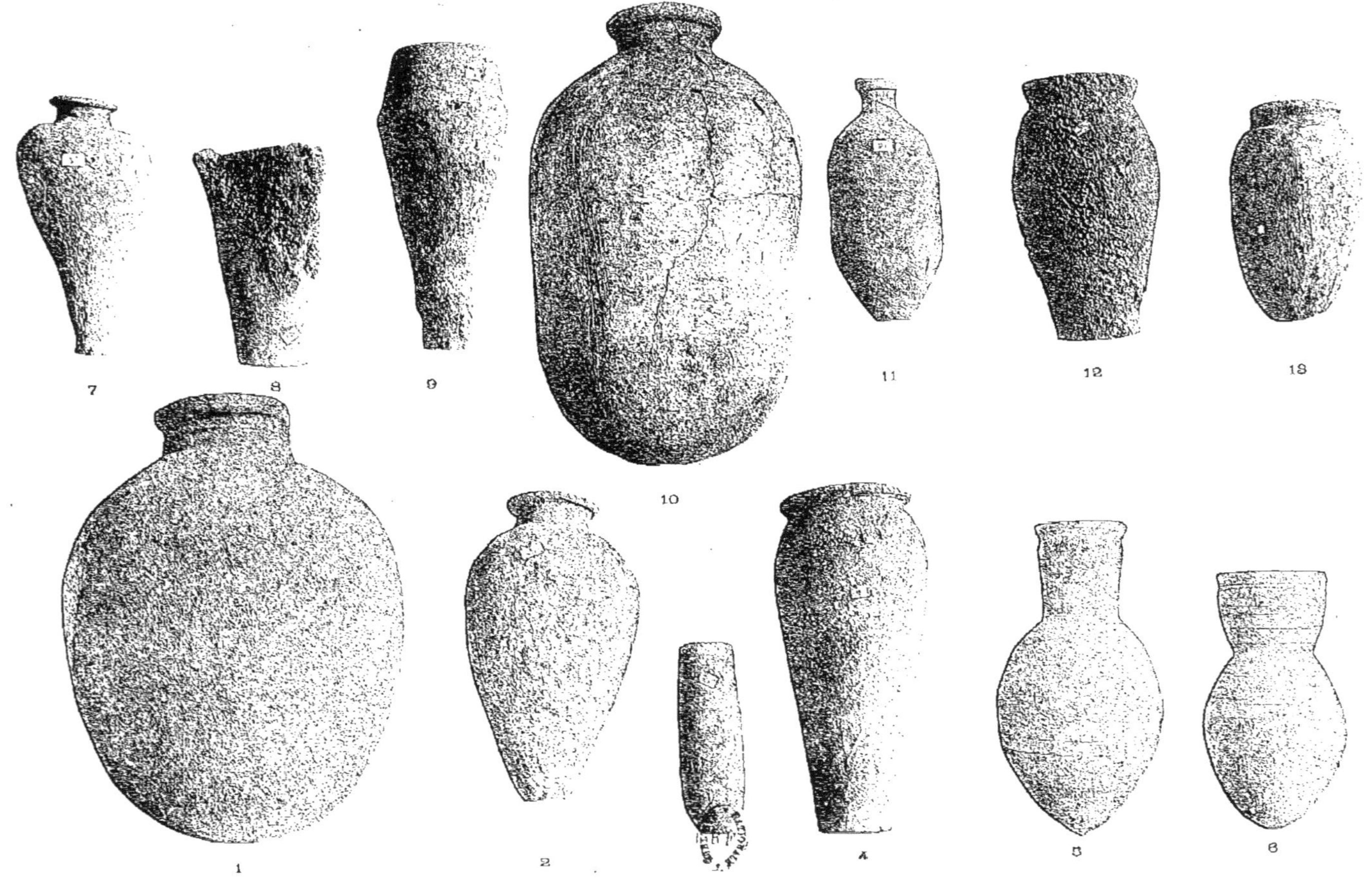

Poteries

4
3
6

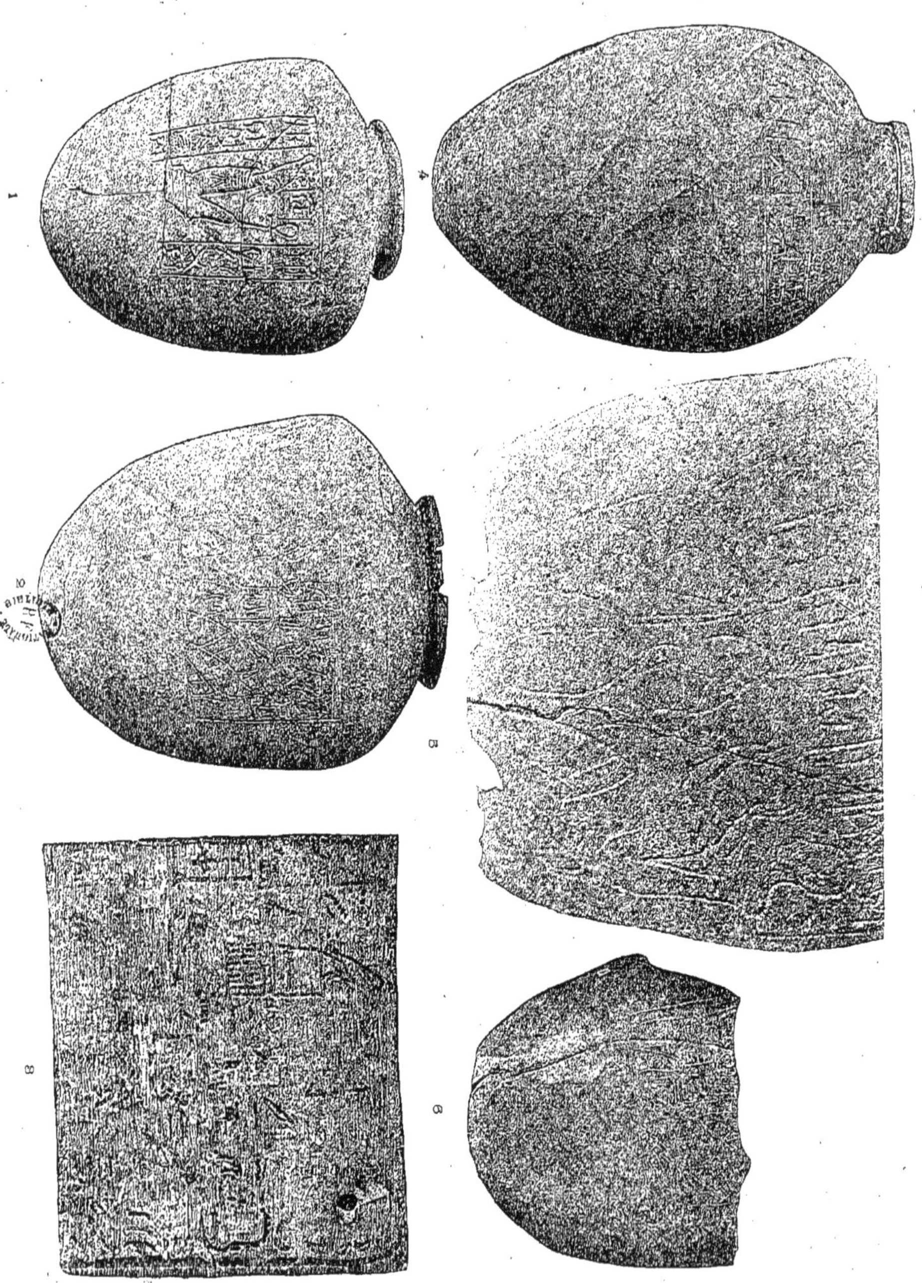

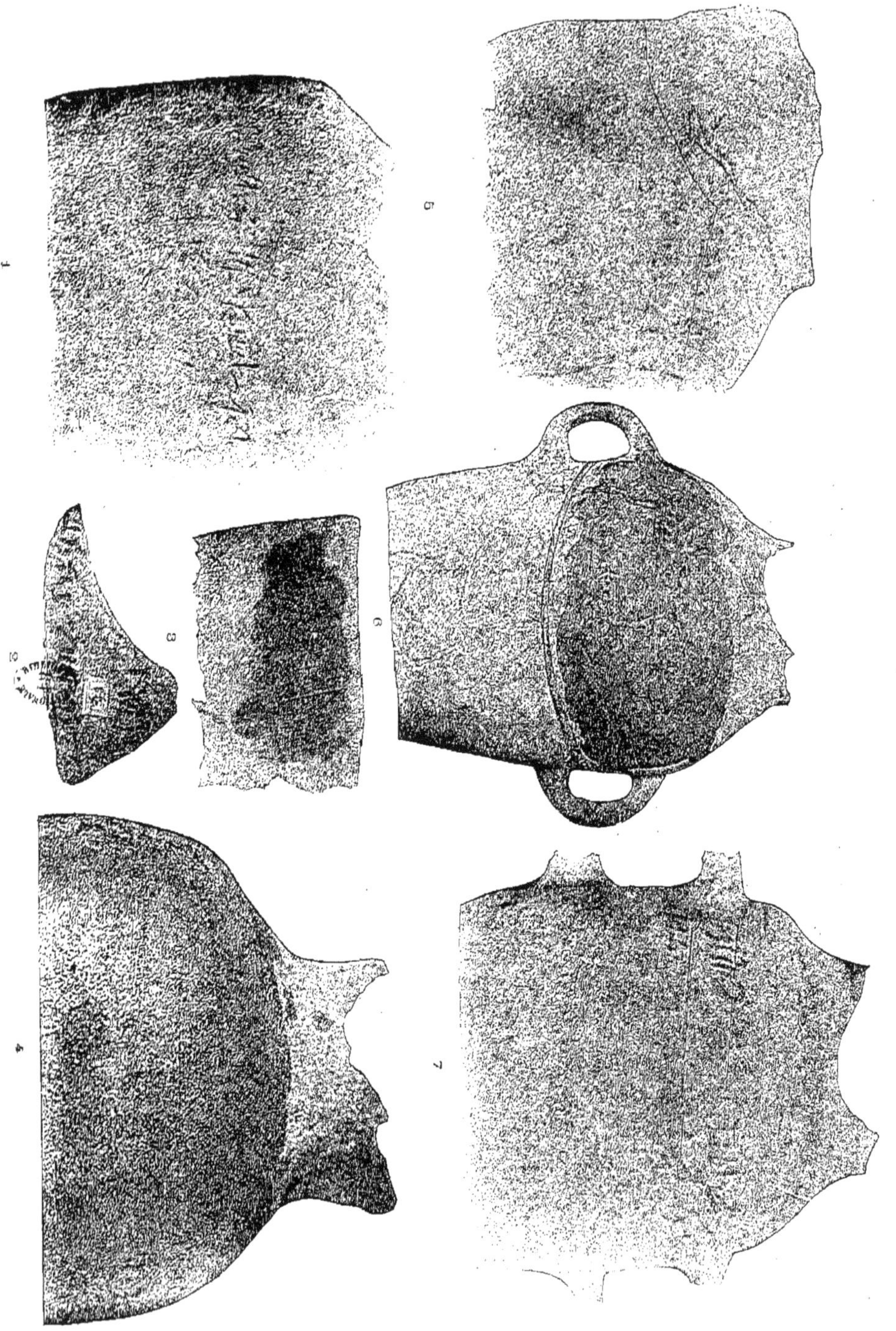

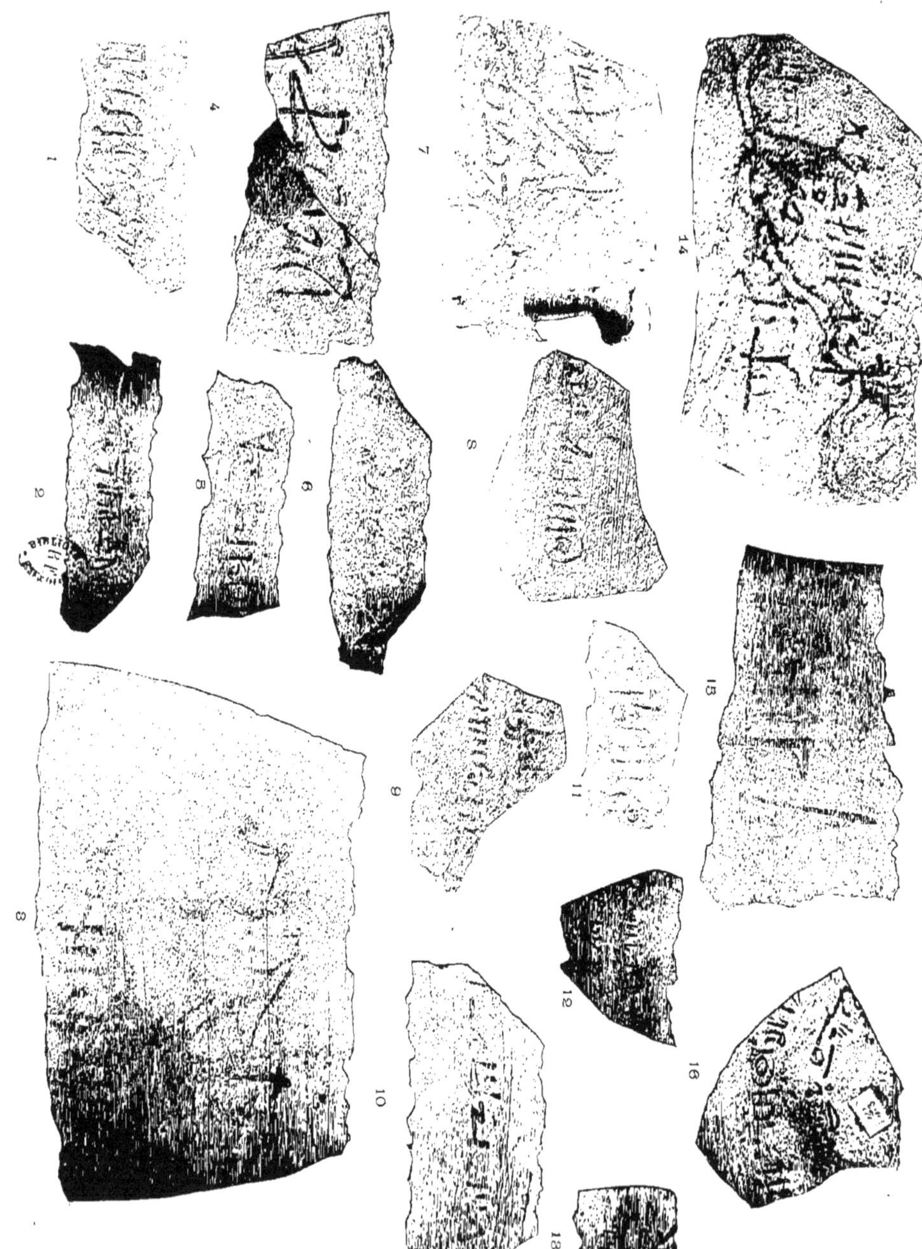

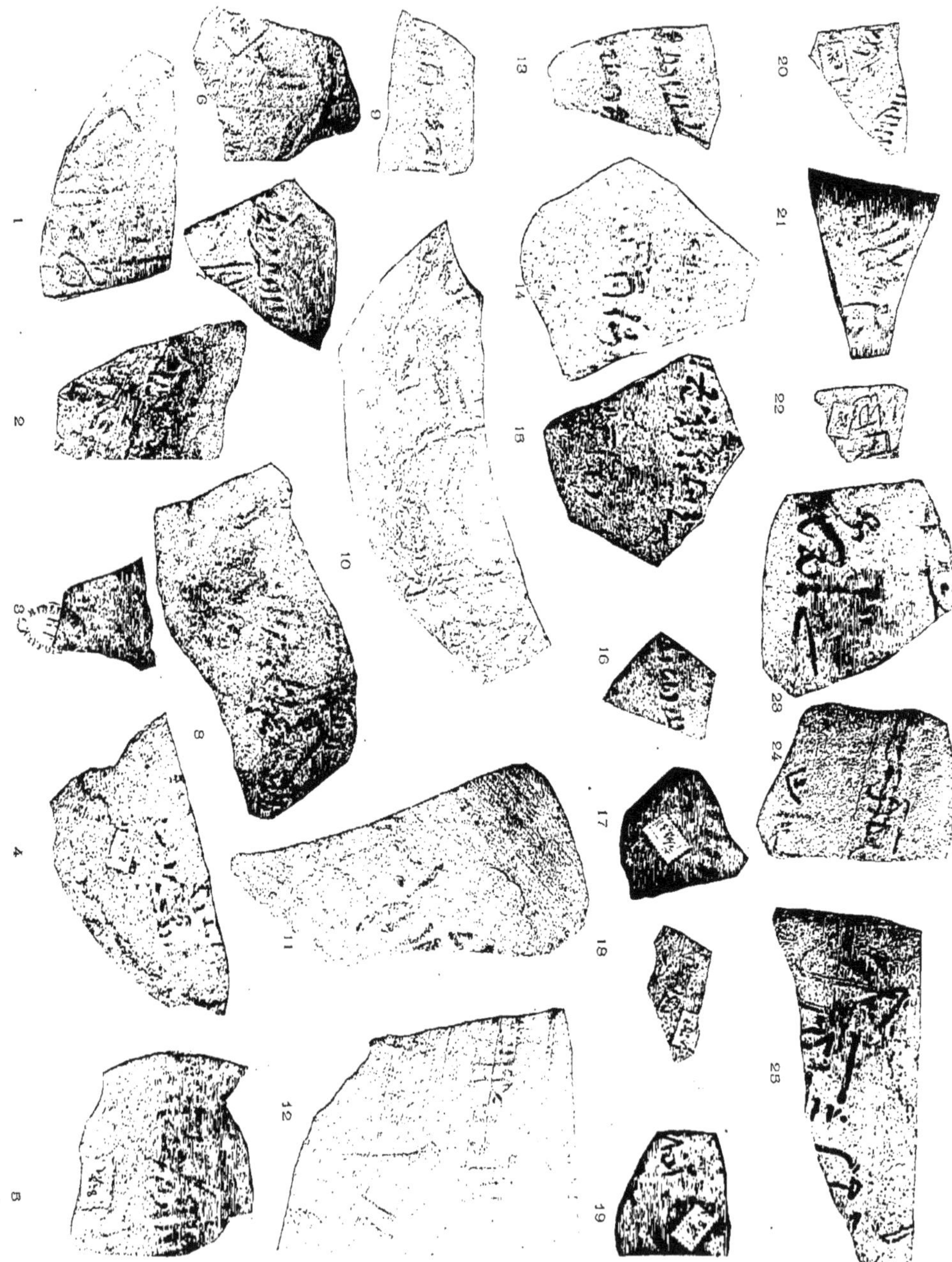

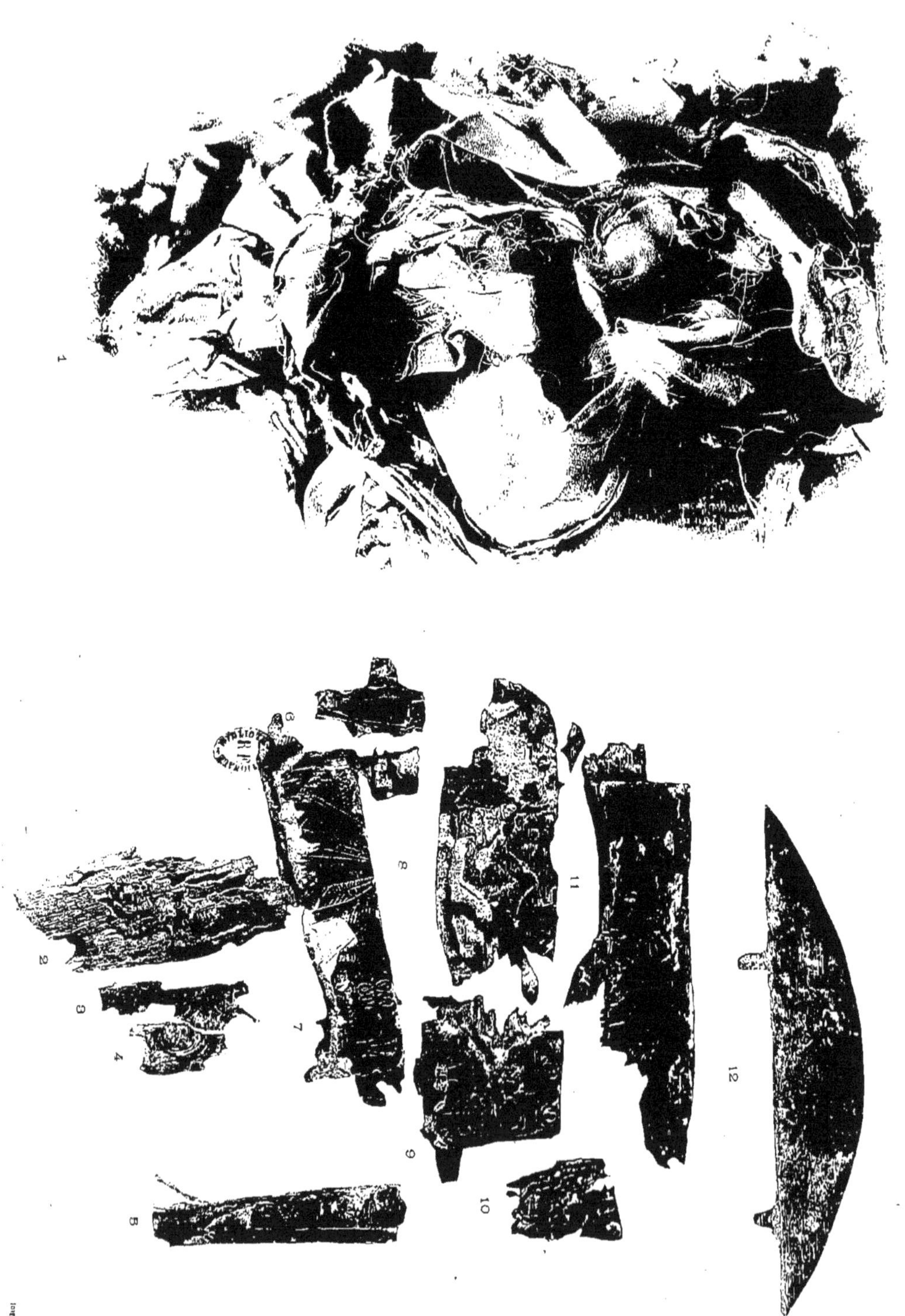

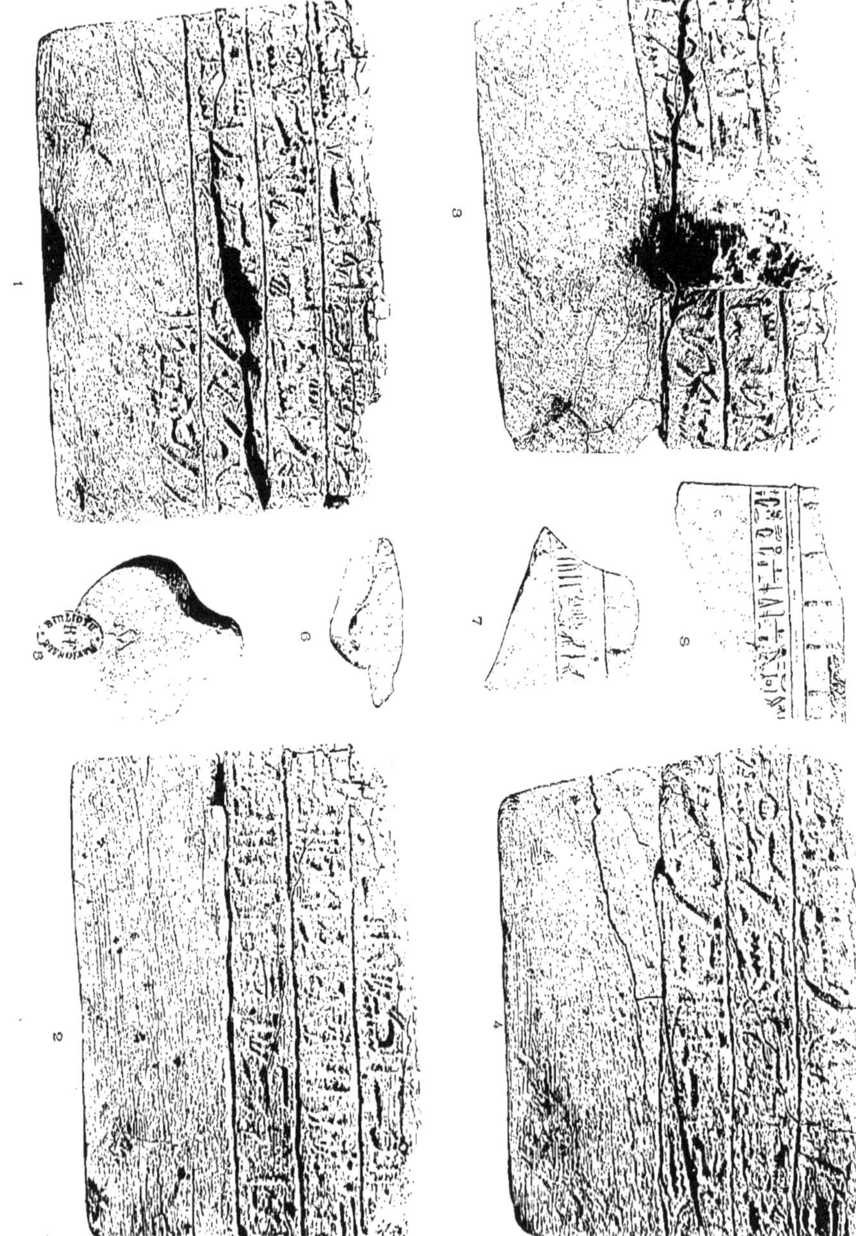

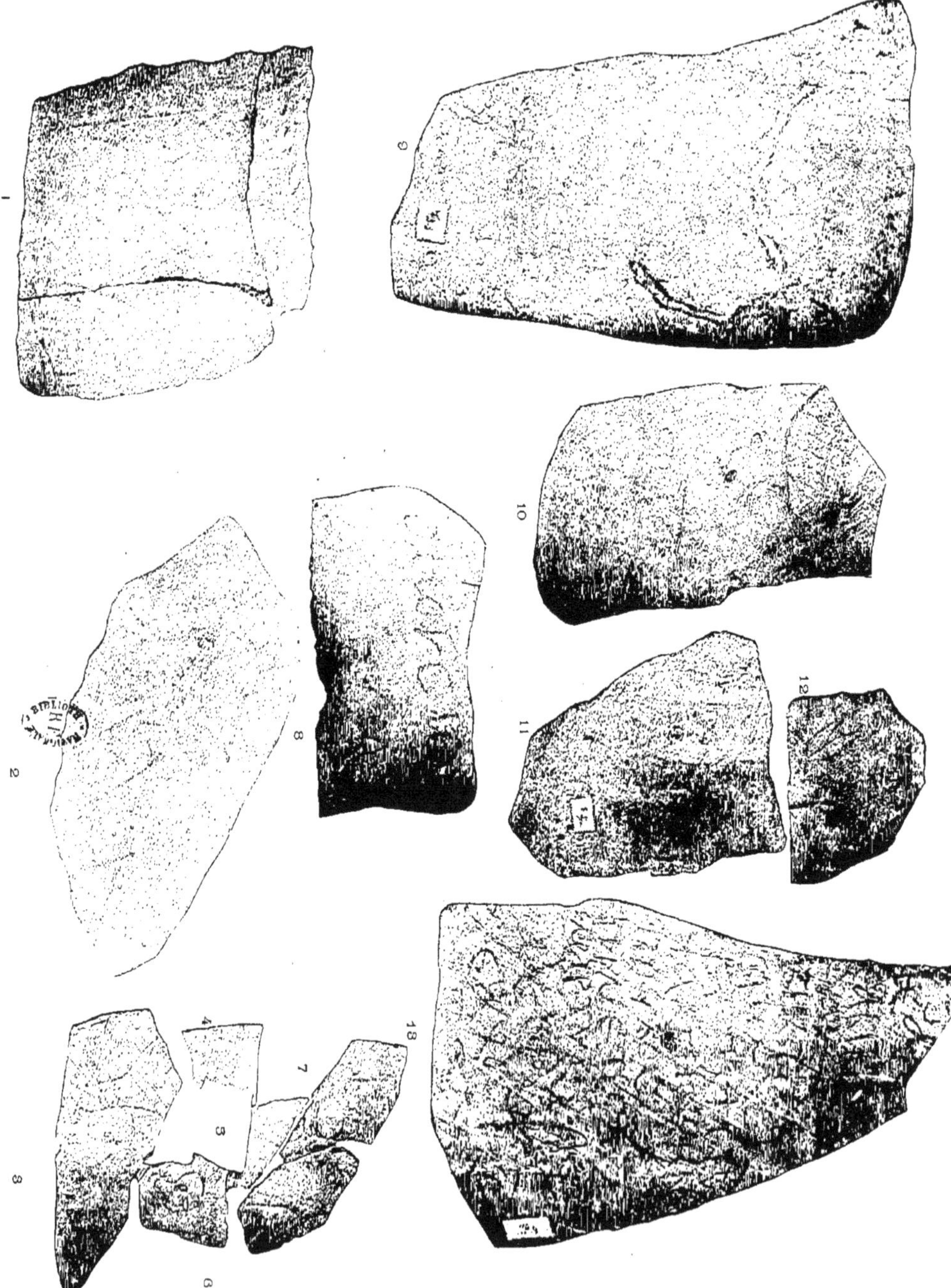

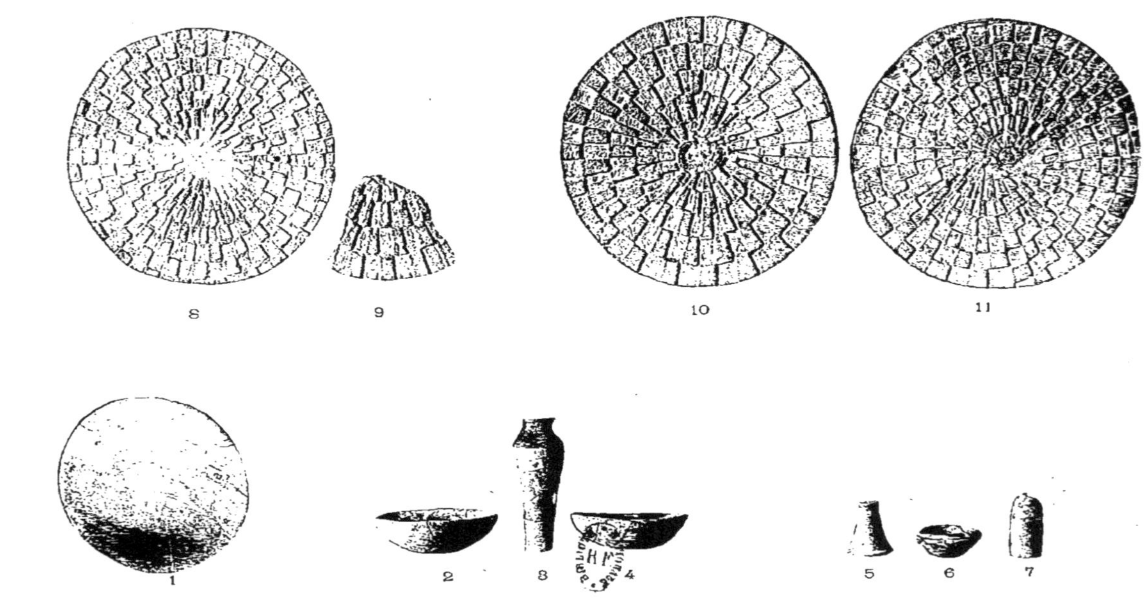

Grès Emaillé : Tombeau de Perabsen.

5 6 7 8 9

1 2 3 4

Vases en Cuivre et en Pierre du Tombeau de Perabsen.

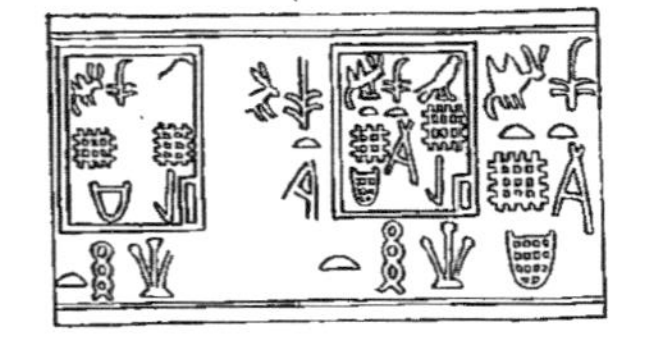

8

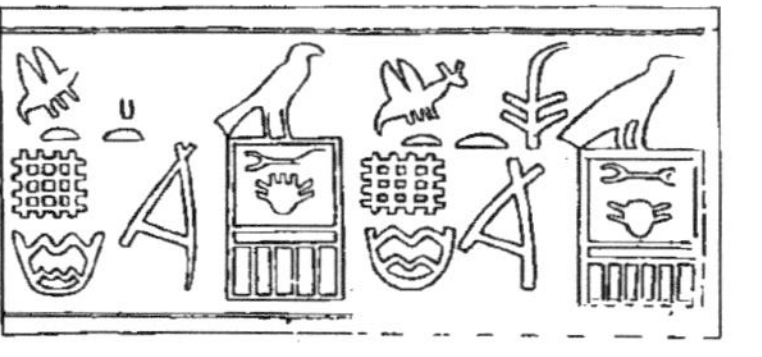

9

5

6

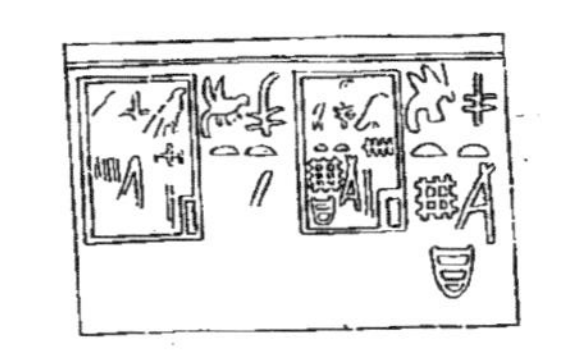

7

4

1

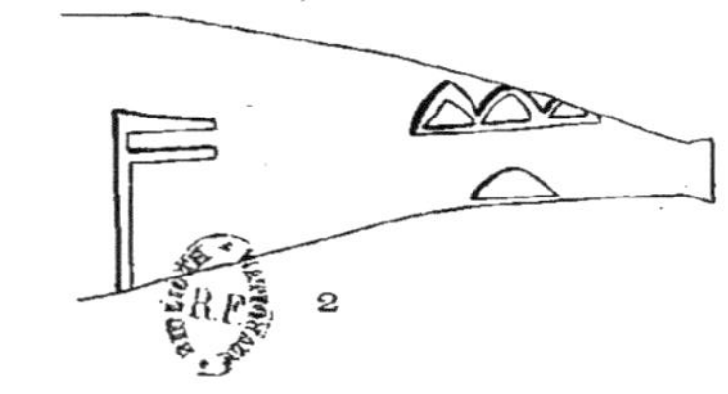

2

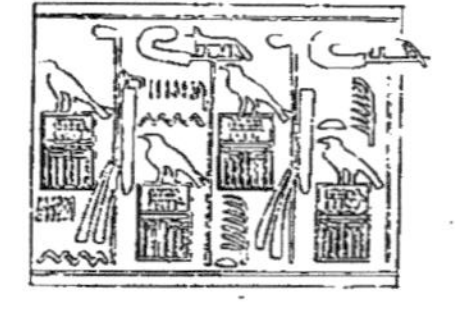

3

Marques de Poteries (dessins de M. A. Lemoine.)

ANGERS, IMP. ORIENTALE A. BURDIN ET Cie, RUE GARNIER, 4.

www.ingramcontent.com/pod-product-compliance
Ingram Content Group UK Ltd.
Pitfield, Milton Keynes, MK11 3LW, UK
UKHW012003240726
13965UKWH00001B/133